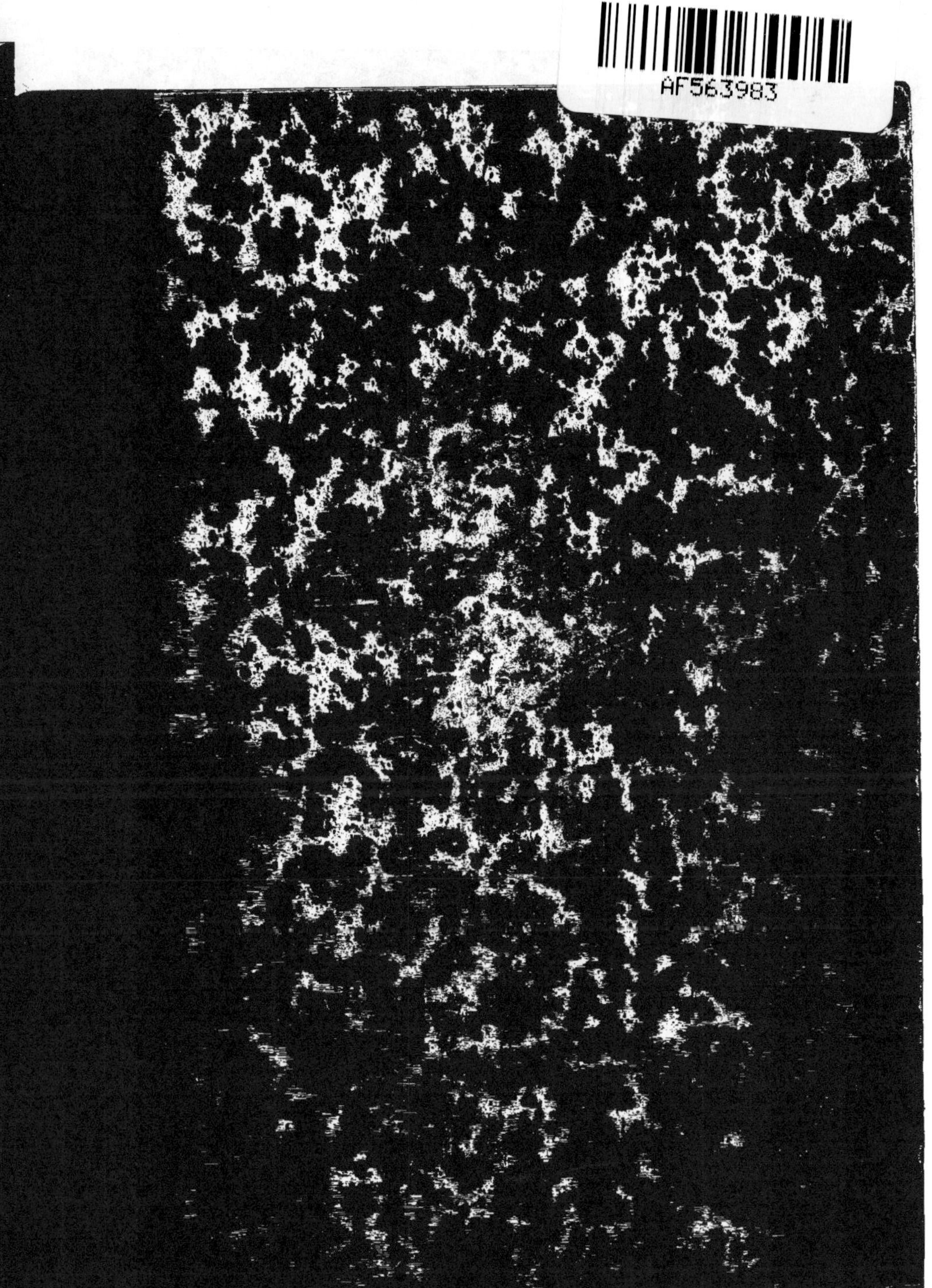

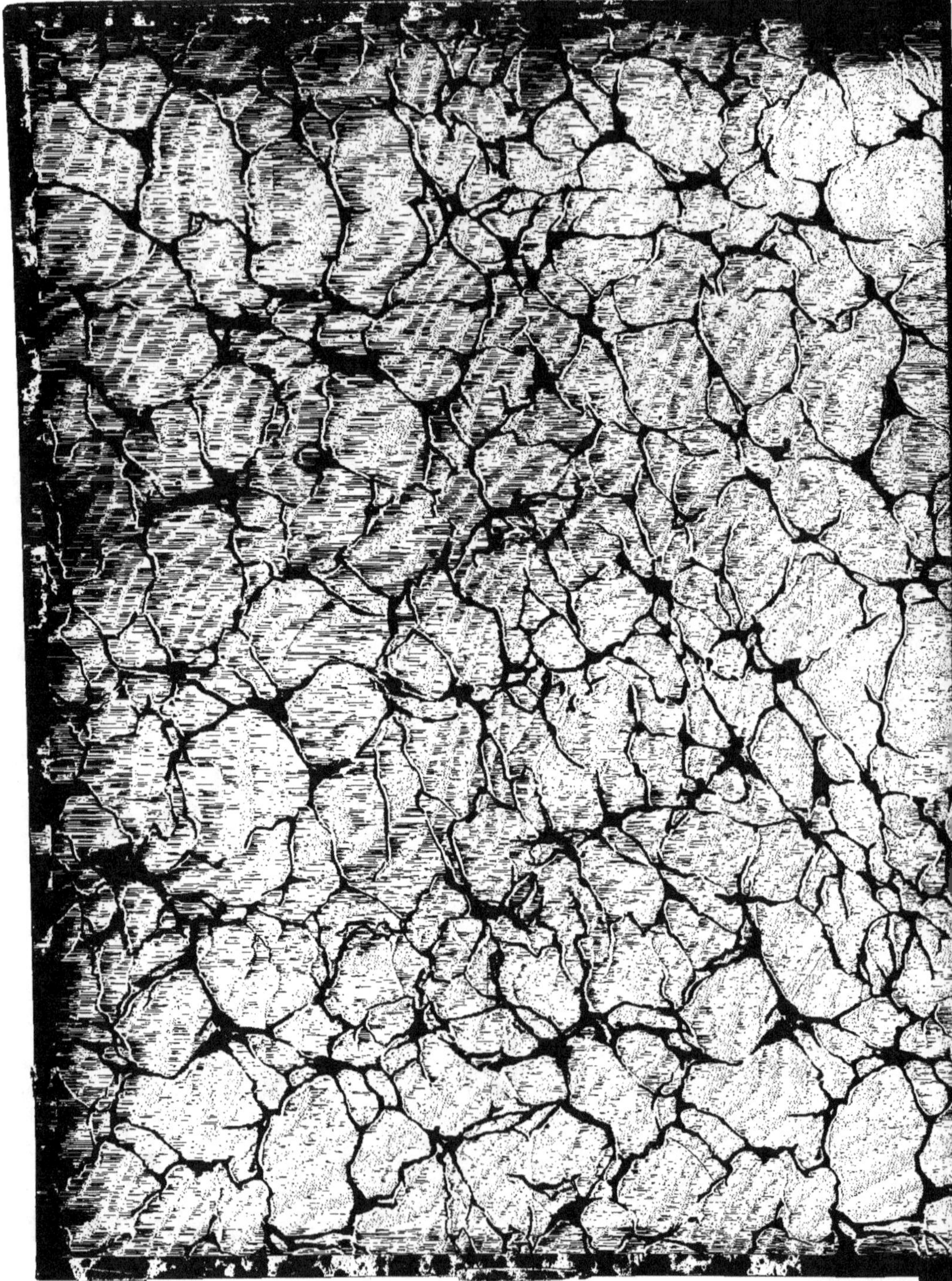

MINISTÈRE DES TRAVAUX PUBLICS

MÉMOIRES

POUR SERVIR À L'EXPLICATION

DE

LA CARTE GÉOLOGIQUE DÉTAILLÉE DE LA FRANCE

ÉTUDES GÉOLOGIQUES

DANS

LES ALPES OCCIDENTALES

CONTRIBUTIONS À LA GÉOLOGIE

DES CHAÎNES INTÉRIEURES DES ALPES FRANÇAISES

PAR

W. KILIAN,

PROFESSEUR À LA FACULTÉ DES SCIENCES DE L'UNIVERSITÉ DE GRENOBLE,
COLLABORATEUR PRINCIPAL AU SERVICE DE LA CARTE GÉOLOGIQUE
DE LA FRANCE,
CORRESPONDANT DE L'INSTITUT

J. RÉVIL,

PRÉSIDENT DE LA SOCIÉTÉ D'HISTOIRE NATURELLE DE SAVOIE,
MEMBRE DE L'ACADÉMIE DE SAVOIE,
COLLABORATEUR AU SERVICE DE LA CARTE GÉOLOGIQUE
DE LA FRANCE

II

(PREMIER FASCICULE)

DESCRIPTION DES TERRAINS QUI PRENNENT PART À LA CONSTITUTION GÉOLOGIQUE
DES ZONES INTRA-ALPINES FRANÇAISES (TERRAINS ANTÉJURASSIQUES).

PARIS

IMPRIMERIE NATIONALE

1908

ÉTUDES GÉOLOGIQUES
DANS LES ALPES OCCIDENTALES

CONTRIBUTIONS À LA GÉOLOGIE

DES CHAÎNES INTÉRIEURES DES ALPES FRANÇAISES

MINISTÈRE DES TRAVAUX PUBLICS

MÉMOIRES

POUR SERVIR À L'EXPLICATION

DE

LA CARTE GÉOLOGIQUE DÉTAILLÉE DE LA FRANCE

ÉTUDES GÉOLOGIQUES

DANS

LES ALPES OCCIDENTALES

CONTRIBUTIONS À LA GÉOLOGIE

DES CHAÎNES INTÉRIEURES DES ALPES FRANÇAISES

PAR

W. KILIAN,

PROFESSEUR À LA FACULTÉ DES SCIENCES
DE L'UNIVERSITÉ DE GRENOBLE,
COLLABORATEUR PRINCIPAL AU SERVICE DE LA CARTE GÉOLOGIQUE
DE LA FRANCE

J. RÉVIL,

PRÉSIDENT DE LA SOCIÉTÉ D'HISTOIRE NATURELLE DE SAVOIE,
MEMBRE DE L'ACADÉMIE DE SAVOIE,
COLLABORATEUR AU SERVICE DE LA CARTE GÉOLOGIQUE
DE LA FRANCE

II

(1er FASCICULE)

DESCRIPTION DES TERRAINS QUI PRENNENT PART À LA CONSTITUTION GÉOLOGIQUE
DES ZONES INTRA-ALPINES FRANÇAISES

PARIS

IMPRIMERIE NATIONALE

1908

ÉTUDES GÉOLOGIQUES

DANS LES ALPES OCCIDENTALES

II

DESCRIPTION DES TERRAINS

QUI PRENNENT PART À LA CONSTITUTION GÉOLOGIQUE

DES ZONES INTRA-ALPINES FRANÇAISES.

STRATIGRAPHIE.

Énumération des terrains.

Les formations qui prennent part à la constitution des chaînes étudiées dans ce Mémoire sont assez nombreuses et actuellement bien définies[1]. Nous aurons à décrire la série suivante, en allant des terrains les plus anciens aux plus récents :

1° Schistes cristallophylliens et roches éruptives anciennes (granites, aplites et granulites) du massif du Rocheray;

2° Système carboniférien (terrain houiller);

3° Système permien;

4° Système triasique;

5° Système jurassique avec ses diverses subdivisions (Rhétien, Lias, Dogger, Malm), parmi lesquelles domine le Lias;

5bis Schistes lustrés (n'apparaissant que sur la bordure orientale de la région ou en masses de recouvrement isolées);

[1] Nous rappellerons que la plupart des niveaux stratigraphiques mentionnés dans ce travail ont été l'objet de notre part d'observations et de *vérifications* répétées dans le but de contrôler par des moyens indirects l'exactitude des parallélismes et des synchronismes, la superposition des assises ne pouvant, en effet, il est utile de le rappeler, dans des régions disloquées comme les Alpes, où la structure isoclinale, les nappes de charriage et les contacts anormaux sont fréquents, être invoquée comme *criterium absolu* de l'âge des assises, et la rareté habituelle des fossiles rendant le plus souvent fort longue toute détermination par la méthode paléontologique.

IMPRIMERIE NATIONALE.

6° Schistes luisants et Marbres en plaquettes;
7° Système éogène (Nummulitique) [séries éocène et oligocène];
8° Roches éruptives diverses;
9° Pléistocène et dépôts modernes.

A part les Schistes lustrés, dont nous ne parlerons qu'accessoirement, l'âge d'aucun des groupes que nous décrivons dans ce travail n'est plus sujet à des contestations de la nature de celles dont ces derniers ont été encore récemment l'objet. Les discussions célèbres sur l'existence du terrain houiller dans les Alpes françaises sont, en effet, closes depuis longtemps; on en a lu le résumé dans notre chapitre historique.

Il nous a paru intéressant de donner pour chacun de ces terrains une *monographie de son développement dans toute l'étendue des chaînes intra-alpines françaises* en prenant pour base, outre nos observations personnelles, tous les documents cités ou recueillis par nos devanciers. Nous y avons joint la liste des fossiles cités par les auteurs ou réunis par nous, et les diagnoses des roches les plus intéressantes, tant sédimentaires qu'éruptives, ainsi que des renseignements comparatifs sur leur développement dans les autres portions des Alpes. Enfin nous avons essayé de résumer, sous la forme de reconstitutions paléogéographiques, les conditions bathymétriques des Alpes françaises aux diverses époques géologiques.

CHAPITRE PREMIER.

SCHISTES CRISTALLOPHYLLIENS ET ROCHES ÉRUPTIVES ANCIENNES.

Schistes cristallins. — Généralités.

Les témoins des époques les plus reculées que puissent atteindre nos investigations sont, dans la région alpine comme dans beaucoup d'autres contrées, des schistes très cristallins (gneiss, micaschistes, amphibolites, schistes à séricite, etc.). D'après les résultats des études microscopiques récentes, ils représentent, sans doute, du moins en partie, d'anciens sédiments, différents peut-être, il est vrai, dès leur formation de ceux des mers plus récentes, mais qui, surtout, ont été soumis à des actions éruptives, thermiques et dynamiques[1] telles, que leur nature en a été profondément modifiée[2].

En raison du *métamorphisme* qui en est résulté, la nature primitive de ces « Schistes cristallins » échappe à notre connaissance; non seulement il est extrêmement difficile d'apprécier et de définir exactement la part respective qu'ont eue les diverses actions modificatrices dans la formation de ces terrains, mais nous ne pouvons savoir s'ils correspondent seulement à la série des roches les plus anciennes (*série azoïque*), ou s'ils représentent également une partie des terrains fossilifères paléozoïques[3] antestéphaniens des contrées moins bouleversées, dont on n'a pas pu reconnaître la présence dans notre région.

[1] Voir plus bas le rappel des principales hypothèses relatives à ce métamorphisme et à l'origine des Schistes cristallins.

[2] Ch. Lory (*Études sur la constitution et la structure des massifs de Schistes cristallins des Alpes occidentales*, 1889) a très justement attiré l'attention sur le fait que la nature même des galets de Schistes cristallins contenus dans les conglomérats houillers des Alpes françaises permet d'affirmer que le feuilletage et la cristallinité de la plupart de ces Schistes cristallins sont dans notre région, comme dans le Massif central de la France, *antérieurs à la période carbonifère.* Des cailloux de schistes déjà cristallins et feuilletés ont été remaniés à la base du Stéphanien et l'on peut, par exemple dans la brèche houillère du Bariou (Isère), constater que ces fragments devaient posséder, avant leur remaniement par les eaux houillères, leur feuilletage, dont la direction se montre différente pour chaque fragment. (Voir à ce sujet la Pl. II du présent volume.)

Les Schistes cristallins du Rocheray ont donc, comme ceux de Belledonne et du Pelvoux, une cristallinité et une orientation de leurs éléments qui *existait déjà telle quelle avant l'époque houillère,* ainsi que l'a montré Ch. Lory par l'examen des galets contenus dans les grès à anthracite.

[3] M. Bergeron a démontré qu'une partie des gneiss de la Montagne-Noire étaient cambriens; il en serait de même dans les Cévennes. (*C. R. Séances Soc. géol. de France*, 16 décembre 1895.)

A. SCHISTES CRISTALLINS ET ROCHES ÉRUPTIVES ANCIENNES DANS LE MASSIF DU ROCHERAY.

Massif du Rocheray. — Structure.

Les terrains cristallophylliens, si développés dans la chaîne voisine de Belledonne, dont nous n'avons pas à nous occuper ici, forment dans notre champ d'études le petit massif du Rocheray ou Châtelard, à l'Ouest de Saint-Jean-de-Maurienne, entre cette ville et La Chambre.

Ch. Lory a cité le Rocheray[1] à plusieurs reprises dans ses divers ouvrages, mais il n'en a jamais donné de description détaillée, et les cartes manuscrites qu'il a laissées ne montrent aucune tentative de rechercher dans ce massif des bandes de roches anciennes autres que les gneiss et les schistes à séricite qui, d'après ses minutes, y existeraient seuls[2].

Le massif du Rocheray doit être considéré comme un bombement[3] ou large anticlinal *alpin* (c'est-à-dire d'âge postoligocène) recouvert autrefois d'un manteau sédimentaire mésozoïque continu que l'érosion a fait disparaître, mettant ainsi à nu un noyau discordant, déjà anciennement plissé[4] et anciennement dénudé, de schistes anciens et de roches cristallines. Les *étirements* de

M. Bertrand est même porté à admettre que, « dans cette partie centrale de la chaîne hercynienne », la gneissification a pu atteindre les terrains plus récents que le Cambrien. Cependant il importe de rappeler à ce sujet qu'il existe, dans différentes régions, des gneiss certainement antérieurs au Précambrien.

(1) Lory n'a étudié avec quelque précision les roches cristallines de ce petit massif que dans le Compte rendu de la réunion de Saint-Jean-de-Maurienne (*B. S. G. F.*, 2ᵉ série, t. XVIII, p. 705) : à l'angle des deux chemins de l'Échaillon et d'Hermillon affleurent, d'après lui, des schistes micacés, auxquels succèdent, vers l'Ouest, des gneiss dans lesquels « le mica est remplacé en partie ou en totalité par de l'amphibole ». Ces derniers s'appuient à leur tour sur une roche granitique à petits grains, dont la structure se rapprocherait de celle de la protogine. On rentre ensuite, au delà de Pontamafrey, dans des gneiss que traversent, près de Saint-Avre, quelques filons métallifères de galène et de blende à gangue quartzeuse.

(2) Sur la minute qu'il avait laissée de la feuille Saint-Jean-de-Maurienne, Ch. Lory avait marqué le massif du Rocheray en $\zeta^2 - x$ avec la mention manuscrite : « schistes chloriteux et séériciteux ».

(3) Il ne mérite, à proprement parler, ni le nom de dôme, ni celui de massif amygdaloïde. C'est une simple surélévation locale et terminale de l'anticlinal de la Croix-de-Fer. La structure en éventail, *si fréquente dans les autres massifs centraux*, n'existe pas ici.

(4) Le massif du Rocheray a, comme celui de Belledonne, été affecté de mouvements antehouillers et, probablement aussi (cela résulte du régime de ses plis anciens qui rattache son histoire à celle du Pelvoux), de plis *posthouillers*. C'est un fragment de la zone hercynienne, remanié par les plissements tertiaires.

terrains sont la règle sur ses flancs, aussi la série sédimentaire y est-elle généralement incomplète. C'est ainsi que près de Saint-Jean, à Sainte-Thècle, c'est le Lias qui se trouve en contact direct avec les Schistes cristallins et la granulite. A la chapelle de Mont-Vernier, on voit (fig. 1) reposer, sur la tranche des schistes granitisés, une nappe de spilite surmontée d'un banc de dolomie triasique qui supporte elle-même les calcaires noirs du Lias inférieur.

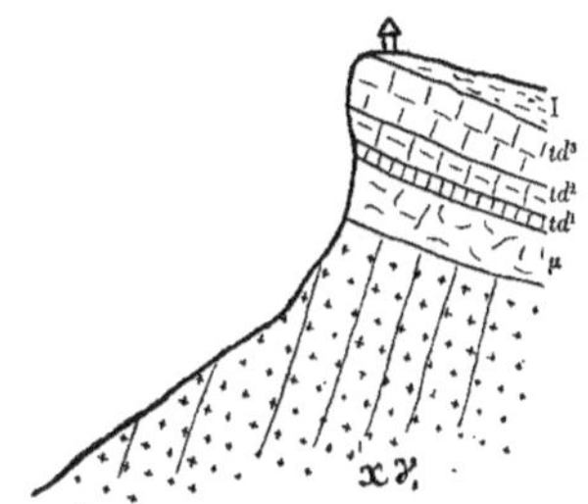

Fig. 1. — Coupe de l'escarpement situé au Sud de Mont-Vernier.

LÉGENDE.

xy, Schistes granitisés. — μ Mélaphyre (Spilite). — td^1 Dolomie brune se délitant en parallélépipèdes (Trias). — td^2 Calcaire dolomitique siliceux dur (Trias). — td^3 Calcaire dolomitique blanchâtre (Trias). — l Calcaire noir à silex (Lias).

Près de l'Échaillon-les-Bains, nous voyons des grès arkosiques[1] brunâtres peu épais, représentant sans doute le Trias, surmonter les roches granitoïdes, alors que tout près de là (près du four à chaux) ce sont les calcaires liasiques qui s'appuient directement sur le granite laminé. Au lieu dit le Replat (près Sainte-Marie-de-Cuines), une *mince bande de Houiller* accompagnée de Trias a été découverte par M. Termier; elle s'intercale ici entre le Lias et les Schistes cristallins. Vers le sommet du Châtelard, c'est la brèche du Télégraphe (Lias) qui recouvre directement les Schistes cristallins. Près du Sapey, ce sont de nouveau les dalles calcaires du Lias. A Sainte-Marie-de-Cuines, les schistes séricíteux, *renversés sur la bordure liasique,* sont quelque peu granitisés.

[1] Voir plus haut (tome I) pages 76 à 83, fig. 4 à 6 et fig. 9 et pl. II à IV du tome I.

On voit que la coupe varie suivant les points considérés et que, lors du plissement alpin, le noyau cristallin a dû jouer le rôle d'une masse de résistance contre les flancs de laquelle les sédiments plus plastiques de la couverture ont dû s'écraser et s'étirer.

La présence d'un petit lambeau houiller au Replat[1] est de nature à faire supposer que, si ce terrain fait défaut en d'autres points, c'est par suite des effets combinés de l'érosion (qui a dû précéder le dépôt du Trias) et d'étirements mécaniques subséquents. Il nous semble très probable qu'un *manteau continu de grès anthracifères* a jadis recouvert les terrains cristallins du Rocheray, reliant les grès du Replat à ceux du Charvin et de Valloire.

Roches du massif du Rocheray.

Examinons maintenant les éléments qui constituent le noyau cristallin du Rocheray. En descendant le cours de l'Arc, à partir de Saint-Jean-de-Maurienne, on rencontre :

a. De l'Échaillon à Hermillon, des *granites* ($\gamma_{,}$) et des *amphibolites* granitisées ($\delta\gamma^1$).

b. Près du pont d'Hermillon, les *amphibolites* fortement granitisées offrent une foule de filons de *microgranite* et de *granulite* et montrent deux venues éruptives distinctes (fig. 2). [Voir t. I, p. 75 et Pl. II.]

c. A la hauteur de Pontamafrey[2] (montée de Mont-Vernier, etc.), on a des schistes fortement granulitisés, avec filons de *granulite* empâtant souvent des paquets de schistes ($x\gamma^1$).

d. Puis, on traverse une large bande S. S. O.-N. N. E. de *schistes séricitenx* (x) à peu près purs, qui correspondent sur la rive gauche de l'Arc à un grand ravin boisé.

e. Enfin, en s'approchant de Cuines et de Saint-Avre, on voit les schistes s'injecter de nouveau et reprendre l'aspect gneissique; on y remarque quelques filons métallifères (voir t. I, p. 349).

Plis hercyniens et plis alpins.

On peut conclure de cette disposition que les PLIS ANCIENS de ce massif sont dirigés N.N.E. et que les venues de granite sont alignées suivant la même direction. Quant à savoir si la bande de schistes séricitenx (x) correspond

(1) Cette découverte nous semble également infirmer l'hypothèse émise par M. Haug d'un axe émergé à l'époque houillère, qui aurait compris le Rocheray.

(2) La chapelle de Pontamafrey est construite sur un bloc éboulé de schistes fortement granulitisés.

à un anticlinal ou à un synclinal, c'est chose fort difficile; faut-il voir ici un anticlinal où le granite aurait en partie « résorbé son dôme » ou le bord d'un synclinal en partie injecté? Les éléments nous manquent pour trancher cette question, mais nous penchons pour la première conception.

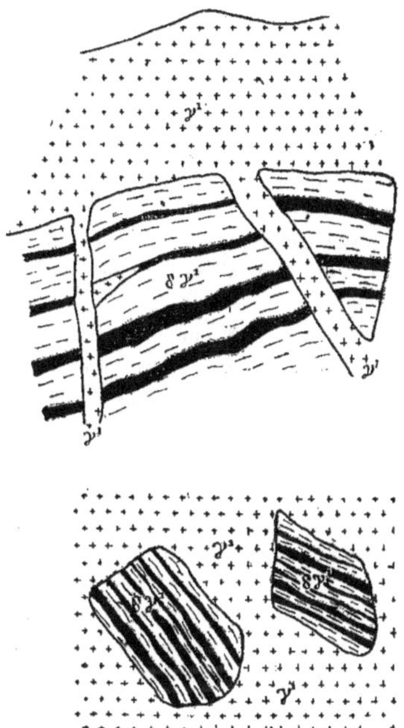

Fig. 2. — Représentant les relations du microgranite avec les gneiss amphiboliques rubanés près du pont d'Hermillon. (Voir p. 6 et p. 10-11.)
[D'après nature, par W. Kilian.]

LÉGENDE.

γ^1 Microgranite. — $\delta\gamma^1$ Gneiss amphiboliques.

En dessous du sommet du Châtelard, la granulite (aplite) forme, avec le granite, un massif assez étendu (γ, γ^1); des gneiss micacés constituent le point culminant de toute la contrée.

TYPES PÉTROGRAPHIQUES.

(Massif du Rocheray.)

Les schistes cristallins[1] offrent donc ici plusieurs types :

Schistes cristallins du Rocheray.

I. *Schistes* x. — Notre petit massif cristallin est traversé du S.S.O. au N.N.E. par une bande de schistes à séricite qui présentent leur type ordinaire. M. Michel-Lévy, qui a bien voulu les soumettre à un examen microscopique, y a distingué des *schistes quartzifères* et *sériciteux* (Pontamafrey), avec un peu de calcite et des *schistes chloriteux,* mais tous types franchement cristallophylliens. Leur description détaillée n'offrirait aucun intérêt, leurs caractères étant parfaitement banals.

Vers l'Ouest du massif domine le type x moins cristallin[2], quoique, au voisinage de Saint-Avre et de Sainte-Marie-de-Cuines, on remarque l'influence des éruptions granitiques.

Mais c'est à l'Est de Pontamafrey que ces schistes se montrent franchement *granitisés et granulitisés,* prennent un aspect gneissique et sont criblés de filons. C'est ainsi que la route qui monte de Pontamafrey à Montvernier est taillée dans les schistes granulitisés ($x\gamma$, de la Carte géologique détaillée de la France) jusqu'au-dessous de la Chapelle.

Il est intéressant de donner ici l'appréciation de deux de nos meilleurs pétrographes sur un type bien connu de schiste à séricite de nos Alpes françaises et très analogues à ceux que nous décrivons ici. Il s'agit des schistes qui forment, à la Motte-d'Aveillans (Isère), le *substratum* du terrain houiller qui, lui-même, en contient en abondance des blocs remaniés (Pl. II). (Ces schistes sont donc nettement antérieurs au Carbonifère et séparés de lui par une discordance.) Nous en avons soumis des préparations à MM. Michel-Lévy et Termier.

Pour M. Michel-Lévy, le schiste de la Motte est un « schiste micacé identique à ceux du col du Longet[3], du type $x - \zeta^2$, renfermant du feldspath et du sphène secondaire homogène ».

[1] Rappelons que ces schistes n'ont rien de commun avec les phyllades de la Vanoise, dont l'âge probablement permo-houiller a été discuté par MM. Termier et Zaccagna.

[2] Ch. Lory avait, du reste, constaté déjà que, dans les Alpes, le gneiss est relié par des « passages » insensibles aux termes moins cristallins de la série primitive.

[3] On sait que les schistes du col de Longet (Basses-Alpes) sont considérés par M. Marcel Bertrand comme des grès permiens métamorphisés.

M. Termier nous a donné de la même roche la diagnose suivante :

Préparation n° 513 de la Faculté des sciences de Grenoble : — Schiste quartzeux et séricíteux fin, avec laminage énergique; lentilles de sphène ou d'ilménite et cristaux de tourmaline tronçonnés; feldspaths arrachés et brisés. Les feldspaths assez nombreux (orthose) sont développés *in situ*. Analogie avec certains schistes feldspathiques du Permien de la Vanoise, *mais aussi avec certains schistes archéens des Rousses.*

Comme on le voit, les deux savants sont d'accord pour reconnaître l'identité presque complète de certains de nos types cristallophylliens nettement antehouillers avec les produits du métamorphisme régional s'étant exercé sur des sédiments moins anciens.

2. *Amphibolites.* — Entre l'Hermillon et le pont de l'Échaillon, une petite falaise de Schistes cristallins est formée d'amphibolite à mica noir[1]. Ces amphibolites sont également très bien développées au S. O. du pont d'Hermillon où elles présentent le type ordinaire du Pelvoux à mica noir et apatite[2]. On les voit encore constituant des escarpements sur la rive gauche de l'Arc, en aval de ce même pont. Là elles sont *injectées de granulite* et passent à de véritables *gneiss amphiboliques.* Amphibolites.

Ici encore, une description détaillée nous semble oiseuse après les diagnoses si magistrales données par Ch. Lory, (sous le nom de diorites, *p. parte*), MM. Michel-Lévy, Termier, Duparc, Mrazec, Ritter, de roches similaires de la chaîne des Aiguilles-Rouges, des Grandes-Rousses et de la zone de Belledonne (Séchilienne).

Aux amphibolites sont ici, comme dans la vallée de la Romanche, associés des schistes *épidotifères* qui en dérivent par altération. Un de ces schistes a fourni la diagnose suivante :

Préparation n° 575 de la Faculté des sciences de Grenoble, examinée par M. Termier : — Schistes à épidote. Quartz, épidote, ilménite, un peu de feldspath, un peu de séricite. Gros filonnets de quartz, calcite, épidote. Provenant probablement de l'altération d'une amphibolite.

(1) M. Michel-Lévy a bien voulu examiner nos échantillons.
(2) Préparations soumises à M. Termier.

ROCHES ÉRUPTIVES ANCIENNES [1].
(Massif du Rocheray.)

Roches éruptives anciennes.

Les roches éruptives qui, dans le Rocheray, ont injecté les Schistes cristallins, les ont parfois pénétrés jusqu'à les rendre méconnaissables et y forment un réseau de filons et d'amas très nets, sont le *granite*, le *microgranite* et la *granulite* [2] (avec sa variété aplite).

Granites.

Granite (granitite) et microgranite. — Le GRANITE de Saint-Jean-de-Maurienne est parfois pauvre en mica et quartz, formé surtout d'orthose et d'oligoclase-andésine. Le mica est partiellement décoloré, ce qui donne, à l'œil nu, l'illusion d'une granulite. Mais, le plus souvent, c'est un granite ordinaire à biotite passant aux microgranites surtout au voisinage du contact des schistes. Les granites à grain fin dominent de beaucoup dans le massif du Rocheray.

Microgranites.

Des *microgranites* exclusivement feldspathiques et quartzeux sans mica d'autre sorte se rencontrent en petits filons (voir fig. 2) [pont d'Hermillon] et présentent des passages à la granulite.

Injections granitiques.

En certains points, les filons se chargent d'amphibole et de mica blanc. On sait que M. Michel-Lévy considère ces roches comme des variétés de granite dues au métamorphisme endomorphe. Les rapports de ces microgranites avec les Schistes cristallins sont particulièrement nets un peu en aval de Saint-Jean-de-Maurienne. Là, près du pont, en face d'Hermillon existent de magnifiques affleurements qui permettent d'étudier en détails la structure intime du massif, soit dans les escarpements qui bordent l'Arc en aval du pont, soit dans des blocs descendus du sommet et qui forment en ce point des amoncellements considérables (voir la fig. 2 et la Pl. I du présent volume, ainsi que les détails donnés dans le tome I (p. 75) et la Pl. II de ce tome I). Notre planche (Pl. I), exécutée sur des photographies prises d'après nature, permet de se rendre très exactement compte de la netteté du phénomène d'injection en ce lieu. On peut y voir de

[1] L'un de nous, (W. Kilian) [Sur l'ancienneté des granites alpins (*Bull. Soc. Géol. de Fr.*, 4ᵉ série, t. V, p. 345, 1905)], puis après lui, M. Duparc, se sont élevés contre l'assertion de M. Sandberg, qui assigne à *tous les granites* des Alpes occidentales un âge oligocène; l'existence fréquente et certaine de galets granitiques dans des conglomérats paléozoïques (houillers) et éogènes des Alpes françaises a été rappelée à ce propos. Nous reviendrons plus loin sur cette question.

[2] Ces roches ont été examinées au microscope par MM. Michel-Lévy et Termier.

beaux gneiss amphiboliques rubanés et des amphibolites alternant avec des lits granitiques. Non seulement on peut observer tous les passages entre le granite et l'amphibolite, mais on peut suivre l'injection de la roche éruptive *lit par lit* (voir fig. 2). La roche est plisssée, et les lits noirs d'amphibole en dessinent très nettement les « plissottements » de détail. La roche a donc *été injectée lit par lit* par une *première poussée* éruptive.

Ce n'est pas tout : une *deuxième poussée* est attestée par l'existence d'un système indépendant de filons de granite et de microgranite. Ces filons coupent les strates de l'amphibolite; les plus gros d'entre eux en englobent même des fragments (voir fig. 2) diversement orientés. Les filonnets se ramifient et vont se terminer souvent parallèlement aux couches amphiboliques. On remarque que certains d'entre eux se coupent, indiquant ainsi *deux venues* successives dans cette deuxième poussée granitique. Des nids ou amas micacés existent aussi en certains points.

La photographie reproduite dans le tome I, ainsi que celle qui figure sur notre planche I, ont été prises sous un éclairage convenable par les soins de M. Corbière, ingénieur à Saint-Jean-de-Maurienne; elles représentent les faces de deux gros blocs gisant près du pont d'Hermillon (rive gauche de l'Arc), non loin de la route nationale. Ces blocs sont presque en place et on voit nettement qu'ils proviennent des flancs voisins du Rocheray. Une autre de nos planches (Pl. IV du tome I) représente le rocher de l'Échaillon dominant la rive gauche de l'Arc, non loin de la gare de Saint-Jean-de-Maurienne.

Granulite (aplite).

Granulite (*aplite*)[1]. — La granulite est moins abondante dans le Rocheray que le granite. Cependant elle s'y présente en certains points :

A la montée de Pontamafrey à Mont-Vernier, une belle *granulite à mica blanc* traverse les schistes à séricite gneissifiés. Sous le Châtel d'Hermillon, de superbes filons de granulite sont également visibles dans les parois gneissiques, elles-mêmes très granitisées. Enfin, au-dessous du sommet du Châtelard et au Sapey[2], cette roche forme, avec des gneiss, un massif plus considérable dans les bois de sapins qui entourent la maison forestière.

[1] Il convient de rappeler ici que Ch. Lory a signalé, il y a longtemps déjà, dans les Alpes françaises (environs du Bourg-d'Oisans) la présence de filons de granulite.

[2] Préparations n° 206 et 196 de la Faculté de Grenoble, examinées par M. Michel-Lévy. — Le Sapey, près Saint-Jean-de-Maurienne : — Granulite avec filonnets de quartz et imprégnation de calcite secondaire.

C'est une granulite à deux micas, altérée par places, avec invasion de quartz grenu.

Près du Sapey, des *filons de pyrite* sillonnent la granulite près de son contact avec le calcaire.

Granite laminé de l'Échaillon.

On exploite sur le chemin de Saint-Jean à l'Échaillon une *roche schisteuse* très curieuse, dont l'aspect rappelle bien plutôt certains quartzites séricíteux du Trias métamorphisé qu'une roche éruptive. Nous avons longtemps hésité sur son âge et son origine. Un premier examen microscopique n'a pas tardé à nous fixer sur sa véritable nature. En voici les résultats :

Préparation n° 72 de la Faculté des sciences de Grenoble (diagnose de M. Michel-Lévy). Chemin de l'*Échaillon*, près Saint-Jean-de-Maurienne : — *Brèche arkosienne* contenant des débris de grande taille de quartz, de feldspath et de micas, dans un ciment séricíteux et un peu calcaire.

Autre échantillon du même point (préparation n° 29 de la Faculté des sciences de Grenoble) examiné par le même pétrographe : *Arkose* à gros grains, très cristalline (quartz, feldspath, mica blanc) et à ciment peu abondant. Ce ciment est quartzeux, séricíteux et un peu calcaire. Pour M. Michel Lévy, « *C'est une granulite dynamométamorphique* ou une arène presque en place ».

Un autre échantillon (préparation n° 40) du même endroit (entre le pont de Saint-Jean et l'Échaillon) est, d'après M. Michel-Lévy, une arkose formée aux dépens d'*arènes granitiques à peine remaniées*. Cette roche est riche, par places, en apatite, avec une variété de phyllite à étudier, qui n'est ni du mica noir, ni du mica blanc, ni de la chlorite.

Un autre morceau encore (préparation 183) se rapproche davantage du *granite*.

Enfin nous avons soumis à M. Michel-Lévy un échantillon (préparation n° 77 de la Faculté des sciences de Grenoble) pris à la limite du terrain cristallophyllien, à quelques pas du pont, et l'illustre pétrographe nous écrit à son sujet : « Je *croirais presque à du granite en place* ».

M. Offret, auquel nous avons soumis d'abord la roche de l'Échaillon, y a vu « de grands cristaux de feldspath tricliniques », mais nous a déclaré, en 1892, ignorer absolument à quel type il est possible de la rapporter.

Après de nouvelles explorations, nous rapportâmes des échantillons bien choisis qui donnèrent les résultats suivants :

Roche de Saint-Jean-de-Maurienne (préparation n° 11 de la Faculté des sciences de Grenoble) : *Granite* pauvre en mica et quartz, formé surtout d'orthose et d'oligoclase andésine. Le mica est partiellement décoloré, ce qui donne, à l'œil nu, l'illusion d'une granulite. (Diagnose de M. Termier.)

Roche prise entre Saint-Jean et l'Échaillon (préparation 86) : Granite froissé (très curieux), kaolinisé et calcifère. (Diagnose de M. Termier.)

Roche de Saint-Jean, près du four à chaux (préparation 44) : *granite* très altéré, avec kaolinisation intense et invasion de calcite secondaire; il y a un peu de muscovite, mais la roche est relativement pauvre en quartz. (Diagnose de M. Termier.)

(Préparation 236) : *Granite* (la plaque ne montre pas de muscovite ancienne kaolinisée).

(Préparation 245) : Granite froissé et kaolinisé.

Ces trois dernières roches sont remarquables par l'abondance de l'apatite en gros cristaux. (Diagnose de M. Termier.)

Échantillon de la collection Kilian et Révil (Faculté des sciences de Grenoble). Griffon de la source de l'Échaillon (Savoie). A l'œil nu, c'est une roche très altérée ressemblant à un granite ou à un gneiss en partie kaolinisé.

(Préparation 29.) Roche prise entre Saint-Jean et l'Échaillon (Savoie) : *Granulite* à mica blanc, froissé, cassé, kaolinisé et partiellement quartzifère et calcifié.

Ces nombreuses diagnoses montrent d'une facon évidente que, malgré son aspect extérieur essentiellement schisteux et satiné et son analogie avec les *arkoses auxquelles la relient de nombreux passages*, la roche de l'Échaillon possède une structure nettement éruptive. C'est à peine si, sur le bord de l'affleurement, existent quelques bancs d'arkose (probablement triasique); le reste doit être considéré comme un *granite* avec filons de granulite rendu schisteux et pour ainsi dire *laminé* par des actions dynamiques.

Nous avons là un exemple très net du phénomène auquel une certaine école (M. K. Schmidt, etc.) voudrait attribuer la genèse de tous les gneiss et de beaucoup d'autres de nos Schistes cristallins des Alpes. S'il faut reconnaître, en effet, qu'en beaucoup de cas l'action du dynamométamorphisme sur des roches granitoïdes préexistantes est, comme ici, considérable, il n'en est pas moins de la dernière évidence que les phénomènes d'injection ont eu, eux aussi, une grande, sinon la plus grande part dans la formation des Schistes cristallins; on en a la preuve au pont d'Hermillon.

En résumé, l'exploration détaillée du petit massif cristallin du Rocheray ou Grand-Châtelard, au N. O. de Saint-Jean-de-Maurienne, nous a donné les résultats suivants : Conclusions.

Les Schistes cristallins, séricıteux, chloriteux et amphiboliques, — qui constituent ce massif et qui forment des bandes dirigées S. O.-N. E., — ont été soumis à un métamorphisme de contact intense[1] et à des *injections* de magmas éruptifs.

[1] Voir les beaux travaux de M. Michel-Lévy sur ce sujet et, en particulier, les considérations qui accompagnent son Étude sur le granite de Flamanville.

On y distingue nettement *deux phases*[1] :

a. Une première, due à une roche voisine du granite γ^1, et qui a eu pour effet une sorte de *rebrassement* des schistes;

b. Une deuxième venue qui a laissé sa trace sous la forme de nombreux *filons* de granulite et de microgranite. Ces filons sont remarquablement nets dans les amphibolites de Saint-Jean-de-Maurienne; ils sont de deux âges, car ils *se coupent* en plusieurs points.

Une bande N.E. de schistes x à peu près purs coupe le massif au Nord de Pontamafrey. Partout ailleurs, les schistes sériciteux, micacés et amphiboliques sont plus ou moins *granitisés* et *granulitisés*, au point de devenir de véritables gneiss. Tous les passages existent entre le granite γ, (l'Hermillon), la granulite γ^1 et les schistes x ou δ.

En outre, la roche de l'Échaillon offre un bel exemple de *laminage* des roches granitiques.

Nous avons donc ici, côte à côte et nettement caractérisés, les produits de deux sortes de métamorphisme :

a. Le *métamorphisme éruptif* ou de contact, qui est incontestable à Hermillon;

b. Pour l'Échaillon, le *dynamométamorphisme*, qui a rendu schisteuses des roches granitoïdes typiques.

Ces deux actions ont dû souvent, dans nos massifs cristallins, se superposer l'une à l'autre.

La *direction des plis anciens* qui affectent ces schistes n'est pas tout à fait parallèle à celle des plis alpins environnants, et paraît bien faire partie du système des « plis hercyniens », décrits dans les Grandes-Rousses par M. Termier. Seulement, il est à remarquer que les plis anciens du Rocheray ne sont *pas la continuation des plis anciens des Rousses*, dont le prolongement passerait à l'Ouest de la Chambre, tandis que les plis tertiaires ou *alpins* du massif des Rousses semblent bien avoir, au contraire, leur suite dans le Rocheray[2] et en avoir motivé l'existence.

[1] Ces observations confirment la théorie émise par M. Duparc et son école sur le rôle des émissions anciennes dans les massifs cristallins des Alpes.

[2] M. Termier (Tect. du mass. du Pelvoux, p. 753) considère le Rocheray comme dû, en effet, à une surélévation de l'anticlinal *alpin* des Grandes-Rousses.

Les roches éruptives, bien que prehouillères, paraissent être postérieures à un premier plissement très ancien des schistes. Ajoutons que M. Termier a été conduit par ses belles études pétrographiques à conclure que, dans les Alpes, la « mise en place » des granites n'est pas la *cause* du métamorphisme des Schistes cristallins, mais n'en serait qu'un simple épisode.

Ces faits et ces conclusions cadrent bien avec ce que les travaux récents nous ont appris sur d'autres parties des Alpes françaises.

Comparaison avec des massifs voisins.

Le *granite* a été signalé et étudié avec soin dans notre zone cristalline delphino-savoisienne (première zone alpine), en Savoie et Haute-Savoie, par MM. Duparc et Ritter[1]. Ces auteurs ont décrit les pointements d'Outray, Bersend, Beaubois, Saint-Guérin, Fontanu et les ont rapprochés du célèbre « granite de Vallorcine ». Ils ont fait remarquer cependant que tous ces gisements semblaient constituer une *sous-zone externe*, riche en éruptions granitiques de la zone du Mont-Blanc, et jalonnée par les localités de Gasteren (Alpes bernoises), Vallorcine et Beaufort, tandis que dans une *sous-zone interne* régneraient les éruptions de protogine (Gothard-Pelvoux)[2].

Disons tout de suite que la présence de granites dans le Rocheray ne concorde en aucune manière avec cette conclusion. Nous avons vu, en effet, que la direction des plis hercyniens, dans ce petit massif, conduit à le considérer comme la *continuation ancienne du Pelvoux*, c'est-à-dire comme faisant partie de la sous-zone *interne* de M. Duparc. — Il semble, d'autre part, ressortir de plus en plus des explorations effectuées dans les dernières années que les anticlinaux hercyniens de la chaîne de Belledonne ne sont point parallèles au bord actuel de cette zone, déterminé par les plis tertiaires (« alpins »); c'est ainsi que M. Termier a montré que les plis anciens des Rousses, au lieu de se retrouver

[1] L. Duparc et E. Ritter, Les massifs cristallins de Beaufort et Cevins (*Archives des sciences physiques et naturelles*, 3e période, t. XXX, 1893). — L. Duparc et E. Ritter, Les éclogites et les amphibolites du massif du Grand-Mont (*Archives des sciences physiques et naturelles*, 3e période, t. XXXI). — E. Ritter, Les massifs de Beaufort et du Grand-Mont (thèse de l'Université de Genève, 1894).

[2] La protogine du Mont-Blanc et celle du Pelvoux ne sont pas comparables. M. Termier considère la « protogine » du Pelvoux comme un granite (Granite du Pelvoux), qui se distingue de la protogine du Mont-Blanc par son alcalinité, renfermant une proportion à peu près égale de potasse et de soude. Il se rapproche des liparites et de quelques trachytes, tandis que la protogine du Mont-Blanc présente une acidité (SiO^2 oscillant entre 66 et 76 p. 100) permettant de la classer avec les granites granulitiques.

dans le Rocheray, c'est-à-dire dans la continuation au Nord du même plissement alpin, réapparaissent au N. O. dans le massif de Sambuy appartenant à la chaîne de Belledonne, c'est-à-dire à un autre pli alpin.

La *granulite* et l'*aplite* sont ici, comme dans l'Oisans et au Mont-Blanc[1] (Aiguille du Tacul, etc.), les types les plus récents de cette série; mais, ici, c'est à une « granitisation » proprement dite et non à une « protoginisation » qu'elles succèdent. Le rôle de la granulite, si important devant les défilés de l'Olle et aux Sept-Laux, paraît, du reste, relativement secondaire. Il est difficile en outre, dans beaucoup de cas, de distinguer exactement le granite du microgranite et la granulite des précédents; il semble exister entre ces types tous les intermédiaires possibles. On remarque cependant que la granulite typique (aplite) *est constamment plus récente* que le granite[2]. Nous savons du reste que, dans les Alpes, le granite, le microgranite, la protogine, la granulite ne sont que des types extrêmes dans l'évolution d'un même magma éruptif et dans ses modifications endomorphes.

Constatons aussi l'absence, au Rocheray, du type granitique décrit sous le nom de *protogine* dans la première zone alpine, à Épierre, Cevins, Feissons, etc., ainsi que de types basiques comparables à ceux que M. Termier a décrits dans l'Oisans (syénite du Lauvitel, minette de Valjouffrey, etc.).

MM. Duparc et Ritter font également ressortir l'acidité des granites de la Savoie et de la Haute-Savoie qui, d'après eux, se rapprochent parfois beaucoup de la granulite; ces caractères nous rappellent ceux que nous venons de décrire pour les granites du pont d'Hermillon. M. Ritter a rencontré, au Grand-Mont, des *microgranites* qui se présentent dans les mêmes conditions que ceux dont nous venons de parler.

Les schistes granitisés de Beaubois peuvent de même être rapprochés des nôtres. Nous n'avons pas rencontré, dans notre massif, de micaschistes[3] comparables à ceux d'Hauteluce et de Sainte-Barbe; mais nos schistes (x) de Pon-

[1] Voir, outre le mémoire classique de M. Michel-Lévy, sur le Mont-Blanc (1890) : L. Duparc et L. Mrazec, Recherches sur la protogine du Mont-Blanc et quelques granulites filoniennes qui la traversent (*Arch. Sc. phys. et nat.*, 3ᵉ période, t. XXVII; — E. Mrazec, La protogine du Mont-Blanc et les roches éruptives qui l'accompagnent (thèse Univ. de Genève, 1892); L. Duparc et L. Mrazec, Rech. géol. et pétr. sur le massif du Mont-Blanc. Genève, 1898 (avec bibliographie, p. 4).

[2] Michel-Lévy, Contribution à l'étude du granite de Flamanville (*Bull. carte géol. de France*, n° 36, 1893).

[3] Ritter, *loc. cit.*, p. 38, 39.

tamafrey sont évidemment de même nature que les schistes à séricite et les schistes cornés décrits par M. Ritter au Nord de notre champ d'études, à Cernex, à Fontanu, à Cevins, etc. que les schistes micacés du Bout-du-Monde, près d'Allevard, et que ceux que M. Termier a si bien fait connaître dans les Rousses (*loc. cit.*, p. 12). Comme ces derniers, ils représentent des schistes paléozoïques[1] d'un âge indéterminé, rendus cristallins par métamorphisme.

Enfin, dans les grandes Rousses, M. Termier a étudié des *amphibolites* de même nature que les nôtres et décrit (*loc. cit.*, p. 12) des injections qui rappellent beaucoup celles du pont d'Hermillon (seulement elles sont uniquement granulitiques, et nulle part, dans les Rousses, le granite n'a été signalé) et qui ont donné naissance, comme chez nous, à de véritables « gneiss à amphibole ». Pas plus qu'en Maurienne, du reste, l'âge de ces phénomènes ne peut être précisé. Nous avons été frappés également de l'analogie des *phénomènes d'injection* [2] observables en Oisans, avec ceux que nous avons décrits plus haut près de Saint-Jean-de-Maurienne : à quelques kilomètres en amont de Livet, dans la vallée de la Romanche, par exemple, des amphibolites sont tout partiellement injectées et traversées par des filons aplitiques de seconde venue. Des phénomènes analogues s'observent en beaucoup d'autres points, notamment, d'après M. Pierre Lory[3], dans le vallon de la Selle et, d'après Ch. Lory, dans le massif du Vaxivier. Il est, du reste, d'autres régions des Alpes où l'injection des roches éruptives anciennes se présente de la même façon; nous nous contenterons de citer le massif du Mont Blanc et la région des gneiss vaudois décrite par M. Gregory.

C'est à dessein, et faute d'une compétence pétrographique spéciale qui nous fait défaut, que nous ne poussons pas plus loin la comparaison avec les massifs centraux des Alpes suisses si bien étudiés par MM. Baltzer, K. Schmidt et d'autres savants, les Schistes cristallins de ces régions, ainsi que ceux des Alpes orientales, ayant été, dans beaucoup de cas, comme au Simplon, par exemple, interprétés de façon contradictoire et considérés par les uns comme antehouillers et par d'autres comme moins anciens.

(1) Cette vérité qui peut sembler banale n'est cependant pas inutile à rappeler depuis que M. Gregory a admis un âge pliocène pour certains gneiss (Gregory, The Waldensian Gneisses and their place in the Cottian Sequence (*Quarterl. Journ. of th. Geol. Soc.*, mai 1894, t. I).

(2) Quelques pétrographes ne voient dans ces apparences que le résultat d'un simple *processus* de ségrégation et de concentration magmatiques.

(3) P. Lory, Communication inédite.

IMPRIMERIE NATIONALE.

B. SCHISTES CRISTALLINS DE VILLARLY ET D'HAUTECOUR.

En dehors du Rocheray, nous n'avons à signaler dans le champ de nos études qu'un petit nombre d'affleurements, très restreints du reste, de Schistes cristallins.

Micaschistes de Villardy.

a. *Schiste micacé de Villarly.* — Nous rapportons à la série cristallophyllienne un petit affleurement de micaschistes, situé à peu de distance de Villarly, près de Saint-Jean-de-Belleville. Entouré de toute part de sédiments plus récents, ce lambeau forme, avec les grès houillers, le noyau d'un anticlinal étiré dont l'axe coïncide à peu près avec le lit du torrent issu des pentes du Niélard. (Voir t. I, coupe, fig. 87, p. 246 et 248.)

Voici la diagnose que nous a donnée M. Termier d'une préparation que nous lui avons soumise :

(Préparation n° 578 des collections de la Faculté des sciences de Grenoble). Schiste à mica blanc et chlorite de Villarly :

Roche très cristalline, aspect des schistes ζ^2, de la Carte géologique : apatite, zircon, rutile (très beau) formant dans la chlorite un réseau d'aiguilles mâclées à 60 degrés. Un peu de mica noir verdi. Chlorite abondante. Mica blanc en plages énormes, ondulées. Plagioclase assez abondant. Quartz. Rien de détritique en apparence ou recristallisation très complète. Ce type *n'existe pas dans le Permien* de la Vanoise.

C'est du ζ^2 (ou ζ^2 reconstitué par juxtaposition de galets et expulsion du ciment).

Nous avions d'abord considéré ce schiste comme Permien, car il est difficile, l'anticlinal dont il occupe l'axe avec le Houiller étant étiré, de décider, sur place, laquelle des deux assises est la plus ancienne. On en retrouve de très nombreux fragments remaniés dans les brèches éogènes des environs de Moûtiers, dont il est l'un des éléments les plus caractéristiques.

Micaschistes d'Hautecour.

b. *Micaschistes d'Hautecour.* — Au Nord de Moûtiers en Tarentaise et dans l'axe de deux des anticlinaux qui constituent le petit amygdaloïde d'Hautecour (voir t. I, p. 267, 268, fig. 97), affleurent, avec des grès houillers typiques, des roches gneissiformes d'aspect cristallophyllien, que nous rapportons provisoirement, non sans formuler toutefois quelques réserves[1], — la disposition

[1] On serait peut être tenté au premier abord de voir dans les roches d'Hautecour l'équivalent des micaschistes permo-houillers de la Vanoise et du Piémont, mais ils sont séparés de ces derniers par une vaste zone (zone houillère, dite *axiale*) où les formations de cet âge, très puis-

des assises n'étant pas des plus nettes dans ces noyaux puissamment étirés et disloqués, — à la série antehouillère. — Voici les diagnoses relatives à ces schistes cristallins d'Hautecour :

Échantillon et préparation N° 2261 de la collection Kilian (Faculté des sciences de Grenoble); recueilli par M. Révil sous l'église d'Hautecour :

A l'œil nu : *Micaschiste à mica blanc;* d'un gris noirâtre, à reflet argentin ;

Au microscope :

1° Diagnose de M. Termier : Quartz, mica blanc, un peu de tourmaline. Type banal de micaschiste dans le Cristallophyllien de n'importe quelle série;

2° Diagnose de M. Duparc (du même échantillon) : *Micaschiste à mica blanc.* — C'est un micaschiste typique, formé exclusivement de quartz et de mica blanc. Ce dernier minéral se présente en grandes lamelles disposées parallèlement, et en rubans souvent froissés et contournés. Elle s'éteint à o degré du clivage $p = (001)$, sa biréfringence $ng - np = 0{,}04$. Les rubans de muscovite sont fréquemment soulignés par des produits opaques, ferrugineux. Le quartz forme de grandes plages lenticulaires, alignées et presque toujours écrasées; les individus ont parfois des extinctions onduleuses. Entre ces plages quartzeuses et les rubans de mica, il existe, en petite quantité, des petits grains et débris de quartz en partie recristallisé, qui forment comme un ciment très local. La coupe renferme un ou deux petits grains à fort relief et de haute biréfringence, de couleur jaune d'or, qu'il faut rapporter au rutile.

Échantillon et préparation n° 2986 de la collection Kilian (Faculté des sciences de Grenoble). Hautecour-le-Bas, au milieu du village (M. Révil):

A l'œil nu, cette roche a l'aspect d'un micaschiste ordinaire, à lamelles de mica blanc, d'une teinte grisâtre et ne présente rien de particulier.

Au microscope :

1° Diagnose de M. Termier. *Micaschiste à mica blanc,* à sidérose et ankérite. Il y a des zones quartzeuses riches en albite;

2° Diagnose de M. Duparc (du même échantillon) : *Micaschiste à mica blanc.* — Cette roche est un peu différente du numéro qui précède. Elle est essentiellement quartzeuse, mais le quartz est disposé irrégulièrement. Par places, il forme une association de petits grains polyédriques assez gros, ailleurs il se présente en petits débris anguleux, ou il forme encore des grains assez grands, isolés dans une masse quartzeuse à éléments beaucoup plus fins, mêlés à des filaments de mica blanc. Aux faibles grossissements, la roche semble formée, en somme, par des lentilles de quartz grenu, alignées plus ou moins parallèlement, noyées dans une masse, quartzeuse également, mais à éléments plus petits, mêlés à des filaments de mica blanc. La muscovite est négative, à deux axes très rapprochés. Les lamelles sont très froissées et contournées, les extinctions souvent roulantes. C'est l'étirement des grandes lamelles qui donne naissance aux débris et filaments

santes, n'offrent aucune trace de métamorphisme. Ajoutons en outre qu'elles sont juxtaposées ici à des grès houillers typiques.

de mica blanc. La muscovite est toujours associée à un peu de chlorite verte. La coupe renferme de jolis et assez nombreux rhomboèdres formés par de la calcite (ou de la dolomie?) qui, sur leur pourtour, sont épigénisés en oxyde de fer.

Préparation n° 2997 de la collection Kilian. En amont de Grégny, au Sud de la Route. (Diagnose de M. Duparc) : — Roche comparable à certains *Schistes chloriteux*. Semble formée par un tissu chlorito-séricitique mêlé à un peu de quartz en petits grains. Dans ce tissu principal, on trouve quelques petites lentilles et plages irrégulières de quartz grenu. Les régions chloriteuses, prépondérantes d'ailleurs, paraissent surchargées de produits opaques de nature ferrugineuse ; on y trouve aussi des grains de magnétite, puis un peu d'hématite. Aux forts grossissements, la masse se résoud en un agrégat de paillettes de chlorite et de séricite, entremêlées de grains de quartz. La chlorite, qui prédomine, est d'un vert très pâle, à peine biréfringente et polychroïque. La séricite est généralement incolore ou légèrement brunâtre; les paillettes s'éteignent suivant $p = (001)$; leur biréfringence $n_g - n_p$ atteint 0,035. Parmi les paillettes de chlorite et de séricite, on trouve de nombreux grains de leucoxène, développés souvent en couronnes autour d'un centre brunâtre et opaque, sans doute formé par des éléments ferrugineux. Les lentilles de quartz sont formées par un agrégat d'individus polyédriques de ce minéral, associées à quelques jolies lamelles de pennine verte et légèrement polychroïque.

C. QUELQUES MOTS SUR L'ORIGINE DES SCHISTES CRISTALLINS.

Idées de M. Michel-Lévy.

Les Schistes cristallins sont considérés aujourd'hui par la majorité des géologues comme d'anciens sédiments modifiés. Dès 1887, M. Michel-Lévy rappelait l'attention sur l'origine de ces schistes et émettait l'idée que les assises les plus anciennes reconnues par nos observations ne représentent pas le véritable substratum de l'écorce terrestre —, que l'on voie du reste dans ce *substratum* une écorce primitive ou de refroidissement, ou les sédiments d'un océan primitif, sorte de bain de cristallisation, — que ce substratum a été fréquemment remanié; en un mot, que « le terrain dit *primitif* est un produit complexe de roches éruptives postérieures aux gneiss, et de terrains réellement détritiques et profondément métamorphisés »[1].

Observations de M. Termier. (Conglomérats, intrusions, etc.)

Il est juste de dire qu'on n'a jamais rencontré dans cette formation de fossiles déterminables, mais on y a constaté, par contre, la présence de *conglomérats* dont l'origine sédimentaire est indiscutable. C'est ainsi que, dans la chaîne de Belledonne, et au milieu de roches cristallophylliennes, M. Termier a signalé des îlots plus ou moins étendus de schistes fissiles noirâtres enclavant

[1] Michel Lévy, Sur l'origine des terrains cristallins primitifs (*Bull. Soc. géologique de France*, 3e sér., t. XVI, p. 111, 21 novembre 1887).

des bancs minces, à petits galets de quartzites et de micaschistes, et passant latéralement à des types franchement cristallins. Des brèches analogues ont été signalées par M. Golliez dans les schistes cristallins de la Dent-de-Morcles, et par M. Termier dans les Grandes Rousses (*loc. cit.*, p. 17, 23, 24), au col du Lautaret, versant nord de Combeynot) et dans le massif de Chaillol (Hautes-Alpes), au col de Chaillol-Viel. Ce dernier gisement est, nous écrit M. Termier, le plus remarquable par la grosseur et la netteté des galets. D'autre part, notre confrère fait remarquer que, dans le massif de Belledonne, les Schistes cristallins présentent de nombreux *amas de roches massives* (gabbros, péridotites, etc.) et que le métamorphisme est en relation avec ces amas. Tout porte à croire, conclut-il, que le terrain fondamental de la chaîne de Belledonne a été modifié par l'intrusion de ces amas et que la transformation était terminée avant l'époque stéphanienne[1].

Schistes cristallins d'âges divers.

Outre ces Schistes cristallins d'âge antehouiller, il en est d'autres plus récents[2]. Ainsi les Alpes françaises, comme l'a également mis en évidence M. Termier, présentent encore une série cristalline permo-carbonifère et une série cristalline mésozoïque. Vers l'Ouest, dit-il, on voit les roches gneissiformes de la série permo-carbonifère passer à des grès à anthracite et à des sédiments permiens de type ordinaire, tandis que, vers l'Est, elles deviennent de plus en plus cristallines. En France, cette série permo-houillère ne renferme pas de roches massives; en Italie, il y a des régions qui en sont dépourvues et d'autres où les diorites abondent. Quant à la série mésozoïque, — dont le sommet pourrait, d'après M. Termier, être éocène[3], — elle constitue le complexe qui a été appelé « Schistes lustrés », sur l'âge desquels on a beaucoup discuté et que nous étudierons plus loin. Il nous suffira de dire ici qu'elle consiste surtout en *calcschistes* auxquels s'associent parfois des micaschistes, des gneiss,

[1] P. Termier, Nouvelles observations géologiques sur la chaîne de Belledonne (*C. R. Acad. des sc.*, t. CXXXIII, p. 897, 25 novembre 1901).

[2] Des roches gneissiques, des amphibolites, des micaschistes et une série de types cristallophylliens, assez analogues au premier abord aux roches antehouillères dont nous venons de parler affleurent dans le massif de la Vanoise, à Modane, au col de Longet (Basses-Alpes), dans le Queyras, à Serre-Chevalier, près Briançon; il est à peu près certain que les unes doivent être rattachées au Permo-houiller et les autres à la série des *Pietre verdi*, associées aux Schistes lustrés mésozoïques. Il en sera parlé plus en détail dans les chapitres consacrés à ces dernières formations. (Voir à ce sujet les travaux de MM. Termier, Termier et Kilian, Franchi, etc., n°s 814, 877, 883, 894, 900, 937, 961, 946, 976 et 984 de la liste bibliographique du tome I.)

[3] Cette opinion n'est partagée ni par M. Haug, ni par l'un de nous (M. Kilian), ni par M. Franchi, qui considèrent les *Schistes lustrés* typiques comme exclusivement mésozoïques.

des amphibolites se rattachant à d'immenses *amas de roches basiques* vertes, (les *Pietre verdi*), d'origine manifestement éruptive.

Nous devons par conséquent considérer comme établi, — malgré les divergences d'opinion qui subsistent encore à l'égard de certains cas particuliers, comme les gneiss du Simplon, du Grand-Paradis, du Mont-Rose, que beaucoup d'auteurs considèrent comme precarbonifères, tandis que d'autres les rattachent à la série permo-houillère, — que des roches très différentes, non seulement quant à leur composition, mais encore quant à leur âge, ont été transformées en Schistes cristallins, par suite d'un métamorphisme auquel on a donné le nom de ***métamorphisme régional.***

Métamorphisme régional. — Théories diverses.

A quelle cause attribuer ce métamorphisme[1]? La question a été très discutée et ne nous semble pas entièrement résolue. Pour M. Rosenbusch et pour ses disciples, ainsi que pour beaucoup de nos confrères suisses, les actions dynamiques (le *dynamométamorphisme*) suffiraient à expliquer cette cristallinité des sédiments.

Mais une grande partie de l'école géologique allemande contemporaine n'attribue à ces actions dynamiques (dynamométamorphisme) que la disposition schisteuse, et enseigne que les modifications *minéralogiques* ont nécessairement pour cause l'influence plus ou moins immédiate de phénomènes éruptifs. Cette école, dont un des représentants les plus éminents est actuellement

Idées de M. Weinschenk. — Piézo-cristallisation.

M. Weinschenk, attribue le rôle essentiel à des intrusions de masses éruptives[2] qui, dans les massifs centraux des Alpes, auraient exercé leur influence, dans des conditions spéciales de pression orogéniques, sur des sédiments en voie de dislocation et auraient, sous l'effet de cette « *piézocristallisation* », donné naissance à des types cristallophylliens, dont certains ne seraient qu'une forme spéciale du magma éruptif, et dont d'autres seraient les produits d'un métamorphisme de contact particulier (« Piézocontaktmetamorphismus »), fréquemment injectés de filons aplitiques et déformés encore postérieurement par des actions dynamiques.

[1] On sait que ce métamorphisme a été attribué exclusivement et tour à tour à la température des couches profondes de l'écorce terrestre (Mét. plutonien), à des actions hydrochimiques (Mét. neptunien) et à l'effet de la striction orogénique (Dynamométamorphisme).

[2] L'existence, aujourd'hui incontestable, de Schistes cristallophylliens nettement postcambriens et même mésozoïques, l'absence de régularité dans l'ordre de succession des types variés qui les constituent dans les diverses régions, la production, par des actions de contact et d'injection, de roches pétrographiquement identiques aux dépens d'assises sédimentaires authentiques d'âges divers, sont autant de faits qui peuvent être invoqués en faveur de cette opinion.

La plupart des « Gneiss centraux » de nos Alpes, la « protogine » et d'autres types encore, ne seraient donc que des roches granitiques, auxquelles leur « mise en place », sous l'effet de la *piézocristallisation*, aurait donné une structure particulière, et les formations qu'on a groupées sous le nom de « Schistes cristallins » comprendraient des roches d'origine nettement éruptive à côté de sédiments véritables métamorphisés. Le dynamométamorphisme seul serait impuissant à créer des gneiss; il ne serait intervenu que dans certains cas pour déformer et laminer des schistes cristallins déjà formés.

Cette hypothèse rend compte de la plupart des faits observables dans les massifs centraux des Alpes; mais, en *attribuant le processus* de la piézocristallisation à la phase *orogénique alpine* (*tertiaire*), l'auteur ne tient pas un *compte suffisant de l'âge incontestablement antestéphanien* de bon nombre de nos granites (Granite du Pelvoux, etc.). Il serait en tout cas plus judicieux de rattacher, avec M. Veber, le phénomène à une période orogénique plus ancienne.

Autres théories.

Pour d'autres auteurs, les Schistes cristallophylliens des Alpes ont pris naissance de la façon suivante : à la faveur de la pression et de la chaleur engendrées par les dislocations orogéniques, une série de minéraux auraient pris naissance dans des schistes sédimentaires anciens; des roches franchement éruptives[1] (granite, granulite et protogine, etc.) s'y seraient épanchées en abondance, se glissant dans leurs fissures grandes et petites et dans les intervalles des strates, arrivant ainsi à les injecter intimement et à leur faire subir des modifications chimiques et minéralogiques considérables.

Certains géologues voient dans la plupart des massifs cristallins (massifs centraux) des Alpes, d'énormes *laccolithes* éruptifs, modifiés par la piézocristallisation, puis par les effets du dynamométamorphisme, et auréolés de zones dues au métamorphisme de contact (éruptif), auxquelles des actions mécaniques auraient achevé de donner le type cristallophyllien.

Théorie récente de M. Termier.

L'école française actuelle ne juge pas non plus suffisante la seule influence du dynamométamorphisme; et M. Termier[2], — après avoir attribué d'abord (Étude du massif de la Vanoise, p. 76) un rôle important à la chaleur dégagée par les mouvements orogéniques alpins de l'époque tertiaire, chaleur[3]

[1] Un grand nombre de gneiss et notamment une portion des « gneiss » alpins sont, en effet, incontestablement des variétés de granites d'origine éruptive.

[2] P. Termier, Sur les trois séries cristallophylliennes des Alpes occidentales (*C. R. Acad. des Sc.*, t. CXXXIII, p. 964, 2 décembre 1901).

[3] Ayant soumis les sédiments à un « recuit » lent qui aurait atteint des températures de 200 à 250 degrés.

qui se serait produite lentement et dissipée de même, constituant l'agent principal du dynamométamorphisme, — considère aujourd'hui les Schistes cristallins comme résultant d'un « métamorphisme régional » dû à des actions profondes, la *mise en place* des roches éruptives n'étant pas la cause, mais un simple épisode de ce processus; les micaschistes et les gneiss, par exemple, auraient existé *avant la mise en place du granite* Ce dernier mode de métamorphisme n'aurait agi qu'au sein des *géosynclinaux*, et n'aurait réalisé la plénitude de ses effets que dans leur partie centrale où devaient régner une température plus élevée et de fortes pressions. Toutefois, comme il n'y a pas eu uniquement recristallisation de minéraux existants, ni simplement un nouveau groupement d'éléments chimiques, et qu'il est nécessaire de supposer un *apport* chimique nouveau pour expliquer la formation de certains éléments des schistes, M. Termier demande cet apport à des « *colonnes filtrantes* » venues d'en bas et montant, comme d'une chaudière, du fond de la région centrale du géosynclinal[1], dans les sédiments duquel leur influence modificatrice aurait fait, en quelque sorte, « tache d'huile ». Les actions dynamiques, dit cet auteur, *déforment* mais ne *transforment* pas les roches; aussi propose-t-il de réserver le nom de métamorphisme aux causes capables d'opérer ces transformations pétrographiques, que les actions mécaniques seules seraient impuissantes à produire. D'après M. Termier, le dynamométamorphisme n'existerait donc pas et ce terme devrait disparaître de la Science.

Vues de M. Michel-Lévy.

Ces vues, si séduisantes par leur simplicité, ne semblent toutefois pas rendre compte de tous les faits constatés par les observateurs[2], ni résoudre

[1] P. Termier, Les Schistes cristallins des Alpes occidentales. (Conférence faite le 22 août 1903, devant le 9e Congrès international, à Vienne. — *Id.* Notice sur ses travaux scientifiques. Paris, 1903.)

[2] La conception de M. Termier sur l'origine des Schistes lustrés et des *Pietre verdi* de la zone du Piémont est, par exemple, notablement différente de celle de M. Franchi [Franchi, Contribusione allo studio delle roccie a glaucofane e del metamorfismo onde ebbero origine nelle regione liguro-alpine occidentale. *Boll. R. Com. geol.*, 1902] sur les mêmes formations. Cette divergence mérite d'autant plus d'être mise en évidence, qu'un passage de notre chapitre historique (t. I, p. 600) pourrait faire croire à un accord entre les deux éminents observateurs. D'après M. Franchi et plusieurs de ses confrères italiens, les *Pietre verdi* devraient être, en effet, considérées comme le résultat du métamorphisme de produits éruptifs et volcaniques (tufs et coulées) *contemporains de la formation des Schistes lustrés et interstratifiés* dans ces derniers.

Ces produits auraient été affectés *postérieurement, avec les Schistes* lustrés encaissants, par des actions métamorphiques qui les auraient partiellement transformés en types cristallophylliens, variant suivant la nature pétrographique que possédaient ces roches avant leur transformation.

On voit combien cette manière de voir diffère de celle de M. Termier qui rattache les *Pietre*

complètement le problème; l'intrusion et la « mise en place » de roches massives paraissent avoir eu un rôle plus immédiat et plus actif que ne leur attribue notre confrère. Avec M. Michel Lévy, — aux études duquel il faut toujours revenir lorsqu'il s'agit de roches cristallines, — il semble juste d'admettre qu'en profondeur, le métamorphisme de contact se confond peu à peu avec le métamorphisme régional, qu'ils unissent leur action, et que, si l'on supposait l'érosion suffisamment profonde, on arriverait au niveau où les magmas granitiques ont dû fondre tous les *voussoirs* de l'écorce terrestre.

On remarquera que, dans ce dernier cas, comme dans la conception de M. Weinschenk, les massifs granitiques jalonneraient d'anciennes lignes *anticlinales*, alors que, pour MM. Termier, Argand, Sandberg, les zones métamorphiques, gneissiques et granitiques des Alpes correspondraient au contraire à l'axe d'anciens *géosynclinaux* et même (M. Sandberg) à des synclinaux *alpins*.

M. Michel-Lévy a fait remarquer, en outre, très justement, que, parmi les roches qui proviennent manifestement de l'action de contact des granites sur des grès, schistes et calcaires de la série sédimentaire[1], il existe des types imitant, jusque dans leurs détails microscopiques, tous ceux de la série cristallophyllienne.

Conclusion.

Les considérations précédentes amènent à la conclusion que les roches cristallines doivent sans doute leurs caractères spéciaux à la *superposition* du métamorphisme mécanique et du métamorphisme régional au métamorphisme éruptif (injection) ou de contact. Cette combinaison de deux actions également puissantes se trouvait fréquemment réalisée aux époques les plus reculées des temps paléozoïques, alors qu'aux époques plus récentes, chacune de ces forces agissant le plus souvent isolément, il ne s'est guère produit que des gneiss et des micaschistes assez différents des précédents, et que l'on peut, suivant l'heureuse expression de M. Termier, considérer comme « inachevés ».

Époque du métamorphisme.

D'après les pétrographes les plus autorisés, la transformation métamorphique des trois séries cristallines des Alpes occidentales se serait produite *avant* le plissement alpin. Pour M. Weinschenk, cependant, l'intrusion du magma granitique et la piézocristallisation, dont les protogines et les gneiss alpins représentent le résultat, se seraient effectuées au moment même de

verdi aux « colonnes filtrantes » qui auraient, d'après lui, causé, *per ascensum*, le métamorphisme des Schistes lustrés du géosynclinal piémontais.

[1] Michel Lévy, Contribution à l'étude du granite de Flamanville et des granites français en général (*Bull. des Services de la Carte géol. Fr.*, n° 36, t. V. *Loc. cit.*, p. 36, 1893).

Âge des granites alpins.

—

MM. Sandberg, Duparc, etc.

ce plissement (Grundzüge der Gesteinskunde, I, p. 139). La première de ces interprétations a été combattue récemment par M. Sandberg, dans une étude sur le massif de la Pierre-à-Voir (Bas-Valais)[1]. Cet auteur a émis quelques conclusions, qui demandent à être examinées, et qui ont plus spécialement trait aux causes et à la distribution du métamorphisme, ainsi qu'à l'*âge du granite alpin*. Cet auteur s'est proposé de démontrer les trois conclusions suivantes :

a. La cause du métamorphisme réside en profondeur[2];

b. La répartition du métamorphisme est *fonction du plissement;*

c. Cette cause agissait encore pendant le plissement.

Pour M. Sandberg, la transformation subie par les Schistes anciens ne saurait être attribuée au dynamométamorphisme, elle aurait existé avant le plissement, aurait *continué* pendant ce phénomène qui aurait stimulé son efficacité. L'action la plus importante serait attribuable à un métamorphisme de contact causé par une roche éruptive sous-jacente non encore consolidée. La mise en place de cette roche aurait eu lieu *à la fin de l'époque des grands plissements alpins* et même après; c'est-à-dire, qu'elle daterait des époques oligocène et post-oligocène.

Cette théorie, émise assez légèrement, et qui se trouve en contradiction formelle avec un certain nombre de faits bien établis et admis par tous les géologues alpins, a été réfutée par l'un de nous[3], qui a fait remarquer que si l'on peut admettre, avec M. Sandberg, l'âge oligocène de certaines poussées éruptives, il est absolument contraire à l'observation de regarder, comme le fait cet auteur, « le *granite des Alpes occidentales* » comme étant d'âge oligocène ».

Il existe, en effet, des galets de granite non seulement dans certains conglomérats houillers, mais dans les poudingues de l'Éocène et de l'Oligocène du bassin de la Durance. Voici, parmi beaucoup d'autres, des exemples précis. A Châteauroux (Hautes-Alpes), des aplites du type Pelvoux (examinés par M. Termier) se rencontrent en galets, avec des diorites, dans les conglo-

(1) C. G. S. Sandberg, *Études géologiques sur le massif de la Pierre-à-Voir* (*Bas-Valais*). Paris, Imprimerie H. Bouillant, 1905.

(2) M. Argand a récemment essayé de montrer que le métamorphisme des sédiments augmentait vers la région axiale du Géosynclinal piémontais.

(3) W. Kilian, Sur l'ancienneté des granites alpins (*Bull. Soc. géol. de France*, 4e sér., t. V, p. 345, 1905). — Réponse à M. Sandberg, relativement à l'âge des granites alpins (*Bull. Soc. géol. de France*, 4e sér., t. V, 656, 1905).

mérats éocènes. Au Col-Bas (Basses-Alpes), M. Haug a recueilli, dans les poudingues dépendant des grès d'Annot (oligocènes), des galets de granite du Pelvoux (identifiés par M. Termier); il en est de même au Lauzanier (Basses-Alpes), où MM. Haug et Kilian ont observé des galets de granite du Pelvoux, de microgranite et de granulite du Mercantour dans les grès d'Annot. Enfin on peut reconnaître, dans le Permo-houiller du col de Chavière (Savoie), de beaux galets céphalaires de *granite* (observations récentes de MM. Kilian et Termier).

Les conclusions de M. Sandberg ont encore fait l'objet de critiques intéressantes dues à M. Duparc[1]. Ce pétrographe s'est attaché à combattre l'idée suivant laquelle les conglomérats anciens auraient subi un métamorphisme *in-situ* analogue à celui éprouvé par les roches en place dans les anticlinaux. Ce métamorphisme, fait-il remarquer spirituellement, aurait été « bizarre et vraiment complaisant »; car les brèches de divers âges de la région du Mont-Blanc offrent « toutes des galets identiques aux matériaux si caractéristiques qu'on trouve en place dans leur voisinage immédiat ». C'est ainsi que les galets granitiques du poudingue de Vallorcine sont identiques à ceux de Vallorcine, que, dans le conglomérat de l'Amône, on trouve le granite si caractéristique du Val Ferret, etc.. On ne saurait douter, ajoute le professeur de Genève, que ces conglomérats ne soient des formations locales dans lesquelles les matériaux roulés ne sont pas très éloignés de la roche en place qui leur a donné naissance.

En terminant, M. Duparc conclut, lui aussi, à juste titre, « qu'en pensant avoir démontré l'âge oligocène du granite alpin, M. Sandberg s'est mis en contradiction formelle avec les faits d'observation directe[2] ». Conclusion.

Il résulte également de ces considérations qui ont mis en évidence l'ancienneté d'une partie au moins des granites alpins, que les phénomènes d'intrusion et de piézocristallisation, qui, d'après M. Weinschenk, auraient accompagné leur consolidation, *ne peuvent*, pour beaucoup d'entre eux, *avoir été provoqués par les plissements tertiaires;* cette genèse récente ne peut notamment s'appliquer aux *granites préhouillers*, comme le granite de Vallorcine. Il y

(1) L. Duparc, L'âge du granite alpin (*Archives des sc. phys. et nat.*, 4 p., t. XXI, m. 1906, p. 297).

(2) On trouvera un excellent exposé des hypothèses relatives à l'origine des Schistes cristallins aux différentes sortes de métamorphisme, à la Piézocristallisation, etc., dans le magistral ouvrage du professeur Weinschenk : Grundzüge des Gesteinskunde, I, Freiburg, 1902, p. 122. Voir aussi Grubenmann, Die Krystallinen Schiefer. — Berlin, Borntraeger, F. 1904-06, 2 parties, 2 vol. in-8°.

aurait donc lieu d'admettre qu'il existe dans les Alpes des roches granitiques de divers âges, et que si les phénomènes de piézocristallisation et de métamorphisme qui en ont fait dériver des types gneissiques et cristallophylliens ont pu, dans certains massifs, se manifester jusque pendant la période mésozoïque (?), ou même tertiaire (?), il est nécessaire de penser que, dans la plupart de ces massifs, ce *processus* remonterait indiscutablement à des temps antehouillers, c'est-à-dire à la phase orogénique hercynienne, ainsi que l'admet M. Weber pour le massif de l'Aar.

D. APERÇU SUR LES MASSIFS CRISTALLINS DES ALPES FRANÇAISES.

Le petit massif cristallin du Rocheray que nous venons de décrire s'ennoie de tous côtés sous sa couverture sédimentaire; mais il se rattache évidemment, sous cette dernière, au Nord, au massif du Mont-Blanc, et, au Sud, aux massifs des Grandes-Rousses et du Pelvoux, dans lesquels réapparaissent les roches cristallophylliennes et granitoïdes. Ceux-ci ont fait, il y a peu d'années, l'objet de monographies importantes, dont deux relatives au Mont-Blanc sont dues à M. Michel-Lévy, puis à MM. Duparc et Mrazec [1], tandis que les deux autres ont pour auteur M. Termier [2]. Nous les résumerons brièvement, afin d'établir les analogies que peuvent présenter ces massifs centraux avec celui qui se montre dans notre champ d'études. Tous, d'ailleurs, font partie de l'arc cristallin interne de notre zone cristalline delphino-savoisienne (1re zone alpine ou zone du Mont-Blanc de Ch. Lory).

(Massif du Mont-Blanc. — Comparaison.)

Le *massif du Mont-Blanc*, d'après MM. Duparc et Mrazec, a la forme d'une ellipse dont le grand axe mesure 50 kilomètres environ et le petit axe 15 kilomètres. La disposition « en éventail » des roches qui le constituent, dont la signification a été jadis notablement exagérée, n'est qu'un *accident local* dans un faisceau de plis déversés vers l'extérieur de la chaîne alpine. La plus grande partie de ce massif est formée par une roche qui a été appelée *protogine* par Jurine, nom qui a été conservé depuis par de Saussure et par les divers auteurs

(1) Duparc et Mrazec, Recherches géologiques et pétrographiques sur le massif du Mont-Blanc (*Mémoires de la Société de physique et d'histoire naturelle de Genève*, t. XXIII, n° 1, 1898).

(2) Termier, Le massif des Grandes-Rousses (*Bull. Serv. carte géol. France*, t. IV, 1894); Id., Tectonique du massif du Pelvoux (*C. R. collab.*, p. 1897, et *Bull. Soc. géol. de France*, 3e série, t. XXIV, p. 734).

qui se sont occupés de la région. Cette roche forme au milieu des micaschistes une « boutonnière » disposée en ellipse et allongée comme le massif lui-même.

La protogine, ainsi que cela a été avancé par Gerlach [1], et établi ensuite à l'aide d'analyses micrographiques précises par M. Michel-Lévy [2], est de nature franchement éruptive. On peut en distinguer deux types : le type granitique et le type gneissique, mais l'on trouve toutes les formes de passage entre eux. Les différents *faciès* ne sont point disposés d'une manière capricieuse et irrégulière. Dans ses grandes lignes, le massif paraît constitué par deux zones plus granitiques formant ligne de faîte et enfermant une région où la protogine est plus gneissique et schisteuse, région correspondant à la dépression centrale.

La structure microscopique de la protogine est intéressante : bien que cette roche passe parfois à la structure granulitique, on peut dire que la protogine du type « granitoïde » relativement pauvre en mica ne *saurait être distinguée du vrai granite* dont elle a tous les caractères. Le type « gneissique » est assez différent. La biotite y est plus abondante et y est accompagnée d'apatite, de zircon et d'allanite. Quant aux phénomènes dynamiques qui ont été supportés par la protogine, ils se voient à divers degrés dans toutes les variétés.

On observe dans la protogine des *enclaves* qui ne sont autre chose que des fragments de roches préexistantes qu'elle a arrachés et qui ont été en partie résorbés, puis modifiés par elle. Il existe, de plus, en dehors de ces enclaves fragmentaires, de véritables bancs schisteux enfermés par elle. Ce serait une erreur d'assimiler le massif du Mont-Blanc à un culot complet de protogine. Ces bancs schisteux se rencontrent presque toujours dans les types gneissiques ou *pegmatoïdes* auxquels souvent ils passent latéralement. Les roches formant ces intercalations paraissent appartenir à un niveau relativement élevé des Schistes cristallins.

La protogine est fréquemment traversée par des filons d'*aplite,* qui ne sont, dans la grande majorité des cas, que de simples apophyses du culot éruptif et dont la structure spéciale est liée à une consolidation plus ou moins rapide. Ajoutons que, sur le versant sud, la roche éruptive est flanquée d'une bande plus ou moins large de porphyres quartzifères qui, au point de vue pétrographique, ne sont autre chose que des *microgranulites*, à deux temps de consolidation. Des microgranulites (ancienne eurite porphyroïde) accompagnent

(1) Gerlach, Das südwestliche Wallis (*Matériaux de la carte géologique suisse*, 1871).

(2) Michel-Lévy, Étude sur les roches cristallines et éruptives des environs du Mont-Blanc (*Bull. Serv. carte géol. Fr.*, 1890).

aussi le granite de Vallorcine. De plus, une autre roche éruptive porphyrique (*orthophyre*) se rencontre sur la rive droite du glacier de Trélatête.

Le *Granite* gris de Vallorcine, riche en biotite et rappelant tout à fait les granites du Plateau central, constitue, d'après M. Michel-Lévy, un dyke allongé N. N. E. aux environs de Vallorcine, et injecte énergiquement les schistes (x) inférieurs au Houiller. Ce dernier est postérieur et à la protogine et au granite de Vallorcine.

MM. Haug, Lugeon et Corbin [1] ont en outre découvert, entre Servoz et les Houches, un petit *massif granitique* dont la mise en place paraît dater de l'époque houillère.

Les *micaschistes* et les *gneiss à mica noir* qui forment généralement la base du terrain cristallophyllien dans les massifs constituant l'arc cristallin externe de la première zone Aiguilles du Brévent-Prarion sont rares dans le massif du Mont-Blanc et l'ensemble des Schistes cristallins qu'on y rencontre paraît représenter un niveau relativement supérieur de la formation cristallophyllienne. Au sommet de la série se montrent des schistes séricíteux et micacés, parfois chloriteux, avec variétés cornées et quelques cipolins (O. de l'Aiguillette). Tous ces schistes passent par gradation à des micaschistes feldspathisés et injectés (Aiguilles Rouges).

Enfin l'élément basique est représenté, dans le terrain cristallophyllien de ce massif, par des AMPHIBOLITES et par des ÉCLOGITES. (Pierre à l'Échelle, Lac Cornu, Glacier du Trient, Aiguille du Greppon.)

L'examen des roches éruptives et cristallines du Mont-Blanc a amené MM. Duparc et Mrazec à formuler les conclusions suivantes : la structure actuelle du massif se comprend facilement si l'on admet que l'érosion a décapé en partie sa couverture cristalline. La protogine se rencontre dans les régions qui correspondent aux *anticlinaux* primitifs, et lorsque la dénudation est parvenue à faire disparaître la partie influencée par la couverture. Le granite passe, au contraire, aux variétés pegmatoïdes et gneissiques dans les parties qui correspondent aux synclinaux. On trouve même parfois dans les parties centrales de ces synclinaux des bancs presque intacts de la roche cristalline primitive. En supposant que l'érosion ait démantelé le massif, au-dessous des synclinaux les plus profonds, on aurait un culot homogène de granite ayant

[1] HAUG, LUGEON et CORBIN, sur la découverte d'un nouveau massif granitique dans la vallée de l'Arve, entre Servoz et les Houches (*C. R. Acad. des Sciences*, t. CXXXV, 29 décembre 1902).

une structure et une composition uniformes. Le mot de *protogine* doit donc disparaître, et il faut interpréter les divers faciès de cette roche comme des variétés plus ou moins voisines de la couverture cristalline primitive, qui ne se rencontrent dans certains massifs que parce que l'érosion ne les a pas suffisamment décapés. — Remarquons que si nous appliquons cette hypothèse à notre petit massif de Rocheray, où affleure un *granite* à mica noir, ce dernier représenterait un noyau central plus profondément érodé, et ce serait à cette cause qu'il faudrait attribuer les différences qu'il présente avec celui du Mont-Blanc. — Il y a donc lieu de faire intervenir, d'après nos deux confrères, pour l'explication des nombreuses particularités qu'offrent les roches cristallines du Mont-Blanc, à côté du *dynamométamorphisme,* l'*action de magmas éruptifs* qui s'est fait sentir non seulement dans la partie de l'écorce voisine du magma-granitique, mais encore, au loin, dans la couverture cristalline et, dans ce second cas, d'une façon un peu différente. Les Schistes cristallins en se plissant auraient été plus ou moins fracturés et sillonnés de cassures. Des minéralisateurs et des dissolvants auraient circulé dans ces fissures et transporté au loin l'action des magmas. Ces « injections *télé-filoniennes* », comme les appellent MM. Duparc et Mrazec, auraient produit des modifications assez importantes et variant suivant la nature des roches, le mode de pénétration et la grosseur des apophyses : c'est ainsi que les faciès gneissiques sont fréquents dans les régions abondantes en apophyses ; on trouve alors entre les filons bien caractérisés et les roches cristallines de nombreuses formes de passage. On doit encore, en fait de variations, signaler tantôt des imprégnations complètes, tantôt des injections affectant la forme lenticulaire.

En résumé, il faut, d'après les deux savants pétrographes, faire intervenir, à côté du *dynamométamorphisme,* des *injections magmatiques,* source première des différences de faciès présentées par la protogine et des *injections télé-filoniennes* expliquant les variations multiples de son manteau cristallin.

Massif des Rousses. — (Comparaison.)

Le *massif des Rousses* est, d'après M. Termier, un faisceau de plis alpins parallèles entre eux et surélevés par une ondulation transversale, à peu près orthogonale à leur direction. Les terrains antérieurs au Houiller, les seuls dont nous parlerons dans ce chapitre, sont des *micaschistes* et des *schistes azoïques.* Ils sont injectés par de la *granulite* (aplite), qui apparaît en dykes ou en amas extrêmement puissants sur le versant Ouest de la chaîne et dans le massif des Rochers Rissiou.

Les *micaschistes* francs non modifiés sont assez rares; ils ne s'observent que dans une bande de faible largeur comprise entre la granulite des gorges de Maupas et les gneiss amphiboliques du signal de Vaujany. Ce sont des micaschistes mixtes renfermant, avec le quartz, du mica noir, du mica blanc et de la chlorite. De beaux types de *gneiss granulitiques* s'associent à eux. Ces roches se rapprochent par leur caractère pétrographique des micaschistes et du gneiss supérieur du Plateau central de la France (étage ζ^2 de la Carte géologique détaillée). Des *amphibolites* et des *gneiss amphiboliques* sont particulièrement développés dans cet étage, au Nord de Vaujany.

Les *schistes azoïques* (x de la carte géologique) consistent, dans les Grandes Rousses, en un complexe de schistes micacés et chloriteux d'origine indubitablement détritique formant l'ossature de la chaîne. Ils sont antérieurs à la venue des granulites dont ils sont fréquemment injectés, et plus anciens que le Houiller dont les poudingues en renferment des fragments. Quand ils ne sont pas imprégnés de granulite, ces schistes micacés des Rousses sont habituellement des schistes quartzeux fins, avec zones phylliteuses luisantes et satinées. Ajoutons qu'ils sont très pauvres en minéraux accessoires.

La *granulite* des Rousses est une *aplite* blanche sans phyllite macroscopique présentant, au Maupas et dans le massif des Sept-Laux, l'apparence du sucre raffiné. Examinée au microscope, elle montre une texture très simple et consistant en « une mosaïque régulière de quartz, d'orthose, d'anorthose et d'oligoclase. Le microcline y est rare ». De plus, la roche est pauvre en minéraux accessoires. Cette roche est abondante au Sud du massif calcaire d'Auris, dans les gorges de la Romanche, ou dans l'abrupt dominant la plaine du Bourg-d'Oisans. L'épaisseur de la granulite franche est voisine de 2 kilomètres dans la gorge de Maupas, tandis qu'elle ne dépasse guère 1 kilomètre aux Petites-Rousses. Elle forme dans ces deux régions un amas intercalé au milieu des schistes. Il faut aussi indiquer l'amas du Pont-Saint-Guilluerme déjà signalé et décrit [1] par Ch. Lory.

Massif du Pelvoux.
—
Comparaison.)

Le *massif du Pelvoux*, qui continue au Sud celui des Rousses, est déterminé comme ce dernier, ainsi que l'a démontré M. Termier, par une surélévation locale de plis parallèles [2]. On peut y distinguer, comme dans le Rocheray, des

[1] Ch. Lory, *Réun. extr. Soc. Géol. de Fr. à Grenoble*, 3e série, t. IX (1881), p. 632.

[2] Termier, Le massif des Rousses, *loc cit.*, p. 112.

plis hercyniens (antehouillers) et des plis alpins (postoligocènes). Ceux-ci ont présenté une telle intensité que tous les terrains, y compris le granite, la granulite et les gneiss, se sont comportés comme des matières plastiques. Les plis alpins du bord occidental prolongent ceux des Rousses. Ils ont dans le Valgaudemar, le Champsaur et le Champoléon une disposition intéressante : ils passent à la direction est-ouest, de manière que le bord occidental et le bord méridional de la région cristalline du haut Dauphiné sont formés des mêmes plis. Cette disposition est due à la présence entre la Grave et Entraigue-en-Vallouise d'un énorme *massif amygdaloïde* qui n'a de continuation ni au Nord de la Romanche ni au Sud de Fournel. Il occupe près du tiers de la surface, et c'est à lui qu'appartiennent les plus hauts sommets : le Pelvoux, les Écrins, la Meije, etc. Une roche éruptive, appelée *protogine* par Élie de Beaumont et Ch. Lory, joue un rôle important dans la constitution de ce massif (la Bérarde); M. Termier lui a consacré une étude spéciale[1] et constaté que c'est un *granite alcalin*, caractérisé par une proportion à peu près égale de potasse et de soude. Cette roche souvent laminée et gneissiforme, — qui est une entité pétrographique très nette (*granite du Pelvoux*), — diffère de la protogine du Mont-Blanc et se rapproche des liparites et de quelques trachytes. C'est un « *granitite* » à albite et cryptoperthite dans laquelle, à l'œil nu, on peut distinguer un feldspath rose ou rouge (Combeynot), en cristaux souvent volumineux, un feldspath blanc verdâtre, du quartz et, çà et là, du mica noir plus ou moins chloritisé et de la chlorite verte. Elle est percée, au voisinage du bord des massifs, d'innombrables filons d'*aplite* (apophyses du magma granitique) et contient dans le massif de Rochail, près du lac de Lauvitel[1], d'*énormes enclaves d'une syénite à mica noir* ($\chi\alpha$), riche en apatite et en sphène. Les massifs granitiques du Pelvoux apparaissent au milieu de terrains cristallophylliens d'âge inconnu, mais certainement antérieurs au Houiller.

Granite du Pelvoux.

D'après M. Termier, ces « terrains antehouillers du massif du Pelvoux sont surtout formés de *granite* ou d'*aplite*, rendus parfois gneissiformes par le laminage ». Il y a aussi des *gneiss* et même des *gneiss amphiboliques* (Peyron des Claux). Il y a enfin des *schistes micacés*, faiblement feldspathisés, les uns fissiles et tendres (Yret), les autres transformés en des *cornes* brunes ou

Roches anciennes diverses. (Pelvoux.)

[1] Termier, Le Granite du Pelvoux (*C. R. Acad. Sc.*, t. CXXIV, 8 février 1897). Des masses de syénite sont considérées par M. Termier comme des différenciations (ségrégations ou concentrations) basiques du magma. L'aplite représenterait des ségrégations *acides* auréolant les syénites du Lauvitel. — Voir aussi Notice explic. Feuille Briançon de la Carte géol.

IMPRIMERIE NATIONALE.

violettes, véritables « *Hornfels* » (vallée du Tabuc-Nord); ces schistes représentent, indubitablement, des témoins d'un ancien terrain sédimentaire plus ou moins modifié par le granite. Les roches qui, avec des granites à muscovite, des minettes (La Chalp-en-Valjouffrey), des diabases, etc., prennent part, dans la région *pelvousienne* et dans ses annexes, à la constitution de ces terrains anciens sont surtout, toujours d'après M. Termier :

Les Schistes azoïques (x) de la zone du Pelvoux, certainement antérieurs au Houiller, mais d'âge inconnu. Ils sont généralement très cristallins, souvent feldspathiques. Sur le bord ouest de la feuille de Briançon (Valjouffrey), à Rosai (Grandes-Rousses), au glacier du Chardon, ils sont simplement quartzophylliteux, satinés et luisants, et ressemblent au Silurien des Pyrénées centrales. Comme ce dernier, ils renferment parfois des intercalations de *schistes carburés* (Taillefer, rocher de l'Aigle, au Sud de la combe de Malaval, contrefort ouest du pic des Aupillons), et aussi (rarement) des *poudingues* à galets de gneiss. Au voisinage du granite, ils se transforment en cornéennes ($x\gamma^1$, $x\gamma^3$, Petites-Rousses, Tabuc), ou s'injectent des veinules et de petits amas d'aplite $x\gamma_1$). Mais il y a eu, par places, dans cet étage, une *gneissification régionale,* antérieure aux derniers mouvements du magma granitique et dont la cause est inconnue. Ces gneiss anciens ne peuvent, d'ailleurs, être délimités des autres et ont été compris, sur la Carte géologique, sous la figure $x\gamma_1$.

Des Amphibolites (δ) et gneiss amphiboliques ($\delta\gamma$), intercalés dans l'étage x. Ces couches basiques deviennent prépondérantes dans le massif du Petit-Chaillol et dans la montagne de Cornillon; ce sont les amorces de la grande bande amphibolique des Sept-Laux. Ailleurs, elles peuvent être très nombreuses, mais jouent cependant un rôle subalterne (Pelvoux, col de la Muande, Peyron des Claux, Peyron d'Aval, etc.).

Cipolins (C). Marbres blancs ou verdâtres, zonés, interstratifiés dans x ou dans δ. On les a exploités à Valsenestre, à Molines-en-Champsaur, au Désert-en-Valjouffrey, à Saint-Maurice-en-Valgaudemar.

Les Gneiss porphyroïdes (rx) à gros noyaux laminés et tronçonnés d'orthose, et autres gneiss très alcalins, formant une lentille dans les micaschistes de Serre-Chevalier et offrant une identité complète avec les roches, *probablement permohouillères,* de la Levanna et du Grand-Paradis, semblent, d'après M. Termier, être un témoin d'une nappe de recouvrement venue du Piémont et appartenir, par conséquent, à une série cristallophyllienne *moins* ancienne.

Ajoutons que, d'après M. Termier, les galets rencontrés dans le Houiller du Briançonnais ne présentent que peu d'analogie avec les types précédents et paraissent provenir d'une série cristallophyllienne (micaschistes, cornes, absence de granites), dont les affleurements sont inconnus, et qui formait probablement le revêtement du Pelvoux, avant que les érosions l'aient entièrement décapé (voir Termier, Mont. entre Briançon et Vallouise, p. 4).

Massif de Combeynot.

Un autre massif amygdaloïde, mais moins important, se rencontre encore dans la région du Pelvoux. C'est celui de Combeynot, dans lequel M. Termier a découvert, en 1892 [1], des *microgranites* auxquels il a consacré une notice importante publiée en 1899 [2]. Ces microgranites, d'après notre confrère, sont « des roches très blanches, qui montrent dans une pâte holocristalline et crypto-cristalline des cristaux hyalins de quartz, de feldspath et d'autres assez rares d'un mica noir en voie de chloritisation ». La liaison de ces microgranites avec les granites du Pelvoux, conclut M. Termier, n'est pas douteuse; ce sont des *formes hypoabyssiques de bordure* de la roche granitique fondamentale. Les microgranites ne se rencontrent pas dans la vallée de la Romanche, du Villard-d'Arène, au Bourg-d'Oisans. La forme de bordure, le long de l'extrémité nord du massif de la Meije et du Rateau, est l'*aplite*.

Métasomatose.

Dans ses belles recherches, qui complètent si heureusement les travaux de Ch. Lory, M. Termier a également signalé un fait intéressant relatif aux roches basiques de la région du Pelvoux : c'est l'*élimination*, par métasomatose, *de la chaux* primitivement contenue dans ces roches [3]. Ce fait est général dans cette région qui, d'ailleurs, n'est pas la seule à présenter ce phénomène, et cette « métasomatose décalcifiante » offre ce caractère remarquable, que les édifices feldspathiques sont conservés malgré la destruction de l'anorthite. Ce travail chimique est l'œuvre des eaux superficielles; mais l'eau qui sort du granite est plus décalcifiante pour une roche éruptive basique que de l'eau de pluie pure. C'est ce qui explique que le phénomène se présente avec autant de netteté dans le massif du Pelvoux. Par contre, il y a d'autres régions dans le Haut Dauphiné où il se forme encore actuellement des silico-aluminates calciques : ce sont celles, comme la chaîne de Belledonne, où dominent les gneiss basiques.

(1) Sur l'existence de la microgranulite et de l'orthophyre dans les Alpes françaises (*C. R. Acad. Sc. Fr.*, t. CXV, 1892).

(2) Termier, Microgranites de la vallée de la Guisane (bord nord du massif du Pelvoux) [*Bull. Soc. géol. de France*, 3e série, t. XXVII, p. 399, 1899].

(3) P. Termier, Sur l'élimination de la chaux par métasomatose dans les roches éruptives basiques de la région du Pelvoux (*Bull. Soc. géol. de Fr.*, 3e série, t. CXXVI, p. 165, 1898).

Saint-Étienne-d'Avançon et Remollon.

Sur la feuille de Gap de la carte géologique détaillée, dont les contours ont été relevés par M. P. Termier, en ce qui concerne les terrains anciens, les roches cristallines sont peu développées. Des schistes séricíteux d'âge indéterminé affleurent sur une très faible étendue près du Laus, à Saint-Étienne-d'Avançon et à Remollon. Des schistes granitisés, des schistes séricíteux et des gneiss amphiboliques s'observent aux Infournas, dans des montagnes qui font partie de la portion méridionale du massif du Pelvoux, où affleurent aussi des granites « du type Pelvoux », des granites à amphibole (Chaillol), et des *minettes* (S. du Vieux Chaillol). Près de Dormillouze, dans la vallée de la Biaysse et au Plan-de-Phazy (Hautes-Alpes), des schistes granitisés et un noyau de granite laminé réapparaissent au milieu de terrains plus récents.

Dôme de la Mure.

Nous ne ferons que mentionner le petit massif de la Mure (Isère), dans lequel affleurent, près de la Motte-d'Aveillans et de Peychagnard, des *micaschistes* antehouillers. A l'Ouest du massif du Pelvoux, les Schistes cristallins forment encore le petit pointement d'Aspres-les-Corps.

Chaîne de Belledonne.

Rappelons ici que la *chaîne de Belledonne*, qui forme l'arc cristallin le plus externe de la première zone alpine, est également constituée, comme les massifs que nous venons d'étudier, par des terrains cristallophylliens et des formations éruptives. Elle a fait l'objet d'études intéressantes dues à Cordier, Ch. Lory, à MM. Bonney (pour les environs de Livet), Duparc, Offret, Brun, Ritter, P. Lory et Termier[1].

Ce serait sortir du cadre de cette monographie que nous occuper en détails de ces divers travaux. Nous dirons seulement que M. Offret a pu raccorder sur les feuilles de Saint-Jean-de-Maurienne et d'Albertville les divers plis de ce massif avec ceux qui, plus au Nord, sur la feuille d'Annecy, forment les massifs des Aiguilles Rouges et du Prarion qui ont été si bien décrits par

[1] *Voir*, outre les nombreux travaux de MM. Duparc et Ritter (*Arch. des Sciences phys. et nat.*) sur les environs de Beaufort et du Grand-Mont : Duparc, Note sur les roches éruptives basiques et sur les amphibolites de la chaine de Belledonne (*Bull. Serv. Carte géol. de France*, t. VIII, n° 55, 1896). — Ritter. La bordure s.-o. du Mont-Blanc, etc. (*Bull. Serv. Carte géol. de France*, t. IX, n° 60, 1897). — Offret. Chaine de Belledonne. Sur les feuilles Albertville et Saint-Jean-de-Maurienne (*C. R. collab.* pour 1893, 1894, 1895; *in Bull. Serv. Carte géol. de France*). — Duparc et Delebecque. Sur les gabbros et les amphibolites du massif de Belledonne (*C. R. Acad. des Sciences*, 19 mars 1894). — Duparc. Sur les roches éruptives de la chaine de Belledonne (*id.*, 9 mars 1896). — Termier. Nouvelles observations géologiques sur la chaine de Belledonne (*C. R. Acad. des Sciences*, 25 nov. 1901).

M. Michel-Lévy [1]. Ces plis sont les suivants : synclinal du col de Voza, anticlinal est du Prarion, pli-faille du Prarion, anticlinal ouest du Prarion. Dans la prolongation de l'anticlinal du Prarion, M. Offret a signalé l'existence d'un dyke cristallin de *granulite*, qui se voit sur les deux rives de l'Isère : à l'entrée d'un des tunnels du chemin de fer de Moûtiers (rive droite), et à côté de l'église de Notre-Dame-de-Briançon (rive gauche). En outre, il a indiqué le flanc occidental du Mont-Bellachat comme formé par un énorme dyke de *granite à amphibole* [2], qu'il rapproche des deux dykes également éruptifs d'Outray et du Bersend, situés près de Beaufort dans le même anticlinal [3]. Des *éclogites* ont été signalées au Grand-Mont, au lac Tempête par MM. Duparc et Ritter, et dans les Aiguilles-Rouges par M. Joukowsky (1902) [*Arch. Sc. ph. et nat.*, 4, t. XIV, p. 151, 261]. M. Brun a cité des microgranulites de cette même région.

Sur la feuille de Saint-Jean-de-Maurienne, les schistes anciens sont extrêmement granulitisés et les pointements de *granulite* sont fréquents : tel est celui d'Epierre qui est exploité en carrières, au bord de la route, et se retrouve sur les deux rives de l'Arc.

D'après M. Termier, « le terrain fondamental de la chaîne de Belledonne est un terrain primaire, antérieur au Houiller, transformé en série cristallophyllienne ; et ce terrain, dont nous ne savons pas l'âge, est le même que le terrain cristallophyllien du Pelvoux et des Grandes-Rousses ». M. Termier y a signalé des *schistes carburés* contenant jusqu'à 2,5 pour 100 de carbone, analogues d'aspect aux schistes carburés graptolitifères des Pyrénées, mais très métamorphiques et ne montrant aucune trace d'organismes. Ce même savant a aussi appelé l'attention sur la relation déjà signalée par M. Duparc, entre les amas de *gabbros* et de *péridotites* et les *gneiss basiques* (gneiss amphiboliques, parfois dioritoïdes). Pour M. Termier, l'intrusion de ces roches serait bien antérieure au Stéphanien.

[1] Michel Lévy, Note sur la prolongation vers le Sud de la chaîne des Aiguilles Rouges, montagnes de Pormenaz et du Prarion (*Bull. Serv. Carte géol. de France*, t. III, n° 27, 1898).

[2] L'un de nous (J. R.) a recueilli de beaux échantillons de ces granites à amphibole, au bord d'un ruisseau des environs de Passy, et pu constater leur analogie avec les granites des environs de Beaufort.

[3] C'est sans doute de cette région que provient un beau bloc de granite sodique à amphibole signalé par l'un de nous (W. K.) au Ratz de Bernin, dans le Grésivaudan, et dans lequel M. Michel-Lévy a reconnu de grands cristaux d'albite et beaucoup d'amphibole. La roche qui mériterait le nom de « *syénite à albite* » a un aspect gneissiforme ; on y remarque quelques feldspaths roses.

« La structure de la partie méridionale de la chaîne contraste vivement, d'après M. Termier, avec celle des massifs du Pelvoux et des Grandes-Rousses. Tandis que ces derniers sont plissés de façon intense et forment une série isoclinale déversée vers l'Ouest, la partie méridionale de Belledonne est *une large voûte* dont les flancs, souvent très raides, ne sont déversés ni dans un sens ni dans l'autre. » Cette voûte aurait été recouverte autrefois, d'après M. Termier, par les nappes venues du Pelvoux et du Briançonnais. Nous ferons remarquer, cependant, qu'elle est fortement *déversée sur sa bordure* occidentale, où elle se montre fréquemment *refoulée* sur le synclinal mésozoïque de Revel.

Les amphibolites, étudiées par Ch. Lory (sous le nom de diorites), puis par M. H. Bonney (à Livet) et par M. Duparc [1], sont largement développées dans la bande occidentale de la partie de la chaîne de Belledonne (Lac Robert, Mont Thabor), située au Sud de la vallée de l'Arc (Maurienne). Leur structure est variable : la très grande majorité offre une *structure grenue*, d'autres ont une disposition *schisteuse*, d'autres enfin une *structure serpentineuse* [2]. Il y a aussi des amphibolites à pyroxène, des micaschistes à mica blanc et des schistes chloriteux. Les amphibolites présentent des intercalations de roches éruptives basiques, qui ne se trouvent nulle part ailleurs dans la zone delphino-savoisienne.

Ces roches éruptives, d'après le savant pétrographe génevois, consistent en *gabbros* (euphotides amphiboliques de Ch. Lory) avec *serpentines* subordonnées, *diorites* véritables, *granulites amphiboliques*, *porphyrites micacées;* elles ne forment point des affleurements continus, mais des filons plus ou moins puissants ou étendus dans les amphibolites. Les gabbros *ouralitisés* à grain fin passent aux amphibolites avec lesquelles ils ont été confondus.

Massif du Mercantour.

Un massif cristallin, d'une certaine importance, est celui du Mercantour, dont nous dirons également quelques mots, pour être complets. La partie française, où n'affleurent que des *gneiss* et des *micaschistes*, a été étudiée par M. Léon Bertrand [3], auquel nous emprunterons les données qui vont suivre.

[1] Cependant l'analogie de ces gabbros avec ceux qui, dans la zone du Piémont, ont injecté les Schistes lustrés mésozoïques est si grande et si frappante, que nous croyons prudent d'exprimer nos réserves à cet égard.

[2] L. Duparc, *loc. cit.*, p. 13.

[3] Léon Bertrand, Étude géologique dans le Nord des Alpes-Maritimes (*Bull. Serv. Carte géol. de France*, t. IX, n° 56, 1897).

Deux affleurements de schistes cristallophylliens s'observent dans le département des Alpes-Maritimes : l'un se voit dans la haute vallée de la Tinée, au-dessus de Saint-Sauveur, l'autre dans la vallée supérieure de la Vésubie. Les roches sédimentaires reposent presque toujours en discordance angulaire sur ces schistes. Un fait méritant d'être signalé est le développement que présentent, surtout au centre du massif, la *granulite* et de belles *pegmatites* à grandes lames de muscovite (près de la Montagne des Fourches). Les gneiss et les micaschistes ont été souvent injectés lit par lit; aussi le mica blanc devient-il un élément important des schistes. Des *porphyrites* s'observent sur la frontière, au voisinage de la cime de la Palu, dominant Saint-Martin-Vésubie. Elles sont très abondantes sur le territoire italien — où se trouvent aussi des *granites* et des types pétrographiques curieux étudiés par MM. Franchi [1], Roccati, etc., — et sont antérieures au Trias, car on en a rencontré des galets à la partie supérieure du Permien.

Autres régions des Alpes.

Les indications sommaires qui précèdent, relatives aux principaux massifs des Alpes françaises, suffisent pour mettre en évidence le rôle important qu'y jouent les Schistes cristallins et les roches granitoïdes qui les accompagnent.

La compétence pétrographique spéciale qu'exige l'étude de ces formations [2] nous faisant défaut, nous ne poursuivrons pas pour elles, d'une façon aussi approfondie que nous le ferons pour les terrains sédimentaires, la comparaison avec d'autres régions de la chaîne alpine. Nous rappellerons simplement que des Schistes cristallins antehouillers et des roches granitoïdes semblables aux nôtres jouent un rôle important dans une série de massifs centraux [3] (Alpes bernoises, Saint-Gothard, Mont-Blanc) des Alpes franco-suisses et autrichiennes.

(1) Franchi, Relazione sui principali risultati del rilevamento geologico nelle campagne 1891, 1892, 1893 (*Boll. R. Comit. geol. ital.*, 1894, n° 3).

(2) Terrains *cristallophylliens* de d'Omalius, *Agalysien* de Brongniart; les types anciens de ces Schistes cristallins ont été groupés tour à tour sous le nom de « Terrain primitif » (*Grundgebirge* des Allemands) et de *Système archéen* (De Lapparent et Munier-Chalmas).

(3) Nous reviendrons dans un autre chapitre sur la structure des « massifs centraux alpins » dont M. Heim a donné, dès 1877, une classification sommaire, que Ch. Lory appelait : de « Grandes ruines restées debout » et qui, à la lumière des recherches modernes, apparaissent comme appartenant à des catégories parfois fort dissemblables, un certain nombre d'entre eux faisant partie de *nappes de charriages* postéocènes, alors que d'autres représentent des restes de plis autochtones plus anciens.

Les travaux de De Saussure, Jurine, A. Favre, Delesse, Ch. Lory, de MM. Michel-Lévy, Duparc, Mrazec, Karl Schmidt, Baltzer, Bonney (sur les Alpes lépontiennes), Weinschenk, Grubenmann, des géologues italiens et de tant d'autres ont fait connaître une grande variété de types appartenant à ce groupe, depuis la protogine du Mont-Blanc jusqu'au gneiss protoginique et au « Centralgneiss » des Alpes orientales, tels que le Gneiss chloriteux d'Arolla, le Gneiss d'Antigorio, le Suretta-Gneiss, etc., etc. ; nous ne nous arrêterons pas à des comparaisons entre ces diverses roches.

Gneiss permo-carbonifères.

Cependant un certain nombre de types cristallins, autrefois considérés comme faisant partie de cette série ancienne, se sont révélés comme plus récents et doivent en être aujourd'hui détachés; tel est le cas, par exemple, des « *Gneiss de Modane* », que Ch. Lory plaçait encore dans le terrain archéen, et que les observations d'Hippolyte Lachat, puis celles de Marcel Bertrand et de M. Termier ont fait rattacher définitivement à la série permo-houillère. Cette roche présente, ainsi que l'a fait voir M. Termier, des caractères sensiblement différents de ceux des Schistes cristallins antehouillers. Il en est de même d'une partie des « Besimaudites » de M. Zaccagna, des schistes variés désignés sous le nom de *phyllites*, de « Schistes lustrés », de « Schistes de Casanna », et même de divers types gneissiques des Alpes de Savoie, de Suisse, d'Italie et d'Autriche, qui, d'après les travaux récents, se rattachent à des formations sédimentaires moins anciennes, permo-carbonifères ou mésozoïques (les Schistes lustrés). On les a désignés parfois sous le nom de *pseudogneiss*.

Résumé sur les Schistes cristallins.

La série préhouillère porte, à côté de caractères métamorphiques généraux, des traces indéniables de l'influence des roches éruptives; les beaux travaux de M. Michel-Lévy ont définitivement établi la nature *franchement éruptive* de la protogine, roche nettement antehouillère, que l'on considérait comme une roche mixte contemporaine du dépôt des schistes amphiboliques, et que Ch. Lory plaçait dans l'étage supérieur de son terrain primitif; l'*aplite* (granulite) traverse en filons nombreux (massif du Mont-Blanc, etc.) les granites et les gneiss qui en dérivent.

MM. Duparc et Termier ont montré, d'autre part, l'influence des gabbros et des péridotites de la chaîne de Belledonne sur la formation des amphibolites et des gneiss.

Les trois « étages » jadis distingués par Ch. Lory dans les Schistes cristallins des Alpes françaises apparaissent, à mesure que les monographies précises se multiplient, non comme les termes d'une série stratigraphique déterminée, mais comme des entités de moins en moins nettement superposées, dépendant plutôt des circonstances du métamorphisme et de la composition chimique des roches sur lesquelles ce dernier s'est exercé; ces types parfois juxtaposés dans le temps et dans l'espace constituent les assises les plus anciennes que nous connaissions dans les Alpes et contiennent parfois des *conglomérats*.

Ainsi que nous l'avons dit plus haut, les opinions sont encore partagées sur l'origine des gneiss et des types cristallophylliens qui les accompagnent. Tour à tour considérés comme représentant l'*écorce primitive* de refroidissement du globe *plus ou moins transformée* (Cordier, Poulett-Scrope, Naumann, Geikie (en partie), Sederholm, Breislack, Roth, Scheerer, etc.), puis comme des *sédiments primitifs*, déposés dans des conditions de pression et de température toutes spéciales, dans un océan fortement minéralisé (Werner, Ch. Lory), ils ont été interprétés, ensuite, comme les résultats d'actions hydrothermales (théorie *crénétique* de Sterry-Hunt), ou d'un « métamorphisme statique » (Judd) particulier; on y a de bonne heure reconnu d'autre part (Hutton, Hitschcock, Bischoff) des sédiments métamorphisés; on doit, en outre, à Ch. Lyell la notion plus précise du *métamorphisme régional*.

Un grand nombre de savants éminents, parmi lesquels MM. Rosenbusch et K. Schmidt, voient aujourd'hui dans les gneiss, soit des roches massives (éruptives) rendues schisteuses, soit des roches sédimentaires métamorphisées et devenues cristallines, par l'effet d'actions *géodynamiques*. On a vu plus haut que, pour M. Michel-Lévy, l'influence directe des *roches éruptives*, déjà reconnue par Durocher, Ami Boué, Dana, Sederholm, Geikie, Élie de Beaumont, Daubrée, aurait été, par contre, prépondérante dans la genèse des roches cristallophylliennes.

Une origine mixte, résultant de la superposition d'influences éruptives et de phénomènes mécaniques, était préconisée par beaucoup de géologues, et notamment par M. de Lapparent.

Enfin M. Weinschenk[1] voit dans les Schistes cristallins des Alpes des produits de la *piézocristallisation*, c'est-à-dire de l'action directe de roches éruptives s'étant exercée pendant le plissement alpin, sous l'influence d'actions géodynamiques puissantes qui auraient, d'après lui, donné à ces roches éruptives elles-mêmes (laccolithes), ou aux sédiments formant l'enveloppe de

[1] E. WEINSCHENK, Ueber Mineralbestand und Struktur der Kristallinischen Schiefer. — (*Abh. k. bayr. Akad. de Wiss.* II kl., vol. XXII, III, 1906, p. 727-798.)

ces massifs centraux (*Schieferhülle*) et métamorphisés par elles (Piézocontact-metamorphose), un cachet spécial (*alpine Facies*) assez différent de leur type normal et du type habituel des produits du métamorphisme de contact. Il constate partout, avec raison, dans les terrains cristallins des Alpes, l'existence d'apophyses éruptives, mais, en les considérant comme partiellement contemporaines du plissement alpin, le savant allemand ne tient pas suffisamment compte de l'existence *indéniable* de galets d'un bon nombre de ces roches (voir plus haut, p. 3, 26 et 27) dans les conglomérats permo-carbonifères et oligocènes, et il cherche sans grand succès (Grundzüge, I, p. 145) à écarter cette objection.

On sait que d'autres auteurs (Rosenbusch, Heim, l'École américaine, Lossen, Lehmann) ont invoqué comme cause du « métamorphisme régional » des Schistes cristallins, reconnu par Ch. Lyell, l'influence *exclusive* des actions mécaniques et du « recuit » qui en aurait été la conséquence (*dynamométamorphisme*); c'est à cette conclusion que conduisait la première opinion de M. Termier, et c'est dans ce sens que s'était prononcé le regretté Renevier à la suite de l'École suisse presque tout entière.

Mais une nouvelle conception de M. Termier (voir plus haut), rappelant une idée émise par Daubrée, fait jouer à des « colonnes filtrantes », sorte de « pneumatolyse » d'origine éruptive, un rôle capital dans ce « métamorphisme régional ».

Quoi qu'il en soit, il paraît démontré que les Schistes cristallins ne constituent pas un terrain d'âge déterminé, mais représentent plutôt un *facies*, qui, ainsi que l'a fait remarquer M. Bertrand, dès 1894, s'est reproduit dans les différentes chaînes de plissement, en affectant avec une intensité variable des terrains d'âge notablement différent. Il y a lieu de concevoir, avec M. Termier, plusieurs *Séries cristallophylliennes;* celle que nous venons d'étudier dans ce chapitre est toutefois nettement antehouillère.

Enfin l'on doit à M. Grubenmann[1] une étude d'ensemble des roches cristallophylliennes de tout âge, dans laquelle il montre, par l'analyse chimique et minéralogique de ces roches, qu'elles accusent une tendance très nette de leurs éléments chimiques à *réaliser le volume le plus petit possible* (loi de Vant'Hoff). Après avoir examiné au point de vue critique les explications multiples qu'on

(1) Grubenmann, *loc. cit.*, IIe partie, 1907.

a données de l'origine des Schistes cristallins et étudié les conditions (minéralisateurs, température, pression, etc.) de leur formation et des divers métamorphismes qui ont pu intervenir dans cette genèse, ce savant arrive à voir dans les divers types de la série cristallophyllienne des représentants de *zones métamorphiques successives*, affectant des sédiments différents à l'origine. C'est ainsi qu'il distingue des *cataamphibolites*, des *mésoamphibolites* et des *épiamphibolites* correspondant à des zones d'un métamorphisme de moins en moins intense. Sa classification est basée sur cette « théorie des zones »; elle comprend toute une *gamme* de Schistes cristallins, depuis les types les plus profonds jusqu'aux types les moins métamorphiques; l'auteur définit la composition chimique et minéralogique, ainsi que les textures et structures caractéristiques de chacun d'eux.

Voici, à titre de comparaison, quelques renseignements sur un certain nombre de roches granitiques et cristallophylliennes, provenant de divers points *voisins de notre champ d'études*, et dont les diagnoses micrographiques peuvent avoir quelque intérêt. Diagnoses lithologiques.

Le Laboratoire de géologie de la Faculté des sciences de l'Université de Grenoble conserve une série d'échantillons et de préparations, provenant du regretté Ch. Lory et de nos récoltes personnelles. Nous y relevons, outre de nombreux types connus :

ROCHES GRANITOÏDES. — *Granite d'Épierre* en Maurienne. (Préparation n° 120 de la collection Ch. Lory.)

Granite d'Épierre (préparation n° 121 de la collection Ch. Lory) à biotite et muscovite avec orthose, anorthose, quartz. Traces d'écrasement.

Granite du Puy des Piorois, près Champoléon.

Granite du Val de Touron, près Champoléon.

Granite de l'Alpettaz, près Oz (Grandes-Rousses). Granite séricitifié, percé de filonnets de quartz et de microline. Ce Granite a contenu du mica noir. (Diagnose de M. Michel-Lévy.)

Granite erratique de la vallée de l'Isère, près Montmélian (préparation de la collection Ch. Lory) : granite à biotite, avec feldspaths albitisés ou écrasés (« structure en mortier »). — (Diagnose de M. Termier.)

6.

Granite du Pont Saint-Guillerme (*Oisans*), dit « protogine du Pelvoux » (collection Ch. Lory n° 30); au microscope, on voit : sphène, rutile, chlorite (pennine) à lamelles froissées, orthose (avec quartz vermiculé), anorthose avec filonnets d'albite, oligoclase, quartz abondant. Produits secondaires : séricite, calcite. Cette roche porte les traces de compressions et de laminage puissants; les cristaux primordiaux ont été brisés et leurs débris forment, par places, des plages microgrenues. (Diagnose de M. Gentil.)

Granulite du Grand Charnier (Massif d'Allevard).

Granulite des Sept-Laux.

Granulite à mica vert (en filons) de Maupas, Combe d'Olle.

Granulite (en filons) dans les micaschistes, Haut de la Combe d'Olle.

Aplite, en face les Gauchoirs (Oisans).

Granulite à grain fin dans les Schistes amphiboliques de Rioupéroux (Isère).

Granulite des conglomérats pontiens (miocènes) des environs de Grenoble : au microscope, c'est une *granulite* ou granite à quartz idiomorphe et à biotite sans muscovite. (Diagnose de M. P. Termier.) A l'œil nu, on distingue sur un fond feldspathique rose des mouchetures verdâtres. — Origine inconnue. — Ce type est intéressant à signaler dans les conglomérats miocènes d'origine marine des environs de Grenoble, dont les matériaux ont donné lieu à des discussions et étaient considérés, par Ch. Lory, comme d'origine extra-alpine.

Granulite amphibolique, bloc erratique de la vallée de l'Isère, près Montmélian.

Granulite à amphibole de Rioupéroux (vallée de la Romanche). — (Préparation n° 27 de la Faculté des sciences de Grenoble.) Contient : sphène, apatite, amphibole brune faiblement polychroïque, feldspath; orthose, oligoclase, andésine. (Diagnose de M. Gentil.)

Granulite de la mer de Glace, près Chamonix (E. Bertrand, 1879).

Aplite (leptynite) du Lauvitel [Oisans].

Galet emprunté à un bloc de brèche archéenne dans le Glaciaire, entre Laffrey et Petit-Chat. (Préparation n° 677 du Lab. de Géol. de la Faculté des sciences de Grenoble.) — [Diagnose de M. Termier.] Débris et blocs d'une Aplite d'un blanc rosé, très alcaline (albite et orthose) et peu quartzeuse, d'un type analogue à celui du Pelvoux. Le ciment est de la sidérose ou de la calcite, englobant dans sa cristallisation d'innombrables débris plus petits et comme une poussière de la même roche et aussi de roches chloriteuses. Ces brèches sont des remplissages de fentes, failles et filons. « Je les ai observées, nous dit M. P. Termier, en beaucoup de points du Pelvoux et des Grandes-Rousses. »

Roche du sommet du Mont-Blanc, recueillie par M. Violle. Microgranite (plaque épaisse).

Gneiss blanc (étiqueté « protogine » du Glaciaire du Lac Mort). Préparation n° 623 de la Faculté des Sciences de Grenoble. — C'est un *Microgranite* à feldspath alcalin (albite), laminé. Ce type m'est inconnu, et je ne pense pas qu'il provienne du massif du Pelvoux ». (Diagnose de M. Termier.)

Granite laminé. — Échantillon de la collection Kilian. — Plan-de-Phazy (Hautes-Alpes). Roche siliceuse verdâtre à parties quartzeuses et feldspathiques laminées et à éléments peu nets. — L'examen microscopique montre que c'est un *granite du Pelvoux* laminé. Cette roche présente aussi une certaine analogie d'aspect avec les Bésimaudites de M. Zaccagna.

Ajoutons encore que MM. Flusin et Müller ont recueilli à Saint-Loup, près de Vif (Isère), sur l'emplacement d'une station préhistorique, des blocs assez importants d'une syénite rougeâtre, dont M. Termier a bien voulu nous donner la diagnose suivante : « *Syénite* ou aplite syénitique, faiblement quartzeuse; microperthite, albite, un peu (très peu) de mica noir chloritisant. Ce type m'est *inconnu.* » — Ce bloc a-t-il été apporté dans les Alpes par l'homme préhistorique, ou est-ce un bloc glaciaire provenant d'un gisement encore inconnu des Alpes françaises?

Citons enfin une *roche granitoïde* erratique, recueillie aux Sources de l'Arc dans le cirque de Bonneval-Bessans (Savoie) par Ch. Lory. — La provenance du bloc qui a fourni l'échantillon serait intéressante à déterminer.

Schistes cristallins. — *Gneiss granulitique.* — Aiguille du Brévent.

Gneiss d'Épierre (Savoie).

Micaschiste. — Échantillon de la collection Kilian et Révil, de Notre-Dame-de-Briançon (Savoie). — Schiste satiné noirâtre, ne faisant pas effervescence avec les acides et se débitant en plaquettes; on n'y distingue guère que de la séricite satinée. La roche a l'aspect d'un micaschiste du type antehouiller.

Micaschiste de Saint-Christophe (Oisans).

Micaschiste percé par la protogine (Granite du Pelvoux) en face les Gauchoirs (Oisans).

Micaschiste. — Les Clos, près Saint-Christophe (Oisans).

Micaschiste erratique. — (Échantillon de la collection Kilian), de Guillestre (Hautes-Alpes). — Micaschiste à mica blanc, et fragments.

Schiste à séricite d'Aiguebelle (Savoie). — (Préparation de la collection Ch. Lory, n° 12.) — Quartz abondant, magnétite, oligiste, matières charbonneuses. Biotite transformée en chlorite (pennine); séricite abondante et mica légèrement verdâtre, à deux axes écartés.

Schiste à séricite. — Pont entre Épierre et Aiguebelle (Savoie).

Schiste à séricite d'Allevard (Isère).

Schiste du Bout-du-Monde près Allevard (coll. Kilian) [préparation examinée par M. Michel-Lévy]. Apparence de brèche arkosienne recimentée par du *quartz frangé, mica blanc* et *chlorites* récents; grands cristaux de *feldspath* et de quartz ou débris profondément corrodés par un quartz ancien dont la schistosité est souvent transversale à celle du ciment. — Quelques débris de mica noir.

Schiste du Bout-du-Monde près Allevard. — Moins inhomogène, cependant encore très inhomogène. *Grands micas* noirs anciens décolorés et en partie résorbés. Quartz encore frangé (mais plus régulier) en mosaïque, avec *mica blanc* sériciteux. Quelques rares lamelles fines de mica noir secondaire. C'est, en somme, un type banal de schiste cristallin à séricite, assez cristallin, sans feldspath.

Schiste amphibolique du Pic de Belledonne. — Coll. Ch. Lory.

Amphibolite de l'Oursière (M. Paquier). [Préparation examinée par M. Michel-Lévy.] — Amphibolite très cristalline avec lits continus d'amphibole verte, sphène, feldspath orthose et oligoclase.

Types divers des Alpes françaises. (Collections de Grenoble.)

La collection du Laboratoire de géologie de la Faculté des Sciences de Grenoble renferme, en outre, des préparations de Schistes cristallins du massif du Pelvoux et des Grandes-Rousses, de Belledonne, de blocs erratiques cristallophylliens du Dauphiné (notamment d'amphibolites remarquablement « plissotées » du Glaciaire du Connexe près Laffrey (Isère), ainsi que des séries très complètes d'échantillons. Parmi ces échantillons des Alpes françaises, il en est qui présentent un intérêt historique comme ayant servi de base aux travaux de Charles Lory; d'autres n'ont pas été décrits ou proviennent de sommets difficilement accessibles, où les ont recueillis des alpinistes connus, tels que le Rév. Coolidge, M. H. Duhamel et plusieurs autres (voir *Guide du Haut Dauphiné*, p. LII, une note de Ch. Lory à ce sujet).

Il nous a semblé utile de donner ici une énumération des plus intéressants d'entre ces échantillons. D'une façon générale, on y remarque que les divers types granitoïdes et gneissiques[1] ne sont *pas rigoureusement séparés* dans la nature, et que les granites gneissiques (protogines) prédominent et passent à des types analogues au « Centralgneiss » des Alpes Orientales. Il en est de même des roches amphiboliques et basiques et même des aplites (granulites), qui traversent en filons les types précédents et qui prennent fréquemment la texture de leptynites. A côté de ces roches sont représentés des micaschistes, des schistes à séricite (anciennement appelés talcschistes et stéaschistes) et des cipolins.

[1] Nous reviendrons dans un chapitre ultérieur sur les espèces minérales qui se montrent fréquemment dans nos roches cristallines antehouillères et dont les plus fréquentes sont l'albite, l'anatase, la crichtonite, la turnerite, la molybdénite, à côté desquelles il faut citer le sphène (Lauvitel), l'épidote, l'amiante (Séchilienne), la stéatite [la Garde (Oisans), Villard-Loubière (Valgodemar), Pic de la Botte près Chamrousse], qui accompagnent la série des roches basiques.

A. Granites. — Les granites de la région delphino-savoisienne, au Sud du Mont-Blanc, rappellent les Granites du Bietschhorn, du Loetschenthal, dans les Alpes bernoises, ainsi que ceux du Glacier du Rhône, du Gothard, du Galenstock et certains granites du Tyrol. En revanche, ils diffèrent notablement des types de Baveno, de Habkern et d'une série d'autres qui n'existent pas dans nos régions. — Nous relevons :

Granite du Rivier d'Allemont (route du Glandon); *Granite* du sommet du Grand Charnier, près d'Allevard; *Granite* rose de Beaufort (Savoie) ressemblant au granite du Pelvoux; *Granite* d'Épierre (Savoie), étiqueté « Gneiss granitoïde », par Ch. Lory. *Granite* du centre du Cirque des Sept Laux; *Granite gneissique* de la vallée de Saint-Hugon, près Allevard; *Granite* du Maupas (Combe d'Olle). *Granite* de la Combe d'Olle, entre la Grande Maison et le Rif Claret; *Granite à grain fin*, arête nord du Grand Clocher du Frène (Massif d'Allevard); *Roche granitique*, en blocs (erratiques) près du sommet de Belledonne, près de la Croix (Ch. Lory, 1855); *Granite amphibolique à sphène*, Feissons-sous-Briançon (Savoie) [Ch. Lory, 1885]; *Granite gneissique* à grands cristaux d'orthose, du Grand Charnier, à l'Est d'Allevard (Ch. Lory, 1880); *Granite* laminé, vallée des Villards (Savoie); *Granite* de Sainte-Marie-de-Cuines (Savoie).

B. Nos collections renferment également quelques types granitoïdes *basiques*, comparables à la protogine amphibolique des Grands Mulets, étudiée par Marshall Hall, Michel-Lévy et Duparc, et aux types syénitiques du Brévent; nous citerons des ségrégations micacées dans le granite de Champoléon (Hautes-Alpes), les roches syénitiques à sphène du Lauvitel, les *minettes*, de la Chalp en Valjouffrey et du massif de Chaillol, etc.

Il faut rapprocher de ces types basiques deux types erratiques de Champ (Ch. Lory, 1850) et du Ratz de Bernin (W. Kilian, 1890).

C. Granite du Pelvoux (Protogine du Pelvoux des auteurs) et gneiss passant au Granite du Pelvoux[1], représentés par de nombreux échantillons des localités suivantes : Grande Ruine (M. H. Duhamel, variété à feldspath rose); Cotebelle, près Villard-Notre-Dame; Combeynot, Arsine, Les Gauchoirs (variétés à grain fin); Glacier de la Selle, Glacier de la Meije orientale (M. H. Duhamel), la Bérarde, la Grave, Mont-de-Lans, les Étages, Ailefroide, col de la Temple, glacier de la Bonne-Pierre, Tête de la Maye, Plan-de-Phazy (Hautes-Alpes) [type laminé], Aiguille du Midi de Villard-Eymond (type à grain fin), Villard-Eymond (type rose à mica noir), col du Sellar, col entre les Écrins et la pointe de Balme Rouge (M. Coolidge), pic Coolidge (M. Duhamel), pointe Puiseux (M. Duhamel), col du Clot des Cavales (M. Duhamel), sommet de la Grande

[1] M. Termier a séparé sur la feuille de Briançon de la Carte géologique de France le Granite du Pelvoux des Schistes granitisés (gneiss); nous croyons qu'une semblable distinction, qui, même sur le terrain, ne saurait être qu'approximative, est impossible à réaliser d'une façon absolue sur des séries d'échantillons parmi lesquels abondent les types intermédiaires.

Meije (Paul Guillemin, 1878), col du Sélé (M. Coolidge), la Mariande-sous-Lauranoure, Grande Tête de Lauranoure (P. Lory), col du Loup-en-Valgaudemar; pointe entre les cols de la Selle et de la Gandolière (P. Lory), sommet des Écrins (M. Pocat, 1888, H. Duhamel), col des Écrins (M. H. Duhamel), crête des Bœufs-Rouges (H. Coolidge), Meije, pic oriental, 3,911 mètres (H. Duhamel), [ce dernier échantillon offre un type peu net de granite du type Pelvoux], glacier du Routier, Aiguille du Plat, Tête des Fétoules, pointe des Étages (2e sommet), col Émile Pic (M. Duhamel), rocher de l'Aigle (M. H. Duhamel), les Bornes (M. Coolidge) [variété chloriteuse], Aiguille du Plat de la Selle (schiste injecté de granite P. Lory), col du Says, pic d'Olan, crête de l'Encula, pic du Vallon, crête de la Bérarde (M. Coolidge), Sirac (M. Coolidge), pente sous le pic Coolidge, au-dessus du Carrelet, grand pic Gaspard (H. Duhamel), pic du Says (Coolidge), le Pavé (variété chloriteuse), brèche Giraud-Nézin (M. Duhamel) [à feldspath rose], sommet du Rochail (M. Coolidge), col de la Teste-Rouge (M. Coolidge).

Composition moyenne (d'après M. Termier) : SiO^2, 76; Al^2O^3, 13; Fe^2O^3, 1,5; CaO, 0,8; MgO, 0,5; K^2O, 4,5; Na^2O, 3,5.

Le granite du Pelvoux est une des roches les plus répandues dans les dépôts glaciaires subalpins, où il attire l'attention par la teinte rose que prennent ses éléments feldspathiques et par la couleur verte de ses phyllites.

Un grand nombre d'échantillons, comme ceux provenant du sommet du Sirac (M. Coolidge), du pic Gaspard (M. Duhamel), du col des Écrins (M. Duhamel), du col du Sellar (M. Coolidge), du sommet de la Meije (M. P. Lory), du col de la Muande (M. H. Duhamel), du col des Avalanches (M. H. Duhamel), ont été considérés par Ch. Lory comme des *gneiss chloriteux*, mais ne représentent que des schistes *granitisés* ou des variétés laminées du granite du Pelvoux. Aux granites, nous rattachons donc ces *gneiss*, qu'il est parfois impossible d'en délimiter avec rigueur, et dont une notable partie (voir plus haut) ne sont que des variétés stratiformes ou des produits de métamorphisme exercé par la roche granitique sur des schistes anciens.

D. Une roche provenant de la crête au-dessus de Grange-Veyrat, près de la Charbonnière (fournie par Albertazzo, 1893) et de l'Herpie, dans les Grandes-Rousses, présente le type de ce que M. Duparc a appelé « *protogine de rebrassement* ». Il convient encore de citer, comme provenant du Valsenestre, de beaux échantillons contenant des *enclaves basiques*.

E. Gneiss. — Combe d'Olle, cascade du Bâton, les Chalanches, Cevins (Savoie) [gneiss granitoïde], les Étages, près Saint-Cristophe (gneiss à Sillimanite) [Duhamel, 1880], près du Châtelard du Mont-de-Lans; Cevins (Savoie) [avec grands cristaux de feldspath], col de Clot-Châtel (Coolidge) [variété à mica brun], les Rousses, le Lauvitel, le Valsenestre, le Valgodemar, le Valjouffrey, brèche de Charrière (M. H. Duhamel), col des Sellettes (M. H. Duhamel) [variété à mica brun], cime du Vallon (M. Coolidge), la Mariande, les Arias, la Selle (*gneiss graphiteux*), col du Loup (Coolidge), pic d'Olan (Coolidge), (variété à mica brun), le Vaxivier.

On sait que les gneiss des Alpes orientales (Centralgneiss), des Alpes maritimes (Monte Matto, Rocca de l'Argentera) et d'autres portions de la chaîne (Sellagneiss, Adulagneiss, gneiss du Gothard, d'Antigorio, d'Arolla, etc.) ont été décrits avec soin ; il serait intéressant de comparer ces types avec les nôtres.

F. Roches granulitiques. — *Schistes granulitisés :* la Grave, l'Infernet de Livet, lac Blanc des Rousses, l'Alpettaz (Grandes-Rousses) [avec grands cristaux de feldspath], la Ferrière, près la Garde (Isère).

Aplite des localités suivantes : Route de Venosc, Champforant, en face la Lavey (type tacheté intéressant), la Grave, Bourg-d'Oisans (en filons), pic nord des Cavales; au-dessous des Gauchoirs (filons), Petites-Rousses, pyramide du Puy Gris, carrière du Bourg-d'Oisans (en filons), vallée de l'Olle; à l'Est des Sept-Laux, Pic du Rosai, entre la Garde et Maronne (variété schisteuse), route d'Auris (type schisteux ou leptynite), le Plaret (M. H. Duhamel) (variété schisteuse très micacée). Cette roche existe aussi en filons dans les amphibolites de Rioupéroux (vallée de la Romanche).

Granulite à grenats. — Les Beaumettes en Champoléon (Hautes-Alpes).

Pegmatite. — Cette roche, relativement rare dans nos Alpes, a fourni de beaux échantillons : entre le Pas de la Coche et le Rivier d'Allemont (Ch. Lory); à Articol, dans la vallée de l'Olle; à Chaumeilh, près Champoléon (Ch. Lory, 1887); il en existe un type à larges lamelles de muscovite à Cornillon. — La pegmatite est bien représentée dans le massif du Mercantour. Nous en possédons un bel exemplaire de la Montagne des Fourches (don de M. Hipp. Müller).

G. Roches basiques. — *Gabbros.* — Nombreux échantillons de la Petite-Vaudaine, de la Grande-Vaudaine, dont plusieurs présentent des degrés d'altération divers et dont l'un montre un contact avec l'aplite; *gabbros* des lacs Long et Crozet, des lacs Robert (Ch. Lory, 1851, P. Lory, 1888), du col de l'Oreille-du-Loup et des environs de Lavaldens; *gabbro passant à la diorite :* col du Serre, environs du hameau du Mollard, bord de la crête du Serre, sur le Moulin Vieux; ce type se retrouve en blocs erratiques dans les chaînes subalpines à Aisy-sur-Noyarcy (Éch. Ch. Lory); *gabbro* du col du Serre (avec *pennine*), du ravin du Grand Riou, sur le chemin de Laffrey au désert de la Morte. *Diorite* passant à l'euphotide et à la serpentine : Chemin de Grégny au Breuil, près Hautecour (Savoie) [Ch. Lory, 1865]; *diorite* filonienne : les Chalanches (Ch. Lory, 1850), associée à des *diabases; Serpentines* du lac Robert (avec lames de diallage), de Chamrousse. [Échantillon recueilli par Ch. Lory en 1874, portant résultat de l'analyse chimique (janvier 1875) qui donne : silice, 39,2; oxyde ferreux, 5,9; magnésie, 40,3; eau, 14,37.]

Parmi les roches amphiboliques provenant en partie de types éruptifs (gabbros, diabases), dynamométamorphisés, de l'action de ces roches sur les schistes encaissants ou de l'influence d'injections aplitiques (pseudosyénites), nous remarquons :

Gneiss amphiboliques : Saint Barthélemy, pic de la Pra, col de la Coche, route de Venosc, bords du lac Blanc (Belledonne) [Ch. Lory, 1857], au-dessus du lac de Puy-Vachier (la Grave), vallée des Étançons, glacier de Villard-Eymond, col de la Petite Vaudaine (grands cristaux d'amphibole), Gavet (Ch. Lory).

Amphibolite à grands éléments : Cornillon, col du Chardon (M. Jacob); *amphibolite* à grain fin, avec enduit d'altération : Col du Grand Doménon, l'Infernet de Livet; *amphibolites :* Plateau de Brandes-Saint-Ferréol (vers la Prène), pic de la Croix Belledonne (Ch. Lory, 1865), entre Vizille et le Bourg-d'Oisans, cime de l'Aiguille du Bâton, l'Infernet, près Livet, le Ferroret de Venosc (près du vallon de La Lavey), Aiguille du Plat, Plan du Lac, Séchilienne[1], la Balme d'Auris, le Penail près du Mont-de-Lans, Huez (Roche de Marcore).

H. Il y a lieu de signaler tout spécialement les roches suivantes :

Types curieux de ROCHES À GRENATS (*gneiss à grenats*) du vallon de la Vaudaine, près du Rivier d'Allemont. Ces gneiss, dont l'étude micrographique est encore à faire, affleurent sur la rive gauche du torrent, près de la baraque forestière. Le marchand de minéraux Albertazzo, du Bourg-d'Oisans, en a répandu jadis des échantillons dans les collections :

Gneiss à grenats dans les schistes amphiboliques de la Petite Vaudaine.

Micaschistes à grenats. — Les Challanches, Rochers rouges de Belledonne. On a retrouvé des roches identiques parmi les matériaux de la moraine des Guichards, près d'Uriage.

[1] AMPHIBOLITE DE SÉCHILIENNE. — (Diagnose de M. Termier), d'après un échantillon recueilli par M. Kilian lors du percement d'un tunnel en amont de Séchilienne, sur la rive gauche de la Romanche. Mosaïque fine de feldspath, sans quartz. Ce feldspath est partie microperthite, partie albite; il forme au moins la moitié, peut-être même les deux tiers de la roche. Quelques sections relativement grandes (jusqu'à 2 millimètres) sont vaguement visibles à l'œil nu.

Dans cette mosaïque de feldspath, on observe quelques plages de chlorite, de très nombreuses aiguilles d'une hornblende vert-bleuâtre et des aiguilles presque aussi nombreuses d'épidote (quelques-unes de zoïsite). Cette épidote paraît être primaire, je veux dire contemporaine de la hornblende. Quelques grains de pyrite.

Cette roche est, d'après M. Termier, fort intéressante, à cause de la présence simultanée de feldspaths alcalins, de hornblende et d'épidote. «J'ignore, dit ce savant, quelle en peut être la genèse. Suivant toute probabilité, c'est un produit du métamorphisme qui a donné tous les *gneiss basiques* de Belledonne, et tous les gabbros associés à ces gneiss; et je ne crois pas que ce soit un gabbro recristallisé.»

J. Cipolins. — Calcaire saccharoïde à grain fin, veiné, intercalé dans les micaschistes de Saint-Maurice en Valgodemar (Ch. Lory, 1858). Cipolin du ruisseau des Sept-Laux. Calcaire cristallin gris, intercalé dans les Schistes cristallins aux Chaux, près Notre-Dame-de-Briançon en Tarentaise. Calcaires cristallins de la Chaux-en-Valgodemar, Moline-en-Champeaux, Valsenestre, la Traverse, près Allemont.

Un calcaire cristallin d'Ourcerette, dans le Valgodemar, à zones rouges (ne contenant pas de magnésie, d'après une annotation de Ch. Lory), a été confondu avec les cipolins, mais ne serait, en réalité, d'après notre éminent prédécesseur, qu'un produit de l'action métamorphique des spilites (mélaphyres) sur les calcaires du Lias. Il en est de même d'un marbre du Rif du Sap (Ch. Lory, 1877), calcaire cristallin d'un blanc violacé à cassure esquilleuse, faisant vive effervescence avec les acides et rappelant beaucoup certains marbres du Malm briançonnais.

K. Des Micaschistes analogues aux types du massif du mont Blanc (Salenton) sont représentés par un certain nombre d'échantillons provenant des localités suivantes : grand tunnel du Freney; crête est des Écrins, Gragnolet en Valjouffrey, le Petit Charnier, pic sud des Grandes-Rousses, les Chalanches, pied des pentes des Chalanches (carrière au hameau de la Fare (Albertazzo, 1893), route d'Auris (variété très quartzeuse), Valsenestre, le Plaret, Clocher du Frêne (type à biotite), Pinsot, Cevins, Aiguebelle (Savoie), Dormillouse (Hautes-Alpes), l'Infernet de Livet, Articol, Sept-Laux (Isère), [avec cristaux de feldspath].

Micaschiste de Hautecour, près Moûtiers (lieu dit « les Moulins », entre les deux Hautecour) [Ch. Lory, 1869].

Micaschiste de Rioupéroux, de Pierre-Herse, près Theys (P. Lory). (Avec des diagnoses micrographiques de M. Michel-Lévy, publiées en 1893 par M. P. Lory in Ann. Enseign. sup. de Grenoble, t. V, n° 1, p. 17 (tir. à p.).

Schistes à grandes lamelles de Biotite, chlorite et serpentine : entre la Ferrière et Saint-Colomban, balmes sous la Garde en Oisans, etc.

L. Nous relevons aussi, comme se rapportant aux terrains antehouillers de nos massifs centraux :

Schiste à séricite blanc, à reflets soyeux, recueilli par Ch. Lory au mont Taillefer, au bas du filon de Brouffier, accompagné d'une analyse chimique de M. Merceron.

Schiste recueilli en 1850 par Ch. Lory, étiqueté « *schiste talqueux* » et accompagné d'une analyse chimique de Ch. Lory : Bout-du-Monde, près Allevard.

Schistes à séricite : Chamonix (Haute-Savoie) [entre le Pavillon et la Cascade de la Blaitière], Rampe des Commères, la Garde (Oisans), la Balme d'Auris, Pierre-Châtel, sommet du Jumeau est de Chaillol (P. Lory), Allevard; la Combette (tunnel du Freney), sommet du Taillefer (Ch. Lory, 1885) [variété blanche à reflets soyeux argentins], col des Écrins, côté nord (Duhamel), pointe des Étages (F. Perrin), descente du col de la Coche vers Laval, mine de la Tailla, près Allevard, le Laus (Hautes-Alpes), Aiguebelle, gorge du Vaugelaz, Notre-Dame-de Briançon (Savoie); *schiste à séricite* avec cristaux de pyrite : Saint-Christophe en Oisans; *schiste à séricite* : Conflans, près Albertville.

Schistes chloriteux et talqueux : Aiguebelle, Séchilienne, Valgodemar, Bourg-d'Arud, l'Alpet (Coolidge) [échantillon d'apparence quartzeuse], col des Écrins (M. H. Duhamel) entre les Rouïes et la tête de l'Etret (Félix Perrin). — Plusieurs des roches indiquées sous ce nom par Lory ne sont que des accidents dans le granite du Pelvoux.

Phyllades (du type X de la carte géologique de France) : Mine de Saint-Avre (Maurienne), Vieux-Chaillol (Hautes-Alpes) [type noduleux noir]; col du Sabot (près Vaujany).

M. Outre un *Quartzite* des Chalanches qui, sans doute, appartient aussi au complexe des Schistes cristallins, la collection de la Faculté des Sciences de Grenoble renferme un remarquable échantillon d'un *Poudingue* intercalé dans les schistes séricíteux antehouillers du Haut de Formaffrey sur Séchilienne et recueilli par M. P. Lory.

Il y a lieu enfin de mentionner comme se rapportant encore aux formations étudiées dans le présent chapitre :

1° Une *brèche de filon* recueillie par M. le professeur Lachmann. Cette roche, très curieuse, présente des morceaux de *granite* englobés dans un ciment calcaire (d'apparence liasique) et provient de la montagne de la Chamoisière, au Sud du refuge de l'Alpe du Villard-d'Arène;

2° Un calcaire compact (marbre) rouge de l'Enversin près du Pas-de-l'Ane-à-Falque, près de l'Alpe du Villard-d'Arène. Cette roche, qui rappelle un cipolin rougeâtre, provient de très gros blocs, témoins d'une ancienne moraine frontale du glacier de l'Homme. C'est un marbre filonien (avec sidérose) empâtant fréquemment des blocs de gneiss. Le filon affleure dans les escarpements des Pics de Neige du Lautaret.

Nous mentionnerons enfin de nombreux minéraux et minerais *d'origine filonienne* dont l'énumération sortirait du cadre de cet ouvrage et qui se rencontrent dans les fissures des terrains antehouillers de l'Oisans (les Chalanches, la Gardette, les Claux), du Valgaudemar, etc.

CHAPITRE II.

SYSTÈME CARBONIFÉRIEN.

TERRAIN HOUILLER. — GRÈS À ANTHRACITES.

Aperçu historique.

La plus ancienne formation fossilifère [1] des Alpes occidentales est le terrain houiller appartenant à la division supérieure du système carbonifère, dont la détermination longtemps contestée dans notre région est aujourd'hui universellement admise [2]. On a lu, dans notre tome I, le résumé des débats mémorables [3] dans lesquels Gueymard et Ch. Lory soutinrent si brillamment l'âge carbonifère des grès à anthracites que, dès 1823, Backewell avait rapprochés du terrain houiller de l'Angleterre. La conception d'Élie de Beaumont, qui voulait faire rentrer ces couches dans le Jurassique, est maintenant définitivement et depuis longtemps abandonnée. L'anthracite des Alpes françaises est bien de la même époque que la houille du Plateau central, et c'est en vain que, dans les contrées intra-alpines, on chercherait à rencontrer ce combustible

(1) Cette formation repose en beaucoup de points *en discordance* angulaire sur des Schistes cristallins plus anciens (voir le chapitre précédent) d'âge indéterminé, et en contient des galets. Il serait téméraire d'affirmer, bien que cela soit peu probable, que ces schistes cristallophylliens ne renferment pas des représentants métamorphisés des assises dinantiennes (Carbonifère inférieur). Dans la plus grande partie de la zone du Briançonnais, et notamment dans la portion axiale dite aussi « zone houillère », le substratum du terrain houiller n'est pas visible. On ne connaît en somme ce substratum, à l'Est des massifs centraux de la zone delphino-savoisienne, qu'à Villarly et près d'Hautecour (Savoie), où il est constitué par des micaschistes (voir plus haut, p. 18).

(2) Nous devons rappeler qu'Alphonse Favre a publié, dans le t. III de ses Recherches géologiques en Savoie, une histoire du terrain houiller des Alpes, où sont relatés les principaux travaux ainsi que les discussions dont cette région a été l'objet. Voir aussi Fraas, *Scènerie d'A.*, p. 75 et suivantes.

(3) Il est curieux de faire remarquer à ce propos qu'en 1872 on voit encore G. de Mortillet et Gastaldi discuter l'âge des grès houillers des Fourneaux, près de Modane, qui avaient été tour à tour rapportés au Portlandien (!) par Sismonda et au Laurentien par Gastaldi (d'après de Mortillet). Cependant, en 1872, Gastaldi et de Mortillet sont à peu près d'accord pour en faire du Carbonifère.

en couches tant soit peu exploitables[1] dans d'autres terrains que le Carbonifère[2]. Pendant le cours des débats auxquels nous venons de faire allusion, M. Albert Gaudry[3] a donné une carte (réduction d'un fragment de la Carte géologique de la France) et une table alphabétique des principales localités où affleurent dans nos Alpes le terrain houiller. Quant à la liste des végétaux fossiles trouvés dans ce terrain, elle a été publiée en 1876, par Oswald Heer. MM. Ch. Lory, Grand'Eury, R. Zeiller et d'autres savants l'ont notablement augmentée (voir plus bas la liste générale des espèces citées dans les Alpes françaises).

Nous n'avons dans ce mémoire rien de bien nouveau à signaler au point de vue de la composition du Houiller, sinon qu'il faut en distraire des assises bigarrées que Lory y avait incorporées, — au col de la Ponsonnière notamment, — et les rattacher au système permien; bien qu'aucun débris organique n'autorise à considérer comme permiennes ces dernières assises, leur intercalation concordante entre les grès houillers, dont l'âge est bien connu (Houiller supérieur), et les quartzites triasiques, ainsi que les passages graduels qui les relient à ces derniers nous paraissent significatifs et légitiment cette interprétation. De plus, il faut remarquer que si généralement la teinte rouge et violacée, caractéristique du Permien, n'apparaît que dans les bancs supérieurs aux grès et conglomérats houillers, ce faciès peut néanmoins s'étendre localement à une partie de ces grès (la Ponsonnière); il est alors difficile d'établir la limite entre les deux systèmes.

I

Répartition générale des affleurements houillers dans les Alpes françaises (voir pl. V).

Les affleurements des assises houillères s'alignent suivant un certain nombre de bandes parallèles à la courbure générale des Alpes françaises et se poursuivent du Dauphiné au Valais où elles prennent une direction S. O.–N. E. Beaucoup de ces affleurements ont probablement été en continuité les uns avec les autres et ne doivent leur isolement qu'aux effets de l'érosion ou des étirements mécaniques. En Tarentaise, par exemple, ceux de la vallée de Belleville sont bien près de ceux de Petit-Cœur, et ces derniers sont à leur tour très rapprochés de ceux de Cevins; ce ne sont très vraisemblablement que des *lambeaux*

[1] Les assises du Trias contiennent en certains points quelques lits charbonneux insignifiants (Saint-Ours dans la Haute-Ubaye, etc.).

[2] Nous rappellerons encore que Chamousset assimilait les Schistes lustrés au Houiller.

[3] *Bull. Soc. géol. de France*, 2e série, t. XII, p. 642.

d'une seule et même formation, qui ont échappé à l'érosion ou que les plis anticlinaux font réapparaître dans leur région axiale.

Dans notre région, le Houiller ne se montre que dans quelques anticlinaux de la sous-zone des Aiguilles d'Arves (deuxième zone de Ch. Lory) [Saint-Jean-de-Belleville, Moûtiers, etc.]. Vers l'Est, il prend un grand développement et borde complètement le territoire étudié dans ce travail.

Avant d'examiner ces gisements, il nous a paru intéressant d'indiquer la distribution générale des formations carbonifères dans les Alpes françaises et d'en tracer les diverses lignes d'affleurement, ce qui permettra d'établir nettement les relations stratigraphiques de ce terrain avec ceux de ses représentants qui font l'objet plus spécial du présent mémoire.

Les bandes que l'on peut reconnaître sont les suivantes :

Bordure occidentale de la chaîne de Belledonne.

1° *Bande de la Mure-Grésivaudan* [1]. — Elle comprend dans le département de l'Isère les gisements d'Aspres-les-Corps et de Valbonnais, le « bassin de la Mure » (Peychagnard, Puy-Ricard, Nantes-en-Rattier, Pierre-Châtel, Putteville, Laffrey, Notre-Dame-de-Vaux, sur le pourtour et dans l'intérieur du petit dôme cristallin du Bariou) et la concession de Boutières. Elle se continue, en Savoie, par Dodon, les Ramiettes de Prodin (commune de Prêles), le Pont de Flon entre Ugines et Flumet et la montagne du Fer près Servoz. Ces couches houillères sont situées sur le versant occidental de la chaîne de Belledonne [2]; malgré de fréquents renversements locaux et des replis secondaires elles

[1] Dans les Basses-Alpes, il existe, près de Barles, un gisement houiller étudié en 1892 par M. Haug et qui paraît appartenir à cette même bande, masquée au Sud du Drac et de la Durance par des sédiments plus récents, entre les environs de Corps (Isère) et les Basses-Alpes. Signalons aussi le Houiller de Taninges (Haute-Savoie) également extérieur par sa situation à la zone de Belledonne, mais qui paraît n'avoir été amené là que par des charriages et appartenir à une zone alpine plus interne.

[2] Sur le bord occidental de la chaîne de Belledonne, on trouve, du Sud au Nord, des affleurements houillers à : Aspres-les-Corps, Entraigues, Oris-Valbonnais, La Mure et ses environs (Prunières, Nantison, Peychagnard, La Motte, Notre-Dame-de-Vaux, etc.), Pierre-Châtel, Saint-Théophrey, Cholonges, Laffrey, La Morte, Saint-Barthélemy-de-Séchilienne, Séchilienne, Saint-Mury, La Boutière, Laval, Saint-Agnès, Revel, Combe de Lancey, les Adrets, Le Merdaret, le Vaugelaz et Theys, La Ferrière, Le Grand-Collet (près Allevard), Veyton, Saint-Hugon, Les Ramiettes et Ugines (Savoie), et plus au Nord, dans la région des Aiguilles-Rouges : N. des Condamines, le Prarion, Pormenaz, Servoz, (gorges de la Diosaz), la Moëde et le col de l'Écuelle, Vallorcine, Salvan, Vernayaz, la Tête-Noire. — Dans l'*intérieur de la chaîne* de Belledonne, les lambeaux houillers sont nombreux, à partir d'Entraigues; outre ceux de Saint-Barthélemy-de-Séchilienne, nous citerons ceux de la Grande-Lauzière et de Vaulnaveys, non loin de Grenoble,

plongent à l'Ouest dans leur ensemble et s'enfoncent *sous* les formations mésozoïques.

Bande de l'Oisans, des Rousses et de Beaufort.

2° *Bande de l'Oisans, des Rousses et de Beaufort*, située à l'Est de la chaîne de Belledonne et comprenant la chaîne des Grandes-Rousses. — Cette bande comprend, dans l'Oisans, deux branches parallèles dont les couches verticales sont coupées presque perpendiculairement par la gorge de la Romanche, et séparées l'une de l'autre par une masse anticlinale de Schistes cristallins. La *branche occidentale* commence à l'Ouest de Venosc, forme l'Herpie et disparaît au Nord sous les glaciers du versant occidental des Grandes-Rousses. On connaît un peu plus loin, à l'Est de la Grande-Maison, un lambeau houiller qui se rattache probablement à cette bande; il en est de même de l'étroit synclinal houiller de Valmore et de Sambuis, qui pénètre dans la zone cristalline de Belledonne, au N. O. du col du Glandon. Divers affleurements de schistes argileux à empreintes végétales ayant donné lieu à quatorze concessions d'anthracite (dans la commune d'Huez notamment), dont une a été récemment l'objet d'une exploitation en grand, s'y observent. La *deuxième branche* commence un peu au Sud de la gorge de la Romanche, près du Mont-de-Lans, et se poursuit du Freney à la pointe de l'Ouillon, près de Saint-Sorlin-d'Arves; elle réapparaît ensuite un peu plus au Nord, au Replat, au S. E. de Sainte-Marie-de-Cuines[1]. On n'y trouve qu'une seule concession, celle de Chattagoutta. Des *orthophyres* et des tufs orthophyriques y forment, d'après M. Termier[2], des nappes puissantes (Château-Noir, etc.) qui, au Freney même, sont exploitées pour les empierrements. Cette bande touche à notre territoire près des granges de la Balme, où nous en avons étudié des assises houillères fossilifères (voir plus loin).

Le terrain houiller de la branche occidentale se continue avec les mêmes

de la Grande-Lance de Domène, du Clot-Chevalier, au-dessus d'Allemont; de Prodin, de Dodon, de Saint-Georges-d'Hurtières, du col de Bâmont, de Cevins, des environs d'Hauteluce (Colombat en Empulant). Sur le bord oriental de la même chaîne, on trouve ceux de Vaujany, de Valmore, de Doucy, de Petit-Cœur, d'Arêches, de Roselend. — Tous ces affleurements se reliaient sans doute à ceux de la Tête-Noire, de Vallorcine et à ceux de Salvan, de Vernayaz, d'Arpille près Martigny, et d'Outre-Rhône, en Suisse. M. Termier a récemment repris la description des bandes houillères des Grandes-Rousses (1° l'Herpie, Vaujany, la Grande-Maison; 2° le Freney, Château-Noir, Granges-de-la-Balme) situées à l'Est des précédentes.

[1] Observation inédite de M. Termier.

[2] *Loc cit.*, p. 53

allures dans les escarpements qui dominent, à l'Ouest, Saint-Colomban et Saint-Alban des Villards, puis se retrouve au Nord de l'Arc : à Argentine, au Col de Bâmont, à Cevins (non loin de la cime du Grand-Mont), à Arêches (commune de Beaufort) et à Colombe, près du lac de la Girotte, où il est très riche en empreintes végétales et où il a été étudié par Alphonse Favre. La branche orientale reparaît en Tarentaise, à l'Est de Celliers et de Bonneval, puis à Pussy, ainsi qu'à Doucy, où se trouve une couche d'anthracite, près d'anciens travaux d'une mine de cuivre; cette bande est connue depuis longtemps à Petit-Cœur et à Roselend. Enfin elle semble exister encore dans les environs du Grand-Fond et de la Pointe-Terrasse, au-dessus et à l'Ouest de Bourg-Saint-Maurice [1].

Affleurements au Nord du Mont-Blanc et d'Outre-Rhône.

On retrouve le Houiller en Suisse dans les montagnes d'Outre-Rhône, dans les Hautes-Alpes vaudoises, en un synclinal compris entre deux massifs cristallins, au pied de la Dent de Morcles. Au Sud, ces affleurements, étudiés successivement par de Saussure, Studer, Blanchet, Alph. Favre, Gerlach et Renevier, se continuent par deux branches, d'une part vers les Aiguilles Rouges, de l'autre vers le Mont-Blanc.

Affleurements à l'Est de la zone des Aiguilles d'Arves.

M. Termier a cité le Houiller au Jandry dans *le Nord du massif du Pelvoux*. — Quelques lambeaux isolés de grès houillers apparaissent au milieu des terrains secondaires, à l'Est des bandes précitées; ce sont, par exemple, les affleurements du Lautaret, de la Mandette, du col du Galibier, du Mont-Charvin (?), et ceux de Villard-Lurin, Villarly, Fontaine, Salins et Moûtiers (Les Routes), en Tarentaise.

Affleurements de la zone axiale du Briançonnais.

3° *Bande du Briançonnais, de la Maurienne et de la Tarentaise* [3e zone alpine de Ch. Lory ou « zone houillère », zone axiale (Haug)]. — C'est ensuite, plus à l'Est, qu'on rencontre une troisième bande de dépôts houillers, la plus importante de toutes et bien connue sous le nom de « zone houillère ». Cette bande commence dans le Briançonnais méridional par plusieurs branches : au Nord du Col des Ayes, à Saint-Martin-de-Queyrières et à l'Argentière, dans les Hautes-Alpes; puis elle est coupée obliquement par la Guisane, entre le Monestier et Briançon [2], se bifurque et pénètre en Savoie, où, d'une part,

(1) Renseignement communiqué par H. Lachat.

(2) C'est dans cette région que se trouvent les gisements anthracifères de Buffère, du Chardonnet, de Puy-Saint-Pierre, de Combarine, du Grand-Menoy et de la Grande-Draye, du Lauzet et du Monestier, bien connus par les exploitations dont ils sont l'objet de la part des habitants.

IMPRIMERIE NATIONALE.

elle se poursuit par le col de la Ponsonnière pour se diriger vers les Mottes et Valloire; de l'autre, elle s'élargit considérablement en formant le haut bassin de Névache, la vallée de Valmeinier en Maurienne, les massifs avoisinant la plaine de Bissorte, la Sandonière et le versant Est de la vallée de Valloire où les deux branches se rejoignent de nouveau. Elle est coupée par l'Arc, entre Saint-Michel et Modane, forme un massif montagneux considérable (Pointe Rénod, etc.), passe en Tarentaise entre le Col des Encombres et le massif de Péclet, puis est traversée par le Doron de Bozel, à partir duquel elle pousse un prolongement vers Champagny. Elle se développe ensuite des Chapelles à Pésey, Macôt, Aime, les Chapelles, pour pénétrer, en Italie, au Nord de Sainte-Foy et de Bourg-Saint-Maurice[1], entre le Petit-Saint-Bernard et le Col du Mont; elle s'amincit beaucoup dans la vallée d'Aoste (Morgex, la Thuile), arrive dans le Valais, à l'Ouest du Grand-Saint-Bernard, au col Fenêtre, d'où elle se poursuit jusqu'à Chippis en traversant les vallées d'Isérable, de Bagnes et d'Entremont. De là jusqu'à Aproz, elle se trouveen grande partie cachée sous les alluvions du Rhône, et ne se montre que sporadiquement sur les deux rives du fleuve. (Bramois, près Sion, Grone-Tourtemagne.)

Le terrain houiller forme le grand repli anticlinal[2] (et non synclinal) probablement déversé vers l'Ouest dans son ensemble, disposé en éventail[3], de la troisième zone alpine, à droite et à gauche duquel ont eu lieu localement des glissements et des étirements de couches, accidents qui ont reçu de Lory, — qui en exagéra l'importance, — les noms de « failles de Saint-Michel et de Modane ».

Zone axiale au Sud de Briançon.

Vers le Sud, les grès à anthracite forment encore quelques lambeaux, près de Chantelouve et des Vigneaux (Vallouise), mais, plus au Midi, dans la vallée du Guil, le Houiller n'affleure plus en France dans cette troisième zone. Les porphyrites (andésites) de Guillestre se montrant sous les quartzites et probable-

[1] On a récemment signalé, sur la commune de Séez, près de Bourg-Saint-Maurice, et dans la forêt de Malgovert, des gisements de graphitoïde. Ce ne sont autre chose que des anthracites ayant subi des actions métamorphiques dues à des roches éruptives. Les exploitations tentées en ces points ont été abandonnées.

[2] Alph. Favre avait, comme on sait, reconnu, dès 1867, la possibilité de cette disposition et opposé cette opinion à celle de Lory, qui voyait dans la bande houillère de la troisième zone un pli synclinal (*Rech. géolog. dans les parties de la Savoie, etc., voisines du Mont-Blanc*, t. III, p. 253). Ch. Lory attribuait encore en 1889 (*in* Levasseur, p. 141) la disposition en « fond de bateau » aux grès à anthracites de la vallée de l'Arc.

[3] Voir Kilian, Ass. fr. Av. des Sc. Congr. Boulogne, 1889, et *C. R. Ac. des Sc.*, t. CXXXVII, 5 oct. 1903.

ment permiennes forment la roche la plus ancienne qui affleure entre Guillestre et Château-Queyras; à l'entrée des Gorges du Guil, entre Guillestre et la Maison-du-Roy, on observe en effet nettement, *sous* les bancs calcaires du Trias moyen, une voûte régulière de quartzites triasiques dont le centre est occupé par une masse de porphyrites d'un brun violacé. Dans la Haute-Ubaye, il en est de même, et ce n'est qu'en Italie que reparaissent, près de Demonte, les assises carbonifères.

Si l'on joint par une ligne les affleurements houillers successifs que nous venons de citer, du Valais à Demonte, on obtient un demi-cercle[1] dont la concavité est tournée vers l'Italie (voir planche V).

Limite orientale du faciès briançonnais du Houiller.

Le système des grès à anthracite disparaît à l'Est d'une ligne Modane-Briançon-Saint-Paul, à moins que l'on ne considère, ainsi que l'ont fait le regretté H. Lachat et, plus récemment, M. Bertrand et M. P. Termier, comme représentant le Houiller métamorphique, les schistes cristallins que l'on trouve à la descente du Petit-Mont-Cenis et que les géologues italiens rapportent au Terrain primitif. Il est d'ailleurs à remarquer, que la ligne qui dessine la limite orientale d'extension des grès houillers (voir planche V) est la même qui borne, à l'Ouest, l'aire occupée par les « Schistes lustrés » aujourd'hui considérés par la plupart de nos confrères comme certainement mésozoïques et qui reposent sur ces pseudogneiss.

Zone du Piémont.

Le terrain houiller n'a été encore signalé avec certitude et avec ses caractères normaux en aucun point (Diener, *loc. cit.*, p. 193) de la zone du Mont-Rose proprement dite ou « zone du Piémont »; cependant on le rencontre dans le voisinage de cette zone, dans le massif de la Vanoise, où M. Termier a mis en lumière sa nature hautement métamorphique. Les recherches récentes de notre confrère, en montrant les modifications qu'éprouvent les grès houillers, par suite précisément du métamorphisme, lorsqu'on se dirige de l'Ouest vers l'Est, ont ainsi rendu moins improbable, — aux yeux de quelques-uns, — l'idée qu'une partie des « gneiss » et des « schistes » anciens du Grand-Paradis pouvaient n'être autre chose que des *représentants métamorphiques de nos grès à anthracites.* On peut affirmer que dans les parties les plus internes de la chaîne alpine (zone du Piémont), où les terrains mésozoïques, au lieu d'être représentés par le « faciès briançonnais », affectent la forme de « Schistes lustrés », c'est-à-dire à l'Est et au S. E. d'une ligne passant par Brigue, le Grand-Saint-Bernard, Saint-

[1] Voir Baretti, Studi geologici sulle Alpi Graje settentrionali (*Mem. R. Accad. Lincei,* 3e série, t. III, Roma, 1879).

Rémy, Tignes, Modane et le col du Mont-Genèvre, *les dépôts houillers n'existent pas sous la forme que nous avons décrite;* mais, dans cette même région, se montrent des gneiss (gneiss du Grand-Paradis) et des micaschistes, que MM. Bertrand, M. Termier et plusieurs de nos confrères considèrent comme permocarbonifères et faisant partie d'une « *série cristallophyllienne* différente de la série antehouillère ».

Ajoutons que dans une zone intermédiaire entre les deux précédentes, par exemple aux alentours du Grand-Saint-Bernard, ainsi que dans la haute vallée de Bagnes (col de Payannaz, etc.), on voit le Houiller à faciès briançonnais devenir plus cristallin : des bancs gneissiques, très cristallins, alternent avec des grès houillers détritiques et des schistes; on remarque aussi des intercalations de roches vertes d'origine éruptive (Grand-Saint-Bernard), puissamment transformées par la métasomatose et par les actions dynamiques.

Sur le versant italien, le système des « Schistes lustrés » et des « Roches vertes » s'appuie donc sur une puissante série métamorphique [1] de micaschistes et de roches gneissiformes *souvent graphiteuses* (« gneiss graphiteux »), quartzites feldspathiques avec microline, orthose et surtout albite, schistes à mica blanc avec chlorite et sphène; micaschistes quartzeux à albite, avec pyrite, sphène, zoïzite, rutile, calcite et feldspaths divers. Certaines de ces assises rappellent vivement, malgré leur allure gneissiforme, les quartzites werféniens, les grès permiens et houillers dynamométamorphisés de certaines parties des Alpes de Savoie, et doivent être considérées comme des sédiments antetriasiques puissamment modifiés. On a désigné par une teinte spéciale (**rx**), sur les cartes géologiques récentes, cet ensemble de schistes cristallins sans y établir toutefois les subdivisions de détail qui pourraient y être distinguées. Ces roches, dont on trouve l'analogue dans tous les terrains métamorphiques, sont, malgré une apparence parfois très semblable, lorsqu'on les étudie de près, *notablement* différentes des types cristallophylliens *anciens* du Plateau central, du Pelvoux ou du Mont-Blanc; elles ont été examinées par M. Termier avec sa compétence habituelle.

Nous ajouterons qu'on peut voir au Pain-de-Sucre, dans la descente du col

[1] Nous laissons pour le moment de côté la question des causes encore hypothétiques auxquelles on doit attribuer ce métamorphisme qui, pour certains auteurs, a été imputé au dynamométamorphisme, puis à des influences éruptives, et atteindrait son intensité maxima dans le centre des synclinaux, alors que, pour d'autres, il serait dû à la « piézocristallisation » motivée par des intrusions éruptives, plutôt localisées dans les régions anticlinales (laccolithes) que dans les axes synclinaux.

Fenêtre vers le Grand-Saint-Bernard, une masse de quartzite formant le noyau d'un synclinal isoclinal, pincé dans le terrain houiller, et lorsque l'on suit ce dernier, on le voit se transformer progressivement vers le Sud-Est : sur le versant italien, à environ 1 kilomètre de l'hospice, près de la route, on y voit se présenter une *roche éruptive verte*[1], fortement métamorphisée, intercalée dans un ensemble d'assises gneissiformes. (Observ. de MM. W. Kilian et P. Lory.) Nous reviendrons sur ces formations métamorphiques à propos du système permien.

II

Les assises houillères de notre région reposent sur les Schistes cristallins, dans les points où leur substratum est visible. Les rapports de ce substratum avec les couches que nous étudions sont, du reste, généralement masqués

Discordances et transgressions.

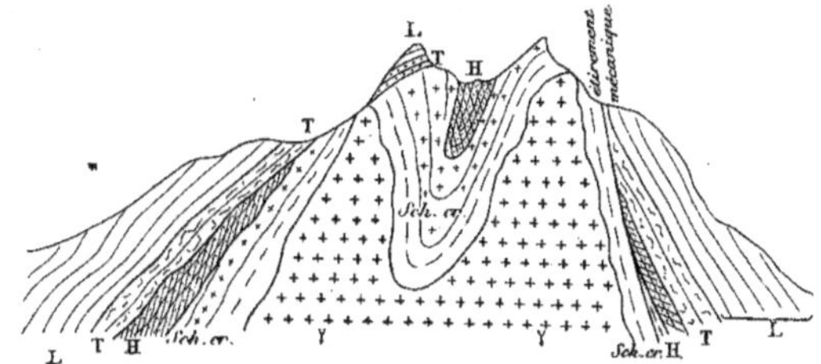

Fig. 3. — Schéma théorique montrant l'étirement du grès houiller sur le bord des massifs centraux de la zone cristalline delphino-savoisienne et sa disposition en synclinaux (hercyniens) dans l'intérieur de ces chaînes.

LÉGENDE.

L Lias. — T Trias. — H Houiller. — Sch. cr. Schistes cristallins. — γ Granite.

par des étirements qui ont fréquemment entraîné la disparition totale de l'étage (fig. 3); aussi les affleurements en sont-ils très sporadiques sur le bord de la chaîne cristalline (Doucy, Petit-Cœur, etc.); autour du massif du Rocheray, on n'en rencontre qu'au Replat.

En beaucoup de points, à l'intérieur des zones anciennes, le Houiller se présente en bandes étroites, sous forme de petits synclinaux en V, pincés au

[1] M. Termier a bien voulu faire l'examen microscopique de cette roche; nous reproduisons plus loin la diagnose qu'il nous en a donnée.

milieu de Schistes cristallins (fig. 3) et que l'érosion a respectés. Il est difficile dans ce cas (Massif du Pelvoux) de s'assurer s'il y a concordance ou discordance de stratification entre les deux systèmes.

Dans la région où le Houiller atteint son maximum de développement, c'est-à-dire, dans la zone axiale du Briançonnais, son substratum est malheureusement invisible; car les prétendus « gneiss chloriteux » sur lesquels, d'après Ch. Lory, il était censé reposer, près de Modane, appartiennent au contraire à une formation plus récente et sont renversés sous les grès à anthracites. En deux points de cette zone cependant, à Villarly et à Hautecour, les grès Houillers reposent sur des micaschistes. Notre champ d'études se prête donc fort peu à une constatation de ce genre. Il est indispensable de rappeler, cependant, que dans la zone voisine de Belledonne, et en général dans la première zone alpine, Em. Gueymard et Ch. Lory ont, depuis très longtemps déjà, signalé une importante *discordance* qui sépare les Schistes cristallins du terrain Houiller, ainsi que le défaut de parallélisme, également considérable, et la transgressivité qui s'observent entre les grés à anthracite et les couches qui les recouvrent (fig. 3).

Ces faits conduisent à admettre les phases orogéniques suivantes :

Mouvements antehouillers.

1° *Mouvements paléozoïques* (antehouillers), énergiques, accentués seulement dans la zone delphino-savoisienne ou 1re zone alpine (Belledonne, La Mure, Rocheray, etc.); ailleurs, simple exhaussement préparant le continent qui fournira plus tard les matériaux du terrain houiller.

Les documents nous manquent pour émettre aucune hypothèse sur l'état du champ actuel de nos études, pendant la période paléozoïque. L'absence de tout dépôt fossilifère de cette époque et la discordance préhouillère semblent cependant démontrer qu'il y avait là, pendant la dernière partie, au moins, des temps primaires[1] une terre émergée, notion que ne fait que confirmer l'existence, dans la Tarentaise, l'Isère et le Briançonnais, de formations carbonifères d'origine continentale.

M. Diener semble (*loc. cit.*, p. 208) peu disposé à admettre dans nos Alpes l'existence de plissements antehouillers; les discordances observées pourraient toutes, d'après lui, être expliquées par la simple transgressivité du ter-

[1] Une partie de ces sédiments, transformés par le métamorphisme régional, est sans doute représentée dans les massifs centraux par des schistes considérés jusqu'à présent comme faisant partie du « terrain primitif » ou Archéen.

rain houiller. Nous ferons observer, cependant, que la nature continentale des dépôts anthracifères alpins implique en quelque sorte des mouvements du sol ayant exondé la région. Ce fait pourrait, il est vrai, s'expliquer par un simple retrait eustatique des eaux, si notre hypothèse ne venait à être confirmée par des observations nombreuses, dont les premières datent d'Héricart de Thury (1803). Ch. Lory a lui-même maintes fois fait ressortir la *discordance* du terrain houiller sur les couches plus anciennes, discordance généralement peu accentuée [1], mais qui n'est pas moins un fait acquis à la science [2].

La localité d'Aspres-les-Corps est, à cet égard, remarquable par la discordance très nette qui, en ce point, sépare les Schistes cristallins du terrain houiller et qui, dans la même coupe, se juxtapose à la transgression non moins nette du Trias et du Lias sur le Houiller. Il en est de même dans le bassin de la Mure, au Peychagnard (Isère), où le défaut de parallélisme entre les schistes à séricite et le grès houiller est particulièrement net et connu depuis longtemps.

Ajoutons que M. Michel-Lévy place, comme nous l'avons dit plus haut, cette discordance entre l'époque du Houiller inférieur et celle du Houiller supérieur. Ce savant en a, du reste, rappelé l'existence pour les environs du Mont-Blanc. M. Termier en a constaté la constance dans les Grandes-Rousses, et M. Ritter, dans la région de Beaufort. Comment, d'ailleurs, expliquer l'immense accumulation de produits détritiques que présentent les dépôts houillers des Alpes, si aucun relief préexistant n'avait donné prise aux effets de l'érosion torrentielle?

S'il n'y a pas de raison probante pour proclamer l'existence d'une période intense de dislocations précarbonifères, nous croyons cependant que les éléments dont nous disposons donnent d'ores et déjà le droit de supposer que *des plissements paléozoïques* (peu énergiques peut-être) ont affecté, *avant l'époque houillère,* une bonne partie de la région et notamment l'emplacement de la zone cristalline delphino-savoisienne. La direction et le sens de ces an-

[1] Comme il s'agit ici de discordances très anciennes et que la région a été, depuis, le théâtre de dislocations nombreuses et intenses, la netteté de ces discordances a été en maints endroits singulièrement altérée par les mouvements subséquents. Cela explique les difficultés qu'a éprouvées Ch. Lory à en retrouver les traces.

[2] La discordance entre le terrain houiller et les terrains cristallophylliens est la seule observable dans le massif de Pormenaz (Haute-Savoie). Dans la chaîne des Aiguilles-Rouges, M. Michel-Lévy (1892) la place, comme dans le Massif central de la France, entre l'époque du Houiller inférieur et celle du Houiller supérieur. Une faible discordance préhouillère existe également, d'après M. Termier, dans le massif du Mont Pilat, sur la rive gauche du Rhône. Voir aussi Fraas, *Scènerie*, fig. 81.

ciens plissements mériteraient d'être précisés par les études de détail qui ont été entreprises dans la première zone du Mont-Blanc, notamment par M. E. Ritter.

M. Haug a, du reste, indiqué, dans un mémoire sur les zones de sédimentation des Alpes occidentales, l'existence probable de géanticlinaux et de géosynclinaux préexistant à la formation de nos dépôts houillers des Alpes et en a, en partie, reconstitué la direction.

Mouvements posthouillers.

2° *Mouvements posthouillers et permiens*, attestés surtout dans la zone cristalline delphino-savoisienne, par la discordance du Trias (Peychagnard près la Mure, par exemple, et environs de Saint-Gervais [Haute-Savoie]) ou du Lias sur le Houiller. Ces faits ont été entrevus depuis bien des années : la *Société géologique de France* en a reconnu la réalité en 1840[1], sous la conduite d'Émile Gueymard, lors de sa première réunion extraordinaire à Grenoble. M. Haug a reconnu la même discordance à Barles dans les Basses-Alpes. Il est donc superflu d'insister encore sur la nécessité d'admettre, pour la zone du Mont-Blanc, une phase de plissement datant du Houiller supérieur ou du Permien inférieur, comme l'a reconnu M. Diener, qui en a donné une démonstration fort complète[2].

— Ces dislocations si nettes dans la zone cristalline delphino-savoisienne ne semblent pas s'être fait sentir dans la zone du Piémont, ni dans celle du Briançonnais, où une *parfaite concordance* relie toutes les assises. Remarquons toutefois que les mouvements houillers et permiens ont laissé des traces nombreuses dans les Alpes orientales[3].

Concordance du Houiller avec le Permien et le Trias dans la zone du Briançonnais.

Dans la région intra-alpine que nous étudions ici, cette dernière discordance ne s'observe pas; il existe, au contraire, toute une série de points où la concordance est parfaite entre les grès à anthracite et les assises qui les recouvrent. Au col des Encombres, et près de Saint-Martin-de-Belleville, il est facile de s'assurer du parallélisme parfait qui unit les grés à anthracite au Permien et celui-ci au Trias. Au col de la Ponsonnière (voir tome I, fig. 55), la concordance est encore plus nette; on peut constater aisément, en se dirigeant de ce col vers le Grand Galibier, la succession régulière des grès houil-

(1) M. Zaccagna a également parlé de discordances et d'érosions posthouillères, mais en faisant entrer en ligne de compte des phénomènes de même ordre, qui se seraient produits entre le Trias et le Jurassique. Nous ne pouvons souscrire à cette dernière manière de voir.

(2) *Loc. cit.*, p. 190. — Voir aussi Haug, Thèse, p. 189. — Fraat, *loc. cit.*, fig. 81 (pour la Suisse).

(3) F. Frech. — Ueber Bau und Entstehung der Carnischen Alpen (*Zeitschr. d. deutschen geolog. Ges.*, 1887, p. 760).

lers, des grès rouges permiens et des quartzites du Trias. A la Sétaz (tome I, fig. 39), au-dessus de Valloire, on retrouve les mêmes assises, toujours concordantes; il en est de même enfin sur les flancs du Thabor (Glacier de Valmeinier au pied du Roc-du-Cheval-Blanc) et en bien d'autres points (voir tome I, fig. 64, 68-71).

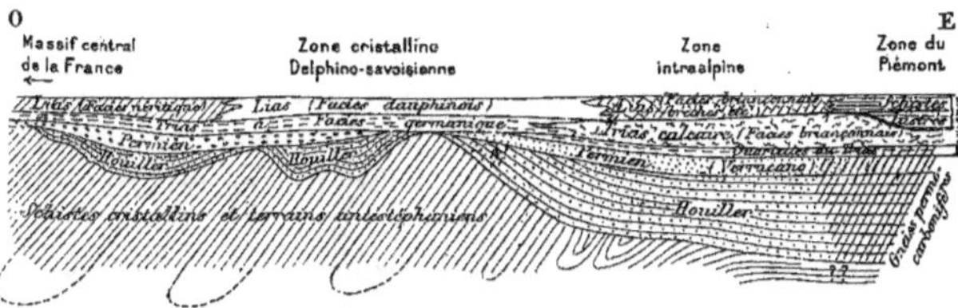

Fig. 4. — Représentation schématique de la disposition du terrain houiller dans les Alpes françaises, *avant les plissements alpins*, et montrant les discordances antestéphaniennes et antétriasiques.

Les mouvements posthouillers et permiens n'ont *donc pas laissé de traces à l'Est de la chaîne de Belledonne*, soit que cette région n'en ait pas été affectée, soit, ce qui est plus probable, que nous soyons ici dans l'axe d'un *géosynclinal* antehouiller, qui a continué à fonctionner comme tel pendant les périodes carbonifère, permienne et triasique. L'épaisseur considérable qu'atteignent, dans cette zone (3e zone de Lory), les sédiments houillers peut être invoquée en faveur de cette dernière hypothèse. (Voir aussi fig. 5, p. 84, ci-dessous.)

III

Éléments du terrain houiller des Alpes.

Les *éléments du terrain houiller* ont, dans une région voisine de la nôtre, fait l'objet des études de MM. Duparc et Ritter[1], qui ont publié sur ce sujet une remarquable monographie. Les roches qui constituent cette formation dans notre champ d'études sont peu différentes de celles qu'ont si minutieu-

[1] MM. Duparc et Ritter ont distingué dans le Houiller de la Haute Savoie : 1° des conglomérats renfermant des cailloux de quartz et des galets variés (granites, schistes cristallins, granulites, etc.) de roches qui semblent arrachées aux *anticlinaux voisins* des synclinaux occupés par le Houiller; 2° des grès micacés quartzo-sériciteux, renfermant du mica blanc et des arènes de roches granitoïdes; 3° des schistes et grès schisteux, *très pauvres en calcite*, accompagnés de Schistes ardoisiers (à cristaux microscopiques de rutile, chlorite et muscovite) avec particules charbonneuses. Toutes ces roches ont été relativement peu affectées par le dynamométamorphisme.

IMPRIMERIE NATIONALE.

sement décrites nos deux confrères; nous ne les étudierons donc que brièvement, en laissant de côté, toutefois, un ensemble d'assises bigarrées et de poudingues rouges (Verrucano), jadis attribuées au Houiller par Ch. Lory, E. Renevier, etc., mais que nous rattachons au système permien.

Les roches qui prédominent dans ce terrain (voir les diagnoses lithologiques à la fin de ce chapitre) sont des *poudingues*, des *grès*, des *psammites* et des *schistes argileux*. Cet ensemble a une épaisseur atteignant plusieurs centaines de mètres dans la zone axiale du Briançonnais, — A. Favre l'estimait à 5,000 mètres entre Aime et Recrey; — son substratum est inconnu, mais dans de rares points très disloqués, du reste, situés à l'Ouest, où l'on a pu observer ce substratum (Hautecour, Villarly), il repose directement sur les Schistes cristallins.

On a signalé dans ce terrain de nombreux nodules de pyrite et de fer carbonaté (La Mure[1], Briançonnais). Nulle part, on n'y a constaté *d'une façon certaine* la présence de bancs calcaires mentionnés avec doute au bas Vaugelaz près Allevard (P. Lory).

Poudingues et conglomérats.

Les *poudingues* sont constitués, en certains points, par des débris souvent à peine roulés de roches primitives, identiques à celles qui affleurent dans le voisinage. Le plus souvent, ils ne renferment que des galets de quartz blanc se détachant sur un ciment noirâtre; dans le Briançonnais, M. Termier y signale beaucoup de ces galets de quartz blanc, mais aussi des cailloux[2] de micaschistes chloriteux, de schistes siliceux et de « cornes » de couleurs variées, des galets

[1] Dans le bassin de la Mure, on rencontre dans les fentes et filons de la formation houillère : Galène, Sidérose, Barytine, Epsomite, Gypse, Pholérite, Diadochite, ainsi que les filons de Quartz. Les dendrites pyriteux sont fréquents dans les schistes.

[2] Non loin de notre limite méridionale, près de Clavans, le Houiller des Grandes-Rousses contient de beaux conglomérats à blocs et galets de Schistes cristallins, *déjà métamorphisés* avant leur remaniement. Dans le reste de la région étudiée ici, les éléments sont beaucoup plus roulés et moins volumineux. Dans le Briançonnais, les conglomérats houillers renferment, d'après M. Termier, des éléments *fort différents de ceux qui affleurent aujourd'hui* dans la plus grande partie du massif du Pelvoux et analogues aux Schistes cristallins du S. E. du Plateau central de la France. — On sait qu'il n'en est pas de même pour le célèbre « Poudingue de Vallorcine » étudié par de Saussure, Necker, Dolomieu, Backwell, MM. Duparc et Mrazec, formation de base du terrain houiller sur le bord N. O. du massif du Mont-Blanc. Ce poudingue, qui affleure aux Céblancs, près de Vallorcine (Haute-Savoie) et de Salvan (Suisse), contient des *galets de granite* et de diverses roches que l'on *connaît en place dans les massifs cristallins du voisinage* (Aiguilles-Rouges, etc.); ces galets sont reliés par un ciment schisteux et sériciteux, rougeâtre; les cailloux se brisent parfois avec le ciment. — On a attribué leur formation à des apports de galets venant du S. O. — Voir aussi P. Lory, Études géol. chaîne de Belledonne, 1893-95. (*Ann. univ. Grenoble.*)

de grès houillers, mais pas de cailloux de granite, ni de microdiorites. Ces poudingues, d'une distribution assez irrégulière, sont surtout bien développés à la base de la série. Ils rappellent, avec des éléments et des colorations moins variées, les poudingues polygéniques bien connus de Colombat en Empulant, de Vernayaz, de Salvan (Suisse), de Vallorcine, de Pormenaz et des Mollières, près Ugine, décrits par de Saussure, Alphonse Favre, MM. Duparc et Ritter, etc. Ils ne contiennent pas de calcaire. D'après les échantillons de la collection Ch. Lory, les poudingues quartzeux qui forment la partie inférieure du Houiller, dans le tunnel de Modane, sont identiques à ceux de Saint-Michel, et même aux poudingues houillers de la chaîne de Belledonne. Les brèches à blocs de Schistes cristallins si fréquentes dans la zone cristalline delphino-savoisienne (voir pl. VI) font défaut à l'Est; il est vrai que la base du Houiller nous est inconnue dans la partie axiale de la zone du Briançonnais.

Psammites et grès.

Les *psammites* et les grès gris ou noirâtres, parfois fins et argileux, riches en matières charbonneuses, sont formés de grains de quartz, de paillettes de mica (notamment de muscovite) et de séricite toujours discontinues et parallèles à la stratification; de peu de feldspath et d'un ciment siliceux, *sans calcaire*, provenant de la décomposition des feldspaths. A Saint-Michel, les grès sont parfois assez fins pour prendre une structure grossièrement schisteuse; ils ressemblent alors à des schistes et peuvent facilement être confondus avec eux. A la Praz, des grès fins fournissent des *dalles* très estimées; ils prédominent dans les couches dépourvues de lits d'anthracite.

D'autres fois, comme au col des Muandes, les grès fins constituent des plaquettes noires, brunâtres, quartzo-micacées, très grenues. En certains points, ces grès et schistes offrent, par suite du dynamométamorphisme, un *aspect gneissique* accentué [La Praz, schistes quartzo-sériciteux des Ramiettes de Prodin (P. Lory)].

En Suisse, on rencontre des arkoses (arkoses de Morcles décrites par Renevier).

Schistes.

Les *Schistes argileux* sont plus ou moins micacés (mica détritique), et toujours colorés en noir par une matière charbonneuse[1], rarement verdâtres;

[1] MM. Duparc et Ritter (*loc. cit.*, p. 26) ont donné la diagnose suivante du schiste houiller de Petit-Cœur : « C'est une forme transitoire entre les grès et les schistes détritiques. *Au microscope :* grains nombreux et roulés de quartz, dont quelques-uns recristallisés, ciment à structure nettement parallèle composé de paillettes de séricite et de quartz secondaire, puis d'énormes grains de calcite; c'est le seul exemplaire qui en contienne. » — M. Terreil (*Revue géol.*, 1861, p. 90) a analysé des schistes à empreintes végétales de la même localité. — Voir aussi *in* P. Lory (*loc. cit.*) quelques diagnoses de sédiments houillers du massif d'Allevard.

ils alternent avec les grès et psammites. Ils ont été exploités comme *ardoises* de très bonne qualité à Cevins, et, en dehors de nos limites, à Vaulnaveys (Isère) et à Vernayaz (Valais). Sur la route de Salins à Brides, ces schistes noirs pailletés de séricite arrivent à ressembler à certains bancs laminés du Lias schisteux. D'autres fois, ce sont de véritables schistes sériciteux. Ils renferment fréquemment des empreintes de végétaux fossiles qui ont permis d'en établir rigoureusement l'âge et qui sont parfois (Petit-Cœur) revêtues d'un enduit sériciteux.

Ch. Lory a recueilli, en 1861, de ces schistes à empreintes végétales à la cime Ouest des pâturages de l'Alpe du Lauzet, dans le prolongement de l'assise charbonneuse de Terre-Noire (*Coll. Fac. des Sc. de Grenoble*). Ces schistes sont absolument dépourvus de calcaire.

Ils sont, de plus, associés à des couches d'*anthracite* présentant une certaine épaisseur, dans les environs de Saint-Michel, par exemple, où elles sont le siège d'exploitations importantes. Ces anthracites donneraient, en général, 81.80 à 89.77 de carbone et 4.57 à 6.10 de cendres, d'après les analyses d'Alph. Favre. L'anthracite est parfois transformé en *graphitoïde* (Chardonnet; Malgovert, près Bourg-Saint-Maurice, etc.). [Voir aussi les analyses, p. 82 et 86.]

La difficulté de suivre nettement les dislocations compliquées qui ont affecté le terrain houiller rend particulièrement malaisée la distinction précise *des horizons* que présente ce terrain. Cependant il semble nettement établi que les couches d'anthracite sont localisées à la partie supérieure du système (environs de Saint-Michel et de Modane).

Principaux gisements.

Voici, en allant de l'Ouest à l'Est et du Sud au Nord, et en laissant de côté les gisements situés sur la bordure Ouest de la zone de Belledonne et dans la portion méridionale de cette chaîne elle-même [1], la liste des gisements houil-

[1] En dehors des localités citées ici, nous rappellerons que les points les plus connus où affleure le Houiller dans les Alpes françaises et les parties voisines de la Suisse et de l'Italie sont Barles (dans les Basses-Alpes) [signalé par Garnier, puis étudié par M. Haug]; dans l'Isère : Veyton, Saint-Hugon, Allevard (le Collet), les Ramiettes de Prodin, la Ferrière, Crêt de Mont-Mayen, Le Vaugelaz, Laval, Sainte-Agnès, La Boutière, Revel, Combe-de-Lancey, les Adrets; Prémol, Corselet, entre Court et les Grangettes près Séchilienne, Cholonge, la Motte-d'Aveillans et ses environs (Pierre-Châtel, la Motte-Saint-Martin, Putteville, Susville, le Châtelard, Comberamis, la Grande Draye, Serre-Leycon, Nantison, le Villaret, Sagneroux, les Bétoux, les Chuzins, les Boynes, Peychagnard, Notre-Dame-de-Vaulx, Saint-Théophrey, le lac Mort, les Granges-de-Saint-Barthélemy, Valbonnais), le Désert près Gagnolet, N. du col de Praclos, S. de Valjouffrey; dans les Savoies : Taninges, Arêches, Colombat en Empulant (vallée d'Hauteluce),

lers les plus intéressants de la région intra-alpine étudiée particulièrement par nous :

Première bande. — GRANDES-ROUSSES-BEAUFORT.

Granges de la Balme.
Valmore.
Mont-Charvin.
Le Replat.
Celliers et Col de la Madeleine.
Doucy.
Pussy.
Environs du Col de Bâmont.
Cevins.
Petit-Cœur.
Naves et Arêches.
Environs d'Hauteluce (Columbat en Empulant) et de Beaufort.

Deuxième bande. — GALIBIER-MOÛTIERS.

La Mandette, Clot-Julien.
Environs du Col du Galibier.
Col du Chardonnet, Alpe du Lauzet.
La Ponsonnière.
Bonnenuit.
Valloire et ses environs.
Villarly.
Fontaine-le-Puits.
Villard-Lurin.
Salins.
Hautecour.
Les Routes près Moûtiers.
Montfort.
Hauteville.
Est des Chapieux.

Troisième bande. — ZONE AXIALE.

Houiller du Briançonnais (Col des Ayes, Saint-Crépin, Chantelouve, Réotier, Saint-Martin-de-Queyrières, Villard-Saint-Pancrasse, Puy-Saint-Pierre, Col de Buffère, Notre-Dame-des-Neiges, Combarine, les Gardioles, Monestier, Col du Raisin, etc.).
Granon, Haute Vallée de Névache.
Vallée-Étroite.
Col des Muandes.
Bissorte.
Valmeinier.
Les Fourneaux.
La Praz.
Saint-Michel et ses environs (La Saussaz, Gorge-Noire, Sordières). Le Thyl.
Le Col des Encombres.
Brides, Environs de Bozel.
Aime et ses environs.
Macôt.
Les environs de Pésey Bourg-Saint-Maurice et du Petit-Saint-Bernard.
A l'Est de cette dernière bande, on rencontre le Houiller des massifs de Péclet, de Polset, de Chavière et quelques affleurements dans la haute Tarentaise (Les Brévières, environs de Sainte-Foy et du Ruitor).

le Col Joly, Argentière près Chamonix, le Col de l'Écuelle, la Moëde (Diosaz), les Posettes, la Crête de Foilly, la Montagne du Fer près Servoz, Vallorcine; en Suisse : Salvan, Fin-Hauts, le Col de Balme, Erbignon (rive droite du Rhône), Vernayaz, la vallée des Bosses, la Combe-de-Là, le col d'Établon; en Italie : les environs d'Aoste, du Grand-Saint-Bernard (voir plus bas), de Demonte et divers points de la province de Coni (d'après *Stephani*, *Portis*, *de Castro*, etc.).

En ce qui concerne le développement du terrain houiller dans le domaine de la zone cristalline delphino-savoisienne et sur ses bords (Oisans, Grandes-Rousses, Pays d'Allevard), nous renverrons pour plus amples détails aux travaux de Gueymard, Héricart de Thury (ans II à IX); Vauquelin (ana-

IV

Affleurements intra-alpins. — Historique.

Les affleurements carbonifères de notre champ d'études sont peu nombreux, en dehors de la large zone houillère (dite zone axiale) que traverse l'Arc entre Modane et le Pas-du-Roc.

La plupart d'entre eux ont fait l'objet de citations nombreuses de la part des auteurs qui ont pris part à la discussion sur l'âge des grès anthracifères, notamment par Alphonse Favre, Brochant de Villiers, Daymonaz, Ch. Lory, MM. Alb. Gaudry, Zaccagna, Mattirolo, Virgilio, etc.. On trouvera, dans le

lyse l'anthracite de Laval en l'an v), Scipion Gras, Itier, Dausse, Ch. Lory, de MM. Pierre Lory (pour les environs d'Allevard), Sagnier, Termier, etc. Ce serait notamment sortir du cadre du présent mémoire que de décrire en détail ici le terrain houiller de la région que l'on désigne parfois sous le nom de « *bassin de la Mure* ». Les environs de la Motte-d'Aveillans et la Mure (Isère), dans laquelle l'anthracite a été découvert par Thouvenel et exploité depuis 1776, ont fait, en effet, l'objet de recherches nombreuses de la part de divers auteurs, parmi lesquels nous citerons Bertrand-Geslin, Montalembert, de Villeneuve, Diday, Ruillé (1837), Gueymard, Héricart de Thury, M. Küss, Rolland, Roger, MM. P. Lory, W. Kilian, etc. Les nombreux travaux de recherches qui ont été effectués dans cette région depuis quelques années, ont permis d'observer une série de faits intéressants qui, malheureusement, n'ont pas été encore suffisamment coordonnés. La région anthracifère de la Matheysine mériterait de faire l'objet d'une monographie spéciale qui, certainement, apporterait une très utile contribution à la connaissance du terrain houiller des Alpes occidentales. Nous rappellerons simplement ici que la formation houillère du bassin de la Mure est séparée des Schistes cristallins par une *discordance* très nette au Peychagnard, et des assises notablement réduites du Trias, par une *autre discordance* et une *transgression* des dépôts mésozoïques remarquée déjà par Gueymard. Les dépôts anthracifères (d'âge stéphanien) débutent à la Motte-d'Aveillans (La Festinière) et à la Montagne du Bariou par des *brèches à blocs de Micaschistes* (voir pl. VI de ce mémoire); des conglomérats, poudingues et grès quartzeux (Gratte) peu puissants, sont localisés dans la partie inférieure de la formation et peu développés; les grès et les schistes argileux dominent. On connaît *cinq* couches d'anthracite dont l'une, la « Grande couche », atteint 8 à 10 mètres d'épaisseur. Le Houiller de cette région a subi de *fortes érosions antétriasiques*, par suite desquelles le Trias et le Lias reposent en plusieurs points *directement* sur les Schistes cristallins (Lac Mort, Laffrey, etc.). De cette disposition et du fait de la superposition de dislocations et de plissements antétriasiques (hercyniens) [N. 48° - 50° E.] et postliasiques (alpins) [N. 4° - 5° E.] de direction sensiblement différente résulte une complication de structure qui rend l'exploitation méthodique du « bassin » assez difficile, et la présence du faisceau complet des couches à anthracite, sous la couverture liasique plissée de la Montagne du Connexe, assez problématique. Le groupe de la Mure fournissait, en 1892, environ 150,000 t. d'anthracite. La production n'a fait que progresser depuis lors.

Pour les gisements de la Suisse, on consultera les travaux d'Alph. Favre, Duparc et Mrazec, Heer, Gerlach, Renevier, Sandberg; pour ceux d'Italie, le récent ouvrage de MM. Pellati, Franchi, Stella, Mattirolo et Peola.

travail que M. Alb. Gaudry[1] a consacré au terrain anthracifère des Alpes, et auquel nous renvoyons nos lecteurs, la plupart des indications anciennes relatives à diverses localités comprises dans les limites de nos explorations.

Massif des Grandes-Rousses et dépendances.

Les dépôts houillers des Grandes-Rousses, que M. Termier a si magistralement décrits, se continuent au Nord par quelques affleurements situés en Maurienne[2]. L'un des plus intéressants est celui des Granges de la Balme que l'un de nous (J. R.) a étudié, et qui est situé sur le versant oriental de l'extrémité septentrionale des Rousses. Il continue la bande du Château-Noir et du Freney, la plus orientale des deux bandes de l'Oisans. Les assises houillères y ont un beau développement : elles consistent en poudingues, en grès et en schistes argileux redressés verticalement avec pendage est, dans lesquels sont interstratifiées des roches vertes orthophyriques et des tufs trachytiques dont la véritable nature avait été méconnue avant les travaux de M. Termier[3]. Nous avons recueilli dans cette localité des empreintes de *Pecopteris*, de *Sphenopteris*, ainsi que des feuilles de *Cordaites*. M. Zeiller y a reconnu[4] *Pecopteris Candollei* Brongt.

Valmore.

Cette bande de dépôts houillers se termine en pointe, entre le Lias et les orthophyres, du côté du col de la Croix-de-Fer, au delà duquel la couverture liasique fait disparaître toutes les couches plus anciennes. Un peu plus au Nord, et sur la bordure de Belledonne, le terrain houiller se retrouve dans la vallée des Villards, à Valmore, où il est intercalé en synclinal dans les Schistes cristallins. On peut le suivre de la combe du Teppey à Combe-Rousse. Il consiste

[1] A. Gaudry, Résumé des travaux qui ont été entrepris sur les terrains anthracifères des Alpes de la France et de la Savoie (*Bull. Soc. Géol. de France*, 2e série, t. XII, p. 580, 1855).

[2] Lory avait bien signalé, en 1859, au Col de la Croix-de-Fer, des assises puissantes de roches pétro-siliceuses verdâtres, mais n'avait rien dit au sujet de leur nature et de leur origine.

[3] Les terrains houillers, d'après notre confrère, apparaissent dans cette chaîne, de part et d'autre de l'arête principale, en formant deux synclinaux. Dans celui de l'Est, comprenant le Château-Noir et la partie orientale du glacier de Saint-Sorlin, s'exploite de l'anthracite à la mine de Chattagoutta près Clavans, dans celui de l'Ouest se trouve la mine de l'Herpie. A Clavans, on remarque de beaux conglomérats avec blocs et galets de Schistes cristallins, redressés sur la bordure *Est* du massif cristallophyllien des Grandes-Rousses.

[4] Rappelons que M. Termier (*Les Rousses*, p. 37) a relevé, dans un Mémoire de Scipion Gras, une liste de fossiles de l'Oisans déterminés par Brongniart : *Nevropteris cordata* Brongt (de l'Herpie); *Pecopteris polymorpha* Brongt (de Venosc); *Odontopteris Brardi* Brongt; *Cardiocarpus*, *Asterophyllites*, *Sphenophyllum* (de Lans); *Annularia brevifolia* Brongt (de l'Herpie); *A. longifolia* Brongt (du Mont de Lans).

en grès noirâtres micacés et en schistes argileux avec veines d'anthracite. M. Termier a étudié cette bande après MM. Révil et Offret; il a constaté qu'elle était *oblique au bord de la chaîne cristalline* et qu'elle représentait un synclinal, d'âge probablement hercynien, de direction N. O., traversant la crête de Sambuy et se poursuivant probablement vers l'intérieur de la zone cristalline, du côté d'Épierre.

Houiller (?) du mont Charvin.

Un petit lambeau, appartenant peut-être au Houiller, a été découvert en 1893, par MM. P. Lory et V. Paquier, dans le noyau anticlinal (étiré, à surface ondulée transversalement) du Mont Charvin, près de Saint-Jean-d'Arves. Cet affleurement est au milieu des gypses triasiques, sur le chemin de Fontcouverte au Charvin, un peu au-dessous et au N. N. O. du point coté 1472, dans une pente boisée. Des schistes noirs et des grès y apparaissent non loin des quartzites du Trias. M. Paquier n'a recueilli en ce lieu qu'une empreinte végétale, au sujet de laquelle M. Zeiller nous écrit : « Empreinte curieuse qui fait beaucoup plutôt songer à un moulage externe d'un sommet d'article d'*Equisetum arenaceum* du Trias supérieur qu'à un *Calamites*. Je n'oserais rien affirmer, mais le gisement serait à explorer. »

On peut se demander, d'après ce qui précède, si les grès et schistes noirs du Mont Charvin ne sont pas exclusivement triasiques, et si le terrain houiller affleure réellement en cet endroit. On verra plus loin qu'il existe, en effet, dans le Trias, un niveau de schistes noirs très analogues à ceux du Carbonifère. La rareté des affleurements sur le flanc N. E. du Mont Charvin, ainsi que le laminage énergique et les dislocations multiples dont a été affecté le noyau anticlinal, rendent malheureusement la solution du problème impossible.

Le Replat.

M. Termier nous a signalé en outre près de la localité dite « le Replat » (carte de l'État-Major F.), sur le flanc N. O. du massif du Rocheray, une mince et étroite bande de grès houillers. Cet affleurement est un *précieux témoin;* les couches carbonifères ne se montrent, en effet, nulle part ailleurs sur le pourtour de ce petit môle cristallin, où les ont fait disparaître des étirements ou les érosions prétriasiques combinées à la transgression liasique.

Col de la Madeleine.

De l'autre côté de l'Arc, c'est par bandes laminées qu'apparaît le Houiller. Près du col de la Madeleine se montrent, en contact avec les Schistes cristallins, des schistes noirs non effervescents aux acides qui nous ont paru être d'âge carbonifère. Des grès appartenant à la même formation apparaissent près de Celliers, entre le Lias et les Schistes cristallins, sur le flanc gauche du vallon de l'Eau-Rousse, près du point 1421 de la carte de l'État-Major.

Environs de Pussy, Doucy, etc.

A partir du hameau de la Thuile, cette bande se bifurque : une branche occidentale se continue sur le versant dominant le village de Bonneval, pour venir rejoindre l'Isère au Nord de Pussy, localité où les schistes argileux de ce niveau ont été exploités comme *ardoises*. Quant à la branche orientale, elle vient passer dans la forêt de Doucy, sur l'autre rive du torrent, pour disparaître rapidement au Nord. En effet, à la Léchère, une coupe relevée par M. Termier n'en indique point la continuation entre les Schistes cristallins et les dépôts triasiques qui sont ici directement en contact.

Petit-Cœur.

Nous trouvons enfin, au delà de l'Isère, le gisement bien connu de Petit-Cœur, où le Houiller, riche en empreintes végétales, a été amené, par l'effet de dislocations puissantes connues sous le nom d'« Anomalie de Petit-Cœur », à occuper une position stratigraphique diversement interprétée par nos devanciers : Élie de Beaumont, Sismonda, A. Favre, Ch. Lory et Zaccagna. La localité de Petit-Cœur (voir t. I, p. 229) est située un peu en dehors des limites du présent travail. Notre intention n'est donc pas d'en donner ici une description monographique. Nous avons indiqué, dans le tome I de ce mémoire, quelques détails sur cette coupe célèbre, qui a été étudiée par l'un de nous (M. Révil), et sur la façon dont il convient de l'interpréter actuellement[1].

En ce qui concerne la flore si riche de cette localité, dont les restes caractérisés par leur enduit argentin de séricite sont répandus dans toutes les collections, nous nous bornerons ici à quelques remarques générales; on trouvera plus loin une liste plus complète de restes végétaux que nous devons à la haute compétence de M. Zeiller. Parmi les formes les plus abondantes de cette localité[2], il faut citer notamment :

Asterophyllites equisetiformis Schloth. sp.
Annularia sphenophylloides Zenker. sp.
Pecopteris Pluckeneti Brongt.
Pecopteris arborescens Schlöth. sp.
Pecopteris Miltoni Artis. sp.
Nevropteris flexuosa Sternb.
Nevropteris flexuosa, var. *tenuifolia* Brongt.
Odontopteris Brardi Brongt.
Cordaites borassifolius Sternb.

La collection Alph. Favre, à Genève, renferme de ce gisement plusieurs échantillons de *Pecopteris Pluckeneti* Brgnt., *Pec. Candolliana* Brgnt., *Pec. arbo-*

[1] M. Terreil (*Revue géologique*, 1861, p. 90) a analysé des schistes à empreintes végétales de cette localité. — M. Levasseur (p. 73) a cité également les schistes ardoisiers de Petit-Cœur ainsi que ceux de Cevins. Ces derniers sont utilisés depuis l'an III.

[2] Oswald Heer énumère trente-quatre espèces végétales de ce gisement. (Voir la liste générale à la fin du présent chapitre.)

rescens Schloth., *Pec. polymorpha* Brgnt, *Annularia brevifolia* Brgnt, *A. longifolia* Brgnt.

Cette association montre qu'on a affaire ici au Stéphanien moyen.

Massif du Mont-Blanc.

Au Nord de la région de Petit-Cœur s'ouvre le massif du Mont-Blanc, dans le voisinage immédiat duquel on a décrit depuis longtemps[1], comme éléments du terrain houiller, les conglomérats, poudingues, grès et schistes ardoisiers fossilifères de l'Aiguillette, au-dessus de Vallorcine. Des empreintes de plantes proviennent des carrières d'ardoises, ouvertes sur le flanc oriental de cette montagne, près de son sommet. Quelques lambeaux de grès, de conglomérats et de schistes apparaissent au Sud d'Argentière et forment un trait d'union entre le Houiller de Vallorcine et celui des Coupeaux. Le conglomérat de la Joux, visible près du lac de Pormenaz, est remarquable par ses blocs à peine roulés de gneiss protoginisé et de granite froissé très analogue à la protogine; M. Michel Lévy a donné d'intéressants détails sur la flore de la Moëde et sur le Houiller de Pormenaz. Enfin MM. Duparc et Vallot ont signalé des *bandes synclinales* de Houiller dans l'intérieur du massif.

A ce Houiller du massif du Mont-Blanc se rattachent une série de gisements situés tous au Nord des affleurements bien connus de Petit-Cœur et de Cevins; nous citerons ceux de la montagne du Fer et de Pormenaz, de la vallée de Beaufort (Colombat en Empulant, près Hauteluce, le Hameau du Vallon des Îles [d'après M. Révil], les vallons de la Gitte, du Célestet, du Plan-du-Bec et du lac de la Girotte), les gisements d'Arêches, des Bains de Saint-Gervais, des Posettes, de Vallorcine, du Châtelard, des Bafferts près de Chamonix, Les Coupeaux près des Houches, de Salvan, Vernayaz. Au Nord du Rhône, on trouve, dans les Alpes vaudoises, les gisements d'outre-Rhône étudiés par Ed. Renevier.

Zone du Galibier.

Une série d'affleurements, de peu d'étendue, se montre, à l'Est de la zone précédente, le plus souvent, en pointements anticlinaux au milieu des terrains plus récents, et la rattachent à la vaste bande houillère située plus à l'Est encore et connue sous le nom de troisième zone alpine ou « zone axiale de Briançonnais ». Nous allons les passer en revue, en commençant par les plus méridionaux.

[1] Consulter les travaux de de Saussurre, Necker, Dolomieu, Backewell, Alph. Favre, de MM. Michel-Lévy, Vallot, Duparc, Ritter et Mrazec, etc.

Près du Lautaret et contre le bord cristallin de la montagne de Combeynot, on voit apparaître sous les dolomies triasiques, et redressées comme elles, des grès grossiers brunâtres, que nous avons attribués au Houiller. Ces grès sont considérés comme triasiques par M. Termier (*C. R.* Coll. Serv. Carte géol. campagne 1894). Il nous paraît difficile de nous rallier à sa manière de voir pour les raisons suivantes : 1° les grès de Combeynot offrent une très grande ressemblance avec les grès houillers authentiques de la Mandette et du Galibier, situés à peu de distance au Nord; 2° le Trias de la Mandette et du Galibier, avec ses quartzites compacts, ne rappelle en rien les grès de Combeynot; 3° si ces derniers étaient triasiques, cela indiquerait un changement de facies bien brusque s'opérant sur une distance minime. — L'âge de cette assise nous paraît néanmoins douteux jusqu'à nouvel ordre. Environs du Lautaret.

Un peu plus au Nord, sur la route du Galibier à la Mandette (Ch. Lory, *loc. cit.*, p. 540), un pli-faille a fait apparaître un lambeau très restreint de couches à anthracite authentiques. Le combustible y a été exploité[1]. Un autre noyau anticlinal étiré de grès houillers peut être observé dans une carrière à l'Ouest du blockhaus, au milieu des calcaires du Trias. Cet affleurement, lambeau d'un noyau anticlinal étiré, est associé à un pointement de quartzites triasiques; il est entouré, au Sud, de Flysch et de calcaires phylliteux mésozoïques. Il existe encore un autre affleurement analogue entre la Mandette et Clôt-Julien. Mandette et Galibier.

Plus à l'Est encore, un autre pli-faille, parallèle aux précédents, a amené une bande de grès houillers en superposition sur le Trias. Cette bande assez discontinue longe le pied occidental du massif de la Ponsonnière[2] (au-dessus de Clôt-Julien), puis, après avoir été un moment masquée par les éboulis, va reparaître sur l'arête qui relie le Roc du Grand Galibier au col du même nom. Houiller à l'Est de Clôt-Julien.

Près du col du Galibier, à l'Ouest du tunnel, il existe également un petit lambeau de grès houiller, qui accompagne un des nombreux pointements anticlinaux de quartzites triasiques accidentant le petit plateau situé au N. O. du blockhaus. (Voir t. I, fig. 46 à 52, et carte, p. 144.)

Le col de la Ponsonnière, à l'Est de la chaîne Galibier-Ponsonnière, correspond à une bande anticlinale de grès à anthracites (voir tome I, fig. 55, et t. II, chap. III, ci-dessous) reliant les affleurements du Monestier-de-Briançon à ceux de Bonnenuit près Valloire. Cette bande est une dépendance de la zone Ponsonnière, environs de Valloire.

[1] On en a brûlé lors de la construction de la route stratégique.

[2] Cette même bande est exploitée à la mine de Sainte-Colombe, au-dessus de la route du Lautaret au Lauzet.

axiale du Briançonnais, dont elle n'est séparée que par le synclinal des Rochilles. Les assises houillères y présentent leurs caractères habituels, et l'anthracite y est activement exploitée à l'Alpe du Lauzet, sur le versant dauphinois. Au Col du Chardonnet, des gisements de *graphitoïde*, décrits jadis par E. de Beaumont, se rencontrent dans le voisinage d'intrusion de masses éruptives (microdiorites) très remarquables; nous en reparlerons plus bas.

Le Houiller de la Ponsonnière (déjà signalé par Ch. Lory) se poursuit au Nord par les Mottes; puis, il peut être suivi sous les assises lie-de-vin du Permien, vers Bonnenuit et Valloire. A partir de Bonnenuit, les trous d'extraction, pratiqués par les habitants dans cette bande anticlinale sur le flanc Ouest de la longue arête de la Sétaz, se multiplient. Ils sont tous ouverts entre les escarpements de cette montagne et la Valloirette, notamment à l'Est de Pratier.

Les environs de Valloire, où cette bande se réunit de nouveau à la grande zone houillère, dont l'avait séparé, depuis l'Alpe du Lauzet, le synclinal triasique des Rochilles et de la Sétaz, sont également riches en exploitations (Petit-Col, etc.).

Houiller au Nord de l'Arc; Villarly.

A partir de ce point, et jusqu'au delà du massif des Encombres qui est tout entier formé de couches plus récentes, nous ne rencontrons plus[1] d'affleurements carbonifères à l'Ouest de la grande zone houillère. Il faut aller jusqu'en Tarentaise pour retrouver, dans la continuation de cette même zone tectonique du Perron des Encombres, des anticlinaux assez aigus pour faire apparaître les grès à anthracite. Près de Villarly, le lit d'un torrent descendant du Niélard permet de constater la présence de ce terrain reposant sur des micaschistes dans le noyau laminé d'un anticlinal. C'est probablement la continuation du même pli qui le met à jour à Fontaine-le-Puits, où il forme une bande un peu plus importante, se poursuit au N. E. jusque sur les bords du Doron de Bozel, en face des termes de Salins. Ici, une torsion fait disparaître les grès houillers qui ne se poursuivent pas sur la rive droite de la rivière. (Voir t. I, pl. X.)

Environs de Moûtiers.

Le Houiller reparaît, avec les micaschistes sous-jacents, près de Moûtiers, sur le chemin d'Hautecour, en deux bandes étroites; mais nous n'en suivrons pas la continuation en amont de cette ville, à l'Ouest de l'Isère, et vers les

[1] Alph. Favre a mentionné (1862) des grès à anthracite près d'Hermillon; nous n'avons pas retrouvé ce gisement et nous supposons qu'il s'agit des grès du Trias inférieur qui se montrent près de cette localité.

montagnes du massif du Mont-Blanc, où il forme, aux environs des Chapieux, quelques bandes peu importantes indiquées sur la feuille Albertville de la Carte géologique de France.

Citons encore un affleurement qui s'observe entre Varbuche et le Plane (haute vallée de Belleville), où l'on a, en contact avec les calcaires coralligènes du Lias, des *schistes noirs micacés* appartenant à ce terrain; d'autres assises de cette formation se montrent encore sur la rive gauche du Nantbrun, en face de Chalançon et dans le fond du vallon de la Perrière.

Villard-Lurin.

A Villard-Lurin, un accident anticlinal, situé à l'Est du précédent, fait affleurer des grès houillers noirs, fins et micacés, alternant avec des schistes noirs feuilletés, au milieu des gypses du Trias, près du confluent des deux Doron (voir t. I, fig. 91) et en amont dans la gorge du Doron de Belleville. Enfin, sur la rive gauche de l'Isère, en amont de Moûtiers, le Houiller forme deux bandes anticlinales sur le flanc Ouest du massif du Jovet, où l'on a exploité de l'anthracite près d'Hauteville, des Plaines et de Notre-Dame-du-Pré. (Voir t. I, p. 275, et carte, pl. X.) Vers le Nord, le Houiller de Villard-Lurin[1] se poursuit ensuite entre le Doron et l'Isère; il passe au-dessus de Champoulet, où il est en partie masqué par le Glaciaire, pour se continuer au-dessus du hameau des Routes, où il a été exploité.

Les affleurements houillers d'Aime[2] et d'Arêches ont été cités par Alphonse Favre et sont actuellement bien connus; les premiers sont en continuité avec ceux de la zone axiale, aux environs de Bourg-Saint-Maurice.

Zone axiale houillère.

Incomparablement plus importante que les précédentes est la large zone de dépôts carbonifères qui occupe la portion orientale de notre territoire, et dont le développement dans les Alpes occidentales mérite d'être brièvement indiqué.

Débutant dans le voisinage de la mer, près de Savone, une bande de terrain permien se développe dans les Alpes liguriennes et dans la partie liguro-piémontaise des Alpes maritimes, où elle forme un système de plis en éventail, dans certaines parties desquels se montre le terrain carbonifère; ce dernier contient, à la partie supérieure, les gisements d'anthracite et de gra-

[1] Déjà cités par Alph. Favre.

[2] Brochant de Villers parle déjà, en 1808, de végétaux fossiles découverts à Villard-Lurin. — Le professeur Borson, de Turin, y a cité plus tard *Nevropteris gigantea* Sternb. (Notices sur quelques fossiles de la Tarentaise, en Savoie. *Mém. Acad. des Sc. de Turin*, 1er semestre, t. XXXVIII, p. 143.) Courtois a figuré (Acad. de Savoie, Mém. de M. J. Rendu) un *Equisetum* de Salins.

phite de Calizzano, Osiglia, Pallare, Mallare, etc., dans les Alpes maritimes; ces dépôts ont fait, en 1885, l'objet des recherches de M. Zaccagna. La bande permo-carbonifère se rétrécit au N. O. du Mont Besimauda, pour traverser les vallées de la Vermenagna, du Gesso et de la Stura de Cuneo (environs Est de Valdieri, Sud de Mongioje). Elle arrive ensuite dans les environs d'Acceglio, pour se subdiviser en deux branches dont la plus importante rejoint le col de Longet, où ses éléments affectent une allure *gneissiforme*, puis disparaît sous les Schistes lustrés (zone des « Pierres vertes »), et l'autre rejoint l'Ubaye, près de Maurin, où elle est à son tour recouverte de terrains récents. Au N. O. de Demonte, à Monfiers, une bande de terrain houiller, avec gisements d'anthracite, émerge du Permien. Dans le bassin du Guil, les terrains carbonifères sont également cachés sous des terrains plus récents; ils ne réapparaissent que près du Col des Ayes et dans la haute vallée de la Durance, au Sud de Briançon. Au Nord de cette ville, ils s'étalent, en revanche, avec une direction sensiblement Nord-Sud, en une vaste zone qui possède son maximum de largeur dans les environs de Modane. Cette bande se rétrécit de nouveau dans les environs de Moûtiers, s'enfonce sous les schistes mésozoïques du Mont Jovet et s'élargit encore une fois au Nord, dans la vallée de l'Isère, près de Bourg-Saint-Maurice.

Arrivée à la frontière italienne, la bande se bifurque en deux zones : l'une, moins importante, se dirige vers la cime d'Ormelune, le col du Mont et rejoint le Val Grisanche, près de Surrier; l'autre traverse la frontière, entre les environs de l'Hospice du Petit-Saint-Bernard et le dernier contrefort sud-oriental du Grand-Assaly. Elle descend ensuite vers la Doire, pour rejoindre la vallée de Buthier, entre en Suisse à l'Ouest du Grand-Saint-Bernard, au Col Fenêtre, se continue vers Chippis-en-Valais et se termine sur les deux rives du Rhône, non loin de Sion[1].

[1] Les indications ci-dessus concernant le développement de la bande d'affleurements houillers dans la région italienne sont empruntées à un très remarquable ouvrage publié, en 1903, par le Service géologique d'Italie : *I giacimenti di antracite nelle Alpi occidentali Italiane* (Roma, 1903) [*Memorie descrittive della Carta geologica d'Italia*, vol. XII]. Cet ouvrage renferme 7 mémoires dus à divers auteurs (MM. Franchi, Stella, Castro [C. de], Zaccagna, Oreglia, Mattirolo, Peola). Il est précédé d'une introduction, avec résumé, due à M. Pellati, inspecteur en chef au Corps royal des Mines, et est accompagné de 14 planches et de 30 figures intercalées dans le texte.

MM. Franchi et Stella se sont occupés des gisements d'anthracite de la vallée d'Aoste : le premier au Sud et le second au Nord de la Doire; M. de Castro a étudié l'exploitation de ces dépôts, ainsi que celle des couches d'anthracite de la province de Cuneo; M. Zaccagna a décrit

Houiller du Briançonnais. — Historique et généralités.

Dans cette zone axiale, la formation houillère du Briançonnais, à laquelle fait suite, vers le Nord, celle de Maurienne, a été décrite par divers observateurs. Après Backewell, Bérard (1836) et d'autres auteurs, M. Baudinot[1] lui a consacré une note intéressante, en 1861. Ch. Lory en a donné, dans son grand ouvrage sur le Dauphiné, une excellente description géologique et, plus récemment, M. E. Chabrand[2] l'a étudiée au point de vue industriel, après M. Küss[3], qui avait publié sur ce sujet une remarquable étude. Enfin M. Termier lui a consacré un chapitre de sa remarquable monographie des « Montagnes entre Briançon et Vallouise ». Il a insisté, à juste titre, sur le fait que nulle part, sauf à Villarly, près de Moûtiers et au Plan-de-Phazy où affleure du granite[4], ne se montre le *substratum* de ce terrain, et il

le Carbonifère de la Ligurie occidentale, M. Oreglia a rédigé une étude minière sur les gisements de cette dernière région; M. Mattirolo a publié une étude chimique d'échantillons d'anthracite provenant de la haute vallée d'Aoste et de la Ligurie occidentale; enfin, le professeur Peola a rédigé un intéressant appendice paléontologique sur la flore carbonifère du Petit-Saint-Bernard. Il a étudié un certain nombre d'exemplaires recueillis par M. Franchi dans cette localité, ainsi que d'autres existant au Musée de Turin, qui avaient été récoltés, il y a un certain nombre d'années, par Baretti, et déjà étudiés par le professeur Portis.

Après avoir indiqué l'extension de la zone permo-carbonifère, M. Pellati expose les principaux résultats auxquels sont arrivés ses collaborateurs, résultats qui sont, du reste, d'accord avec ceux obtenus par les géologues français. Dans toute la région alpine, dit-il, l'anthracite ne se présente qu'à l'état de *lentilles* de puissance et d'extension assez réduites. De plus, ces lentilles sont d'allures *très irrégulières*, offrant des gonflements et des resserrements, ainsi que des changements brusques de direction et d'épaisseur. Les matériaux charbonneux, plus plastiques et moins résistants que les roches encaissantes, s'amincissent ou disparaissent dans les points où les pressions ont été énergiques, tandis qu'ils se sont accumulés dans les points où elles ont agi avec moins d'intensité. Les pressions ont eu encore pour effet de feuilleter et de broyer le combustible, qui se trouve ainsi à l'état pulvérulent, lorsqu'il n'a pas été postérieurement recimenté. Enfin la nature de ce combustible varie non seulement suivant les localités, mais parfois d'un banc à un autre. Comme conclusion, l'ingénieur italien croit pouvoir affirmer « que les anthracites des Alpes italiennes ne peuvent pas contribuer pour un coefficient appréciable dans l'économie nationale, ni prendre une place d'une certaine importance dans le commerce des substances charbonneuses ». Cette conclusion nous paraît très judicieuse.

[1] M. Baudinot, Note sur les grès à anthracite du Briançonnais, 1861, *Bull. Soc. géol. de France*, 2e série, t. XVIII.

[2] E. Chabrand, Le bassin houiller des Alpes et les gîtes anthracifères du Briançonnais, Paris, 1885 (*Le Génie civil*).

[3] Küss, L'industrie minérale dans le Dauphiné (*in* Notices sur Grenoble et ses environs, *XIVe Congrès Assoc. franç. pour l'avancement des sciences*, Grenoble, 1885).

[4] Au Plan-de-Phazy, le Houiller n'existe pas; par contre, d'après Ch. Lory et nos propres observations, il affleure non loin de là, à Réotier; son absence au Plan-de-Phazy paraît donc être uniquement attribuable à un étirement mécanique.

attribue cet absence d'affleurements anciens à la grande épaisseur de la formation houillère. « Du confluent de la Guisane et de la Durance à Notre-Dame-des-Neiges, on traverse, d'après lui, une épaisseur totale d'assises houillères que l'on ne peut évaluer à moins de 1,000 mètres [1]. »

Le Houiller de la région briançonnaise ne présente aucun caractère métamorphique. Les roches qui prennent part à sa constitution consistent en *grès et schistes* (couches d'anthracite nombreuses, souvent épaisses, mais irrégulières) avec conglomérats à galets de quartz et de schistes cornés (hornfels), plus rarement de micaschistes et de gneiss, mais *jamais de Granite*. L'épaisseur en est très grande (au moins 800 mètres). La flore est en général nettement stéphanienne. A Mollières-en-Oisans, on rencontre : *Annularia stellata* Schlotheim sp., *Sphenophyllum verticillatum* Brgnt.; aux Gardioles : *Sigillaria Brardi* Brgnt., *S. Defrancei* var. *denudata* W., *Sphenopteris Hoeninghausi* Brgnt. On a cependant trouvé *Sphenopteris Essinghi*, Andrae, aux environs de Briançon, de sorte que la base de l'étage correspondrait donc peut-être au Westphalien supérieur.

Nous devons signaler encore, d'après M. Termier, les *roches intrusives* qui ont été rencontrées dans le Houiller briançonnais. Elles appartiennent à quatre types distincts : *diorites micacées, microdiorites, microsyénites, microgranites*. Il n'y a pas de phénomène de contact, sauf la transformation de l'anthracite en graphite. D'après notre confrère, ces roches dériveraient *d'un seul* magma profond qui serait une *monzonite*, c'est-à-dire une roche dont la teneur en chaux serait à peu près égale à celle des alcalis [2]. Nous reparlerons, dans un chapitre ultérieur, de ces curieux types pétrographiques.

Dans le Briançonnais, la zone houillère n'a pas la largeur qu'elle atteint en Maurienne; toutefois elle a une étendue de 8 kilomètres entre Monestier-les-Bains et Névache.

Extension des affleurements houillers.

Cette bande s'étend sur plus de 50 kilomètres de longueur, du N. N. E. au S. S. O., mais elle est beaucoup plus étroite près de Briançon [3], et va se terminer vers le Sud, à peu de distance de cette ville, au milieu des terrains plus récents, en une voûte anticlinale, décrite et figurée déjà par Ch. Lory, puis par MM. Kilian et Lugeon (*C. R. Ac. Sc.*, 2 janvier 1899) aux chalets des

[1] P. Termier, Les Montagnes entre Briançon et Vallouise, *loc. cit.*, p. 5.

[2] Termier, *loc. cit.*, p. 11.

[3] A Font-Christiane, tout près de Briançon, sur la route entre ce hameau et Sainte-Catherine, le Houiller se montre sous forme de grès schisteux d'un gris brunâtre.

Ayes, sur les limites du Queyras. Dans ce parcours, elle offre des gisements de combustible nombreux dans les bassins de la Guisane, de la Clarée et le long de la Durance : au Lauzet, aux Guibertes, au col du Chardonnet, au Casset, dans les hautes régions de Combe Noire et du Raisin, à la Salle, au Puy-Freyssinet, au col de Buffère, à Monestier-de-Briançon (*Equisetites* au Puy-Chevalier), à la Gardiole (ou « les Gardioles »), près du col de Granon, à Chantemerle, à Saint-Chaffrey, Pramorel, Puy-Saint-Pierre, à la Combarine, Rochasson, Puy-Saint-André, sur les flancs de la montagne de Prorel, au Grand-Villars, etc.

Deux petites bandes du même terrain, séparées par un synclinal triasique, et faisant partie d'une des « écailles » décrites par M. Termier, s'observent, dans un pays de *plis couchés* superposés, au S. O. de la zone principale, non loin du point même où celle-ci va disparaître, au Sud de la Durance, sous les assises triasiques; elles courent parallèlement des deux côtés des gorges de la Durance et comprennent les gisements de Saint-Martin-de-Queyrières, de Presles, de Bouchier (flanc nord de la Montagne des Tenailles), des Vigneaux, de la Bessée et du Fournel près l'Argentière; le Houiller réapparaît bien en aval, encore, à Chanteloube (Saint-Crépin) dans la montagne de Gaulent et à Réotier (les Milières) près de Montdauphin, où il contient des intercalations de *microdiorites*.

Anthracites du Briançonnais.

L'historique de l'industrie des combustibles dans le Briançonnais est assez curieux : les anthracites étaient déjà connus en l'an V et ont été étudiés par Bérard (en 1836), [près du Lautaret notamment], par Élie de Beaumont, E. Gueymard, Scipion Gras, etc.; enfin par Baudinot, par M. Küss, par M. Chabrand et par M. Badoureau, aux ouvrages desquels nous renvoyons nos lecteurs pour tout ce qui concerne les détails techniques de l'exploitation, les renseignements sur la qualité et l'usage des combustibles et l'histoire des diverses mines de la région. (Voir aussi tome I, p. 359 et suiv., et la liste bibliographique du tome I.)

Les meilleurs anthracites sont ceux de la Combarine et des Eduits, près de Chantemerle. Contrairement à ce qui a lieu d'habitude dans nos gisements alpins, des dégagements de *grisou* ont été observés à la mine de la Salle et à Queyrières. Les plus anciennes exploitations sont celles de Chanteloube.

Les mines du Briançonnais, au nombre d'une trentaine environ, sont parfois situées à de grandes altitudes; l'exploitation est, en général, conduite d'une façon malhabile. Les anthracites servent à la consommation locale depuis le commencement du XIXe siècle, et ne se prêtent que mal aux usages industriels.

Nulle part, ainsi que nous l'avons dit, on n'aperçoit, dans cette région, le substratum du Houiller[1] qui occupe l'axe des zones anticlinales. D'une continuité et d'une puissance remarquables, il est formé ici, comme en Maurienne, de conglomérats, de grès et de schistes argilo-micacés. L'élément calcaire y fait entièrement défaut. Il est traversé par des filons de pyrite, de sidérose et de *roches éruptives basiques*. On y constate l'existence de lits d'anthracite souvent assez épais (1 à 4 mètres), intercalés au nombre de trois ou quatre (l'Argentière, Chardonnet) dans les grès; ces lits sont parfois localement renflés (8 mètres), souvent étirés en chapelets, morcelés, ou broyés par les dislocations. Le combustible est de qualité médiocre, fréquemment sulfureux, contenant parfois 93-94 de carbone et 10-12 pour cent de matières volatiles. Il a été, en quelques points et notamment au col du Chardonnet, et en divers autres points, transformé en *graphite*, ou plutôt en *graphitoïde* dans le voisinage de filons de roches éruptives (Élie de Beaumont).

L'extrême irrégularité des gîtes, due aux dislocations subies, *ne permet pas de fonder de grandes espérances* sur l'avenir des charbonnages du Briançonnais.

Flore houillère du Briançonnais.

Quoique, comme l'a fait remarquer Ch. Lory, les débris de tiges (*Équisétacées, Lycopodiacées, Sigillariées*) soient infiniment plus fréquents que les frondes, dans le Houiller du Briançonnais; on y a signalé cependant un certain nombre d'espèces. Voici la liste des débris les plus fréquemment cités :

Calamites Suckowi Brongt.	*Nevropteris* sp.
Lepidodendron Sternbergi Brongt.	*Sphenopteris (Mariopteris) latifolia* Brongt.
Sigillaria Schlotheimiana Brongt.	

Ch. Lory[2] a donné la liste suivante des plantes fossiles de ce terrain, déterminées par A. Brongniart (Briançonnais et Tarentaise) :

Nevropteris gigantea Sternb. — Monestier-de-Briançon.
Nevropteris flexuosa Sternb. — Macôt-en-Tarentaise.

[1] Il résulte de cette disposition une certaine incertitude dans l'interprétation de la structure générale de cette bande houillère : l'« *éventail* » des assises de la zone du Briançonnais est-il en place (autochtone) ou représente-t-il un simple repli dans le noyau anticlinal d'un vaste pli couché (ou nappe) déversé ou charrié vers l'Ouest? Dans ce dernier cas, — qui nous paraît peu probable, — les assises supérieures réapparaîtraient à la base de la formation, dans le *flanc inverse* du pli couché, et ainsi s'expliquerait l'épaisseur si considérable des dépôts houillers dans cette zone. Les deux figures de la page 85 représentent la disposition des choses dans les deux hypothèses.

[2] *Description du Dauphiné*, § 260, p. 522.

Nevropteris Soretii Brongt. — Macôt-en-Tarentaise.

Nevropteris rotundifolia Brongt. — Macôt-en-Tarentaise.

Sphenopteris (*Mariopteris*) *latifolia* Brongt. (Lindl. et H.). — Macôt-en-Tarentaise, le Monestier et Puy-Saint-Pierre.

Lepidodendron ornatissimum Sternb. — Chardonnet, Puy-Saint-Pierre.

Lepidodendron crenatum Sternb. — Chardonnet, Puy-Saint-Pierre.

Lepidodendron Sternbergii Brongt. — Col de Buffère.

Lepidodendron turbinatum Brongt. — Mine de Combarine, Puy-Saint-Pierre.

Lepidodendron ind. — L'Argentière et environs de Briançon.

Lepidophyllum lineare Brongt. — Puy-Saint-Pierre.

Lepidophloios ind. — Mines de Combarine.

Sigillaria notata Brongt. — Chardonnet.

Sigillaria Brardi Brongt. — Combarine, Col de Buffère.

Sigillaria elongata Brongt. — Mines de Combarine.

Sigillaria lepidodendrifolia Brongt. — Même localité.

Sigillaria striata Brongt. — Même localité.

Sigillaria Schlotheimiana Brongt. — Puy-Saint-Pierre.

Sigillaria tesselata Brongt. — Chardonnet, Puy-Saint-Pierre.

Stigmaria ficoides Brongt. — Puy-Saint-Pierre, col de Buffère.

Stigmaria indét. — Environs de Briançon.

Calamites Suckowii Brongt. — Chardonnet et Puy-Saint-Pierre.

Calamites Cisti Brongt. — Mêmes localités, Tarentaise.

Calamites approximatus Schoth. — Chardonnet.

Calamites cannæformis Brongt. — Même localité.

Calamites indét. — L'Argentière, Queyrières.

M. Termier (*loc. cit.*, p. 51) cite en outre, d'après M. Lachat :

Sphenopteris Hoeninghausi Brongt. — La Gardiole.

Nevropteris sp. — Puy-du-Cros.

Lepidodendron. — Puy-du-Cros, Freyssinet.

Sigillaires tesselées. — Puy-Saint-André.

Sigillaires à côtes. — La Gardiole.

Stigmaria sp. — Freyssinet.

Calamites Suckowii Brongt. — Puy-du-Cros.

Calamites Cisti Brongt. — Villard-Saint Pancrace. Saint-Martin-de-Queyrières.

Asterophyllites sp. — Puy-Saint-André.

Annularia sp. — Puy-Saint-André.

Enfin, le gisement de la Gardiole (ou les Gardéoles) a récemment fourni quelques empreintes bien conservées que M. Clère, contrôleur des mines, a eu l'obligeance de nous transmettre. M. Zeiller, qui a eu l'amabilité de les examiner, y a reconnu : *Sphenopteris Essinghi* Andræ bien caractérisé et *Sphenopteris* sp. (cf. *Renaultia Crepini* Stur sp.), espèces westphaliennes.

Ces déterminations ont une grande importance; car elles montrent qu'une partie au moins des couches houillères de la zone axiale (troisième zone) alpine appartiennent à un niveau plus ancien qu'on ne le supposait jusqu'à présent, et que les couches de la Gardiole sont notablement *inférieures* aux assises qui ont fourni, *dans la même bande,* la flore stéphanienne du Col des Encombres.

Ajoutons que la collection de la Faculté des sciences de Grenoble contient un échantillon de *Lepidophloios laricinus* Sternb. sp., du Fort des Salettes près Briançon, recueilli par Jaubert, et dont nous devons également la détermination exacte à M. Zeiller. (Voir plus bas la liste générale de la flore houillère.)

Zone axiale houillère en Savoie. — Sa structure générale.

Les assises houillères que nous venons de décrire dans le bassin de la Durance atteignent, plus au Nord, en Savoie une épaisseur considérable; elles s'étendent, entre Saint-Michel et Modane, sur une largeur de plusieurs kilomètres. Lory désignait, comme on sait, cette bande remarquable sous le nom de « troisième zone alpine »; elle forme ce que nous avons appelé, avec M. Haug, la « zone axiale du Briançonnais ».

Nous discuterons, dans un autre chapitre, les interprétations qu'ont émises divers auteurs sur la disposition en éventail[1] des assises anthracifères dans cette région de nos Alpes, à laquelle on applique souvent aussi le nom de « zone houillère »; ces hypothèses sont représentées schématiquement par les figures 5 et 6.

La « zone houillère » traverse, du Sud au Nord, la portion orientale de la région qui fait l'objet de ce travail. Au Sud, elle vient du Briançonnais, occupe le fond de la vallée de Névache où elle s'élargit et présente une disposition en voûte anticlinale régulière, tout à fait remarquable, de ses assises[2]. Elle pénètre ensuite en Maurienne avec une largeur d'environ 16 kilomètres, des Fourneaux au Pas-du-Roc, près de Saint-Michel (Ch. Lory y a rencontré des restes de végétaux à la Ponsonnière), forme toute la crête

[1] Quelques auteurs la considèrent comme faisant partie d'une *nappe* « exotique » *charriée et reployée* venant de l'Est. Nous montrerons plus bas que cette conception rencontre bien des objections, et la nature même des dépôts, ainsi que leur grande analogie de facies avec le Houiller de la zone du Mont-Blanc et des Grandes-Rousses, nous conduit à penser que, même si l'on admet un charriage limité à la bordure occidentale de cette zone, sa *provenance ne saurait être lointaine.* (Voir les fig. 5 et 6.)

[2] 1891. — Kilian, Note sur l'histoire et la structure géologique des chaînes alpines de la Maurienne, du Briançonnais et des régions adjacentes, p. 648.

qui court du Thabor à l'Aiguille-Noire et que traversent une série de cols (cols de la Madeleine, de Valmeinier, etc.). La zone houillère constitue encore tout le bassin de Valmeinier, les massifs de Roche-Château, du Crey-du-Quart et de Bissorte, puis elle traverse l'Arc entre Saint-Michel et Modane et forme l'unique élément de tous les reliefs compris entre le col des Encombres et

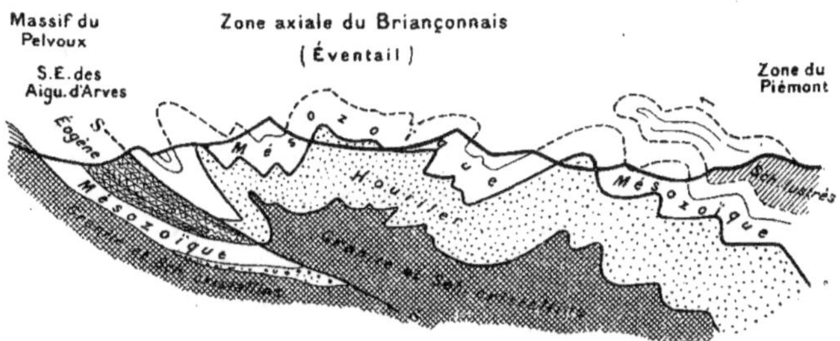

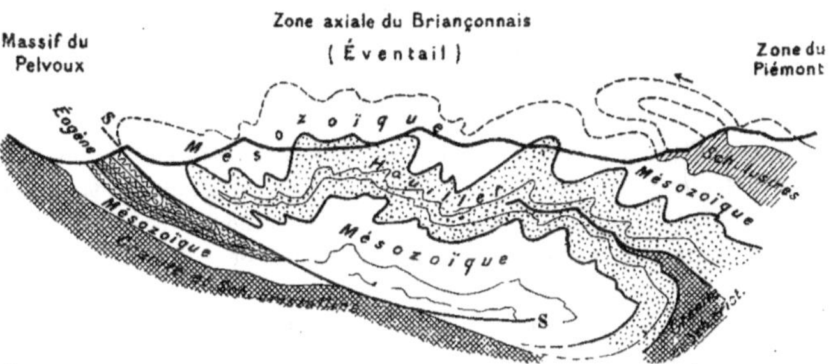

Fig. 5 et 6 représentant les deux hypothèses pouvant expliquer la disposition des assises houillères dans la zone axiale du Briançonnais.

Péclet. Plus au Nord encore, elle s'étend à l'Est de la ligne col des Encombres-Saint-Martin-de-Belleville et atteint le Doron, de Bozel aux Allues. Cette zone s'accidente alors de synclinaux triasiques et liasiques, supporte la masse plissée des schistes du Mont Jovet et se continue, moins nette et plus réduite, vers le Petit-Saint-Bernard, par Aime, Macôt et Bourg-Saint-Maurice. Elle touche à l'Est, près du col de Chavière, au massif de la Vanoise où l'on retrouve des anticlinaux houillers; ce terrain présente là avec le Permien des caractères de *haut métamorphisme* qui ont été décrits par M. Termier. (Voir plus bas, p. 127.)

Massif du Thabor. Voici quelques renseignements recueillis dans la portion de cette zone qui nous intéresse :

Aux alentours du Thabor, le terrain houiller, toujours composé de grès, de conglomérats quartzeux et de schistes noirs micacés, occupe de vastes surfaces. Il règne exclusivement à l'Ouest de la muraille de quartzites qui domine le Glacier de Valmeinier; il contourne le pied du Pic du Thabor et constitue, au Nord de ce dernier, une partie du substratum des glaciers du Thabor en passant au pied du Roc du Cheval-Blanc (Rocca Bussort) [voir tome I, fig. 75 et pl. VIII] et au fond du vallon Peyron. Il forme là une bande qui pénètre dans la Vallée Étroite en contournant, au S.E., le massif del Serù.

Les grès houillers du Sud du Thabor, qui sont en continuité avec ceux de la Vallée de Névache, ont leur principal développement au Col des Muandes (ou col Laval) [voir tome I, p. 195]. Sur le flanc occidental du massif, l'un de nous a découvert un filon d'*orthophyre* passant à la microgranulite basique et traversant les grès à anthracites du Col de Valmeinier [1]; cette roche se rencontre en blocs isolés, charriés par les anciens glaciers jusque dans la plaine de Bissorte au-dessus de la Praz.

Vallées de Névache et de Valmeinier. Les exploitations sont moins nombreuses dans ces parages : le fond de la vallée de Névache et, en Savoie, celle de Valmeinier n'offrent pas les nombreuses galeries qui occupent en hiver les habitants de la vallée de la Guisane ou de Saint-Michel-de-Maurienne; c'est à peine si nous avons à y signaler quelques traces de recherches [2] et une exploitation de schistes ardoisiers (en amont de Névache).

Col des Muandes. Près du Col des Muandes, des grès en plaquettes d'un brun sombre et des schistes renferment *Calamites undulatus* Sternb. Nous y avons recueilli, assez bas sur la pente qui regarde la Vallée Étroite, des restes de fougères indéterminables, mais rappelant le *Sphenopteris Essinghi* Andræ, espèce westphalienne (voir *ante*) qui se retrouve dans le Briançonnais.

[1] Alphonse Favre a donné, dans son ouvrage sur les régions voisines du Mont-Blanc, une série d'indications précises sur un certain nombre de gisements de la Savoie.

[2] Quelques fouilles ont été effectuées près des chalets de Jadis, sur les bords de la Clarée. D'après Lory (*Description du Dauphiné*, p. 52, 260), à Valloires en Maurienne et à Villard-Lurin en Tarentaise, on ne trouve que des *tiges* de végétaux fossiles et peu de frondes.

Vallée-Étroite.

Rappelons que c'est dans la Vallée-Étroite, à une petite distance de ce col, en Italie, que MM. Mattirolo et Portis[1] ont récolté une série d'empreintes végétales d'un grand intérêt. Les gisements explorés par nos confrères italiens sont, en effet, situés presque sur la frontière; ce sont les cols de Valmeinier, de Laval (= col des Muandes), le Roc et le col de la Grande-Tempête, les lacs Lavora et Comba Serre; ils ont fourni notamment : *Sphenopteris Hœninghausi* Brongt, *Pecopteris (Dicksonites) Pluckeneti* Brongt sp., *Lepidodendron Sternbergi* Brongt., *Calamites Suckowi* Brongt., *C. Cisti* Brongt., *Cordaïtes borassifolius* Sternb. sp., *Calamites ramosus* Art. M. Portis y a signalé quelques espèces nouvelles pour la région alpine et croit à l'existence, dans cette partie des Alpes, de *deux niveaux* carbonifères caractérisés chacun par sa flore : le « niveau du Dauphiné » et celui « de la Tarentaise ». Le Houiller de la Vallée-Étroite contient de l'hématite.

Saint-Michel et environs.

Saint-Michel est le centre d'une exploitation assez active des anthracites du terrain houiller. M. Daymonaz a jadis fait connaître les détails de cette petite industrie locale.

L'anthracite de Saint-Michel brûle assez facilement; il forme quelques couches intercalées dans les grès houillers; d'après Daymonaz, sa composition moyenne serait la suivante :

Carbone	73 p. 100.
Oxygène	3
Hydrogène	2
Eau	4
Cendres	18

L'inclinaison de ces assises est d'environ 45 degrés vers l'Est; elles sont verticales en aval de l'usine de Prémont, mais, à partir du Pont de la Denise, en amont de Saint-Michel, l'inclinaison *Ouest* devient prépondérante.

A l'issue même de Saint-Michel, du côté d'amont, il existe une ancienne exploitation d'anthracite avec plusieurs galeries à l'Est et à l'Ouest du Pont de la Saussaz, dans le voisinage de la route. Voici, d'après M. Daymonaz[2],

[1] A. Portis, Nuove localita fossilifere, in Val di Susa (*Bolletino del R. Comitato geologico*, 1889, nos 5-6).
F. Virgilio, Il Permo-Carbonifero di Valle-Stretta (*Atti. R. Acc. d. Science di Torino*, vol. XXV, 1890).

[2] *Bulletin Soc. géol. de France*, 2e série, t. XVII, p. 776.

l'énumération des principaux gîtes qui étaient connus en Maurienne en 1860 :

Saint-Michel. — Couche épaisse, peu étendue, granuleuse, dure, exploitée depuis 1852.

La Saussaz. — Sud du village; plusieurs couches de 2 à 3 mètres d'épaisseur. Deux sont connues depuis longtemps.

Commune de Valmeinier. — Plusieurs couches dans un seul gîte.

Le *Thyl.* — (Montagne de *Pré-Bérard*), une exploitation d'un combustible de meilleure qualité : 4 à 5 mètres d'épaisseur.

Couches de la *Serraz,* près Saint-Martin-d'Arc (même anthracite que dans le gisement de Thyl, dont elles sont le prolongement).

Les *Sorderettes.* — A côté de la route, plusieurs bancs; deux ont de 3 à 4 mètres d'épaisseur.

Depuis l'époque où écrivait M. Daymonaz, d'autres exploitations se sont créées, mais n'ont pas pris cependant un bien grand développement. En 1883, M. Villet, contrôleur des Mines à Saint-Jean-de-Maurienne, publiait une note sur les anthracites et les chaux de cette région [1]. A cette époque, dix-sept gîtes étaient concédés, mais cinq seulement étaient le siège d'une exploitation un peu active. Nous avons donné plus haut (t. I, p. 358) quelques détails à leur sujet, d'après les publications plus récentes de M. l'ingénieur en chef Badoureau. (Voir le n° 931 de la liste bibliographique, dans le tome I.)

En amont de Saint-Michel [2] se trouve une exploitation portant le nom de

[1] Note sur les anthracites et les chaux de la Maurienne (Savoie), par M. Villet. (*Bulletin de la Soc. de l'Industrie minérale*, t. XII, 1re livraison, 1883.) Voir aussi les documents publiés en 1901 par M. Badoureau (*loc. cit.*).

[2] De Saint-Michel à Modane, la vallée de l'Arc est profondément creusée, sur une longueur d'environ 15 kilomètres, dans la masse puissante des grès et schistes houillers de la zone axiale du Briançonnais (galeries d'anthracite dans le voisinage de Saint-Michel et de Modane). Bien que la disposition d'ensemble de ces assises constitue un axe anticlinal, elle est infiniment plus complexe que ne l'ont pensé les géologues qui se sont occupés de la région. L'épaisseur apparente de la série houillère est exagérée par de nombreux replis présentant en grand une « structure en éventail », que l'absence de points de repère et d'horizons bien nets rend fort difficile à suivre dans le détail. C'est ainsi qu'en montant aux chalets du Genevray situés sur le versant septentrional de la vallée, au-dessus d'Orelle, on voit, sur l'autre versant de la vallée, les grès houillers dessiner un pli synclinal, dont il est aisé de suivre facilement le développement dans les arêtes situées entre Valmeinier et Bissorte.

Sur le bord oriental de l'éventail houiller, non loin de Modane, à Saint-André, succèdent aux grès houillers, en série renversée, des roches gneissiformes, moins anciennes, d'âge permien, tandis que sur l'autre flanc de l'éventail, à Saint-Michel-de-Maurienne, viennent des assises, de concession « du *Pont* et de la *Saussaz* ». Le charbon est d'assez bonne qualité et très dur, il ne s'abat qu'à la poudre et donne au plus 15 p. 100 de poussière.

A l'Est de cette concession se trouve celle de *Gorge-Noire*, dont l'exploitation a lieu à une altitude de 1,100 mètres. Ici l'allure générale est en *chapelet*, et les charbons fournissent 40 p. 100 de menu.

Vient ensuite la concession de *Sordières* où l'extraction se fait à 970 mètres d'altitude. On y a reconnu une couche très importante, appelée *couche de Chapelu*. Sa puissance varie entre 1 et 12 mètres et s'accuse par des renflements progressifs affectant la forme lenticulaire. L'épaisseur moyenne est de 5 mètres.

De ce point jusqu'à Freney, aucune couche n'est en exploitation. Du Freney aux Fourneaux, plusieurs concessions existent et ont donné lieu à quelques travaux qui sont actuellement suspendus.

diverses natures mais également plus récentes, d'âge triasique (calcaires dolomitiques, gypses, etc.). Les roches prenant part à la constitution de la série houillère (terrain des grès à anthracite des anciens auteurs) consistent en schistes argileux avec veines d'anthracite, en grès micacés, tantôt en gros bancs, tantôt laminés et légèrement gneissiformes, et en poudingues quartzeux à éléments plus ou moins grossiers ou étirés. Les schistes argileux, avec intercalation de lits anthraciteux, se trouvent le plus ordinairement *à la partie supérieure* de la formation, tandis que les assises de la partie inférieure sont formées de grès plus durs ou de conglomérats.

Dans la région de la Praz et de Bissorte se montrent les couches les plus inférieures de l'anticlinal, et ce sont les grès qui ont la prédominance; ils sont accompagnés de conglomérats quartzeux et de bancs d'un aspect *gneissique* assez prononcé. On peut les étudier facilement sur les deux rives de la vallée de l'Arc, où ils se présentent en couches inclinant au Sud-Ouest. Les grès schisteux micacés, mais très résistants, d'un gris noirâtre, sont exploités pour *dalles* et fournissent des matériaux de construction de bonne qualité.

Des bancs de même nature, mais moins laminés, peuvent s'observer encore le long du sentier muletier conduisant aux chalets de « La Prégnaz » (ou Prègue) et qui se développe sur la rive gauche du torrent de Bissorte. Ils émergent çà et là des éboulis, et on constate qu'ils présentent *toujours la même inclinaison* (au Sud-Ouest), c'est-à-dire vers l'intérieur du massif situé au Sud de l'Arc.

En atteignant la cascade qui domine les chalets, il est facile de s'assurer de la nature des bancs rocheux. Ce sont ici encore des grès quartzeux micacés, en bancs compacts, présentant parfois des intercalations de couches plus laminées, mais toujours gréseuses et en conséquence peu délitables. En contre-bas du pont traversant le ruisseau, affleurent des assises analogues qui viennent à leur tour s'enfoncer sous les bancs que franchit la cascade.

En quelques points, ces bancs présentent des fentes et fissures (*diaclases*) peu importantes, mais celles-ci ne sont que superficielles, peu continues et n'affectent qu'un petit nombre de bancs. Elles occasionnent l'accumulation, au bas des abrupts rocheux, de cônes d'éboulis particulièrement développés, sur la rive gauche, entre les chalets de la Prégnaz et la Cascade. Les blocs détachés sont parfois très volumineux. (Observations de MM. Kilian et Révil.)

IMPRIMERIE NATIONALE.

Sur la rive droite, dans les concessions du Plan de l'Arc et de la Buffaz, les travaux exécutés n'ont également que peu d'importance [1].

Ajoutons encore que la coll. Alph. Favre, à Genève, renferme (sous le n° 2649) un échantillon de schiste houiller à *Équisetinées* de Saint-Michel.

En Maurienne, comme dans le Briançonnais, les dislocations nombreuses qui ont affecté les assises anthracifères ont tellement contourné, fractionné et étiré les bancs de combustible, qu'il est à peu près impossible de les exploiter d'une façon suivie. A cette cause, qui empêche d'entreprendre des travaux tant soit peu considérables, vient s'ajouter comme élément d'insuccès la nature même de l'anthracite qui nécessite, pour être couramment employé dans l'industrie, des foyers spécialement aménagés.

En général, on peut dire que dans la zone du Briançonnais l'anthracite occupe plutôt la partie supérieure du terrain houiller; la base du système est formé de grès et de conglomérats stériles. Les intercalations de microdiorites se rencontrent d'habitude dans la partie moyenne. Les grès et schistes y ont une épaisseur très grande (au moins 800 mètres).

Le Freney.

Signalons encore, au Freney, des grès durs sans anthracite (inclinés à l'Ouest-Nord-Ouest), appartenant au terrain houiller; ils ont été exploités comme *dalles* dans le voisinage, notamment à la Praz.

On remarque dans cette région des bancs *gneissiformes*, riches en séricite, qui portent les traces d'un laminage énergique.

Les Fourneaux.

Aux Fourneaux, près de Modane, on connaît, sur la rive droite du torrent du Charmaix et à une demi-heure du village, une couche de combustible d'une épaisseur de 1 m. 50 à 2 mètres qui semble faire pendant, sur le flanc Est de l'éventail, aux anthracites de Saint-Michel, et appartenir par conséquent *à la partie supérieure* du système.

Tunnel du Mont-Cenis.

On sait en outre que le terrain houiller existe à l'entrée Ouest du tunnel du Mont-Cenis [2] (zone anthraciteuse d'Élie de Beaumont), où il est formé de grès

[1] D'après M. Goddard, contrôleur principal des mines (rapport présenté au Conseil général dans la 2e session de 1895), il existe, dans le département de la Savoie, 37 mines d'anthracite dont 13 sont actuellement exploitées. La plus grande partie de la production de ce combustible appartient aux 3 mines du bassin de Saint-Michel. Elles traversent actuellement une crise, par suite de la fermeture du débouché des usines à chaux du département de l'Ain, qui en consommaient la plus grande partie.

En 1894, la production totale d'anthracite s'est élevée, dans le département, à 14,900 tonnes.

[2] Élie de Beaumont. Note sur les roches qu'on a rencontrées dans le creusement du tunnel des Alpes occidentales entre Modane et Bardonnèche. (*C. R. Académie des Sciences*, t. LXXI et LXXII.)

et de poudingues quartzeux avec traces charbonneuses. Les bancs ont une inclinaison de 25 degrés vers l'Ouest et on en a traversé une grande épaisseur.

Col des Encombres.

Le col des Encombres est cité par Alphonse Favre comme un gisement de végétaux houillers; il y cite : *Pecopteris pteroides?* Brongnt. (?), *Pec. villosa* Brongnt, *Pec. arborescens* Brongt. (?); il parle des conglomérats qu'il y a observés et qu'il compare aux poudingues de Vallorcine et mentionne des exploitations d'anthracite à Boismin. Nous n'avons guère à ajouter à la description de l'illustre géologue génevois : le Houiller des Encombres supporte en concordance les assises bigarrées (Verrucano) du Permien; il est assez riche en empreintes végétales. Lory a recueilli, à une heure du col, du côté de la Maurienne, un échantillon qui fait actuellement partie des collections de la Faculté des sciences de Grenoble; M. Zeiller, auquel nous avons soumis cette pièce, y a reconnu des empreintes de *Pecopteris abbreviata* Brongt. et d'*Asterophyllites equisetiformis* Schloth. sp. Ajoutons qu'Oswald Heer a signalé dans cette localité une série de *Pecopteris* (*Cyatheites*) et le *Cordaites borassifolius* Sternb. sp.

Saint-Martin-de-Belleville, Brides, etc.

Saint-Martin-de-Belleville, situé au Nord du col des Encombres, occupe le bord Ouest de la zone houillère. L'anthracite est exploité en amont du village et dans tout le fond de la vallée. La collection Alph. Favre, à Genève, renferme un échantillon de schiste houiller à empreintes végétales recueilli, en 1858, par ce savant, en amont de Vasaix, près de Saint-Martin-de-Belleville. Les caractères du terrain houiller y sont les mêmes que dans les localités précédemment décrites. Il s'étend vers le Nord et l'Est (Brides, les Allues, environs de Bozel [mine du Villard]), jusque près de l'Aiguille du Fruit, en dehors des limites de la région étudiée par nous.

La zone que nous venons de suivre est caractérisée par la grande épaisseur et la monotonie de composition des assises houillères. Nous ajouterons avec M. Zaccagna[1] que ces dépôts y ont été moins atteints par le métamorphisme que dans beaucoup de régions des Alpes, notamment dans les massifs voisins de la Vanoise et des environs de Modane[2]. La disposition « en éventail » des couches, dans cette troisième zone, a été reconnue par Alphonse Favre; nous

[1] Zaccagna, Nota sulla geologia delle Alpi occidentali, *loc. cit.*

[2] M. Lachat a distingué depuis longtemps le « Houiller métamorphique » des environs de Modane. La belle monographie de M. Termier a fait connaître, dans sa structure intime, celui de la Vanoise. Notre éminent confrère a notamment montré que, dans ce massif, le terrain houiller est, suivant les points, et aussi suivant sa composition primitive, très diversement et inégalement métamorphisé; il est tantôt presque normal (haute vallée du Doron, entre Fribuge et Laisonnay), formé de schistes argileux noirs, luisants, parfois charbonneux, de grès et de poudingues relati-

avons rappelé plus haut qu'elle a donné lieu à plusieurs hypothèses (voir plus haut p. 84 et fig. 5, 6), sur lesquelles nous aurons l'occasion de revenir.

Houiller de Tarentaise.

Les terrains houillers des environs de Moûtiers et d'Aime en Tarentaise ont fait l'objet, depuis quelques années, de nombreuses concessions. D'après M. Badoureau, les plus importantes sont celles de Lequenay, de Planamont, de Sangot, de Reel, des Corbières et de la Thuile, près de Bourg-Saint-Maurice. Ces trois dernières appartiennent à la *Compagnie charbonnière du Sud-Est de la France* qui y a fait exécuter des travaux assez sérieux. D'autres gisements non concédés, mais où quelques travaux de recherches ont été effectués, sont encore à citer; ce sont ceux des *Roches*, sur le territoire de la commune de Montagny, de Montfort, de Hauteville, de « *Chenaie commun* », où un renflement de couches atteint 3 mètres de puissance, et donne un charbon grenu presque compact, et enfin ceux des Chapelles, de Séez, etc., ainsi qu'un gisement de *graphitoïde* dans la Forêt de Malgovert [1].

Le terrain houiller s'étend de Sainte-Foy, à l'Est, jusqu'au pied du mont Ormelune et présente un horizon caractéristique (crête de l'Argentière) de *poudingues et de conglomérats* à galets de quartz déformés et pâte très cristalline. Il existe aussi le long du torrent du Ruitor. Enfin Sismonda, Baretti et Alphonse Favre l'ont depuis longtemps signalé au Petit-Saint-Bernard. Au Sud de ce passage, et sur le versant italien du Ruitor, le Houiller accuse, d'après MM. Termier et Marcel Bertrand (Feuille de Tigne de la Carte géol. de France), un *métamorphisme* croissant.

Houiller du Petit-Saint-Bernard.

La flore du Petit-Saint-Bernard (frontière franco-savoisienne) a fait l'objet d'une étude récente de M. Peola [2]. Les matériaux dont disposait cet auteur comprenaient 66 échantillons contenant environ 170 empreintes végétales; il y a reconnu les espèces suivantes :

Nevropteris flexuosa Brongt.
Linopteris obliqua Bunbury.
Calamites Cisti Brongt.
Calamites Heeri de Stefani.
Calamites leioderma Gutb.
Calamites ramosus Artis.

vement fins (rappelant la « Gratte » de Saint-Étienne), — on y voit alors des veinules inexploitables d'anthracite (glacier de la Becca-Motta), — tantôt plus ou moins chargé de *séricite de métamorphisme* ou constitué (Champagny, Laisonnay) par des *phyllades* à rutile, chlorite et quartz recristallisé contenant des cristaux différents de ceux du Permien métamorphique de la même région, ou encore par des phyllades anthracifères noires, également très métamorphiques.

[1] P. Peola, *Sulla Flora carbonifera de Piccolo San Bernardo* (*loc. cit.*).

[2] Badoureau, Le passé, le présent, l'avenir de l'industrie minérale dans l'arrondissement minéralogique de Chambéry (*Bull. soc. d'hist. nat. de Savoie*, 2e série, t. VI, *l. c.*, p. 97).

Calamites Suckowi Brongt.
Calamites (?).
Asterophyllites equisetiformis Brongt.
Asterophyllites lycopodioides Zeill.
Asterophyllites longifolius Sternb.
Annularia sphenophylloides Zenck.
Annularia microphylla (?) Sauveur.
Phyllotheca Rallii Zeiller.
Lepidodendron Wortenii Lesq.
Lepidophyllum maius Brgt.
Lephidophyllum trilineatum Heer.
Lepidophyllum lanceolatum Lind et Hutt.
Lepidophyllum lineare Brgt.
Lepidophyllum caricinum Heer.
Lepidophyllum setaceum Heer.
Lepidophyllum Zeilleri Peola.
Ulodendron maius Lind et Hutt.
Distrygophyllum bicarinatum Lind.
Sigillaria sp.
Sigillariostrobus sp.
Cordaites principalis Germ.
Cordaites borassifolius Sternb.
Cordaites microstachys Goldenb.
Cordaites (?).
Dorycordaites (?) Grand Eury.
Rhabdocarpus Candollianus Heer.
Trigonocarpus Bernardi Peola.

M. Peola fait remarquer que le tableau récapitulatif de ces espèces est assez instructif : sur 33 espèces, 2 sont nouvelles (*Lepidophyllum Zeilleri* et *Trigonocarpus Bernardi*); 5 sont de détermination incertaine; parmi les 26 restantes, *une seule se rencontre dans le Carbonifère inférieur,* 18 dans le Carbonifère moyen, dont 7 caractéristiques; 12 appartiennent au Carbonifère supérieur, dont une seule lui appartient en propre, et 6 remontent jusque dans le Permien, dont une seule aussi lui est spéciale. On aurait donc ici une grande majorité de formes végétales appartenant au « Carbonifère moyen » (environ 70 p. 100).

Houiller de la haute vallée d'Aoste.

Les gisements d'anthracite sont également nombreux dans la haute vallée d'Aoste, en Italie, où, comme nous l'avons dit, ils ont été décrits d'abord par Sismonda, Alphonse Favre, Baretti (1877), par Portis, puis, plus récemment, au Sud de la Doire, par M. Franchi et, au Nord, par M. Stella[1]. Le premier de ces derniers auteurs divise son champ d'études en cinq régions d'importances diverses, tant au point de vue de la richesse des affleurements qu'au point de vue de leur condition d'extraction. La première comprend les concessions du « Petit-Saint-Bernard », « La Tour et Suches », « Terre-Noire », où les masses anthraciteuses sont très irrégulières, de peu d'extension et de qualité plus que médiocre. Dans la seconde région sont comprises les concessions de « Bois de Golette », « Preilet » et « Villaret ». Les bancs sont ici relativement moins irréguliers, et les roches encaissantes plus dures. La troisième région comprend la concession de « Cretaz » et celle qui est située à « l'Est de

[1] S. Franchi et A. Stella, *I giacimenti di Antracite della valle d'Aosta* (loc. cit.).

Preillon ». Les gisements sont ici en partie épuisés. Dans la quatrième région est compris le territoire situé entre le col Saint-Charles et le col de la Croix; enfin, dans la cinquième, se trouvent les affleurements du versant droit de la vallée de la Doire entre Morgex et Derby.

Au Nord de la Doire, d'après M. Stella, les gisements anthracifères ne sont pas aussi bien localisés qu'au Sud; il présentent cependant une distribution facile à caractériser. Les schistes charbonneux y sont surtout disposés le long des bords de la zone, près des contacts avec les formations voisines : calcschistes et micaschistes gneissiques. Cet auteur divise également son territoire en quatre régions : « Région de la Salle », « Région Citrin-Serenna », « Région de Bosse », « Région de Saint-Rhémy ». Dans cette dernière s'ouvre, de Saint-Rhémy à la frontière suisse, le vallon du Grand-Saint-Bernard. Ce territoire ne présente aucun gisement ayant une réelle importance; les seuls méritant d'être cités sont ceux de Villaret, Mont-Noir, Forêt de Gressan, Branvey, Enversen et du Col de Fenêtre. Tous ont une forme lenticulaire avec un diamètre maximum qui, pour certaines lentilles, ne paraît pas dépasser quelques dizaines de mètres.

On retrouve le Houiller dans cette même bande, en Suisse, à la montagne de Payannaz, dans la Combe-de-Là, près de Tsissettaz (vallée de la Drance), de Bourg Saint-Pierre, de Saxon, etc. Dans cette région du Valais, il a en partie été réuni par les auteurs au système des « Schistes de Casanna ».

Grand-Saint-Bernard.

Au col du Grand-Saint-Bernard, qui est entièrement ouvert dans la formation houillère, très puissante, on peut voir (observations de MM. W. Kilian et P. Lory) les bancs de conglomérats, à cailloux étirés de quartz blanc, *alterner* un grand nombre de fois *avec des bancs gneissiformes* très métamorphiques; ce type réalise un passage du facies normal (ou briançonnais) au facies des « gneiss » du type Grand-Paradis.

Il nous a semblé d'ailleurs que la limite tracée par divers auteurs entre le Houiller d'une part, les Schistes de Casanna et les gneiss de l'autre, était purement théorique.

Éléments du houiller de la zone axiale.

Ch. Lory[1] a fait remarquer, il y a longtemps déjà, que la grande bande houillère axiale des Alpes françaises renfermait, aux environs de Sainte-Foy, Bozel, Saint-André, etc., des conglomérats à fragments à peine roulés de

[1] Ch. Lory, Sur les Schistes cristallins des Alpes occidentales et le rôle des failles dans la structure géologique de cette région (*Bull. Soc. géol. de France*, 3e s., t. IX, *l. cit.*, p. 658, 1881).

Schistes cristallins, dont le feuilletage et la cristallisation devaient être antérieurs à la période houillère. Ces débris de schistes seraient identiques, d'après notre regretté maître, à ceux qui affleurent dans la zone du Piémont. Ces derniers étant maintenant considérés pour la plupart comme permo-carbonifères, il semble néanmoins plus rationnel d'adopter une interprétation analogue à celle que M. Termier[1] a admise pour le Houiller du Briançonnais. Pour cet auteur, les assises houillères du Briançonnais se seraient formées aux dépens d'un terrain cristallin, *fort différent* de celui qui affleure aujourd'hui dans la plus grande partie du massif du Pelvoux, mais qui serait analogue à celui du Plateau Central. « Si donc, ajoute le savant professeur, les matériaux des poudingues houillers du Briançonnais proviennent de la région cristallophyllienne, qui est devenue plus tard le massif du Pelvoux, cette région laissait affleurer, non pas comme à l'heure actuelle, des massifs granitiques entourés de gneiss, mais une *couverture* à peu près uniforme de schistes métamorphiques, et l'érosion de cette ouverture n'était point encore terminée à la fin de l'époque houillère »[2]. Ajoutons qu'au col de Chavière, près de Modane, les conglomérats houillers renferment de gros galets de *Granite* bien caractérisé. (Observ. de MM. P. Termier et W. Kilian.)

Âge du terrain houiller de la zone axiale.

En réunissant, ainsi que nous le faisons dans l'énumération que l'on trouvera à la fin de ce chapitre, la liste publiée par Ch. Lory des végétaux houillers du Briançonnais, les indications données par Brongniart, Alphonse Favre, Osw. Heer, M. Lugeon, Peola, etc., la liste de la flore stéphanienne de la Moëde, près du col d'Anterne, publiée par M. Michel-Lévy[3] et celle des types également stéphaniens de Barles (Basses-Alpes), donnée par M. Haug[4], et en y joignant ce que nous savons des flores houillères de Vaulnaveys et de la Mure (Isère), citées par Ch. Lory[5], Grand'Eury et M. R. Zeiller et si

[1] P. Termier, Les montagnes entre Briançon et Vallouise (*Mém. pour servir à l'expl. de la Carte géol. de la France*, Paris, Impr. nat., 1904).

[2] M. Termier a encore cité dans le terrain houiller des environs de Venosc des poudingues à galets feldspathiques constitués aux dépens du granite. Ces poudingues ressemblent, d'après cet auteur, à des gneiss porphyroïdes (*Livret-guide* [Congr. géol. internat., 1900] dans le massif du Pelvoux et le Briançonnais, p. 12).

[3] Michel-Lévy, Note sur la prolongation vers le Sud de la chaîne des Aiguilles-Rouges, p. 65 (*Bull. des serv. de la carte géol. de France*, n° 27, février 1892). — Voir aussi Douxami. *C. R. Coll.* 1906.

[4] Haug, Les chaînes subalpines entre Gap et Digne, p. 14 (*Bull. des serv. de la C. G.*, n° 21, 1891).

[5] Ch. Lory, *Description du Dauphiné*, § 34. — (Voir liste bibliogr. du tome I.)

bien représentées dans les collections de la Faculté des sciences de Grenoble, nous aurons passé à peu près complètement en revue ce que l'on sait sur la flore de notre terrain houiller alpin.

Stéphanien et Westphalien dans les Alpes françaises.

Cette flore a été considérée par la majorité des auteurs comme stéphanienne inférieure et appartenant au niveau inférieur de Saint-Étienne ou « zone des Cévennes ». Dans ses derniers écrits, Ch. Lory plaçait les grès à anthracite de la zone axiale alpine (sa 3e zone) à la base du Houiller supérieur, au niveau de Rive-de-Gier, et déclarait ceux de la Mure plus récents, en les plaçant sur un horizon du Stéphanien inférieur, intermédiaire entre les niveaux de Rive-de-Gier et de Saint-Étienne [1].

Les divers affleurements de la première zone peuvent, en effet, être considérés comme appartenant certainement au Stéphanien inférieur et comme contemporains des couches du faisceau inférieur de Saint-Étienne [2]. Le *Westphalien* serait, par contre, représenté avec le Stéphanien, d'après Lachat [3], dans le Briançonnais. Notre regretté confrère avait recueilli depuis longtemps dans la concession des Gardéolles, entre Saint-Chaffrey et la Salle, de magnifiques empreintes de *Sphenopteris Hœninghausi* Brongn., forme caractéristique du Houiller inférieur. Le gisement de cette espèce se trouve « au point où la route qui conduit au fort de l'Olive coupe un affleurement de grès houiller et « de porphyre blanc [4] ». Ajoutons que, dans la concession du Puy-du-Cros et des Freyssinet, on trouve des *Lepidodendron*, des *Lepidophloios* et des *Nevropteris* du niveau de Rive-de-Gier, tandis qu'à Saint-Pancrasse, sur la rive gauche de la Durance, on peut recueillir en abondance des empreintes de *Calamites Cisti* Brongnt., qui est une des espèces caractéristiques

[1] D'après Oswald Heer (*Die Vorweltliche Flora der Schweitz*, Zurich, 1876), la flore houillère de Savoie compterait 54 espèces (soit 31 Filicinées, 11 Calamariées, 8 Sélaginées, 3 Gymnospermes), dont 8 formes spéciales à la Savoie, et celle du Dauphiné 37 espèces, dont 13 Fougères, 14 Sélaginées, 7 Calamariées et 2 Gymnospermes. — Ces chiffres et ces résultats ont été quelque peu modifiés par les travaux récents. — Un nouvel examen (1906), fait par M. Zeiller (voir plus bas, p. 107 et suiv.), des séries appartenant à la Faculté des sciences de Grenoble n'a apporté, cependant, aucun élément bien nouveau à ce que nous avons dit dans les pages qui précèdent.

[2] De Lapparent, *Traité de Géologie*, 5e édition, p. 954 (1906). Ce niveau est rattaché par les géologues allemands au sommet du Houiller *supérieur* (Étage d'Ottweiler); nos confrères d'Outre-Rhin mettent dans le Permien (Unterrothliegendes) les faisceaux moyen et supérieur de Saint-Étienne, ou zone des Filicacées (Frech, *Lethaea*, t. II, 3, p. 544-547).

[3] Communication inédite de H. Lachat.

[4] *Microgranulite*, d'après les travaux de M. Termier.

du *faisceau inférieur de Saint-Étienne.* D'après H. Lachat, *plusieurs horizons houillers* seraient donc représentés dans les environs de Briançon. *Sphenopteris Hœninghausi* Brongnt. et *Pecopteris Pluckeneti* ont été rencontrés également, en 1888, dans la Vallée-Étroite, par M. Mattirolo. Ils ont été étudiés par M. Portis[1] qui a eu, comme matériaux de la première, deux échantillons très bien conservés provenant du vallon Serre, et qu'il a pu déterminer avec certitude; *Pecopteris Pluckeneti* Brongn. est citée par lui de la crête de la Grande-Tempête, où ont été trouvées également des empreintes de *Lycopodium denticulatum* (Gold.) Schimp., espèce qui n'avait pas encore été signalée dans les gisements classiques de la Savoie et du Dauphiné.

Après avoir décrit et énuméré les espèces houillères citées plus haut, M. Portis arrive aux mêmes conclusions que Lachat et croit que *deux niveaux* houillers sont représentés dans les environs du Mont-Thabor. Le niveau inférieur (niveau du Dauphiné) s'observerait le long de l'arête qui va de la roche du Chardonnet aux rochers de la Grande-Tempête, tandis que le niveau supérieur (niveau de Tarentaise) se trouverait dans le bas, aux environs du lac Lavora et dans le vallon de Combe-Serre. Cette interprétation a été également admise par M. Virgilio dans sa note sur le Permo-carbonifère de la Vallée-Étroite[2].

On voit que la possibilité d'admettre *plusieurs horizons distincts* dans le Houiller des Alpes françaises était admise déjà par plusieurs observateurs. M. Grand'Eury avait émis en 1877 une supposition analogue.

Les résultats des déterminations de M. Zeiller, basées sur les documents que nous lui avons communiqués, tant en 1893 que tout récemment, et provenant soit de nos propres recherches, soit des collections de la Faculté des sciences de Grenoble et du Musée de Chambéry, montrent que non seulement plusieurs horizons stéphaniens se trouvent représentés dans les grès à anthracites du Briançonnais, mais que l'on peut y reconnaître aussi le *Westphalien supérieur* (Étage supérieur de Saarbrück des géologues allemands) signalé, pour la *première fois*, par l'un de nous, il y a quelques années, aux Gardioles, dans la zone axiale alpine. C'est du gisement de Taninges, également westphalien (voir plus bas), mais situé dans une zone plus externe des Alpes, qu'il faut rapprocher le niveau des Gardioles.

(1) A. Portis, Nuove località fossilifere in val di Susa (*Boll. d. R. Com. geol.*, 1889).

(2) F. Virgilio, Il Permo-Carbonifero di Valle Stretta nell' Alta Valle della Dora Riparia (*Atti Acc. d. Scienze di Torino*, vol. XXV, 1890).

La grande épaisseur (on l'estime à 1,000 mètres) des grès à anthracites du Briançonnais correspond donc, probablement, à *une série* d'étages carbonifères et à une longue période de formation. La base de cette série ne saurait néanmoins être plus ancienne que le Westphalien moyen.

Si les différentes assises où se rencontrent les flores successives et où elles sont probablement cantonnées ont été jusqu'ici confondues, c'est à cause de leur grande analogie pétrographique, de leur pauvreté en restes organisés et du fait que les plus anciens d'entre eux ne sont vraisemblablement représentés que par des sédiments grossiers (grès et conglomérats), sans fossiles. Il est probable qu'avec de l'attention il sera possible de les distinguer, et de suivre le Westphalien du Briançonnais jusqu'en Maurienne et en Tarentaise, où il existe sans doute aussi.

Conditions de formation du terrain houiller des Alpes françaises.

Essayons maintenant de nous faire une idée des conditions dans lesquelles se sont effectués les dépôts que nous venons de décrire[1] et que, dès 1823, Backewell comparait déjà au terrain houiller de l'Angleterre. Voici l'explication qui semble tout d'abord découler des faits : des mouvements assez importants ont dû se produire, probablement, dès le début de l'époque westphalienne (étage *sudétien* des Allemands) et se sont continués, jusqu'à la fin de cette période, dans les régions qui sont devenues aujourd'hui les zones occidentales de nos Alpes (zone subalpine et zone cristalline delphino-savoisienne), à l'époque où le Plateau Central, dont elles n'étaient alors qu'une dépendance, subissait son plissement principal. L'existence de cette phase orogénique *hercynienne*, antérieure au Carbonifère supérieur, est attestée par la discordance des dépôts houillers sur les Schistes cristallins, dans la zone cristalline delphino-savoisienne (zone du Mont-Blanc) [voir fig. 4]. Ces premiers reliefs furent bientôt partiellement arasés par les érosions, et, tandis que les parties continentales se recouvraient d'une abondante végétation de Cryptogames vasculaires, de Cycadofilicinées et de Gymnospermes, d'immenses lacs ou lagunes s'établirent dans les dépressions et occupèrent, semble-t-il, une grande partie de l'emplacement des Alpes. Dans ces bassins qui, à l'Est, étaient peut-être en communication indirecte avec la mer ouralienne, les torrents descendus des reliefs avoisinants entraînaient en vastes deltas des cailloux, des vases, des débris végétaux, qui ont constitué les matériaux de conglomérats, de grès, de

[1] Voir la *Carte schématique*, pl. V.

schistes et des couches de houille[1]; ces dernières furent transformées plus tard en *anthracite*, par les compressions subies lors du plissement *alpin*.

La double discordance (voir fig. 4) encadrant le Houiller dans certains massifs de la première zone alpine, qui a été constatée une fois de plus par MM. Ritter[2] et Haug[3], met en évidence les efforts orogéniques qui ont dû préparer le régime dont nous venons de parler, et ceux qui ont dû y mettre fin à l'époque permienne.

Les divergences de vues relatives à la zone du Piémont et au versant italien, et notamment l'opinion pressentie dès 1848 par Sismonda, et depuis lors plusieurs fois émise[4] que certains « gneiss » de cette région pourraient bien n'être que des grès houillers métamorphisés, ne permet pas de se prononcer avec certitude sur ce qui s'est passé, à l'époque houillère, à l'Est de la zone axiale alpine.

L'ensemble décrit, dans le Valais, sous le nom de « Schistes de Casanna », et dont une étude récente a été faite, par M. Sandberg[5], dans la région de Sembranchier, n'est très probablement autre chose qu'une modification des assises permo-carbonifères faisant suite, vers l'Est, à nos grès houillers et permiens de la zone du Briançonnais. Une transformation analogue s'observe à Modane et dans le massif de la Vanoise, dans la haute vallée de Champagny et à Entre-Deux-Eaux; le *passage du facies* briançonnais à ce Permo-houiller métamorphique s'observe nettement près du col de Chavière et dans le massif de Polset.

(1) Les belles recherches de MM. Fayol, Grand'Eury, Renault, Douvillé, Zeiller, C. Barrois[*] et Potonié (Lehrbuch der Pflanzenpalæontologie, Berlin, 1899), sur le détail et la discussion desquelles nous ne pouvons nous étendre ici, ont jeté quelque lumière sur la transformation des débris végétaux en houille et sur les divers modes suivant lesquels cette transformation a pu s'effectuer. — Nous nous contenterons de constater que, *dans notre région*, les dépôts houillers ont plutôt les caractères de formation *allochtones*, c'est-à-dire de dépôts de *charriage*, et qu'ils n'ont fourni aucun indice d'une origine marine; nous les considérons, jusqu'à nouvel ordre, comme des formations d'eau douce *limniques*, ou de deltas lacustres. Les seuls fossiles animaux qu'on y ait rencontrés sont des Bivalves indéterminables (*Anthracosia?*) [La Motte d'Aveillans].

(2) *C. R. des collabor. Carte géol.* n° 44 (t. VII) [1893-1894], p. 146.

(3) Haug, *Hautes-Alpes calcaires* (*loc. cit.*), p. 8.

(4) M. Bertrand, *C. R. des collabor. Carte géol. de France*, n° 38 (t. VI) [1893], p. 111. — Termier, *ibid.*, n° 44 (t. VII), p. 150 (1895).

(5) Sandberg, *Massif de Pierre-à-Voir*, p. 40-44 (Paris, imp. Bouillant, 1905).

(*) Pour ce savant, dans les bassins paraliques du Nord, l'abondance des spirorbes fixées sur les fougères des divers toits, établit que ces plantes y furent immergées avant leur mort. (*Ann. Soc. géol. du N.*, XXXIII, 156, 1904.)

Enfin des micaschistes analogues à ceux de la Vanoise supportent au col de Longet (Basses-Alpes) les quartzites du Trias et les Schistes lustrés mésozoïques.

Si l'on rattache au Permo-houiller une portion des masses gneissiques de la zone du Piémont, dont nous venons de parler, en les considérant comme des roches, primitivement clastiques mais modifiées ultérieurement par le métamorphisme régional[1], et si l'on tient compte des charriages qui ont déplacé vers le Nord et le Nord-Ouest la plupart de ces masses, on est conduit à étendre encore considérablement vers l'Est et le Sud-Est l'aire occupée par les formations détritiques et continentales du Houiller supérieur et du Permien.

Une côte basse, bordée de *tourbières boisées* (Potonié), analogue à celles qui semblent avoir donné lieu à la formation des bassins houillers du Nord, régnait-elle de ce côté, ou des reliefs, situés encore plus à l'Est, et aujourd'hui effondrés, fermaient-ils vers l'Italie le bassin houiller alpin? Il est actuellement impossible de rien affirmer à cet égard.

Quoi qu'il résulte de ces incertitudes, on peut affirmer, en se basant sur les observations faites dans la première zone alpine, que l'histoire du terrain houiller est vraisemblablement liée dans nos Alpes, comme dans le reste de l'Europe, à celle de la zone des plissements hercyniens, soit que les dépôts anthracifères aient pris naissance dans des lacs intérieurs, soit qu'ils se soient formés dans des estuaires ou des tourbières boisées le long d'un littoral maritime bordant, au Sud et au Sud-Est, la chaîne hercynienne et ses dépendances.

Il est intéressant d'examiner les opinions exprimées par quelques-uns de nos confrères sur ce sujet :

M. Termier[2] s'exprimait, il y a quelque temps déjà, de la façon suivante, en parlant du prolongement du bassin de Saint-Étienne, dans le Bas-Dauphiné (Chaponnay, Saint-Pierre-de-Chandieu, Grenay) : « Le Bas-Dauphiné était probablement une région peu accidentée, reliant, par une série d'ondulations, le massif montagneux hercynien à la *côte basse où, dans de vastes lagunes*, en concordance presque absolue avec le terrain primitif, se déposaient les sédiments houillers de l'Oisans, de la Maurienne et de la Tarentaise. C'est dans cette région basse, jusqu'ici respectée par les efforts orogéniques, que

[1] Au sujet de ce métamorphisme et des diverses interprétations auxquelles il a donné lieu de la part de MM. Termier, Franchi, etc., voir plus haut, p. 22.

[2] P. Termier, *Bull. Soc. géol. de France*, 3e série, t. XXIII, p. VIII-XII. — 1896.

se produisit dans toute son intensité le plissement permien, ajoutant un dernier faisceau de rides en arrière de la Grande Chaîne. »

MM. Duparc et Mrazec (1894) considèrent les dépôts houillers de la première zone alpine comme s'étant formés localement dans les dépressions d'une région émergée.

Ces hypothèses appellent quelques réflexions. Nous ferons remarquer, tout d'abord, que le bassin houiller de la zone axiale pourrait bien avoir été en communication avec ceux de la première zone (Belledonne – Mont-Blanc), car les affleurements de la vallée de Belleville, de Salins et de Moûtiers, par exemple, sont bien près de ceux de Petit-Cœur et de Celliers en Tarentaise, et ceux-ci, à leur tour, très rapprochés des gisements de Cevins. Tous ces dépôts ont, en outre, une composition lithologique assez uniforme [1] et renferment, sauf quelques exceptions (Taninges, les Gardioles), une flore homogène. Il semble bien difficile de considérer les premiers comme « exotiques » et les seconds comme « autochtones ».

Ajoutons que si la zone du Mont-Blanc nous montre un grand nombre de petits *lambeaux houillers*, pour la plupart isolés *après coup* les uns des autres par l'érosion, la zone axiale (zone du Briançonnais), au contraire, est remarquable par la grande épaisseur et la grande continuité qu'y offrent les sédiments du Carbonifère.

M. Haug [2] a cherché à démontrer qu'il existait à l'époque houillère un axe anticlinal émergé qui n'aurait reçu aucun dépôt et qui aurait compris le Mont-Blanc, le Rocheray, l'axe central des Grandes-Rousses et le massif du Pelvoux. Aux objections à cette manière de voir, il a répondu, depuis, que « la présence exceptionnelle de petits lambeaux de Houiller n'infirme pas la notion d'un géanticlinal émergé, puisqu'il s'agit de formations probablement lacustres ».

[1] Quelques auteurs, et non des moindres (M. Pierre Termier entre autres), ont mis en avant l'hypothèse du *charriage* et considèrent la zone houillère tout entière comme une nappe venue de l'Est et diversement reployée sur elle-même. La disposition en éventail des assises houillères de cette zone ne serait alors qu'une structure provoquée localement dans la nappe de charriage par des plissements « en retour » de sa propre masse. (Voir plus haut, fig. 5 et 6.)

Nous pensons que cette zone axiale, bien que très probablement formée par des plis couchés déversés, et peut-être légèrement charriés, vers l'Ouest, n'est cependant pas d'origine *exotique* et n'a pas une provenance *lointaine*, mais que l'apparente épaisseur qu'y possède la formation houillère peut s'expliquer par la présence de replis multiples produits par l'existence d'un obstacle (chaîne de Belledonne) à la propagation vers l'Ouest de grands plis couchés.

[2] E. Haug, L'origine des Préalpes romandes (*Arch. des sc. phys. et nat.*, 3e période, t. XXII, août 1894), p. 3.

Nous avouons ne pas bien comprendre le sens de cette réfutation. Les découvertes récentes tendent du reste à rendre peu probable l'existence de cet axe émergé. C'est ainsi que les observations de MM. Vallot, Duparc et Mrazec[1] ont démontré la présence de lambeaux houillers dans le massif même du Mont-Blanc. D'autre part, nous avons mentionné l'affleurement houiller du Replat, découvert par M. Termier, sur le flanc Ouest du Rocheray et celui du Jandry *dans le massif du Pelvoux.*

Il est vrai que, dans les Grandes-Rousses, M. Termier[2] admet l'existence, à l'époque houillère, d'une crête anticlinale exondée et jalonnée par des bouches volcaniques (orthophyres), mais cette île devait être très étroite et de peu de longueur.

Si l'on tient compte, — ce que l'on est obligé de faire, — des *érosions* considérables qui ont précédé les dépôts triasiques et jurassiques, et, d'autre part, des étirements intenses qui ont pu, en beaucoup de points, faire disparaître les bandes de grès houillers, au voisinage des massifs centraux, on est conduit à la conclusion que rien n'autorise à admettre, pour l'époque houillère, la présence, dans nos régions, de terres émergées *tant soit peu étendues,* et que tout porte à croire, au contraire, que les grès houillers occupaient des surfaces plus grandes que ne semblent indiquer leurs affleurements. Les portions émergées *devaient se borner à des îles* de dimensions assez restreintes et probablement allongées suivant l'axe des anticlinaux hercyniens.

Passons maintenant à la grande bande houillère de la zone axiale (3e zone alpine); ici, nous ne sommes plus aux prises avec les mêmes difficultés : la continuité des dépôts est évidente sur une grande étendue, et l'étude de la flore montre que l'on se trouve en présence des accumulations détritiques de plusieurs étages; le même régime ayant persisté pendant les époques westphalienne supérieure et stéphanienne, et les sédiments détritiques s'étant poursuivis sous une forme légèrement différente, il est vrai, pendant le Permien et le Trias inférieur. D'où venaient ces matériaux? De l'Ouest ou de l'Est? De la région occidentale, dont les grès houillers indiquent l'immersion pendant au moins une partie de la période carbonifère, ou du versant oriental de la chaîne, sur le sort duquel, pendant les temps houillers, nous ne sommes

[1] Duparc et Mrazec, *loc. cit.*, p. 172.

[2] P. Termier, *Grandes-Rousses*, p. 115. Nous reviendrons plus loin, à propos des roches éruptives, sur les manifestations volcaniques dont M. Termier a décrit les vestiges dans les Grandes-Rousses.

que très imparfaitement renseignés, mais où les conglomérats ne font pas défaut et se montrent parfois (Grand-Saint-Bernard) intercalés dans les roches gneissiques?

Pour ce qui concerne cette troisième zone alpine, ou zone houillère, nous voyons Ch. Lory essayer d'expliquer comme suit la grande épaisseur (1,000 mètres) et l'uniforme régularité des dépôts houillers dans cette région : « Il s'est produit sur cet emplacement, dans le cours de la période houillère, une *dépression lente et progressive* dont les limites, à l'Ouest et à l'Est, correspondaient à peu près avec les directions actuelles des *failles-limites* de cette zone [1] ».

D'autre part, M. Termier écrit plus récemment, en parlant de la même zone et en s'appuyant sur des recherches approfondies : « La troisième zone de Lory, c'est la moitié occidentale de la bande houillère, dressée en anticlinal et débarrassée, par l'érosion, des formations qui la recouvraient. Cette zone est due, par conséquent, à une particularité du plissement alpin. Elle n'a ni la haute antiquité, ni l'importance théorique que Lory lui attribuait [2]. »

Faut-il penser, avec Ch. Lory, que la troisième zone ait été *la seule* qui ait reçu des sédiments houillers inférieurs, ce qui impliquerait l'existence à cette place d'un géosynclinal ancien, ou faut-il admettre que les dépôts westphaliens l'ont dépassée en étendue?

— On voit que si nous connaissons, dans ses grands traits, la marche des phénomènes qui ont donné naissance aux grès à anthracites des Alpes françaises, il s'en faut de beaucoup que nous nous rendions un compte exact de la formation de ces vastes dépôts, et beaucoup de questions se posent auxquelles il est encore difficile de répondre! Y a-t-il eu plusieurs bassins lacustres, quelle a été leur forme, quelles étaient leurs limites? Existait-il des îles dans ces bassins? ou sommes-nous en présence d'une zone littorale ou lagunaire bordée de tourbières boisées, parsemée d'îlots émergés et envahie périodiquement par des apports détritiques? Il est malaisé, dans l'état actuel de nos connaissances, de répondre d'une façon tant soit peu catégorique à ces diverses questions.

Tout d'abord, l'absence *totale* de fossiles marins ou saumâtres dans nos

[1] Lory, *Aperçu sommaire*, p. 29.
[2] Termier, *Vanoise*, p. 21.

dépôts houillers autorise à y voir des formations *limniques*, plutôt que des dépôts d'estuaires ou de lagunes, et il est fort probable que les lits de combustible s'y sont formés par des *processus* très analogues à ceux que M. Fayol a décrits pour les terrains houillers de Commentry, et M. Grand'Eury pour ceux de la Loire. Il est toutefois difficile, vu la *prédominance des assises détritiques et la fréquence des conglomérats*, d'y voir (comme le voudrait M. Potonié) le produit *exclusif* de *tourbières boisées* à fond de *sapropel*, établies dans des dépressions dont la persistance des derniers mouvements orogéniques hercyniens aurait entretenu l'existence en provoquant des affaissements périodiques.

D'autre part, la *nature* des matériaux constitutifs des grès et des conglomérats, fréquemment identiques à ceux des massifs cristallins voisins (Vallorcine, la Motte-d'Aveillans, etc.) écarte, au moins pour les plus occidentaux de nos gisements houillers, toute idée de provenance lointaine, et paraît impliquer l'existence de *saillies* ou îles *émergées* sur l'emplacement d'une partie au moins de ces massifs, pendant la période houillère. De plus, l'existence de poudingues et de conglomérats à éléments assez grossiers (galets de quartz et de schistes cristallins) à plusieurs niveaux, et surtout prédominante à la base du système dans le Briançonnais, exclut également l'hypothèse d'un transport fluviatile ou marin d'origine lointaine; elle dénote l'existence d'eaux agitées (torrents aboutissant dans un bassin lacustre ou lagunaire et apports détritiques considérables). L'épaisseur exceptionnelle de l'ensemble, la régularité des bancs empêchent cependant d'autre part de voir dans nos grès à anthracite une formation *exclusivement* torrentielle ou fluviatile; si les éléments ont été amenés par les eaux courantes, ils ont été repris, étalés en bancs réguliers et disposés dans un vaste bassin.

En résumé, si l'on tient compte de tous les faits que nous venons de citer et du grand nombre des lambeaux houillers épars à l'Ouest de la « zone houillère », il semble plutôt que l'on ait affaire à un immense bassin en voie d'affaissement, où s'accumulaient, avec *le sapropel*, récemment défini par M. Potonié [1], les détritus et des galets provenant de petites *îles* très nombreuses et d'une bordure continentale importante située à *l'Est* (?) ou à l'Ouest. Si la formation de la zone houillère s'explique aisément de cette façon, il demeure plus difficile à comprendre comment s'est constituée, dans la première

[1] *Congrès intern. des Mines de Liège*, etc., 1905, livr. II (Géol. appliquée), p. 509. — 1906.

zone alpine, un manteau aussi peu discontinu (voir *ante*) de sédiments grossiers et de conglomérats, à l'Ouest du géosynclinal [1] de la zone du Briançonnais.

Cependant cette difficulté a peut-être sa cause dans une erreur stratigraphique, provenant d'une étude trop superficielle des débris végétaux renfermés dans les grès à anthracite. L'examen attentif de la flore a déjà mis en évidence l'âge différent de certaines couches houillères du Briançonnais, et il est possible que l'avenir nous réserve plus d'une constatation de ce genre. Or, si l'on admet que tous les dépôts houillers des Alpes ne se sont pas formés simultanément, rien n'empêche de supposer, dans la première zone, des îles et des tourbières temporaires qui se seraient *déplacées* successivement pendant la période carbonifère. On aboutirait alors à une variabilité assez grande dans le relief de la contrée à cette époque, variabilité, du reste, fort compatible avec les nombreux efforts orogéniques dont cette région paraît avoir été le siège pendant les temps houillers et permiens.

Une tâche digne d'intérêt, mais pleine de difficultés, serait de reconstituer, par une série d'observations minutieuses, la géographie de la région alpine aux *divers moments* de la période carbonifère [2]. Ce n'est que par ce moyen, à notre avis, qu'il sera possible d'arriver à une conception exacte de l'ensemble des phénomènes qui ont donné naissance à nos grès à anthracite.

Modifications ultérieures de la houille.

Quant aux houilles produites par le processus que nous venons d'indiquer, elles ont été tranformées ultérieurement en *anthracite* sous l'influence des actions de dynamométamorphisme concomittantes des nombreux plissements posthouillers qu'ont eu à subir les régions alpines.

En certains points, des roches éruptives (intrusives) postérieures ont en outre provoqué très localement le changement de ces anthracites en *graphite* et en *graphitoïde*.

[1] Remarquons que ces dépôts géosynclinaux sont aujourd'hui représentés par un complexe anticlinal en éventail; si l'on admet le charriage de la zone du Briançonnais par l'effet des dislocations alpines, on est amené à déplacer vers l'Est l'emplacement du géosynclinal hercynien, mais rien n'est changé dans nos conclusions et les difficultés signalées ci-dessus restent les mêmes.

[2] Quoi qu'il en soit à cet égard, ce que nous avons dit de l'allure de la composition, de la répartition géographique des dépôts houillers dans nos Alpes, et la nature *nettement roulée* des galets qu'ils renferment nous dispense de discuter ici l'hypothèse d'une origine glaciaire de ce terrain, qui a été préconisée un peu légèrement il y a quelques années par Julien, pour expliquer la genèse des bassins houillers de la France centrale, et opposée aux observations, aux démonstrations et aux expériences si suggestives de MM. Fayol et Grand'Eury.

IMPRIMERIE NATIONALE.

LISTE GÉNÉRALE DES RESTES VÉGÉTAUX [1]

CITÉS DANS LE TERRAIN HOUILLER DES ALPES FRANÇAISES.

Végétaux fossiles.

La conservation des restes végétaux contenus dans le Houiller des Alpes n'est pas toujours suffisante; pour les fougères en particulier, les échantillons séricíteux ne montrent jamais leurs nervures que très imparfaitement, et il arrive souvent de ne pouvoir les déterminer à coup sûr.

Nous avons pu cependant réunir un certain nombre d'empreintes déterminables provenant soit des diverses collections mises à notre disposition, soit de nos recherches personnelles. M. Zeiller a eu l'obligeance d'examiner toutes ces pièces, et c'est grâce à son aimable concours que nous pouvons fournir quelques données précises sur les plantes houillères recueillies dans divers points de notre champ d'études.

Données paléontologiques.

Nous avons réuni dans l'énumération de la p. 112 toutes les citations données par les auteurs (Al. Brongniart[2], Alphonse Favre, Oswald Heer, Ch. Lory, Grand'Eury, Portis, Zeiller, Michel-Lévy, Haug, Virgilio, Termier, Peola, etc.) sur les empreintes végétales rencontrées dans les dépôts houillers des Alpes françaises, en y joignant la mention des espèces recueillies soit par nous, soit par divers observateurs dans divers gisements alpins, ainsi que les formes du Houiller de la Mure (Isère) déterminées par M. Grand'Eury. Ces citations, empruntées à des auteurs divers, sont forcément de valeur et de précision inégales. M. Zeiller a bien voulu revoir la série de végétaux houillers que possède le laboratoire de la Faculté des Sciences de Grenoble et le musée de Chambéry; ces déterminations, auxquelles la haute autorité du savant professeur donne une homogénéité et un intérêt tout particulier, forment une liste spéciale que nous avons tenu à faire figurer avant l'énumération générale sans la confondre avec elle.

[1] En dehors des restes de végétaux, on n'a cité dans le Houiller des Alpes occidentales qu'une *Blattina* et le *Prognoblattina helvetica* Heer. Les grès à Anthracite de la Mure ont fourni un Pélécypode du groupe des *Anthracosia* conservé dans la collection du Bureau des Mines de la Motte d'Aveillans.

[2] Ad. Brongniart, Histoire des végétaux fossiles. Paris, 1828-1838; Zeiller, *in* Expl. Carte géol. de la France, t. IV, 2, 1879 (*passim*); Grand'Eury, Flore carbonifère du département de la Loire (Acad. sciences, mém. sav. étrangers, t. XXIV, 1877) [*passim*] et la liste bibliographique de notre tome Ier).

Listes des végétaux fossiles du terrain houiller des Alpes françaises.

VÉGÉTAUX FOSSILES DU TERRAIN HOUILLER DES ALPES

APPARTENANT AUX COLLECTIONS DE LA FACULTÉ DE GRENOBLE ET AU MUSÉE DE CHAMBÉRY [1].

BORDURE OCCIDENTALE DE LA ZONE DELPHINO-SAVOISIENNE.

I. Environs de la Mure (Isère).

Bassin de la Mure (Isère). — *Cordaites* sp., *Pecopteris polymorpha* Brongt., *P. plumosa* Artis sp., *Pecopteris* indéterminable, *Aphlebia* cf. *crispa* Gutbier sp., *Aphlebia* sp., *Calamites Suckowi* Brongt., *C. Cisti* Brongt., *C. cannæformis* Schlotheim, *Asterophyllites equisetiformis* Schloth. sp. (don de M. Bouvier), *Sigillaria Brardi* Brongt., *Syringodendron* sp. (Sigillaire décortiquée), grand échantillon recueilli par Ch. Lory en 1852; *Asolanus camptotænia* Wood (*Sigill. monostigma* Lesq., M. Grand'Eury, 1898).

Couche Rolland supérieure. — *Cordaites* cf. *principalis* Germar sp.

Grande couche. — *Pecopteris Lamuriana* Heer.

Couche haute. — *Asterophyllites equisetiformis* Schl. sp. (d. p. M. Bouvier).

Sagneroux. — *Pecopteris* indéterminables; Lépidodendrée indéterminable (tige décortiquée).

Entre La Motte d'Aveillans et Sagneroux (récolte d'E. Gueymard, 1837). — *Annularia stellata* Schlotheim sp.

La Motte d'Aveillans. — *Pecopteris cyathea* Schloth. sp., *Nevropteris* sp. [cf. *Nevr. tenuifolia* Schloth. sp.], *Odontopteris subcrenulata* Rost sp., superbe échantillon donné par M. Bouvier (= *Odontopteris lingulata* Gœppert); *Syringodendron*.

Peychagnard. — *Cordaites* sp.; Graines de *Cordaitées?*, *Pecopteris arborescens* Schloth. sp., *P.* cf. *arborescens* Schloth., *P.* cf. *Miltoni* Artis sp., *P. Lamuriana* Heer., *P.* cf. *Lamuriana* Heer., *P.* cf. *oreopteridia* Schloth. sp., *P.* cf. *unita* Brongt., *P. Pluckeneti* Schloth. sp. (très commun), *P. polymorpha* Brongt. (abondant), *Pecopteris* (indéterminable), *Asterophyllites equisetiformis* Schloth. sp., *Annularia stellata* Schloth. sp., *A. sphenophylloides* Zenker sp., *Lepidophyllum hastatum* Lesq., *Sigillaria Brardi* Brongt., *Syringodendron* sp.

II. Vaulnaveys (Isère).

Vaulnaveys. — *Cordaites* sp. (beaux échantillons feuilles), *C. lingulatus* Gr.'Eury, *C. lingulatus* var. *elliptica* Gr.'Eury; tige décortiquée indéterminable, *Sphenopteris* sp.,

[1] Déterminations de M. R. Zeiller, membre de l'Institut, inspecteur général des Mines, sauf *indication contraire* portée à la suite du nom d'espèce.

Pecopteris arborescens Schlotheim sp. (échantillon d. p. M. Courtial, 1880), *P. cyathea* Schloth. sp., *P. polymorpha* Brongt., *P. Pluckeneti* Schloth. sp., *Odontopteris subcrenulata* Rost sp. (= *Odontopteris lingulata* Gœpp.), *Asterophyllites equisetiformis* Schloth. sp., *Annularia stellata* Schloth. sp., *Calamites Cisti* Brongt., *C. cannæformis* Schloth., *C. Suckowi* Brongt., *Equisetites spatulatus* Zeill. (coll. de l'École des mines de Paris), tiges de Lépidodendrées indéterminables, *Lepidostrobus hastatus* Lesquereux et bractées détachées du même (*Lepidophyllum hastatum* Lesq.), *Sigillariostrobus? Tylodendron? Syringodendron?*

ZONE CRISTALLINE DELPHINO-SAVOISIENNE.

III. **Environs d'Allevard et chaîne de Belledonne** (Isère).

La Ferrière. — *Calamites* sp.

Theys (Isère) et les Ramiettes (Ch. Lory, 1860). — *Callipteridium pteridium* Schloth. sp. [= *Call. ovatum* Brongt sp.], *Annularia stellata* Schloth. sp.

Mine de la Boutière (Laval). — *Cordaites* sp.

Mines de Clot-Chevalier (près Allemont). — *Pecopteris cyathea* Schloth. sp.; *Pecopteris* indéterminable [cf. *Pec. Miltoni* Artis sp.]; Tige de Sigillaire??

Sommet de la Grande-Lauzière (chaîne de Belledonne), M. Ch. Lory, 1888. — *Pecopteris arborescens* Schloth. sp., *Nevropteris* cf. *flexuosa* Sternberg, *Nevropteris* indéterminable; *Calamites Cisti* Brongt., *Calamites* indéterminable; *Cordaites* indéterminable.

En outre une série d'empreintes indéterminables mais intéressantes comme provenance, d'Allevard, du Vaugelaz et de la route des Montagnes, sous le Collet d'Allevard (*Pecopteris*).

IV. **Oisans.**

Mont-de-Lans (Isère). — *Calamites Suckowi* Brongt.; *Asterophyllites equisetiformis* Schloth sp., *Annularia stellata* Schloth. sp., *A. sphenophylloides* Zenker sp. *Pecopteris* sp.

Galerie ouverte entre la grande route de l'Oisans et la Romanche (en dessous de la Porte-Romaine, commune du Mont-de-Lans). — *Annularia sphenophylloides* Zenker sp.; *Pecopteris Pluckeneti* Schloth. sp.

Route de l'Oisans (sous la Porte-Romaine). — *Annularia stellata* Schloth. sp., *Annul. sphenophylloides* Zenker sp., feuilles de Sigillaire? *Pecopteris cyathea* Schloth. sp.

V. **Massif des Grandes-Rousses.**

Mine de l'Herpie. — *Annularia sphenophylloides* Zenker sp. *Pecopteris Pluckeneti* Schloth. sp., *Odontopteris Reichiana* Gutbier.

Escarpement à l'Est du Lac-Blanc (chaîne des Grandes-Rousses) [d. par M. Albert Perrin]. *Pecopteris cyathea* Schlotheim sp.

Granges de la Balme. — Sous l'Aiguille-Rousse. — *Pecopteris* cf. *Candollei* Brongt., *Linopteris Brongniarti* Gutb. (don de M. Villet, Musée de Chambéry).

VI. Savoie.

Ardoisières de Cevins (ancienne carrière Cointet, mas de la Bouchère). — *Cyclopteris* sp.

Ugine. — *Cordaites* indéterminables.

Grès et empreintes végétales de la route neuve d'Albertville à Ugine (intéressants comme preuves de la présence du Houiller en ce point).

Verneilh. — *Asterophyllites equisetiformis* Schloth. sp.; *Pecopteris cyathea* Schloth. sp.

VII. Basses-Alpes.

Barles (récoltes de M. Haug, 1893). — *Pecopteris feminæformis* Schloth. sp., forma *spectabilis* Weiss; *P.* cf. *arborescens* Schloth., *P.* cf. *polymorpha* Brongt., *P.* cf. *cyathea* Schloth., *Alethopteris Grandini* Brongt., *Callipteridium pteridium* Schloth. sp. (= *C. mirabile* Rost.), *Calamites cannæformis* Schloth., *Annularia stellata* Schloth. sp., *Annul. sphenophylloides* Zenker sp., *Sigillaria Brardi* Brongt., *Sig. tesselata* Brongt. (voir, dans la liste générale, les autres formes citées de Barles par M. Haug).

VIII. Bord oriental de la zone alpine delphino-savoisienne.

Petit-Cœur (Tarentaise). — *Asterophyllites equisetiformis* Schloth. sp., *A. anthracinus* Heer, *A. rigidus* Brongt., *Annularia sphenophylloïdes* Zenker sp., *Pecopteris cyathea* Schloth. sp., *Pecopteris* indéterminables, *Pec. arborescens* Schloth., *Pec. Miltoni* Artis., *Odontopteris Reichiana* Gutbier, *O. Brardi* Brongt., *A. stellata* Schloth. sp. La présence, bien positive, à Petit-Cœur, du *Pecopteris Pluckeneti* Brongt. et de l'*Odontopteris Brardi* Brongt. donne lieu à croire qu'on a affaire là au Stéphanien moyen, l'*Od. Brardi* ne descendant guère plus bas, et le *Pecopteris Pluckeneti* n'allant guère plus haut. M. Zeiller assimilerait assez volontiers Petit-Cœur, sous réserve, bien entendu, de renseignements plus complets, à l'étage des Cordaïtées de M. Grand'Eury.

IX. Régions diverses au Nord du Mont-Blanc.

Taninges. — *Stigmaria ficoides* Sternb. sp.

Le Houiller de Taninges, d'origine probablement « exotique » et ayant été amené de la zone du Briançonnais par des charriages, avec sa flore nettement westphalienne, a été également étudié par M. Lugeon[1], qui cite 27 espèces déterminées par Renault et le

[1] Lugeon, La région de la Brèche, *l. c.*, p. 43. Cet auteur cite notamment : *Asterophyllites tenuifolius* Sternb. sp., *Annularia stellata* Schloth. sp., *Sphenophyllum saxifragaefolium* Sternb. sp., *Sphenopteris Cœmansi* Andr., *Cyclopteris auriculata* Sternb.

docteur P. Jaccard, et dont il a récolté environ la moitié. Les autres ont été indiquées par Alph. Favre, d'après les déterminations de O. Heer. Toutes ces espèces, sauf une, se rattachent au Houiller moyen (Westphalien) et supérieur (Stéphanien inférieur). Plusieurs sont des formes spéciales au Westphalien. Quant au *Lepidodendron Veltheimianum* Sternb. de la liste de Favre, ce doit être une erreur de détermination.

En résumé, conclut notre confrère, le Houiller de Taninges paraît appartenir à un niveau inférieur à celui des gisements du Briançonnais et de Rive-de-Gier, et se rapporter aux couches tout à fait supérieures du Westphalien.

Arbignon. — *Asterophyllites equisetiformis* Schloth. sp., *Annularia sphenophylloides* Zenker sp. (= *brevifolia* Brongt.), *Cordaites*, *Pecopteris Pluckeneti* Schloth. sp., *Nevropteris* cf. *flexuosa* Sternb. *N. dentata* Heer (détermination Renevier), *Nevropteris* (ou *Linopteris?*) indéterminable.

Valais (localité inconnue). — *Pecopteris* cf. *Miltoni* Artis sp.

RÉGIONS INTRA-ALPINES.

X. Zone du Briançonnais.

Col des Encombres (Savoie). — *Asterophyllites equisetiformis* Schloth. sp. (Musée de Chambéry); *Annularia sphenophylloides*. Zenker. sp. (Musée de Chambéry, Coll. Fac. Grenoble). — *Pecopteris polymorpha* Brongt., *Pecopteris* indéterminable., *Pecopteris Miltoni* Artis: espèce très commune dans ce gisement (Coll. Fac. des Sc. de Grenoble, Musée de Chambéry); c'est certainement cette espèce que O. Heer a signalée dans cette localité, dans sa *Flora fossilis Helvetiæ*, sous les noms de *Cyatheites Miltoni* et de *Cyath. villosus*, et peut-être même de *Cyath. oreopteridius*. — Heer y signale, outre les *Cyatheites* précités, le *Cordaites borassifolius* Sternb. sp.

On a affaire là, soit au Westphalien supérieur, soit, plus plus probablement, étant donné le *Pec. polymorpha*, au Stéphanien inférieur.

Saint-Michel-de-Maurienne. — *Calamites Suckowi* Brongt.; *Cardiocarpus* cf. *Gutbieri* Gein. (Musée de Chambéry, n° 2362, don de M. Lachat.)

Valloire. — *Calamites* indéterminable (Musée de Chambéry).

Col des Muandes. — *Calamites undulatus* Sternberg (MM. Kilian et Révil). N'indique aucun horizon bien caractérisé.

Vallée-étroite sous le col des Muandes (MM. Kilian et Révil). — Indéterminable, pourrait bien représenter le *Sphenopteris Essinghi* Andrae, mais peut également être un *Pecopteris*.

Près Briançon. — *Sphenopteris* indéterminable.

Col du Chardonnet (Hautes-Alpes). — *Lepidophloios ??* sp.

Empreintes indéterminables de la cime à l'Ouest des pâturages de l'Alpe du Lauzet (Ch. Lory, 1866).

L'Argentière (Hautes-Alpes). — *Lepidodendron* sp. (indéterminable).

Queyrières. — *Calamites undulatus* Sternberg, *Calamites* sp.

La Salle (Hautes-Alpes). — *Calamites Suckowi* Brongt.; feuilles de Sigillaires?

Fort des Salettes, près Briançon. — *Lepidophloios laricinus* Sternb. sp. : cette espèce va de la base ou au moins du milieu du Westphalien jusqu'à la base du Permien; sa présence n'a donc pas de signification spéciale. (Coll. Jaubert. Fac. des Sc. de Grenoble.)

Mines de la Gardiole (ou les Gardéolles, ou Gardiolles), près Briançon. — M. Clère, contrôleur des mines à Briançon, nous a remis, il y a quelques années, un échantillon présentant plusieurs empreintes de Fougères. M. Zeiller y a reconnu : *Sphenopteris Essinghi* Andrae, nettement reconnaissable; *Sphenopteris* sp. (cf. *Renaultia Crepini* Stur sp. = *Hapalopteris Crepini* Stur). — (Coll. Kilian, Fac. des Sc. de Grenoble.)

Voici ce que nous écrit M. Zeiller, à ce sujet :

« Le *Sph. Essinghi* est une espèce essentiellement westphalienne : dans le Nord, je ne l'ai vue que dans la zone moyenne, mais M. Crépin l'a recueillie au Levant du Flénu, dans la zone supérieure à *Linopteris obliqua*.

L'autre *Sphenopteris*, trop imparfaitement conservé pour être susceptible d'une détermination sûre, ressemble extrêmement à certains *Sphenopteris* westphaliens décrits par Stur, et en particulier à son *Hapalopteris Crepini* Stur.

Je n'hésiterais pas à classsr les couches d'où proviennent ces empreintes dans le Westphalien, plutôt que dans le Stéphanien inférieur.

Les déterminations de Heer sont malheureusement sujettes à caution, autrement la présence du *Sigillaria Schlotheimiana* Brongt., qu'il signale à Briançon, serait une preuve concordante.

Briançon serait ainsi à rapprocher de Taninges dont j'ai vu, communiquées par M. Jaccard, une série d'espèces westphaliennes : *Mariopteris muricata* Schloth., forme *nervosa* Brongt., *Pecopteris Miltoni* Art., *Pec. dentata* Brongt., *Nevropteris gigantea* Sternb. et *Nevr. heterophylla* Brongt. Heer y indique, il est vrai, le *Pec. Pluckeneti* Brongt., qui est stéphanien; mais il figure sous ce nom de Taninges le *Mariopteris muricata*, f. *nervosa*. Son *Asterophyllites Saussurei* de Taninges ne me paraît pas différer de l'*Ast. grandis* Sternb., espèce également westphalienne. La présence de l'*Annularia stellata* Schloth. (*Ann. longifolia* Brongt.) — cette espèce n'apparaissant pas plus bas — conduit d'ailleurs à ranger Taninges dans le Westphalien supérieur [1]. »

[1] Il est extrêmement intéressant de voir combien ces conclusions purement paléontologiques confirment l'*origine briançonnaise* de la masse charriée du Chablais.

A ces listes nous croyons intéressant d'ajouter celle des plantes fossiles citées par M. Portis, d'après les récoltes de M. Mattirolo dans le Houiller de la région de la Vallée-Étroite (col de Valmeinier, col Laval, roc et col de la Grande-Tempête, Lago Lavora et Combe Serre (Vallée-Etroite). La voici :

Calamites Suckowi (Brongt. sp.) Stur em.
Calamites Cistii Brongt.
Calamites ramosus Artis.
Calamites sp.
Calamocladus.
Asterophyllites.
Volkmanniæ aut *Bruckmanniæ*, etc.
Lepidodendron Sternbergi Brongt.
Lycopodites denticulatus Gold.
Lepidophyllum trilineatum Heer.
Lepidophyllum majus Brongt.
Lepidophyllum (*Distrigophyllum*) *bicarinatum* (Lindl. et Hutt., sp.) Heer.
Sphenopteris Hœninghausi Brongt.
Dicksonites Pluckeneti Schl. sp.
Cordaites (*Eucordaites*) *borassifolius* Sternb.
Cordaites (*Poacordaites*) *microstachys* Goldenb.

M. Zeiller nous a donné, en outre, les indications suivantes, au sujet de quelques empreintes provenant des environs de Mâcot en Tarentaise :

Pecopteris, cf. *Candollei* Brongt. (indéterminable).

Pecopteris Lamuriana Heer (très probablement, mais l'empreinte est trop peu nette pour une affirmation formelle).

Nevropteris sp. C'est le *N. flexuosa*, ou *tenuifolia* Heer (Fl. foss. Helv., pl. IV, fig. 12), mais les nervures sont beaucoup plus dressées et plus serrées que dans *N. flexuosa* et *N. tenuifolia* vrai. On pourrait appliquer à cet échantillon le nom créé par Heer pour son échantillon de la planche VI, fig. 22 (*Nevr. montana* Heer).

Nevropteris sp. (*N. montana* Heer). Même observation que pour l'autre échantillon.

Mauvaises empreintes (*Pecopteris* ou *Cordaites*?).

LISTE GÉNÉRALE DES VÉGÉTAUX FOSSILES

CITÉS DANS LE TERRAIN HOUILLER DES ALPES FRANÇAISES ET DANS QUELQUES LOCALITÉS LIMITROPHES DE LA SUISSE ET DE L'ITALIE.

Gymnospermes.

INCERTÆ SEDIS.

Antholites Favrei Heer [cité et décrit par Heer (Fl. foss. helv.) et mentionné *in* Favre]. — Posettes (Haute-Savoie).

(?) *Carpolithes Candollianus* Heer. — Taninges (Haute-Savoie).

(?) *Carpolithes ellipticus* Sternb. — La Mure (Isère) [1].

Carpolithes disciformis Sternb. — Arbignon [2] (Suisse), La Motte d'Aveillans (Isère).

Carpolithes clypeiformis Gein. — Arbignon.

Carpolithes membranaceus Goepp. et Berg. — La Motte d'Aveillans [abondant].

Rhabdocarpus Candollianus Heer. — Taninges (Hte-Savoie) [cité par M. Lugeon].

Rhabdocarpus ellipticus Sternb. — La Mure.

Cardiocarpus cf. *Gutbieri* Gein. — Les Encombres, Saint-Michel (Savoie); [Musée de Chambéry; donné par Hipp. Lachat (n° 23627)].

Cardiocarpus sp. — Montagne du Fer (Hte-Savoie); Mont de Lans, La Mure, Peychagnard (Isère).

Cardiocarpus emarginatus Goepp. et Berg. — La Mure, La Motte d'Aveillans, Putteville (Isère) (dét. Grand'Eury).

Trigonocarpus Parkinsoni Brongt. — La Motte d'Aveillans (dét. Grand'Eury).

Trigonocarpus Bernardi Peola. — Petit-Saint-Bernard (frontière franco-italienne).

1. Conifères.

Walchia piniformis Schloth. sp. — Montagne (ou Mont) du Fer (Haute-Savoie), col de Balme (Suisse) [d'après Heer].

2. Cordaïtées.

Cordaites (*Eucordaites*) *borassifolius* Sternb. sp. (cité par Heer, Grand'Eury, Lugeon, Portis, Peola, etc.). — Arbignon, Outre-Rhône (Suisse); Montagne du Fer, Taninges (Haute-Savoie), Moûtiers (Expl. carte géol. Fr., IV, p. 144), Colombe, Petit-Cœur, Encombres (Savoie); Vallée-Étroite, Petit-Saint-Bernard (Italie); La Mure, Peychagnard (Isère).

Cordaites principalis Germar (cit. p. Heer, Peola). — Taninges, Petit-Saint-Bernard; la Mure.

Cordaites foliolatus Grand'Eury. — La Motte d'Aveillans (cit. p. Grand'Eury).

Cordaites lingulatus Grand'Eury. — Vaulnaveys (Isère).

Cordaites lingulatus, var. *elliptica* Grand'Eury. — Vaulnaveys.

Cordaites crassinervis Grand'Eury. — Arbignon.

Cordaites sp. — Petit-Saint-Bernard (cit. p. Peola); Peychagnard (graines et feuilles), Vaulnaveys, La Mure, La Boutière (Isère), les Ramiettes; La Balme, Ugine (Savoie), Barles (Basses-Alpes) [cit. p. M. Haug].

Dorycordaites? Grand'Eury. — Petit-Saint-Bernard (Italie) [cité par Peola].

Dorycordaites palmæformis Goepp. sp. — Outre-Rhône (Suisse).

Poacordaites sp. — Macôt (Savoie) [cit. p. Kilian et Révil], Peychagnard, la Motte d'Aveillans (cit. p. Grand'Eury).

(1) Au sujet de la localité de la Mure (Isère), souvent citée par divers auteurs comme gisement de végétaux houillers, il convient de rappeler qu'il n'existe à *la Mure même* aucun affleurement houiller; cette ville est située sur les dépôts glaciaires et liasiques et les gisements ainsi désignés sont situés aux environs de la Motte d'Aveillans, au Peychagnard, etc.

(2) Cette localité porte chez divers auteurs le nom d'*Erbignon*.

IMPRIMERIE NATIONALE.

Poacordaites microstachys Gold. sp. — Petit-Saint-Bernard, Vallée-Étroite (Italie), Huez (Isère), Arbignon (Suisse) [cit. p. Scipion Gras, Peola].

Poacordaites latifolius Grand'Eury. — La Motte d'Aveillans (cit. p. Grand'Eury).

Cladiscus. — Peychagnard.

Artisia. — Peychagnard.

Cordaiphloios. — Peychagnard.

Cycadofilicinées, Ptéridospermées et Filicinées.

Taeniopteris montana Heer. — Arbignon, Dorenaz (Suisse).

Nevropteris gigantea Sternb. (cité par Heer, Brongniart, Gras, Borson, Grand'Eury, Ch. Lory, Lugeon). — Arbignon (Suisse), Posettes, Taninges, Servoz, Montagne du Fer (Haute-Savoie); Salins, Villard-Lurin, Tarentaise (Savoie); Monestier-de-Briançon, Montagne de Buffère (Hautes-Alpes); La Mure (Isère).

Nevropteris heterophylla Brongt. (cité par Heer, Lugeon). — Arbignon (Suisse), Montagne du Fer, Arlesse, Col de l'Écuelle, Taninges.

Nevropteris Loshii Brongt. (cité par Heer, Grand'Eury). — Arbignon, Vernayaz (Suisse), Posettes, Petit-Cœur, Tarentaise.

Nevropteris dentata Brongt (Heer). — Arbignon.

Nevropteris flexuosa Sternb. (cité par Heer, Brongniart, Michel-Lévy, Grand'Eury, Ch. Lory, Peola, Zeiller [*in* Kilian et Révil]). — Écuelle, Arbignon, Vernayaz, Col de Balme, Montagne du Fer, Petit-Cœur, Moëde, Macôt, Petit-Saint-Bernard, Grande Lauzière, La Motte d'Aveillans, La Mure [Expl. carte géol. Fr., IV, p. 52], Briançonnais.

Nevropteris tenuifolia Schloth. sp. (= *N. flexuosa*, var. *tenuifolia* Heer). — Arbignon, Col de Balme, Petit-Cœur, Montagne du Fer, Macôt, La Motte d'Aveillans.

Nevropteris montana Heer (cité par Zeiller *in* Kilian et Révil). — Macôt.

Nevropteris Leberti Heer (cité par Heer et Schimper). — Arbignon, Montagne du Fer.

Nevropteris microphylla Brongt. (cité par Heer, Lugeon). — Arbignon, Outre-Rhône, Montagne du Fer, Taninges, Alesse, Dorenaz.

Nevropteris Brongniarti Sternb. (cité par Heer *in* Favre). — Montagne du Fer, Col de l'Écuelle, près Moëde (Haute-Savoie).

Nevropteris rotundifolia Brongt. (cité par Heer). — Arbignon, Col de Balme, Macôt.

Nevropteris Soretii Brongt. (cité par Heer, Brongniart, Grand'Eury, Ch. Lory). — Arbignon (Suisse); Col de Balme, Petit-Cœur; Macôt (Savoie) [type de l'espèce].

Nevropteris auriculata Brongt. (= *Mixoneura auriculata* aut.). — Taninges (cité par Heer et Lugeon), Petit-Cœur, Brayaz d'Arbignon.

Nevropteris cordata Brongt. (non Goepp) (cité par Scipion Gras et par Termier). — L'Herpie, Huez, Oisans, la Mure, Tarentaise (Grand'Eury).

Nevropteris alpina St. (cité par Heer *in* Favre, Lugeon). — Taninges, Petit-Cœur.

Nevropteris acutifolia Brongt. (Heer *in* Favre). — Arbignon.

Nevropteris sp. — Encombres (Savoie) [Musée de Chambéry]; Puy-du-Cros, Briançon (Hautes-Alpes); Grande Lauzière, La Mure (Isère).

Linopteris nevropteroides Gutb. sp. — (cité par Heer *in* Favre). — Petit-Cœur, La Motte d'Aveillans (cit. p. Grand'Eury).

Linopteris Brongniarti Gutb. sp. (cit. p. Zeiller *in* Kilian et Révil). — Granges de la Balme (Savoie); cité par erreur de Macôt; La Motte d'Aveillans, Putteville, La Mure (Expl. carte géol. Fr., t. IV, p. 54).

Linopteris obliqua Bunb. sp. — Petit-Saint-Bernard (cité par Peola).

Odontopteris Brardi Brongt. (cité par Heer, Brongniart, Bunbury, Scipion Gras, Grand'-Eury, Termier). — Outre-Rhône, Col de Balme (Suisse), Petit-Cœur (Savoie), Montagne du Fer (Haute-Savoie), Mont de Lans (Isère).

Odontopteris alpina Sternb. sp. (probablement = *Odont. Brardi* : voir ZEILLER, *Fl. foss. Blanzy et Creusot*, p. 89-90). — Arbignon, Col de Balme (cité par Peola), Taninges (dét. Lugeon), Petit-Cœur, Putteville (Grand'Eury).

Odontopteris Reichiana Gutb. — Tarentaise, Petit-Cœur, Grandes-Rousses, L'Herpie La Mure (cité *in* Expl. carte géol. Fr., p. 61), Putteville (Grand'Eury) (Isère).

— *Id.* (?) var. *primigenia* Grand'Eury. La Mure.

Odontopteris minor Brongt. (*pro parte*) [cit. p. Heer *in* Favre]. — Col de Balme.

Odontopteris obtusa Brongt. (*Mixoneura*) [= *Od. obtusa* Brongt. var. *β*; = *Od.* (*Nevropteris*) *subcrenulata* Rost sp.; = *Od.* (*Nevropteris*) *lingulata* Goepp.) = *Od. obtusiloba*, Naum. *pro parte* = *Od. obtusa* Weiss]; — (voir la synonymie *in* ZEILLER, *Blanzy et Creusot*, p. 92) [cit. p. Heer, Brongniart, Bunbury]. — Col de Balme, Col de l'Écuelle, Moëde, Huez, la Mure (dét. Grand'Eury), La Motte d'Aveillans, Vaulnaveys (dét Zeiller), Col de Buffère (Hautes-Alpes), Tarentaise.

Odontopteris osmundaeformis Schloth. sp. (= *Od. Schlotheimii* Brongt.) — (cit. p. Heer *in* Favre). Petit-Cœur, La Mure (cit. *in* Expl. carte géol. Fr., p. 63).

Odontopteris nevropteroides Gr. Eury (*nom nudum*, *in* Fl. carb. Loire, p. 117, 547). — La Motte d'Aveillans (cité par Grand'Eury).

Odontopteris Studeri Heer — Petit-Cœur (cit. p. Heer *in* Favre).

Cyclopteris auriculata Sternb. (cit. p. Heer *in* Favre). — *Cyclopteris reniformis* Brongt. (Heer *in* Favre). — Taninges, Petit-Cœur, Arbignon (Heer).

Cyclopteris lacerata Heer. — (cit. p. Heer *in* Favre). — Arbignon, Montagne du Fer.

Cyclopteris ciliata Heer. — Brayaz d'Arbignon.

Cyclopteris erosa Gutb. sp. — Tarentaise (cit. p. Grand'Eury).

Cyclopteris trichomanoides Brongt. — Petit-Cœur, Brayaz d'Arbignon (cit. p. Heer).

Cyclopteris flabellata Brongt. — Petit-Cœur, Brayaz d'Arbignon.

Cyclopteris sp. — Barles (cité par M. Haug); Cevins (Savoie).

Alethopteris aquilina Schloth. — La Motte d'Aveillans (Grand'Eury).

Alethopteris Serlii Brongt. sp. — Cit. p. Heer de Vallorcine, Ouchy; mais peu probable, cette espèce étant toujours westphalienne.

Alethopteris Grandini Brongt. sp. (= *Pecopteris Grandini* Brongt.). — Barles, Briançon, La Mure (douteuse), Grande Draye, La Motte d'Aveillans (cité par Brongniart, Scipion Gras, Haug).

Alethopteris cf. *Grandini* Brongt. sp. (= *Al. praegrandini* Grand'Eury [*nom. nudum*]). — Alpes françaises (cit. p. Grand'Eury).

Callipteridium pteridium Schloth. sp. (= *Pecopt. ovata* Brongt. = *Alethopteris ovata* =

C. ovatum Brongt. sp. Weiss. = *Callipteridium mirabile* Rost. = *Alethopteris* cf. *ovata* Goepp. (*subovata* Grand'Eury [*nom. nud.*]). — Peychagnard (dét. Grand'Eury), La Mure (Grand'Eury). — Theys (dét. Zeiller), Barles (Basses-Alpes) [cité par M. Haug].

Pecopteris (*Asterotheca*) *arborescens* Schloth., sp. (citée par Heer, Bunbury, Scip. Gras, Haug, etc.). — Outre-Rhône, Col de Balme, Posettes, Montagne de Bacule, Vallorcine, Petit-Cœur, Encombres; Huez, Clot-Chevalier, Grande Lauzière, Valbonnais, La Mure, G^d-Menoy, Villaret, Peychagnard, La Motte d'Aveillans, Barles.

Pecopteris (*Asterotheca*) *platyrachis* Brongt. (= *Pecopteris arborescens* var. *platyrachis* aut.). — Huez, Valbonnais (type de l'espèce), Col de Balme, Petit-Cœur.

Pecopteris (*Asterotheca*) *cyathea* Schloth. sp. (Heer, Scipion Gras, Haug). — Outre-Rhône, Col de Balme, Petit-Cœur, Grand-Menoy, Verneilh, Clot-Chevalier, Villaret, Peychagnard, La Motte d'Aveillans, Vaulnaveys, E. du lac Blanc (Grandes Rousses), Porte-Romaine; Barles (Basses-Alpes).

Pecopteris (*Asterotheca*) *Candollei* Brongt. (cit. p. Zeiller *in* Kilian et Révil). Macôt, Granges de la Balme (Musée de Chambéry, d. p. M. Villet.), Huez, la Mure, Grande Draye, La Motte d'Aveillans, Petit-Cœur, Montagne de Bacule.

Pecopteris aequalis Brongt. (cit. p. Heer, Brongniart, Grand'Eury). — Petit-Cœur, Peychagnard, La Mure espèce d'ordinaire westphalienne.

Pecopteris pennæformis Br. (= *Pec. æqualis*, var. β Brongt. H. v. f., p. 344). — Petit-Cœur. = Espèce westphalienne, citée probablement *à tort* de Petit-Cœur.

Pecopteris (*Asterotheca*) *Miltoni* Artis. [= *Pec. abbreviata* Brongt. et cité souvent sous ce nom (par Lugeon, Zeiller *in* Kilian et Révil, Grand'Eury, etc.)], Vallorcine, Montagne du Fer, Colombe, Outre-Rhône, Col de Balme, Arbignon, Petit-Cœur, Encombres (commun), Clot-Chevalier, Mont de Lans, Venosc, La Mure, Peychagnard, Taninges.

Pecopteris (*Asterotheca*) *oreopteridia* Schloth. — (cité par Scipion Gras et Sismonda). — Encombres, Notre-Dame-de-Vaux, Huez, La Mure, Peychagnard, Valbonnais (cité par Grand'Eury).

Pecopteris (*Asterotheca*) cf. *Daubréei* Zeiller, Coll. Fac. des Sc. Grenoble.

Pecopteris villosa Brongt. — (cité par Sismonda). — Encombres (probablement *Pec. abbreviata* Brongt. = *P. Miltoni* Artis.).

Pecopteris affinis Brongt. — Valbonnais (dét. Grand'Eury).

Pecopteris (*Ptychocarpus*) *unita* Brongt. — La Mure (dét. par M. Grand'Eury [= *Pec. unita, major* Grand'Eury]), Peychagnard, La Motte d'Aveillans, Vaulnaveys.

Pecopteris Defrancei Brongt. — Taninges.

Pecopteris Lamuriana Heer. — (cité par Heer *in* Favre; Zeiller *in* Kilian et Révil). — Macôt, La Mure, Peychagnard, La Motte d'Aveillans, Putteville (dét. Grand'Eury).

Pecopteris (*Scolecopteris*) *polymorpha* Brongt. (cit. p. Heer, Brongniart, Gras, Termier, Haug). — Arbignon, Outre-Rhône, Montagne du Fer, Colombe, Cevins (M. Révil), Petit-Cœur, Colombat, Col des Encombres, Venosc, Vaulnaveys, La Mure (dét. Grand'Eury), Peychagnard, Barles.

Pecopteris (*Scolecopteris*) *Beaumontii* Brongt. (cit. p. Heer, Brongniart). — Arbignon, Vallorcine, Petit-Cœur (type de l'espèce), Taninges.

Pecopteris pteroides Brongt. (= *Asterocarpus pteroides* Brongt. sp.) (cité par Favre, Scipion Gras, Heer). — Colombe, Col des Encombres, Peychagnard, La Mure.

Pecopteris pulchra Heer. — (Heer *in* Favre, Schimper.) — Petit-Cœur.

Pecopteris (*Dactylotheca*) *dentata* Brongt. (Heer, Lugeon). — Taninges, Arbignon, La Motte d'Aveillans, La Mure.

Pecopteris (*Dactylotheca*) *plumosa* Artis. (Heer *in* Favre).—Taninges, Petit-Cœur, La Mure (Expl. carte géol. t. IV, p. 88 (= *P. dentata* Brongt).

Pecopteris sp. — Granges de la Balme, Encombres.

Pecopteris (*Ptychocarpus*) *feminæformis* Schloth. sp., forma *spectabilis* Weiss; (cité par M. Haug). Barles.

Pecopteris punctulata Brongt. (= *Callipteris conferta* Sternb.). — Les Rousses en Oisans (*in* Brongniart, Hist. Vég. foss., p. 295. Cette citation est d'ailleurs invraisemblable, car il s'agit d'une espèce permienne).

Pecopteris (*Dicksonites*) *Pluckeneti* Schloth. sp.— (citée par Heer, Grand'Eury [*Pec. Pluckeneti prior* Gr. Eury], Michel-Lévy, Gras, etc.). —Outre-Rhône, Arbignon, Vallée-Étroite (cité par Portis et Mattirolo), Col de Balme, Alesse, Dorenaz, Posettes, Col de l'Écuelle, Colombe, Montagne du Fer, Taninges (cité par O. Heer), Moëde, Petit-Cœur, Huez, L'Herpie, Mont de Lans, Peychagnard (commun), Vaulnaveys, La Motte d'Aveillans, Putteville, La Mure (Expl. carte géol. IV, p. 91), Oisans.

Aphlebia cf. *crispa* Gutb. sp. — La Mure (dét. Zeiller).

Aphlebia sp. — La Mure.

Diplotmema Busqueti Zeiller (v. Grand'Eury, Fl. du Gard, p. 272) [= *Pecopteris subnervosa* Grand'Eury (*in* Fl. carb. dép[t] de la Loire, p. 61, non Roem)]. — (Voir Zeiller, B. h. et p. Blanzy et Creusot, *Flore foss.*, p. 32, pl. VIII, 1-4 [1906]. — Dauphiné.

Mariopteris muricata Schloth. sp., f. *nervosa* Brongt. (= *Pecopt. nervosa* Brongt.). — (Cité par Heer, Favre, Lugeon.) Taninges, Huez.

Mariopteris latifolia Brongt. sp. (*Sphenopteris latifolia* Brongt) — (cité par Gras, *in* Favre, Lory). — Macôt, Petit-Cœur (Savoie), Monestier (Hautes-Alpes), Puy-Saint-Pierre, La Mure, Grand-Menoy, Taninges.

Sphenopteris Hœninghausi Brongt. — Vallée-Étroite (cité par Mattirolo et Portis), les Gardéolles (Hautes-Alpes).

Sphenopteris tridactylites Brongt. — (cité par Heer *in* Favre). Col de Balme (Suisse), Petit-Cœur (Savoie). Espèce du Culm dont la présence est douteuse dans les points cités.

Sphenopteris tenella Brongt. — Combaz d'Arbignon (cit. p. Heer).

Sphenopteris Haidingeri Ett. — (cité par Heer *in* Favre). — Colombes en Epulant.

Sphenopteris obtusiloba Brongt. (= *Sphenopteris irregularis* Sternb.. = ? *Sph. subobtusiloba* Grand'Eury (*nom. nudum*), Fl. carb. Loire, p. 547). — Taninges, Col du Chardonnet (cit. p. Grand'Eury) — (cité par Heer *in* Favre, Schimper). — Outre-Rhône (Suisse), Col de Balme.

Sphenopteris nummularia Gutbier. — Dauphiné (cité par Frech *in* Leth. geogn. I, tome II, 2, p. 362); Arbignon, Outre-Rhône (cit. p. Heer).

Sphenopteris trifoliolata Artis sp. — Taninges.

Sphenopteris Schlotheimii Brongt (?) — (Heer *in* Favre). — Vernayaz (Suisse).

Sphenopteris acutiloba Sternb. (Gras *in* Favre). — Taninges (Haute-Savoie).

Sphenopteris Cœmansi Andræ. — Taninges (cité par Lugeon).

Sphenopteris Bronni Gutbier. — Combaz d'Arbignon (cit. p. Heer).

Sphenopteris (*Alloiopteris*) *Essinghi* Andræ. — Briançon, les Gardéolles (récolté par M. Clère); probablement aussi du Col des Muandes (Hautes-Alpes) [dét. Zeiller].

Sphenopteris sp. (cf. *Hapalopteris* [*Renaultia*] *Crepini* Stur) [récolté par M. Clère]. — Les Gardéolles (dét. Zeiller).

Sphenopteris sp. — Vaulnaveys, Granges de la Balme, Peychagnard.

Lycopodinées (Lepidodendrées, Sigillariées, etc.).

Lycopodites (*Selaginellites*) *denticulatus* Gold. — Vallée-Étroite (Italie).

Lycopodites falcifolius Heer. — Posettes, Huez.

Lepidodendron dichotomum Sternb. (= *Lepidodendron Sternbergii* Brongt.) — (cit. p. Heer, Portis, Grand'Eury). — Petit-Cœur, Taninges, Vallée-Étroite, La Mure, La Motte d'Aveillans; Col de Buffère, Briançonnais; Arbignon.

Lepidodendron Veltheimianum Brongt. (Sternb.) [espèce du Culm; cité avec doute par Heer et Lugeon]; cette citation doit résulter d'une erreur de détermination. — Outre-Rhône, Col de Balme, Taninges.

Lepidodendron selaginoides Sternb. — Gorge du Trient, Posettes, Col de Balme.

Lepidodendron turbinatum Brongt. (Heer, Lory). — Combarine, Puy-Saint-Pierre (Hautes-Alpes).

Lepidodendron ornatissimum Sternb. — (cit. p. Heer). Chardonnet, Puy-Saint-Pierre, Puy-Ricard (Scipion Gras, Lory).

Lepidodendron crenatum Sternb. — Chardonnet, Combarine, Puy-Saint-Pierre (Hautes-Alpes). [cit. p. Scipion Gras, Lory].

Lepidodendron Worthenii Lesq. — Petit-Saint-Bernard (Peola).

Lepidodendron lycopodioides Sternb. (= *Lepidodendron elegans* Brongt.). — La Mure (La Motte d'Aveillans) [cité par Grand'Eury et Zeiller].

Lepidodendron sp. [non déterminé] (Lory). — La Mure, Puy-du-Cros, l'Argentière, Freyssinet (Hautes-Alpes).

Lepidophloios laricinus Sternb. — Taninges (cité par Lugeon), Chardonnet (dét. Zeiller), les Salettes (Hautes-Alpes).

Lepidophloios sp. ind. — Puy-du-Cros, Combarine, Chardonnet (Hautes-Alpes) [cité par Ch. Lory).

Lepidophyllum caricinum Heer. — Outre-Rhône, Colombe, Petit-Cœur, Taninges, Petit-Saint-Bernard (cit. p. Heer, Peola).

Lepidophyllum trigeminum Heer — (cité par Heer *in* Favre). Colombe, Taninges, Petit-Cœur.

Lepidophyllum lineare Brongt. — (cité par Scipion Gras, Heer, Lory, Peola). Petit-Saint-Bernard, Puy-Saint-Pierre, Alesse.

Lepidophyllum trilineatum Hr. — Montagne du Fer, Petit-Saint-Bernard (Heer, Peola), Chamonix (Heer), Vallée-Étroite.

Lepidophyllum princeps Grand'Eury. — Tarentaise (Grand'Eury).

Lepidophyllum anceps Heer. — Petit-Cœur.

Lepidophyllum majus Brongt. — Petit-Saint-Bernard (cité par Peola), Vallée-Étroite, La Motte d'Aveillans (cit. p. Grand'Eury).

Lepidophyllum lanceolatum Lindl. et Hutt. — Petit-Saint-Bernard (cité par Peola).

Lepidophyllum hastatum Lesq. (= *Lepidostrobus hastatus* Lesq.). — Peychagnard, Vaulnaveys (dét. Zeiller), La Motte d'Aveillans (Grand-Eury).

Lepidophyllum setaceum Heer. — Petit-Saint-Bernard (cité par Peola).

Lepidophyllum Zeilleri Peola. — Petit-Saint-Bernard (cité par Peola).

Lepidophyllum Leberti Heer. — Arbignon.

Lepidophyllum sp. [non déterminé]. — La Mure (Lory), Saint-Théoffrey (Isère).

Distrigophyllum bicarinatum (Lindl. et Hutt. sp.) Heer. — Petit-Saint-Bernard, Vallée-Étroite (cit. p. Peola et Portis).

Ulodendron majus Lindl et Hutt. — Petit-Saint-Bernard (coll. du service géol. d'Italie; cité par Peola).

Syringodendron alternans. — La Mure (dét. Grand'Eury), La Motte d'Aveillans, Peychagnard.

Sigillaria spinulosa Rost sp. — La Mure.

Sigillaria Dournaisii Brongt. — Vernayaz, La Mure, Vallorcine.

Sigillaria alternans Sternb. — Puy-Saint-Pierre, Buffère, La Motte d'Aveillans, Putteville (cit. p. Heer, Gras).

Sigillaria Grasiana Brongt mss. (*in litt.*). — La Mure, La Motte d'Aveillans, Putteville (Grand'Eury).

Sigillaria (*Rhytidolepis*) *tessellata* Brongt. — Barles, Petit-Cœur (?), Chardonnet, Puy Saint-Pierre, Notre-Dame-des-Neiges (Heer, Gras).

Sigillaria cf. *tessellata* Brongt. [=*subtessellata* Grand'Eury (*nom. nud.*)]. — Peychagnard (cit. p. Grand'Eury).

Sigillaria (*Rhytidolepis*) *Schlotheimiana* Brongt. — Puy-Saint-Pierre, Briançon (cit. p. Scipion Gras, Heer, Ch. Lory).

Sigillaria (*Rhytidolepis*) *elongata* Brongt. — Combarine (Gras, Lory).

Sigillaria (*Rhytidolepis*) *subspinulosa* Grand-Eury (*nom. nud.*). — Putteville (Grand'Eury).

Sigillaria (*Rhytidolepis*) *elegans* Sternb. sp. — La Motte d'Aveillans (cit. Grand'Eury).

Sigillaria (*Rhytidolepis*) *lepidodendrifolia* Brongt. — Combarine.

Sigillaria notata Brongt. — Combarine, Chardonnet (Gras).

Sigillaria (*Clathraria*) *Brardi* Brongt. (v. Zeiller, *Blanzy et Creusot*, p. 160). — Barles, Puy-Saint-Pierre, Combarine, Les Gardéolles, Buffère; La Mure, Peychagnard, La Motte d'Aveillans (var. *minor* Grand'Eury [cit. p. Scipion Gras, Lory]).

Sigillaria (*Clathraria*) *striata* Brongt. — Combarine, près Briançon (Hautes-Alpes [cit. Gras, Lory]).

Sigillaria (*Clathraria*) *rhomboidea* Brongt. — Montagne du Fer, Servoz, La Mure (Expl. Carte géol. de Fr., IV, p. 158).

Sigillaria denudata Goepp. — Les Gardéolles.

Sigillaria sp. — Petit-Saint-Bernard (Peola), Briançonnais, Les Gardéolles, Puy-Saint-André, Clot-Chevalier, La Mure.

Sigillaria Defrancii Brongt. — (cit. p. Heer). — Posettes (Haute-Savoie), Grande-Draye, La Mure, La Motte d'Aveillans (Grand'Eury).

Pseudosigillaria monostigma Lesq. sp. (= *Sigillaria monostigma* Lesq. = *Asolanus camptotaenia* Wood). — La Mure, La Motte d'Aveillans (cité par Grand'Eury).

Sigillariostrobus sp. — Petit-Saint-Bernard (Peola), Vaulnaveys, La Motte d'Aveillans (Grand'Eury).

Stigmaria minor Brongt. — Peychagnard, La Motte d'Aveillans.

Stigmaria ficoides Sternb. sp. — La Mure (Expl. Carte géol. de Fr., IV, p. 141), Taninges, Buffère, Puy-Saint-Pierre (Hautes-Alpes).

Stigmaria (non déterminé). — La Mure, Les Gardéolles, Freyssinet, environs de Briançon (Hautes-Alpes) [cit. Ch. Lory].

Stigmariopsis inaequalis Grand'Eury. — La Motte d'Aveillans (cit. p. Grand-Eury).

Cladiscus. — Peychagnard (Isère); (cit. Grand'Eury).

Artisia. — Peychagnard (cit. Grand'Eury).

Sphénophyllées.

Sphenophyllum saxifragæfolium Sternb. sp. — (cité par Lugeon, Heer, Grand'Eury, Zeiller). — Taninges, Petit-Cœur, Colombe, Peychagnard, La Motte d'Aveillans, La Mure (Expl. Carte géol., t. IV, p. 33).

Sphenophyllum cuneifolium Sternb. sp. (= *Sph. erosum* Lindl. et Hutt.). — Colombe, Huez, Arbignon, Outre-Rhône.

Sphenophyllum emarginatum Brongt. — Outre-Rhône, Colombe, Arbignon, La Moëde. (cité par Heer, Michel-Lévy).

Sphenophyllum Schlotheimi Brongt. [= *Palmacites verticillatus* Schloth.] — Mollière-en-Oisans, Arbignon, Outre-Rhône.

Sphenophyllum oblongifolium Germ. et Kaulfuss, sp.. — La Mure, La Motte d'Aveillans (v. Expl. Carte géol. de Fr., t. IV, p. 34).

Sphenophyllum sp. — La Mure, Mont de Lans (Isère).

Sphenophyllum fimbriatum Brongt. (*nom. nudum*) — La Motte d'Aveillans (cit. p. Grand'Eury).

Sphenophyllum fimbriatum Brongt. [ou *praeoblongifolium* Grand'Eury (*nom. nud.*), Fl. carb. Loire, p. 547]. — La Motte d'Aveillans (Grand'Eury).

Sphenophyllum dentatum Brongt. (*nom. nudum*). — Petit-Cœur.

Équisétinées.

Calamites Suckowi Brongt. — (cité par Heer, Brongniart, Bunbury, Gras, Zeiller, Grand'-Eury, Lugeon, Portis, Peola [ce dernier avec la mention : Stur *em.*]). Arbignon, Col de Balme (Suisse), Taninges, Petit-Cœur, Vallée-Étroite, Saint-Michel, Petit-Saint-Bernard, La

Mure, La Motte d'Aveillans; Puy-Ricard, Puy-du-Cros, Chardonnet, Puy-Saint-Pierre, La Salle, Briançon.

Calamites cannæformis Schloth. — Chardonnet, La Mure, Vaulnaveys, Barles.

Calamites undulatus Sternb. — Col des Muandes, Queyrières (Hautes-Alpes) [cit. p. Kilian et Révil].

Calamites communis Ettingsh. — Dauphiné.

Calamites cruciatus Sternb. — La Mure (cit. p. Grand'Eury).

Calamites subdubius Grand'Eury (*nom. nud.*) — La Mure (cit. p. Grand'Eury).

Calamites approximatus Brongt. — Petit-Cœur, Chardonnet, La Mure (cit. p. Grand'-Eury), Col du Jardinet (cit. p. Schimper).

Calamites Cisti Brongt. (cité par Brongniart, Heer, Grand'Eury, Lugeon, Termier, Portis, Révil, Peola). — Arbignon (Suisse), Colombe, Montagne du Fer, Taninges, Petit-Cœur, Vallée-Étroite, Tarentaise, Petit-Saint-Bernard, Vaulnaveys, La Mure, Peychagnard, Puy Ricard (*in* Brongt, Hist. vég. foss., p. 129), Grande Lauzière, Chardonnet, Puy-Saint-Pierre, Villard-Saint-Pancrace, Saint-Martin de Queyrières.

Calamites Saussurei Heer (cité par Lugeon). — Taninges.

Calamites Studeri Heer (cité par Lugeon). — Taninges.

Calamites ramosus Artis (cité par Portis, Peola, Haug). — Vallée-Étroite, Petit-Saint-Bernard, Barles.

Calamites Heeri de Stefani (cité par Peola). — Petit-Saint-Bernard.

Calamites leioderma Gutb. (cité par Peola). — Petit-Saint-Bernard.

Calamites sp. (?) — L'Argentière, Queyrières (Hautes-Alpes), Peychagnard, La Motte d'Aveillans, Petit-Saint-Bernard (cité par Peola), Valloire, Les Encombres (Musée de Chambéry), Vallée Étroite.

Calamocladus sp. — Vallée Étroite.

Calamophyllites sp. — La Motte d'Aveillans.

Equisetites sp. — Saint-Michel, mine de Portoflet, Puy-Chevalier, près le Monestier-les-Bains; Salins. (Échantillon historique figuré par Courtois, *in* Rendu, lettre à de Luç (*Mém. Soc. royale acad. Savoie*, t. VIII, 1837).

Equisetites spatulatus Zeiller. — Vaulnaveys.

Asterophyllites equisetiformis Schloth. sp. (cité par Heer *in* Favre, Peola, Michel-Lévy, Zeiller *in* Kilian et Révil). — Outre-Rhône, Arbignon, Col de Balme, Mont du Fer, Servoz, Petit-Cœur, Col des Encombres, La Moëde, Petit-Saint-Bernard, Mont de Lans, La Mure (Grand-Eury), La Motte d'Aveillans (Expl. Carte géol. de Fr., IV, p. 22), Peychagnard, Vaulnaveys, Verneilh.

Asterophyllites cf. *equisetiformis* Schloth. sp. (= *Ast. subequisetiformis* Grand'Eury [*nom. nudum*]). — La Motte d'Aveillans (Fl. carb. Loire, p. 547).

Asterophyllites rigidus Brongt. (cité par Heer). — Montagne du Fer, Petit-Cœur.

Asterophyllites longifolius Sternb. sp. (Heer, Peola, Grand'Eury). — Arbignon, Petit-Cœur, Petit-Saint-Bernard, La Mure, Notre-Dame-de-Vaulx, La Motte d'Aveillans.

Asterophyllites hippuroides Brongt. — Putteville, Peychagnard, La Motte d'Aveillans (cité par Grand'Eury).

Asterophyllites anthracinus Heer. (cité par Heer). — Petit-Cœur, Col de Balme.

Asterophyllites tenuifolius Sternb. sp. — (cité par Scipion Gras et Lugeon). — Taninges, Notre-Dame-de-Vaux, La Mure.

Asterophyllites grandis Sternb. sp. (= *Ast. Saussurei* Heer). — Taninges.

Asterophyllites lycopodioides Zeiller. — Petit-Saint-Bernard (cité par Peola).

Asterophyllites sp. — Vallée-Étroite (Italie), Puy Saint-André (Hautes-Alpes), Mont de Lans (Isère), Barles (Basses-Alpes).

Annularia stellata Schloth. sp. (cité par Lugeon, Zeiller, Haug) [= *A. longifolia* Brongt., cité par Heer, Bunbury, Scipion Gras]. — Outre-Rhône, Taninges, Colombe, Petit-Cœur, La Mure (dét. Grand'Eury), La Motte d'Aveillans, Buffère. Mollières-en-Oisans, La Mure (Sagneroux), Peychagnard, Vaulnaveys, Les Ramiettes, Mont-de-Lans, Porte Romaine, Barles.

Annularia radiata Brongt sp. — Outre-Rhône (Suisse).

Annularia sphenophylloides Zenker sp. (= *A. brevifolia* aut.) — (cité par Michel-Lévy, Zeiller, Peola, etc.). — Arbignon, L'Herpie, La Moëde, Petit-Saint-Bernard, Encombres (Musée de Chambéry), Petit-Cœur (Expl. Carte géol. de Fr., IV, p. 36), La Mure, La Motte d'Aveillans (dét. Grand'Eury), Peychagnard, Notre-Dame-de-Vaux, Oisans, Mont-de-Lans, Barles, Outre-Rhône, Col de Balme, Montagne du Fer, Colombe, Écuelle, Huez, Buffère (commun).

Annularia microphylla Sauveur (?). — Petit-Saint-Bernard (cité par Peola).

Annularia minuta Brongt. — La Motte d'Aveillans (cité par Grand'Eury).

Annularia sp. indét. — Puy-Saint-André (Hautes-Alpes).

Phyllotheca Rallii Zeiller. — Petit-Saint-Bernard (cité par Peola).

Volkmanniae aut *Bruckmanniae*. — Vallée-Étroite.

Volkmannia gracilis Presl. — La Motte d'Aveillans (cité par Grand'Eury).

Volkmannia erosa Brongt. Petit-Cœur (cit. p. Favre) [1].

[1] On a consulté, pour dresser la présente énumération, outre les diverses listes (E. de Beaumont, Scipion Gras, Bunbury, Brongniart, Ch. Lory, Alph. Favre, O. Heer, Peola, Michel-Lévy, Lugeon, Haug, Termier) citées plus haut (p. 106), les mentions et les citations contenues dans les ouvrages de MM. Grand'Eury (*Mémoire sur la flore carbonifère du département de la Loire et du centre de la France*, étudiée aux trois points de vue botanique, stratigraphique et géognostique [*Mém. prés. par div. Sav. à l'Acad. des sciences*, t. XXIV, 1877], notamment p. 545 et suiv., le paragraphe consacré au Terrain à Anthracite des Alpes (historique, listes originales de végétaux du bassin de la Mure, etc., d'après les collections Rolland (à La Mure), celles de l'École des Mines de Paris, du Muséum de Paris, de l'École de Saint-Étienne et les récoltes de l'auteur), Zeiller (*Végétaux fossiles du terrain houiller. Expl. Carte géol. de la France*, t. IV, 2, 1879) et Schimper (*Traité de paléontologie végétale*, Paris, Baillière et fils, 1870-1872). Nous rappellerons que Brongniart avait, dès 1847, signalé l'analogie des flores de La Mure et de la Tarentaise avec celle de Saint-Étienne et que M. Grand'Eury avait indiqué, dès 1877, l'existence d'un niveau inférieur dans le Briançonnais (*loc. cit.*, p. 550). On trouvera la liste des publications auxquelles sont empruntées ces listes dans l'*Index bibliographique* et l'*Historique* qui terminent le tome Ier du présent ouvrage. — Récemment, M. Douxami a signalé à Saint-Gervais (Haute-Savoie) un nouveau gisement de végétaux houillers.

EXAMEN LITHOLOGIQUE D'ÉCHANTILLONS DU TERRAIN HOUILLER DES ALPES FRANÇAISES.

A. Calcaires.

Diagnoses d'échantillons. — Calcaires.

Un seul échantillon, de la collection Favre, à Genève (Gn 23/34, § 633), étiqueté : « Calcaire siliceux dans le grès à anthracite de Petit-Cœur ». Calcaire noir compact à pâte fine et cassure esquilleuse. L'âge houiller de cet échantillon nous paraît douteux; il s'agit probablement d'un calcaire appartenant à une assise du *Lias*, intercalée, par suite de dislocations mécaniques, dans le Houiller de Petit-Cœur. Le texte de Favre (§ 633) confirme d'ailleurs cette interprétation.

La présence du calcaire dans le terrain houiller n'a, du reste, été ni constatée, ni signalée en *aucun* autre point des Alpes françaises.

B. Grès.

Grès.

1. Grès houiller de Brides-les-Bains (Savoie). — Grès d'un gris noirâtre, demi-deuil; on y distingue du mica détritique, de la séricite, beaucoup de quartz. Le laminage lui a donné un *aspect gneissique* particulier. (Coll. Kilian, Faculté des Sc. de Grenoble.)

2. Grès de la Ponsonnière (Hautes-Alpes). [Échantillon de la collection Kilian et Révil.] — Grès gris, fin, avec nombreuses paillettes de mica détritique; fait légèrement effervescence avec les acides, mais se compose surtout d'un agrégat de grains de quartz grisâtre et brunâtre avec des paillettes de mica.

3. Grès du Chardonnet (Hautes-Alpes). [Échantillon de la collection Kilian.] — Grès noir assez fin; on y remarque des paillettes de mica détritique, du quartz noir et brunâtre et des matières charbonneuses finement réparties.

4. Grès des environs du Col du Raisin (Hautes-Alpes). [Échantillon de la collection Kilian et Révil.] — Grès à grain assez fin, formé surtout de grains de quartz avec paillettes de mica détritique; structure très homogène, teinte générale d'un gris brunâtre.

5. Grès du Chardonnet (Hautes-Alpes). [Échantillon de la collection Kilian et Révil.] — Grès houiller noir à cassure vive se divisant en fragments coupants, très quartzeux, avec nombreuses paillettes de mica détritique et matière charbonneuse noire disséminée.

6. Échantillon de Rochenoire [collection Kilian et Révil]. — Grès grisâtre à grain moyen très quartzeux; les grains de quartz sont grisâtres et brunâtres; nombreuses paillettes de mica détritique et très petites particules de schistes noirs. Ne fait point effervescence avec les acides.

7. Grès houiller de Font-Christiane, près Briançon. — Grès micacé d'un brun grisâtre, laminé et satiné, ne faisant pas effervescence avec les acides.

8. Grès houiller. — Bloc erratique du Néron, près Grenoble, vers 850 mètres d'altitude; donné par MM. Müller et Flusin (le bloc mesure 4-5 mètres). — Grès houiller très micacé, mais très typique, schisteux et *légèrement gneissiforme*, ne fait pas effervescence avec les acides, nombreuses paillettes de mica blanc détritique.

9. Échantillon du Six-Blanc (Valais) [de la collection Kilian]. — Roche siliceuse, ne faisant pas effervescence avec les acides, d'un aspect *gneissique*, d'un gris noirâtre, riche en paillettes brillantes de mica et de séricite; est probablement un grès houiller un peu métamorphisé, riche en quartz grisâtre disposé en petits lits alternant avec des bandes plus séricíteuses; affleure sous le Lias, au Nord de la Bergerie du Six-Blanc.

10. Grès houiller de Villette en Tarentaise. — (Collection Alph. Favre, à Genève.) — Cet échantillon présente le type habituel des grès houillers.

11. Grès houiller de Saint-Michel-sur-Arc (Maurienne), de la collection Sismonda (Musée de Turin, n° 2649), étiqueté : « *Psammite con impronta di Felci del sistema antracitoso superiore* ». — Grès noir, micacé, ne faisant pas effervescence avec les acides.

12. Grès houiller grossier, très siliceux, sorte de poudingue quartzeux à grains fins, d'un gris brunâtre. — Briançonnais.

12 *bis*. Grès houiller de la plaine de Bissorte (Savoie) [Coll. Kilian]. — Grès quartzo-schisteux à lits phylliteux verdâtres, d'aspect gneissique avec taches d'oxyde de fer. Nettement détritique malgré son apparence gneissique.

C. Schistes et Grès fins.

Schistes et Grès fins.

1. Schiste houiller de la Mandette (Hautes-Alpes). [Échantillon de la collection Kilian et Révil.] — Schiste argileux d'un gris brunâtre, nettement détritique sur la cassure, ne faisant pas effervescence avec les acides. La teinte est localement roussie par développement de limonite d'altération.

2. Schiste à anthracite d'Hautecour (Savoie). — [Collection Alph. Favre, à Genève.] — C'est un beau schiste verdâtre à mica blanc, appartenant plutôt au Permien métamorphique.

3. Échantillon du Pont Baldi, près Briançon (collection Kilian et Révil). — Roche d'un gris sale, quartzeuse, schisteuse, laminée; semble un schiste houiller étiré; ne fait pas effervescence avec les acides.

4. Échantillon de la collection Kilian. En face la gare de Mont-Dauphin, de l'autre côté de la Durance. — Schiste noir feuilleté, brillant et satiné, ne faisant point effervescence avec les acides et présentant tous les caractères des schistes houillers.

5. Schiste houiller de Saint-Michel avec empreinte d'*Équisétacée*. — (N° 2649 de la collection de la Fac. des Sc. de Grenoble.)

6. Échantillon de la collection Kilian (n° 308). — Clot Julien (Est), près du Lautaret (Hautes-Alpes). — Houiller. — Schiste très fin, noir, à paillettes de mica avec em-

preintes végétales indéterminables du terrain houiller. Ce schiste houiller est nettement caractérisé.

7. Échantillon de la collection Favre. — Schiste anthracifère recueilli près de Saint-Martin de Belleville.

8. Échantillon du Six-Blanc Nord (Valais) [sous les quartzites triasiques] (collection Kilian et P. Lory). — Grès noir brunâtre, à nombreuses paillettes de mica détritique, présentant tous les caractères d'un grès houiller fin quartzo-argileux.

9. Échantillons de la Combe de Lâ (Valais) [collection Kilian et P. Lory]. — Schistes noirs feuilletés et satinés, ne faisant pas effervescence avec les acides et présentant tous les caractères des schistes houillers.

10. Échantillons recueillis par MM. Kilian et Lory sur les crêtes au Nord du Six-Blanc, près Orsières (Valais). — Schiste satiné d'un gris noirâtre luisant, ne faisant point effervescence avec les acides; à la loupe on y remarque des quartz et de nombreuses paillettes de mica blanc détritique; en somme, c'est un grès houiller laminé.

11. Échantillon du Col de Payannaz (Valais) [collection Kilian et P. Lory]. — Schistes noirs feuilletés et satinés, ne faisant pas effervescence avec les acides.

12. Échantillon des Crêtes au Nord du Six-Blanc (Valais) [collection Kilian]. — Quartzite ou plutôt grès séricitenx d'*aspect gneissique* d'un gris clair, se délitant en plaquettes et appartenant probablement au terrain houiller.

12 *bis*. Schiste houiller de Chantemerle, près Briançon, route du Fort. (Coll. Ch. Lory.) — Schiste argileux noir, à paillettes de mica détritique. Type habituel des schistes houillers; porte une mauvaise empreinte de Sigillaire.

13. Échantillon de la collection W. Kilian et P. Lory (n° 585). Entre les lacs de Fenêtre et le col de Fenêtre (Valais). — Schiste noir satiné, ne faisant pas effervescence avec les acides. Mélange cataclastique d'anthracite et de quartz, se présentant, à l'œil nu, sous la forme d'une sorte de schiste noir, satiné. Au microscope, M. Termier y a observé un peu de mica blanc, du quartz fibreux autour des grains isolés d'anthracite. D'après notre éminent confrère, cette roche est le résultat du broyage d'une veine d'anthracite et du grès quartzeux micacé qui formait le toit ou le mur de cette veine. La recristallisation du quartz et le développement des pellicules de quartz fibreux ont effacé le caractère détritique, mais l'aspect est resté celui d'une brèche d'apparence scoriacée, à poussière noire.

Nota[1]. Pour ce qui concerne les diagnoses des « Pseudogneiss » et schistes cristallins du Permo-carbonifère métamorphique, voir le chapitre suivant.

[1] Les collections de la Faculté des Sciences de Grenoble contiennent en outre : des Schistes à *dendrites* de fer sulfuré du Peychagnard (Ch. Lory, 1852); des grès de la Grande-Lauzière (Isère) [P. Lory] avec empreintes de *Cordaites;* des échantillons de grès houiller recueilli sous le Collet d'Allevard (P. Lory) et dans le ravin du Vaugelaz (P. Lory); enfin, un échantillon de grès fin, noirâtre, avec empreintes végétales, pris sur l'un des pics qui avoisinent le pic de Belledonne, par M. Grandclément (Ch. Lory, 1851).

14. Roche noire des Petites-Rousses (coll. Kilian) — [diagnose de M. Termier]. — « Schiste très fin, formé de quartz et de mica blanc, avec un peu de chlorite et une quantité relativement grande d'ilménite à laquelle s'associe de l'oligiste. Çà et là, îlots en paquets de calcite ou de sidérose. L'éparpillement de l'ilménite dans des zones onduleuses et effilochées semble indiquer que la roche est laminée. Mais il n'y a rien de net. »

« Bien que tout caractère détritique ait disparu, il est fort possible que cette roche appartienne à un terrain relativement jeune, houiller ou permien. On ne peut rien dire de précis à ce sujet. »

CHAPITRE III.

SYSTÈME PERMIEN.

Historique.

L'existence du Permien a été soupçonnée, pour la première fois, dans les Alpes de la Savoie par Hippolyte Lachat. Le savant ingénieur rapportait, dès 1861, au « Houiller métamorphique » les poudingues, grès feldspathiques et schistes quartzeux qui limitent à l'Est, entre Modane et Bozel, la bande des terrains houillers de la Maurienne et de la Tarentaise. En 1887, M. Zaccagna cita à son tour, comme devant être rapportés au Permien, les schistes gneissiformes de Modane, considérés par Lory comme primitifs. Cette attribution a été confirmée par les recherches plus récentes de MM. Bertrand, Potier et Termier[1] en France, et par les travaux de plusieurs de nos confrères italiens.

Il est juste de rappeler également que Ch. Lory[2] avait remarqué, dès 1886, dans son « Trias inférieur », « des grès schisteux, où les grains de quartz sont enveloppés par les feuillets ondulés d'un mica blanc nacré »; il citait ces roches près du col d'Aussois, près de la gare d'Oulx (Piémont) et au Veyer, sur la route de Guillestre à Château-Queyras; au col d'Aussois, le même auteur a signalé dans les grès des fragments de roches diverses : quartz, schistes cristallins, grès à anthracite, mais il n'attribuait au Permien aucune de ces assises.

On a reconnu, depuis cette époque, qu'un certain nombre de couches pourraient être, dans nos chaînes alpines, rapportées au système permien. Ce sont notamment :

1° Les phyllites verts à noyaux feldspathiques (anciens « gneiss chloriteux ») des environs de Modane, dont il vient d'être parlé; nous avons retrouvé ces phyllites dans la Vallée-Étroite et aux alentours du Thabor;

2° Des grès kaolino-argileux à teintes vives et des argilolithes schisteuses vertes et lie-de-vin (Plan de l'Achat, hameau des Mottes, dans le massif des Rochilles, Grand-Galibier, l'Argentière, Moûtiers en Tarentaise);

[1] Voir en particulier : Bertrand, Études dans les Alpes françaises (*Bull. Soc. géol. de Fr.*, 3ᵉ série, t. XXII, p. 73, 1894).

[2] Ch. Lory, *Trias de la Vanoise* (Bull. Soc. géol. de Fr., *loc. cit.*), p. 44.

3° Des conglomérats à galets de quartz rose et blanc, débris kaolinisés, fragments de porphyrite violacée[1] et ciment argileux lie-de-vin ou quartzeux verdâtre (l'Argentière, Champ-Didier, Saint-Roch près l'Argentière), rappelant le Verrucano (Sernifit) du canton de Glaris.

L'existence de ce dernier horizon intermédiaire entre les quartzites triasiques, auxquels le rattachent souvent des « Schistes argentins » talqueux et micacés et le terrain houiller, paraît générale dans les chaînes briançonnaises, où, malgré leur absence fréquente et leur sporadicité dues souvent à la disparition mécanique des couches, les dépôts permiens sont constamment *concordants* avec les assises du Houiller et du Trias (voir, plus haut, le schéma fig. 4 du présent volume).

On a, d'autre part, rapporté récemment au Permien[2] diverses formations rencontrées dans des chaînes plus extérieures des Alpes (massifs d'Allevard et de la Salette) et qui, contrairement à celles que nous venons d'énumérer dans des chaînes plus intérieures, reposent *en discordance* sur leur substratum et notamment sur le terrain houiller.

Généralités. Tous ces dépôts, intercalés entre le terrain houiller et les premières assises triasiques, ont subi, suivant les régions considérées, un métamorphisme plus ou moins intense. C'est ainsi que le Permien métamorphique règne exclusivement dans la Vanoise, tandis que plus à l'Ouest, dans la Basse-Maurienne et le Briançonnais, les couches de ce système possèdent un facies détritique beaucoup plus prononcé, et ne montrent qu'à un bien moindre degré les traces d'une transformation postérieure. Nous dirons aussi quelques mots des assises rapportées à ce terrain dans les chaînes de Belledonne et du Mont-Blanc (zone cristalline delphino-savoisienne); nous aurons enfin à examiner quels sont les caractères communs à ces différents dépôts, et quels sont leurs rapports avec le Permien des régions voisines.

Il n'est pas inutile de rappeler ici que si l'on admettait l'âge permien des schistes siliceux rouges de Césanne, dans lesquels M. Parona a recueilli des Radiolaires, on serait amené à considérer comme d'origine *marine* les dépôts

[1] M. Termier, *Les montagnes entre Briançon et Vallouise* (Écailles briançonnaises, terrains cristallins de l'Eychauda, massifs de Pierre-Eyrautz, etc.). Paris, Imprimerie nationale, 1903.

[2] Cette interprétation pourrait toutefois être contestée et demande de nouvelles recherches; il pourrait, en effet, s'agir ici, comme à Saint-Gervais (Haute-Savoie), de grès werféniens (Trias inférieur) qui seraient localement très développés sous un facies spécial. Ce facies se retrouve cependant identique dans le Permien de Fontan (Alpes-Maritimes).

permiens. Remarquons toutefois que M. Parona lui-même attribue aux couches en question un âge triasique, tout en mentionnant qu'elles avaient été attribuées au Permien par M. Zaccagna. Or, *rien n'est moins prouvé que l'âge permien des schistes de Césanne;* nous avons visité cette localité en compagnie de Marcel Bertrand, et notre conviction est que ces assises, que nous avions considérées comme permiennes avec M. Zaccagna, appartiennent au système mésozoïque, probablement jurassique des « Schistes Lustrés » et au cortège des « Pietre verdi » (Serpentines) qui les accompagnent. On n'est donc pas en droit de tirer de la présence des Radiolaires aucune conclusion relative à la nature des sédiments de l'époque permienne.

1° PERMIEN MÉTAMORPHIQUE.

Permien de la Vanoise.

Dans la région que nous avons étudiée, le Permien ne se présente que sous sa forme détritique à peu près pure, mais, à très peu de distance de notre limite, vers l'Est et le Nord-Ouest, il offre des traces de haut métamorphisme et prend un aspect gneissique qui en a fait longtemps méconnaître la nature.

C'est ainsi que le Permien métamorphique est, d'après M. Termier [1], très développé dans le massif de la Vanoise où il se confond à la base avec un Houiller également métamorphique (Champagny, Laisonnay). Il s'y présente (bas du Glacier de Rosolin, Entre-deux-Eaux, etc.) de la façon suivante : lorsqu'on s'élève dans le terrain houiller et qu'on se rapproche du Trias, on voit le facies se modifier : les bancs quartziteux deviennent plus nombreux, et aux phyllades gris ou noirs s'associent des phyllites verts ou violets, parfois faiblement feldspathisés, avec tourmaline, rutile et sphène. Cette couche de passage est généralement peu épaisse et se termine par un gros banc de quartzite séricitcux puissant de 20 à 40 mètres.

C'est à la bande située entre le facies phyllades anthracifères noirs et le facies phyllades chloriteux verts ou violets à minéraux que notre savant confrère fixe le passage du Houiller au Permien. Le gros banc quartziteux à séricite est placé, par M. Termier, dans ce dernier terrain. Cette ligne de démarcation est, comme il le constate lui-même, purement arbitraire et conventionnelle, mais il serait difficile d'en tracer une autre.

Les roches que l'auteur classe dans le Permien sont : les phyllades qui constituent le grand massif de la Becca-Motta, les phyllades de la haute

[1] P. TERMIER, *Étude sur la constitution géologique du massif de la Vanoise*, loc. cit., p. 22.

IMPRIMERIE NATIONALE.

vallée de Saint-Bon, près du col du Fruit, les phyllades du massif Polset-Péclet, les phyllades qui se dressent de l'autre côté du col de Chavière, les phyllades du col d'Aussois[1] et ceux du glacier de la Vanoise. On sait quelle remarquable étude M. Termier a consacrée au Permien de la Vanoise et à sa phylladification. Beaucoup des assises attribuées à ce terrain semblent avoir été formées à l'origine, d'après le savant pétrographe, de tufs et de coulées éruptives sodiques (porphyrites) intercalés dans la série sédimentaire. Il règne une *concordance absolue* de ces couches avec leur substratum et avec le Trias qui les surmonte. M. Termier a montré en outre que l'intensité du métamorphisme qui les a affectées *augmente graduellement de l'Ouest à l'Est* aussi bien pour le Houiller et le Permien que pour le Trias. Il en est résulté, dans la partie orientale de la région, un Permien totalement différent de celui de la zone occidentale (Encombres). L'extension horizontale du métamorphisme n'est, du reste, pas la même pour tous les niveaux.

Les phyllades, quartzites et schistes variés qui constituent le Permien ont été soigneusement décrits et soumis à une analyse pétrographique détaillée : ils renferment une grande quantité de minéraux[2] d'origine métamorphique, (notamment des cristaux de feldspath traversés par des files de cristaux de rutile et d'ilménite) et les ingénieuses démonstrations de M. Termier ont fait voir que la phylladification de toutes ces roches est antérieure aux derniers mouvements orogéniques de la région alpine.

Permo-carbonifère métamorphique.

On sait aussi qu'un métamorphisme analogue, mais moins prononcé, a été signalé, par M. Termier, dans certaines assises carbonifères du massif. D'autre part, il existe, dans un certain nombre de points de la zone du Mont-Rose (Grand-Paradis), des roches gneissiformes (Gneiss du Piémont, Micaschistes du Petit Mont-Cenis) que MM. Termier et Bertrand sont portés à considérer comme des sédiments permo-carbonifères hautement métamorphisés (voir la carte, pl. V). Ces gneiss passent au Houiller détritique dans les massifs de l'Invergnan et du Val Grisanche, on les retrouve dans le Val de Rhême. Il en est également ainsi des micaschistes du col de Longet (Basses-Alpes), que Bertrand considérait comme des quartzites permiens modifiés par le dyna-

[1] D'après Lory, les conglomérats siliceux du col d'Aussois sont remarquables en ce que « le ciment quartzeux et micacé qui en forme la pâte est beaucoup plus cristallin que les fragments de grès houiller enveloppés par cette pâte ».

[2] M. Termier y cite les espèces suivantes : Ilménite ou fer titané, Oligiste et Hématite brune, Pyrite, Anthracite, Rutile, Zircon, Sphène, Grenat, Tourmaline, Zoïzite, Épidote, Glaucophane, Chloritoïde, Mica noir, Séricite, Chlorite, Bastite, Quartz, Feldspath, Carbonates divers.

mométamorphisme[1]. En rappelant que le doute ne peut plus exister sur l'attribution au Permien des pseudo-gneiss chloriteux de Modane, par exemple, ce même savant a fait justement observer qu'« on avait été amené à donner le nom de Permien à un facies de métamorphisme, qui va en s'accentuant de l'Ouest à l'Est et descend, en même temps, de plus en plus dans la série ». M. Franchi admet également l'âge permo-carbonifère d'une partie des gneiss du Piémont, mais ne précise pas leur limite inférieure. (Voir plus bas, p. 158.)

Il est donc prouvé qu'il existe dans les zones les plus orientales des Alpes françaises des sédiments de l'époque permienne rendus méconnaissables par les effets du *métamorphisme régional;* il faut reconnaître, toutefois, que rien ne nous autorise à considérer ces formations comme correspondant tout à fait exactement au système permien; leur limite inférieure notamment paraît être assez incertaine et, suivant les points à considérer, empiéter plus ou moins sur le Carbonifère.

Permo-houiller métamorphique de la zone du Piémont.

Dans la zone du Piémont, les couches les plus anciennes sont celles qui supportent les Schistes lustrés; elles affleurent sur le territoire français, dans la haute vallée de l'Ubaye, près du col de Longet, mais se développent principalement sur le versant italien des Alpes cottiennes. En effet, en étendant ses recherches aux parties voisines des Alpes piémontaises, et en particulier à la vallée du Pellice, l'un de nous[2] a pu s'assurer que les « Schistes lustrés » de cette région s'appuient vers l'Est [Villanova], par l'intermédiaire de schistes serpentineux et d'intercalations éruptives de roches basiques (« *Pietre verdi* ») ou de schistes à zoïsite, sur un ensemble de schistes plus ou moins cristallins rapportés par la plupart des géologues italiens au terrain archéen, et dont certaines assises ont été décrites comme de véritables gneiss[3]. Ces couches

[1] Cependant, d'après M. Termier (« Les Schistes cristallins des Alpes occidentales », congrès géol. intern. de Vienne 1903), on ne peut pas expliquer par l'effet *unique* des actions dynamiques le développement des cristaux dans les sédiments. « Les actions dynamiques, dit-il, *déforment* mais ne *transforment* point. »

[2] W. Kilian, Feuilles d'Aiguilles, *in* C. R. collab. 1892 (*Bull. Serv. Cart. géol. de France*, n° 63 (t. X), 1898, p. 135. — W. Kilian et P. Termier, Nouveaux documents relatifs à la géologie des Alpes françaises (*Bull. Soc. géol. de France*, 4e série, t. I, p. 414, 1901).

[3] Nos confrères italiens ont publié un grand nombre de notices sur les « gneiss » du Piémont; nous ne pouvons songer à les citer toutes ici et nous rappellerons simplement les noms de MM. Zaccagna, Stella, Franchi, Mattirolo, Novarese, Virgilio, Sacco, ainsi qu'une étude en langue anglaise due à M. Gregory (Gregory, The Waldensian gneisses. [*Quart. Journ. Geol. Soc.*, vol. 50, mai 1894.])

ont toutes un pendage régulier vers l'Ouest. En examinant de près ces « Schistes cristallins » et ces « gneiss » de la vallée du Pellice, notamment aux environs de Bobbio, de Torre-Pellice et de Luserna, on constate qu'ils s'éloignent notablement, comme aspect macroscopique, des schistes et gneiss précarbonifères des Alpes françaises (Belledonne, Pelvoux, Mont-Blanc, etc.), du Plateau central et des régions classiques. Ce sont des schistes séricitcux, des *quartzites* phylliteux et feldspathiques, des micaschistes à épidote, fort analogues aux assises métamorphiques d'origine incontestablement sédimentaire de certains de nos massifs alpins, comme, par exemple, les formations décrites, par M. Termier, dans les montagnes de la Vanoise. Il est à remarquer également que des *anthracites* ont été signalés dans ces couches par M. Maggiore, et qu'on y a mentionné la présence de *graphite*. De plus, ces roches, qui ont été examinées au microscope par M. Termier, et dont on trouve l'analogue dans tous les terrains métamorphiques, sont *absolument* différentes des roches cristallophylliennes anciennes du Plateau central, du Pelvoux ou du Mont-Blanc.

Ces constatations n'excluent pas l'existence de roches granitoïdes véritables dans d'autres points du bassin de Pellice, l'un de nous (W. K.) en ayant rencontré dans les alluvions du bas de la vallée; mais il est intéressant de constater qu'en suivant la coupe naturelle que donne la vallée principale, *du col Lacroix à la plaine, on ne rencontre ni granite, ni aucun représentant incontestable de la série antéhouillère.*

Telle paraît être, du reste, aussi l'opinion de certains de nos confrères italiens. D'après M. Franchi[1], il convient d'attribuer au Permo-carbonifère « *à faciès cristallin* » (opposé par cet auteur au Permo-Carbonifère « *à facies ordinaire* ») les roches graphitiques de la vallée du Pellice, des micaschistes à sismondine et à gastaldite, des gneiss albitifères et une partie du « gneiss central » des géologues italiens. La même conclusion, entrevue *dès 1848* par Sismonda, s'étendrait, d'après M. Termier et quelques autres de nos confrères, à une série de « *gneiss* » de la « zone du Mont-Rose », comme ceux du Grand-Paradis, de l'Invergnan, du Val-Grisanche, de la bande Dora-Val Maira, etc., et, d'après une récente étude de M. Sacco (1907), à ceux de Mercantour, ce qui nous paraît toutefois douteux.

Les éléments nous font défaut pour discuter ici l'âge de celles de ces for-

[1] FRANCHI, Sull'eta mesozoica, etc., 1899.

mations gneissiques qui sont éloignées de notre champ d'études, mais l'attribution au Permo-Carbonifère d'une partie d'entre elles, au moins, nous semble infiniment probable.

Les schistes cristallins micacés qui, plus au Sud, au col de Longet, dans la Haute-Ubaye, servent de substratum, comme nous l'avons dit, à la série des Schistes lustrés appartiennent probablement à ce même ensemble. Ils avaient été signalés par Ch. Lory[1] et considérés par lui comme des micaschistes et des gneiss archéens, faisant partie de la bordure qui, pour ce géologue, fermerait au midi le grand bassin houiller des Alpes. Plus tard, Marcel Bertrand[2] dit, en parlant de ces roches, qu'elles lui ont rappelé celles du Permo-Houiller et même du Permo-Houiller très supérieur; il les rapproche de celles qu'on observe à la crête du glacier d'Etache, dans le massif d'Ambin, c'est-à-dire de véritables *quartzites feuilletés,* dans lesquels le rôle des lits phylliteux intercalés reste tout à fait subordonné. L'altération par les agents atmosphériques fait, d'après lui, ressortir d'une façon particulièrement nette leur analogie avec d'autres types détritiques des Alpes. Schistes cristallins permo-carbonifères (?) du Col de Longet.

Comme conclusions, nous pouvons dire aujourd'hui que les gneiss et les micaschistes du col de Longet *représentent* très probablement *un type métamorphique du Permo-carbonifère, comprenant, peut-être, encore les quartzites du Trias inférieur.* Telle parait être également l'opinion de MM. Stella et Franchi (*loc. cit.*, p. 58) qui ont observé, dans le voisinage, la liaison étroite de ces micaschistes avec des anagénites permiennes.

2° PERMIEN NON MÉTAMORPHIQUE À FACIES BRIANÇONNAIS.

(Zone du Briançonnais.)

Les dépôts qui, dans notre champ d'études, se rapportent au Permien sont bien différents de ceux dont nous venons de parler et d'une nature plus franchement détritique. Ils se rapprochent du Permien à « facies ordinaire » de M. Franchi, et du Permien demi-métamorphique décrit par M. Termier sur le bord occidental du massif de la Vanoise, et se composent de conglomérats grossiers, appelés *anagénites* par les géologues italiens[3], de grès et Généralités.

[1] Ch. Lory, Description géol. du Dauphiné, p. 282, 288, 290.

[2] *Bull. Soc. géol. France*, 3e série, t. XXII, p. 174, 1894.

[3] Zaccagna, Nota sulla geologia delle Alpi occidentali (*Boll. del R. Com. geolog. de Italia*, t. VIII). Ils renferment parfois des galets de *Liparite* et des éléments *granitiques* (voir p. 152).

d'argilolithes schisteuses; toutes ces roches se font remarquer par leurs colorations vives, variant du rouge lie de vin au vert olive.

Ces couches sont toujours intercalées entre les quartzites triasiques et le Houiller, et sont assez constantes, à ce niveau, dans la zone du Briançonnais. Aucun fossile ne donne, il est vrai, le droit de les rattacher d'une façon absolue au Permien, mais leur position stratigraphique et leur identité avec le Permien des Alpes-Maritimes autorisent cette interprétation.

Permien de Valloire et du Thabor.

En Maurienne, les assises de cette formation affleurent dans les vallées de Valloire et des Encombres et dans le massif du Thabor.

On trouve, en remontant le ravin qui s'ouvre à l'Est de Bonnenuit (vallée de Valloire), des schistes rouges et violets, accompagnés de conglomérats quartzo-feldspathiques à petits éléments et à ciment lie de vin, intercalés entre les cargneules et les grès houillers. Ces derniers forment un anticlinal secondaire, et sont encore surmontés par des argilolithes semblables à celles rencontrées plus bas, qui supportent à leur tour des quartzites triasiques.

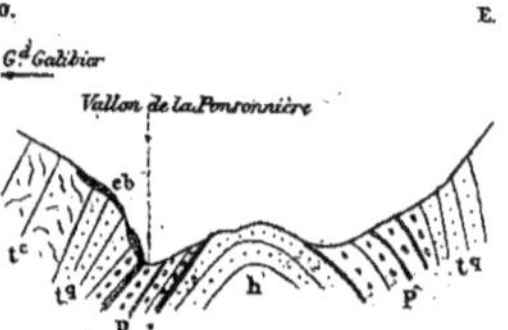

Fig. 7. — Coupe du vallon de la Ponsonnière, à peu de distance *des Mottes* (ou Mottets).

LÉGENDE.

h Houiller. — *P* Permien (lie de vin). — t^q Quartzites. — t^c Calcaires et dolomies triasiques. *eb* Éboulis.

En amont de la Charmette, sur la route de Valloire au Galibier, on est également frappé de voir apparaître sur le bord du chemin une roche vivement colorée, sorte de conglomérat lie de vin, alternant avec des lits de schistes rouges ou verdâtres, contenant des galets de quartz, des morceaux de kaolin et des éléments d'origine *granitique* (granite du Pelvoux).

Les couches permiennes se rencontrent encore au-dessus même de Valloire, sur les flancs de l'arête de la Sétaz, ainsi qu'à l'Est du hameau de Pratier et des cabanes des Mottets, dans les mêmes conditions stratigraphiques qu'à Bonnenuit. On les trouve aussi à l'Ouest du col de la Ponsonnière, où elles consistent également en phyllades bariolées, légèrement satinées, grossières, à débris de quartz rouge, associées à des grès lie de vin, quartzo-kaolineux et à des conglomérats quartzeux, différant, par la teinte lie de vin de leur ciment, des poudingues houillers voisins (voir ci-contre, fig. 7).

Non loin de là, au col des Rochilles, ce sont également des argilolithes schisteuses, d'une couleur lie de vin, renfermant de rares paillettes de muscovite.

Elles font défaut dans les environs immédiats de Saint-Michel-de-Maurienne, où elles ont sans doute disparu par suite d'un étirement mécanique.

Massif des Encombres.

Au Nord de la rivière d'Arc, on observe, dans le vallon des Encombres et près du col de ce nom, des schistes versicolores semblables à ceux de Bonnenuit et placés, comme ceux-ci, entre les quartzites et les grès houillers. Ces assises, que nous attribuons au Permien, se retrouvent encore plus au Nord, près des cimes de la Gratte. Elles sont surtout bien développées dans le petit massif situé au Sud-Ouest de Saint-Martin-de-Belleville. En effet, on rencontre là des schistes rouges et des schistes satinés qui se voient sur la rive gauche, près du pont situé en amont du hameau du Châtelard. Ces couches affleurent en face de la petite chapelle de Notre-Dame-de-la-Vie. Les rochers qui les surplombent, et avec lesquels elles sont en contact immédiat, sont formés par les Quartzites du Trias. On rencontre également les schistes argentins et les couches rouges poudinguiformes du Permien dans le vallon que dominent les chalets de La Chat. Plus à l'Ouest apparaissent les Quartzites du Trias, passant eux-mêmes, en ordre renversé, sur des gypses qui constituent le revers Est du vallon des Encombres.

En descendant de la crête située au Sud de la pointe de la Fenètre, vers les chalets de Chaudane, on retrouve des quartzites pulvérulents, en relation avec des schistes rouges. Ces derniers sont probablement plus anciens que le Trias, car, plus bas, se montrent, à nouveau, des quartzites, des cargneules et des gypses; les schistes rouges dessinent probablement un noyau anticlinal.

Massif du Thabor.

Nous retrouvons notre Permien détritique dans le Massif du Thabor, à la base des formidables escarpements de quartzites qui constituent cette montagne, et qu'ils séparent de son large soubassement de grès houillers. On les étudie d'une façon particulièrement facile sur le versant occidental, au-dessus et au N. E. du glacier de Valmeinier (voir fig. 8 ci-contre). On voit là des quartzites reposer sur des bancs réguliers de conglomérats assez fins, à petits galets de quartz blanc, rouge-groseille, verts et quelquefois noirâtres, contenant aussi quelques paillettes de muscovite. Cette roche, d'une teinte claire et dont l'aspect bariolé est assez agréable à l'œil, alterne par places avec des lits de quartzites schisteux verdâtres et noirâtres, légèrement micacés; elle contient çà et là des galets d'orthophyre.

Les conglomérats permiens existent aussi sur le flanc Est du massif, au pied de la roche pittoresque du Cheval-Blanc (Rocca-Bussort), dans les mêmes conditions stratigraphiques (voir la fig. 8 ci-dessous et la Pl. VIII du tome I).

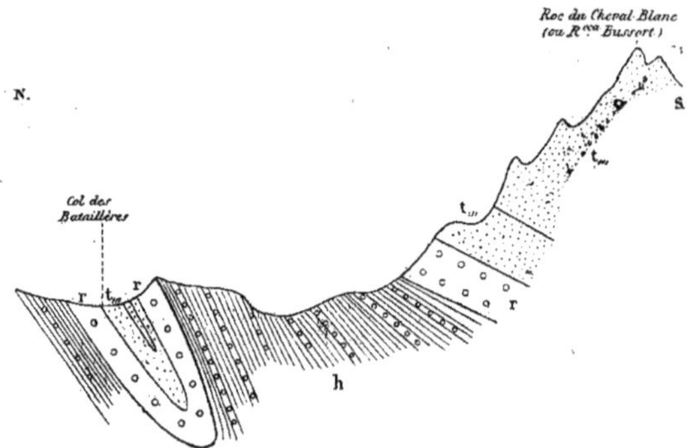

Fig. 8. — Coupe relevée près du col des Bataillères (partie N. O. du Massif du Thabor) [Savoie].

LÉGENDE.

h Grès et schistes houillers. — *r* Conglomérats permiens (Verrucano).
$t_{,,,}$ Quartzites blancs du Trias inférieur.

En descendant du Thabor, vers le Mélezet, on voit en outre les diverses assises du Trias se redresser de chaque côté pour laisser apparaître au fond de la vallée le Permien et le Houiller. Nous avons reconnu dans ces affleurements, situés en amont de la « Fonderia », les mêmes assises que nous considérons comme permiennes en Savoie et dans les Hautes-Alpes.

Permien de la Vallée-Étroite.

Le Permien a été étudié dans la Vallée-Étroite par M. Virgilio [1]. Il comprend là, d'après cet auteur, des « anagénites » et des schistes talcoïdes. On voit affleurer, sur le sentier qui longe le bas de la Combe-Miglie, des cal-

[1] F. Virgilio, Il Permo-carbonifero di Valle Stretta nell'alta valle della Dora Riparia (*Atti Acc. d. Scienze di Torino*, vol. XXV, 1890).

caires, de petits lambeaux de cargneules et de gypses (probablement triasiques), et enfin une anagénite à grains de quartz diversement colorés et mêlés à une matière talqueuse verdâtre; nous reconnaissons dans cette dernière assise les conglomérats que nous avons décrits plus haut sur le versant Nord du Thabor. Des schistes gneissiformes feldspathiques passant, par places, à des schistes talcoïdes micacés, à grain fin et appartenant à la même formation, s'observent encore lorsqu'on se rend des Granges-Serre à la Combe du même nom et au Pas-du-Cheval. Dans le haut, affleurent les grès et schistes houillers, sur lesquels viennent, en ordre ascendant, des schistes talcoïdes, puis les quartzites et les calcaires triasiques. Les schistes talcoïdes représentent bien le Permien, car ils se trouvent toujours compris entre le Houiller et le Trias. On voit également qu'ici, comme dans la haute Maurienne, les assises permiennes se montrent de plus en plus métamorphiques à mesure qu'on s'avance vers l'Est[1]; encore essentiellement détritiques sur le flanc Ouest du Thabor, elles deviennent talqueuses et gneissiformes lorsqu'on descend la Vallée-Étroite.

Si nous nous éloignons, soit au Nord, soit au Sud, des régions où nous venons de décrire le Permien et où il offre des caractères pétrographiques très nets, nous retrouvons cette même formation avec une composition très analogue sur beaucoup de points de la Tarentaise et surtout du Briançonnais.

Permien de la Tarentaise.

Au Nord de Saint-Martin-de-Belleville, il semble, il est vrai, faire défaut en plusieurs points, ainsi que près de Villard-Lurin et de Salins, mais cette absence peut être occasionnée par des étirements, les disparitions mécaniques de couches étant fréquentes dans cette région. Cependant, dans la basse vallée de Belleville, des poudingues quartzeux à jaspes rouges et verts affleurent sur la berge gauche du Doron, en dessous de Fontaine, et, sur la rive droite, près du moulin de Villard-Lurin; elles offrent tous les caractères des assises qui relient le Permien supérieur aux quartzites du Trias et qui figurent avec la notation (t_{iv} - r) sur la Carte géologique détaillée de la France.

Aux environs de Moûtiers-en-Tarentaise, sur la route d'Hautecour[2], exis-

[1] Voir Marcel Bertrand : Études dans les Alpes françaises (*Bull. Soc. géol. de France*, 3e série, t. XXII, 1894, p. 73).

[2] M. Zaccagna a signalé sur la route qui monte de Moûtiers à Plainvillard et à Hautecour, des schistes gris micacés à noyaux de quartz et feldspath qui lui rappellent quelques variétés de « bésimaudite » des Alpes-Maritimes et assez semblables, ajoute-t-il, au gneiss glanduleux ou au « gneiss-granite », comme il s'en présente aux environs de Ceva. (Zaccagna, Résumé d'observations géologiques, etc., in *Bull. Soc. hist. nat. Savoie*, t. VII, p. 138, traduit de l'italien par M. Lachat.)

tent également des assises qui ont été rapportées à ce terrain. Près du Pont-Ador, des poudingues quartzeux à galets roses et verts, formant la base des quartzites triasiques, peuvent aussi être considérés comme permiens. M. Potier attribuait, en outre, au Permien des schistes satinés violets et lie de vin qui accompagnent ces mêmes quartzites du Trias et semblent, au premier abord, former au milieu de ces derniers plusieurs anticlinaux. C'est également la manière de voir de M. Zaccagna, mais nous plaçons, avec Bertrand, dans le Trias une partie des bandes de schistes anciennement considérés comme permiens qui affleurent à l'Ouest des Cordeliers et sur la route de Moûtiers à Hautecour, notamment, près de Plainvillard (voir le chapitre II, p. 241 du tome I). Ces dernières assises ne peuvent, en effet, être distinguées de schistes analogues qui sont inséparables des calcaires phylliteux triasiques et constituent à nos yeux des bandes synclinales et non des zones anticlinales. Il existe néanmoins des schistes bigarrés, *certainement permiens*, en face et à l'Ouest de la gare de Moûtiers, dans les vignes, ainsi que non loin du village d'Hautecour.

Du côté d'Aime et de Macôt, nous n'avons nulle part rencontré, entre les grès houillers et les quartzites triasiques, de couches suffisamment différenciées pour être considérées comme représentant le système permien. Bertrand (*C. R. des collaborateurs du Serv. Carte géol. de France pour 1895*, p. 148) a signalé toutefois des lambeaux de Permien, sous la forme de schistes satinés et de « bésimaudites », dans la bande anticlinale de l'Aiguille du Grand-Fond et de la pointe de Mya. Dans le massif de l'Ormelune, ce système paraît représenté par une partie des conglomérats quartzeux mentionnés au sommet du Houiller par les auteurs de la feuille de Tignes de la Carte géologique détaillée.

Permien de l'Argentière.

Il n'en est pas de même au Sud du bassin de l'Arc, dans les vallées tributaires de la Durance où le Permien est généralement facile à distinguer : ces mêmes assises se rencontrent même encore plus avant dans les Hautes-Alpes, sur le prolongement de nos affleurements de la Savoie. L'un de nous les a étudiées près du village de l'Argentière. En ce point, elles sont intercalées entre les grès houillers et les quartzites werféniens auxquels, près de la chapelle de Saint-Roch, elles se relient par une transition graduelle. Elles consistent en argilolithes micacées violettes et rouge lie de vin, à grains de quartz, qui alternent avec des conglomérats également rougeâtres, contenant des galets de quartz et de liparite (« Poudingues bigarrés » de Ch. Lory); on remarque également des schistes quartzeux roses, contenant des débris kaolinisés et des paillettes de mica.

Ces assises peuvent être particulièrement bien étudiées à un lacet du chemin, près de la chapelle Saint-Roch.

Les conglomérats de l'Argentière sont très analogues[1] au *Servino* ou Verrucano des géologues suisses; nous possédons des échantillons de cette dernière roche, provenant de Mels, dans les Grisons, qu'il est presque impossible de distinguer du conglomérat des Mottes ou de celui de l'Argentière. La liaison avec le terrain houiller est ici très intime : le passage des grès noirs aux conglomérats rougeâtres est graduel, et il est fort difficile de placer une limite précise entre les deux assises. Cet affleurement fait d'ailleurs, d'après M. Termier[2], qui a étudié cette région, partie d'une « écaille » de charriage.

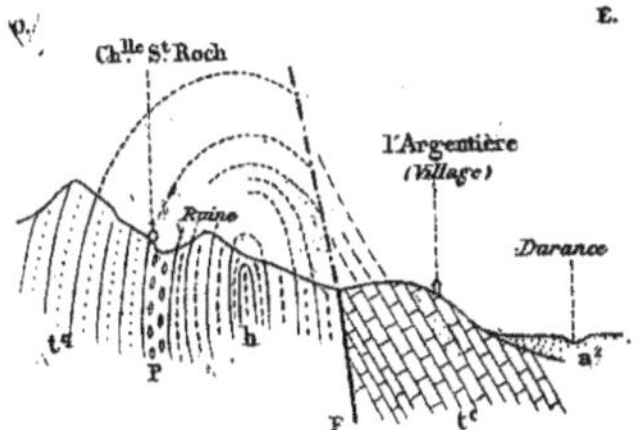

Fig. 9. — Coupe relevée dans la basse vallée du Fournel à l'Ouest du village de l'Argentière (Hautes-Alpes).

LÉGENDE.

h Terrain houiller. — *P* Verrucano et argilolithes permiennes. — t^q Quartzites triasiques. t^c *Marbres en plaquettes* (E. J.). — a^2 Alluvions. — *F* Faille (glissement).

A peu de distance du col du Lautaret, sur le versant occidental du massif du Galibier-Ponsonnière, le Permien présente un développement remarquable de conglomérats bigarrés à galets de quartz blanc, rose groseille et vert, de schistes lie de vin et de grès vivement colorés; on l'observe facilement en montant au-dessus des tunnels de la route nationale, en face du hameau de la Madeleine. Les conglomérats renferment en ce point de nombreux galets d'argilophyres[2]. Environs du Col du Lautaret.

[1] Des conglomérats permiens de nature analogue existent à Argentière (Haute-Savoie) et à Largentière (Ardèche) ainsi qu'à Oronaye, près de l'Argentière (Italie).

[2] M. Termier a bien voulu examiner au microscope quelques-uns de ces galets recueillis par l'un de nous. (Voir à ce sujet : Termier, *Montagnes entre Briançon et Vallouise*, p. 12-15.)

Permien du Briançonnais.

Dans une série de points des massifs de Prorel et de l'Eychauda, M. Termier ne signale entre le Houiller et le Trias aucun dépôt permien[1]. Il en est également ainsi à Briançon même où, dans la coupe du parc de M. Audoyer (gorge de la Durance), on voit les quartzites verticaux succéder *immédiatement* aux bancs redressés des grès houillers.

Toutefois, dans d'autres points du Briançonnais, nous considérons comme appartenant au Permien des grès grossiers, rouges ou verts, des conglomérats à galets de quartz verts ou rouges, et à galets de liparite, des argilolithes schisteuses : le tout passant, au sommet, aux quartzites (t_{iii}) de la Carte géologique, et, à la base, aux grès houillers. L'épaisseur de ce système est variable, et atteint parfois 100 mètres; c'est pour nous, comme pour M. Termier, l'équivalent du *Verrucano*. C'est ainsi que, dans le vallon de Granon et au Nord de Saint-Chaffrey, les quartzites du Trias inférieur passent à des couches permiennes (renversées en ce dernier point) qui affectent la forme d'un Verrucano bien typique. On retrouve ce Verrucano avec un beau développement aux « Combes », dans le massif de la Condamine. On peut l'observer encore dans une gorge entre Chanteloube et les Achards, en face de Saint-Crépin.

Près de Mont-Dauphin, à Réotier, un pli anticlinal fait apparaître, au-dessous des quartzites du Trias, des schistes rouges que nous considérons comme l'équivalent des schistes permiens de l'Argentière; ils sont accompagnés d'une *roche éruptive* laminée s'appuyant sur des grès houillers (Ouest de l'Église).

Plan-de-Phazy.

Dans l'axe du même pli, de l'autre côté de la Durance, des assises pouvant se rapporter au Permien se montrent encore au Plan-de-Phazy, à côté de la station thermale; elles présentent là, d'après H. Lachat[2], trois espèces de roches : des poudingues avec cristaux de feldspath triclinique, des schistes talqueux et quartzeux verts, les mêmes schistes, mais violets. Nous avons examiné cette intéressante localité; une coupe menée du S.O. au N.E. donne la succession suivante : 1° Flysch; 2° Calcaire dolomitique gris, compact, en dalles, très analogue aux calcaires triasiques du Briançonnais; 3° Schistes verdâtres, siliceux, talqueux, satinés, à noyaux feldspathiques et quartzeux rappelant beaucoup le Permien des environs de Modane, mais se révélant au microscope comme n'étant, vers la base, autre chose qu'un *granite du Pelvoux laminé;* 4° Quartzites chloriteux; 5° Quartzites du Trias inférieur; 6° Gypses.

[1] Termier, *loc. cit.*, et C. R. des collaborateurs pour 1895 (*Bull. Serv. Carte géol.*, t. VIII, p. 191).
[2] Communication inédite de notre regretté confrère H. Lachat.

L'inclinaison de toutes ces assises est la même : il est probable que les granites forment l'axe du pli isoclinal qui, un peu plus au Sud, va s'enfoncer sous le Flysch. Le Permien serait représenté ici par les quartzites chloriteux et séricíteux n° 4 et par une partie de l'assise n° 3; cette roche phylliteuse n° 3, dont M. Termier a bien voulu faire l'analyse micrographique et que l'un de nous avait d'abord (en 1892) assimilée aux *bésimaudites* de M. Zaccagna, avec lesquelles elle offre une grande ressemblance, et qui était considérée par Lachat comme permienne, est d'origine éruptive. Elle présente, par places, la structure d'un *conglomérat porphyrique* dynamométamorphisé à nombreux galets feldspathiques et galets de quartz plus rares; mais, en d'autres points du même anticlinal, l'examen microscopique montre nettement un granite du type « granite du Pelvoux ». On sait, d'autre part, que plusieurs pétrographes ont émis l'opinion que la « bésimaudite » typique, décrite par M. Zaccagna n'est, dans beaucoup de cas, autre chose qu'une roche porphyrique laminée. Ces faits complètent l'analogie indiquée plus haut et confirmée encore par la position qu'occupe notre roche n° 4 entre le Trias le plus inférieur et un noyau anticlinal de granite du Pelvoux, c'est-à-dire au niveau du Permien.

La porphyrite (andésite) de Guillestre, le conglomérat porphyrique du Plan-de-Phazy, la roche de Réotier, toutes trois inférieures aux quartzites, et probablement permiennes, jalonnent, en trois points très rapprochés et dans des conditions presque identiques, des anticlinaux au milieu des formations plus récentes des environs de Mont-Dauphin. Ajoutons que la liaison intime de ces roches avec l'anticlinal du Plan-de-Phazy, formé en partie de *Granite du type du Pelvoux*, exclut pour elles toute idée de charriage *lointain*.

Queyras et Haute-Ubaye.

Dans le Queyras, on voit apparaître près du hameau du Veyer, au-dessous des quartzites triasiques, des schistes talcoïdes et des conglomérats quartzeux à galets roses qui appartiennent également au Permien.

Dans la haute vallée de l'Ubaye, près de la Blachière, on observe également à la base des quartzites un conglomérat à éléments quartzeux de la grosseur d'œufs d'oie et à ciment grisâtre et violacé. Des grès analogues, à galets de quartz, existent au col Tronchet et, d'après M. Lugeon, dans le massif de Pierre-Eyrautz, au Sud de Briançon. Ces « anagénites » à galets de quartz et de jaspe se continuent avec des argilolithes bigarrées sur le flanc Sud et Sud-Ouest de la montagne de Chillol. Au col Mary, elles sont accompagnées, dans l'axe d'un anticlinal, d'une importante masse d'*andésite*, qui, d'après

M. Franchi, se continue sur le territoire italien [1]. Elles se retrouvent en plusieurs points du massif de Chambeyron et, plus au Sud, dans le vallon d'Oronaye, près du col de l'Argentière, où elles forment l'axe d'un anticlinal de direction N. N. O. et également jalonné d'affleurements éruptifs [2].

En amont de Maurin, à Combe-Bremond, des schistes satinés rouges, verts, violacés et verdâtres, veinés d'épidote, et signalés pour la première fois par M. Zaccagna [3], semblent reposer en série renversée sur les Schistes lustrés mésozoïques et les séparent des quartzites. Nous les avions considérés comme permiens, après M. Zaccagna; mais une nouvelle étude de la localité, faite en compagnie de Marcel Bertrand, nous a conduits à considérer ces schistes serpentineux comme un accident dû au voisinage des « roches vertes » et comme analogues à ceux de Césanne. Nous hésitons donc actuellement à les considérer comme permiens, et ne sommes pas éloignés de les rattacher, à l'exemple de Bertrand [4], aux Schistes lustrés. De nouvelles recherches devront nous fixer sur ce point. Quoi qu'il en soit à cet égard, il existe non loin de là, dans la Haute-Ubaye, près de Maurin, des quartzites phylliteux à galets de quartz, que nous rapportons avec certitude au Permien, d'accord avec Marcel Bertrand, auquel ces couches ont vivement rappelé le Permien du col de Chavière en Savoie.

Environs de Barcelonnette.

Le Permien typique affleure encore en un point de la vallée de Barcelonnette, dans le ravin des Sanières, près de Jausiers, où l'on voit apparaître dans l'axe d'un anticlinal étiré et *charrié*, et toujours sous les quartzites du Trias inférieur, des bancs de grès grossiers lie de vin, qui offrent tous les caractères des dépôts décrits plus haut comme intermédiaires entre le Houiller et le Trias.

Permien des Alpes-Maritimes.

On sait d'autre part que M. Zaccagna [5] a décrit sur le versant italien des Alpes maritimes, non loin de la région dont il vient d'être question, une série d'assises sédimentaires recouvertes *en concordance* par le Trias et qu'il rapporte au système permien; ce sont des « anagénites » feldspathiques, des schistes talcoïdes arénacés, verdâtres et ardoisiers, des schistes séricîteux, des schistes

(1) Bol. R. Comit. geol., 1898, n° 3 et 4, fig. 20.

(2) Voir Kilian et Termier, *Bull. Soc. géol. de Fr.*, 3e série, t. XXIII, p. 412.

(3) Schistes talqueux, gneissiformes, reposant en *discordance* sur les Schistes lustrés (Zaccagna *loc. cit.* : Sulla geologia delle Alpi occidentali, p. 46).

(4) M. Bertrand, *Études sur les Alpes françaises*, loc. cit., p. 756.

(5) Zaccagna, *loc. cit.*, p. 55.

gneissiformes avec nappes de porphyres quartzifères, de porphyrites plus ou moins laminées, ainsi que des *apenninites* et des *bésimaudites*. Ces dernières sont séparées du Trias par des « anagénites » et des schistes rouges et verts, intimement liés aux quartzites triasiques. Toutes ces couches paraissent bien, à en juger d'après les descriptions publiées, pouvoir être considérées comme la continuation et l'équivalent de celles que nous rattachons au Permien dans le Briançonnais. Elles se développent jusqu'en Ligurie. M. Franchi (*Sull' eta mesozoica*, etc., p. 57 et suiv.) et M. Pellati (*Mem. Carta geol. d'Italia*, t. XII) ont donné des cartes de leur extension au Sud de la Dora Riparia, et M. Franchi a publié une série d'observations intéressantes sur la composition de ce qu'il appelle le « *Permien à facies ordinaire* ». Ce type est limité à la zone du Briançonnais et fait place, plus à l'Est, au *Permien à facies cristallin* de la zone du Piémont (Paësana, etc.).

Conclusions. — (Verrucano de la zone intra-alpine.)

D'après ce qui précède, il semble peu douteux que le Permien existe dans les zones du Briançonnais et du Piémont (zone du Mont-Rose), et cela sous des facies qui, — suivant que le métamorphisme a fait sentir plus ou moins énergiquement son action sur ces dépôts, — rappellent tantôt celui de la Vanoise (« facies cristallin »), tantôt se montrent identiques au facies qui domine dans le Briançonnais et dans les Alpes suisses, où il est désigné par le terme classique de *Verrucano*, et se montre très constant, notamment dans les Alpes glaronnaises et dans l'Engadine.

Ce terme de *Verrucano* (de Verruca en Toscane) introduit dans la science par Savi, en 1832, a été employé couramment depuis que Studer l'eut appliqué, en 1850, à des conglomérats du permo-carbonifère alpin. M. Milch[1] a publié une intéressante monographie dans laquelle il étudie surtout les roches éruptives que contiennent, soit à l'état de *galets*, soit en *intercalations*, les poudingues désignés sous ce nom. A la Verruca, près de Pise, le Verrucano a fourni, à la base, des débris végétaux. Cette dénomination a été appliquée indistinctement, en beaucoup de points, à des formations tantôt houillères, tantôt permo-triasiques, parfois aussi à l'ensemble des dépôts permo-carbonifères alpins[2]. (Voir plus bas, p. 150.)

Les « Sernifites » d'O. Heer (conglomérats de Sernf, Glaris), le Mannokonglomérat et le « *Servino* » des géologues italiens sont des dépôts détritiques ana-

(1) Milch, *Beitraege zur Kenntniss des Verrucano*, Leipzig, Veit et Cie.

(2) Voir les travaux de MM. v. Bistram, Schiller, etc., 2 vol., 1892-1896.

logues au Verrucano dont ils ne constituent que des variétés locales, et il convient de n'attribuer à ces termes qu'une valeur purement pétrographique. Quant au mot *anagénite*, employé de préférence par certains géologues italiens, il s'applique à toute espèce de poudingue formé de roches anciennes plus ou moins cristallines et siliceuses.

Il est vrai, comme nous l'avons dit plus haut, qu'*aucun fossile* ne donne le droit de rattacher au Permien toutes les roches que nous venons de citer; mais nous avons démontré, dans les pages qui précèdent, que leur position stratigraphique autorise cette interprétation, que corrobore encore l'identité frappante de certains de nos conglomérats avec les « sernifites », considérés comme permiens dans les Alpes suisses.

Nos talcschistes et chloritoschistes feldspathiques, à noyaux feldspathiques du Plan-de-Phazy, inférieurs aux quartzites du Trias, rappellent d'autre part beaucoup les roches désignées sous le nom de « bésimaudites » dans une région voisine de la nôtre.

Zone du Chablais.

Rappelons encore que le Permien « à *facies briançonnais* » a été signalé dans le massif *charrié* de la Brèche du Chablais par M. Lugeon, sous la forme de grès rouges; l'affleurement le plus important est celui de la Lesse, près Saint-Jean-d'Aulph. Les roches de même nature des environs de Taninges, d'origine également exotique, ne peuvent cependant être attribuées qu'avec doute à ce terrain.

Permien de la zone cristalline delphino-savoisienne.

Permien de la zone cristalline delphino-savoisienne (première zone alpine de Ch. Lory, appelée aussi récemment, — on ne sait trop pourquoi, — « *Grandes Alpes de Savoie* » par M. Pervinquière [1907]). — Le Permien existe-t-il dans la première zone alpine? Sans pouvoir conclure encore d'une façon absolue, il semblerait cependant que l'on peut répondre par l'affirmative, quoique les observations de Ch. Lory n'en aient fait connaître aucune trace.

Environs du Mont-Blanc.

On a signalé, en un certain nombre de points, des assises qui ont semblé aux auteurs appartenir à ce système. M. Zaccagna a décrit pour la première fois, comme permien, en 1888, au col de Voza, dans le voisinage du Mont-Blanc, un ensemble de schistes talqueux verdâtres, à noyaux feldspathiques et quartzeux d'un aspect gneissique rappelant le « Suretta-gneiss » des Alpes suisses. A ces roches sont associés des schistes luisants, satinés, rouges et verts. — Au sommet du Prarion, des anagénites talqueux à noyaux blancs et rouges représenteraient le même terrain qui offrirait là le type de roches appelées *bésimaudites* par ce savant. — M. Michel-Lévy a retrouvé ces « bésimaudites » près du Pont-Pélissier, sur la rive gauche de l'Arve. Il les considéra, en ce point, comme inséparables des quartzites et les rapporta au Trias[1]. Sur le versant occidental du massif du Prarion, la formation triasique forme comme un *manteau* et plonge à l'Ouest. Les quartzites y reposent, vers le Sud, sur un ensemble de poudingues et de schistes qui peuvent être comparés au Verrucano. Toutefois, comme ces couches sont *en discordance avec le Houiller* et concordantes avec le Trias, le savant Directeur du Service de la Carte pense que leur attribution au Permien n'est pas complètement justifiée. Il croit qu'il serait plus juste de les rapporter à l'étage du grès des Vosges. Les mêmes conclusions s'appliqueraient, d'après lui, à des grès et schistes rouges signalés au col de Salenton, par notre regretté confrère Maillard et qui sont également inférieurs aux quartzites.

Peut-être, d'ailleurs, l'aspect spécial des quartzites du Prarion n'est-il, du reste, qu'un effet du métamorphisme exercé sur les assises les plus anciennes du Trias inférieur; car M. Michel-Lévy nous a montré à cette même montagne du Prarion, près de Saint-Gervais (Haute-Savoie), des couches fort analogues aux phyllites de Modane, *paraissant inséparables de quartzites considérés jusqu'à présent comme triasiques*, alors que sur le flanc Sud-Ouest de ce même massif apparaît sous les *quartzites blancs du Trias* un ensemble de *poudingues et de schistes rouges et verts* identiques au Verrucano du Briançonnais et que *nous rapportons* au Permien. Des assises analogues existent près d'Argentière (Haute-Savoie); près des Pyramides calcaires (versant Sud du Mont-Blanc), MM. Duparc et Mrazec signalent des schistes verts du même âge. Peut-être faut-il aussi rattacher au même terrain le Poudingue de Vallorcine, une partie

[1] Depuis lors, de nouvelles observations ont été faites dans la haute vallée de l'Arve, entre Servoz et les Houches, par MM. E. Haug, M. Lugeon et P. Corbin (*C. R. A. S.*, 9 décembre 1902). Ces auteurs ont découvert dans cette partie du massif un *pointement granitique* (granite du type de Vallorcine) peut-être post-houiller. Ce granite, écrivent-ils, « forme, en général, une bande de largeur moyenne de 200 mètres plus ou moins parallèle à l'Arve; à partir du Jour-d'en-Haut, l'affleurement s'élargit considérablement vers le Sud, car le granite se couche de plus en plus sur les schistes encaissants, pour les recouvrir, aux Bochards, en nappe horizontale, épaisse de quelques mètres seulement, comme l'avait très bien reconnu M. Michel-Lévy, en attribuant, il est vrai, cette allure tectonique à la « *bésimaudite* ». — Ce granite est accompagné de *schistes métamorphiques* passant au Houiller. — Nous ajouterons encore que les mêmes savants ont observé, au-dessus de la chambre de décantation de la prise d'eau du P.-L.-M., des argilolithes rouges et vertes qui, disent-ils, représentent *peut-être le Permien*. — Il est donc probable que la plupart des roches de cette région considérées comme des *bésimaudites* sont des granites plus ou moins laminés (Prarion, Pont-Pélissier, les Bochards, etc.).

IMPRIMERIE NATIONALE.

des « poudingues rouges », de l'« arkose de Morcles » et des schistes violacés accompagnés d'intercalations porphyriques et pétrosiliceuses (« éjectives ») que les auteurs suisses ont signalées au sommet du Houiller, au Nord du massif du Mont-Blanc.

Il est à remarquer, d'ailleurs, que lors même que la roche verte du Prarion appartiendrait au Trias et que les bésimaudites du bassin de l'Arve devraient être considérées en partie comme des granites laminés et charriés, *ainsi qu'il paraît résulter d'observations récentes*, ce fait n'infirmerait en aucune façon nos conclusions relatives aux assises à facies Verrucano du Briançonnais constamment inférieures au Trias.

Massif de Beaufort.

Des schistes verts pouvant se rattacher à la même formation se montrent également d'après l'ingénieur Lachat[1] à Arêches, dans les environs de Beaufort, entre le terrain houiller et les dolomies du Trias.

Aux Mollières, près d'Ugines, sur les deux rives de l'Arly et sur la nouvelle route de Queyge, M. Hollande a signalé un poudingue à gros éléments qui alterne avec des schistes lie de vin. Ce poudingue que l'auteur considère comme du Verrucano serait, d'après lui, discordant avec le Houiller et le Trias et appartiendrait au Permien. M. Ritter a décrit également aux Mollières et près de Flumet, en stratification *discordante sur* le Houiller, des conglomérats et des quartzites phylliteux analogues à ceux du Prarion et en a publié des diagnoses micrographiques intéressantes. M. Termier a rattaché au terrain permien les schistes de Bionnay; il a donné le même âge à des couches métamorphiques (poudingues métamorphiques) concordantes avec les quartzites du Trias dans la vallée de l'Arly, près de Flumet. Néanmoins les travaux de MM. Ritter[2] et Haug[3] ont montré tout ce que l'existence du Permien a de problématique à Mégève et dans la vallée de l'Arly, où, d'après ces auteurs, les argilolithes et schistes rouges qu'on avait attribués à ce terrain seraient en partie préhouillers et discordants avec le Carbonifère.

Il est certain que de nouvelles études sont nécessaires pour fixer l'âge de

[1] Communication inédite de Hippolyte Lachat.

[2] Ritter, C. R. des Collab. Campagne 1894, p. 146 (*Bull. Serv. cart. géolog.*, n° 44). — *Id.*, la bordure S. O. du Mont-Blanc, *ibid.*, Mém. n° 60 (t. IX, 1897), p. 79-80.

[3] Haug, *Hautes chaînes calcaires*, etc., p. 7 et suivantes : « Dans les massifs du Prarion et des Aiguilles Rouges, la présence du Permien est plus que problématique ». — On a attribué au Trias inférieur les quartzites *transgressifs* de Saint-Gervais (Haute-Savoie), qui rappellent cependant certains types du Verrucano, notamment les bancs quartzeux intercalés dans le Permien typique de Fontan (Alpes-Maritimes) et de Saint-Dalmas-de-Tende (W. K.).

tous ces dépôts de la Haute-Savoie; ils permettront également de savoir si, comme l'a indiqué M. Haug, il y a, dans cette région, concordance entre le Permien et le Houiller, ou si ces formations se recouvrent en discordance, comme le croit M. Hollande, et comme paraîtrait l'indiquer, non loin de là, la transgression des « grès d'Allevard » sur les conglomérats houillers.

Plus au Sud, et sur la bordure externe de la chaîne de Belledonne, dans la gorge du Bout-du-Monde, près d'Allevard, des grès brunâtres siliceux, des assises violacées et des conglomérats ont été rattachés par divers auteurs à ce terrain. Ces assises paraissent (dans la gorge du Bout-du-Monde) intimement liées aux schistes à séricite qui les supportent, mais ce n'est là qu'une fausse apparence. En réalité, ils reposent, *comme les schistes et poudingues des environs de Saint-Gervais*, en *discordance* sur leur substratum et en *transgression* sur le Houiller dans d'autres points de la région, et l'on peut se demander avec M. Pierre Lory, qui les a étudiées dans tous les détails de leur constitution et de leur répartition, si, pour les environs d'Allevard, où manquent les quartzites du Trias, le facies des poudingues et schistes bigarrés ne se serait pas prolongé un peu plus tard que dans la zone du Briançonnais. Les « Grès d'Allevard » engloberaient, dans ce cas, la base au moins du Trias inférieur; ils seraient synchroniques non seulement des « Grès rouges » *permiens*, mais encore, comme les schistes, poudingues et quartzites de Saint-Gervais, des « Grès vosgiens »[1] et peut-être aussi des « Grès bigarrés ». Massif d'Allevard.

Cette formation des *Grès d'Allevard* occupe une grande étendue du côté de Theys et du Merdaret; nous renvoyons, pour tout ce qui la concerne, au travail détaillé que leur a consacré M. P. Lory et dans lequel on trouvera un intéressant historique des opinions diverses qui, depuis Guettard, ont été émises à son sujet. L'analogie de cet ensemble avec le Verrucano est, en certains points, tout à fait remarquable ainsi que sa ressemblance avec le Permien détritique du Briançonnais, et si les quartzites triasiques ne faisaient pas ici entièrement défaut, on n'hésiterait pas à faire des grès d'Allevard, comme des quartzites de Saint-Gervais, le représentant du Permien.

Si l'on suit plus avant vers le Sud le bord des massifs cristallins de la zone delphino-savoisienne, on ne rencontre plus guère, à partir d'Allevard, de dépôts qui puissent être placés entre le Houiller et le Trias. Il en est de même dans l'intérieur de ces massifs. Dans une région restreinte seulement, non loin Massif de la Salette.

[1] P. Lory, Études géologiques dans la chaîne de Belledonne. — Note sur la bordure occidentale du massif d'Allevard (*Annales de l'enseignement supérieur de Grenoble*, t. V, n° 1, et t. VII, n° 2).

d'Entraigues en Valbonnais, aux Rouchoux et à Fallavaux, près de la Salette, M. Termier a signalé comme permiennes des assises de poudingues et de grès rouges, analogues à celles que nous avons décrites aux environs de Valloire en Maurienne. Ces assises, épaisses d'au moins 600 mètres, d'après notre confrère, constituent notamment le sommet des Rouchoux (2,123 mètres), à l'Est de la Salette; elles séparent le Trias du col de Praclos, du Houiller du col de la Donne; au Sud, on les suit jusqu'au fond du ravin des Granges; elles reparaissent près du col des Vachers; au Nord, ce Permien se termine en pointe entre le Quairelet et Malserret, mais on le retrouve sous une forme un peu différente au col des Marmes, sur le Désert en Valjouffrey.

Absence du Permien aux environs de Barles.

La coupe de Barles, dans les Basses-Alpes, donnée par M. Haug[1] et qui est prise dans une région (zone du Gapençais) correspondant, par sa position à l'Est des chaînes subalpines et à l'Ouest de la zone du Briançonnais, à la zone alpine delphino-savoisienne, ne montre, au-dessus du Stéphanien fossilifère, aucune assise qui puisse appartenir au Permien et permet de conclure à son absence dans la zone du Gapençais.

Alpes-Maritimes.

Dans les Alpes-Maritimes, par contre, les recherches de Potier, puis les descriptions détaillées de M. Léon Bertrand ont fait connaître dans la vallée du Var, aux environs de Guillaumes, une puissante série de couches d'argilolithes, de grès rouges et d'arkoses fortement colorées, où dominent les teintes vertes et rouges et qui appartiennent au système permien. Ces dépôts sont moins étendus que ceux du Trias qui les recouvrent en concordance et qui les débordent transgressivement vers le Nord-Est. Ils rappellent tout à fait le facies du Permien fossilifère de l'Esterel, et leur analogie n'est pas moins grande avec celui de la Maurienne (Valloire, Encombres) que nous avons décrit plus haut et auquel pourraient parfaitement s'appliquer bon nombre de descriptions publiées par M. Léon Bertrand. On les retrouve dans la vallée de la Roya, en amont de Fontan.

Relations avec le Permien de l'Esterel.

Cette double analogie est de la plus haute importance et mérite de fixer l'attention; elle vient confirmer en effet, d'une façon très nette, des conclusions tirées de considérations purement stratigraphiques dans le reste des Alpes françaises, en permettant de rattacher aux assises de l'Esterel[2] à flore *permienne* bien caractérisée (*Walchia piniformis* Schloth. sp.) les schistes et grès inférieurs aux quartzites triasiques de nos Alpes.

[1] Haug, Les chaînes subalpines entre Gap et Digne, *loc. cit.*, p. 15.

[2] Wallerant, Études géologiques de la région des Maures et de l'Estérel (Thèse), Paris, 1889.

RÉSUMÉ ET CONCLUSIONS.

Résumé.

Ce qui précède nous a montré qu'il existe dans une bonne partie des Alpes françaises, et notamment dans les chaînes intérieures de l'Est, des dépôts qui, par leur position stratigraphique, par leurs caractères pétrographiques et par la continuité qui les relie aux assises indubitablement permiennes (v. *suprà*) des Alpes-Maritimes, de l'Esterel et des Maures, peuvent être à bon droit regardées comme appartenant au système permien. Il est à remarquer toutefois que, si nous rattachons à cet ensemble des conglomérats siliceux bigarrés ou « anagénites » que leur liaison intime avec les quartzites triasiques qui les recouvrent peut faire considérer comme correspondant peut-être, en partie du moins, aux grès vosgiens, soit à l'*extrême base du Trias,* nous avons vu d'autre part que ces dépôts sont difficiles à délimiter, dans beaucoup de cas, des couches stéphaniennes à anthracites, auxquelles elles *passent insensiblement* en certains points du Briançonnais.

Nulle part ne se montre le *facies autunien* du Permien inférieur.

Des actions *métamorphiques* se sont fait sentir dans les zones orientales et ont profondément modifié (Vanoise, Modane, Alpes-Maritimes italiennes, Piémont) les couches détritiques permiennes.

Une difficulté pratique consiste donc à distinguer dans nos Alpes le Permien, qui semble exister dans toute la zone du Briançonnais, du Trias et du terrain houiller, auxquels le rattachent des transitions ménagées et souvent, comme vient de le faire voir M. Termier, un métamorphisme identique.

Roches éruptives.

Les *roches éruptives* massives ou laminées (bésimaudites, schistes bigarrés) ne sont pas rares dans le Permien de nos Alpes; la *porphyrite* (*andésite*) de Guillestre, dont nous avons communiqué des échantillons à MM. Michel-Lévy et Termier, et qui rappelle la roche éruptive du même âge de la Windgälle (Suisse), apparaît en amont de Guillestre, dans l'axe d'un anticlinal formé par les quartzites qu'elle n'a pas traversés. On retrouve ces roches (*argilophyres, liparites*) en *galets* et en fragments dans la plupart des conglomérats permiens; il en est de même de l'*andésite* du col Mary, dans la Haute-Ubaye, de la roche éruptive d'Oronaye, près de Larche, et de plusieurs autres[1]. Nous avons énuméré, en outre, plus haut un certain nombre d'*intercalations*

[1] W. Kilian et P. Termier, *Bull. Soc. géol. de Fr.*, 3e série, t. XXIII, p. 395 (1895).

éruptives dans ce système (Alpes-Maritimes italiennes, etc.) et décrit des conglomérats porphyriques qui rappellent le conglomérat porphyrique permien des Maures. On sait aussi que M. Milch a mentionné des intercalations analogues dans le Verrucano de beaucoup de régions et qu'il en existe également dans le Permien des Alpes orientales (Porphyres de Botzen, intercalés dans les Grès de Groeden, etc.), dans les Alpes italiennes, près du Lac Majeur (Meina), au Sud de la haute vallée du Pô[1], etc.

Nous reviendrons sur ces types, et sur leur répartition dans les Alpes françaises, dans le chapitre que nous consacrerons aux roches éruptives.

Discordances et mouvements orogéniques.

En concordance parfaite avec leur substratum et avec les assises qui les surmontent dans toutes les chaînes intérieures (zone du Briançonnais) [voir plus haut le schéma, fig. 4], les dépôts permiens se montrent au contraire, — comme en certains points du massif central de la France, — *transgressifs* sur les couches plus anciennes, et beaucoup moins développés sur la bordure des massifs cristallins du Mont-Blanc, de Belledonne et du Pelvoux; ils n'ont pas été signalés dans l'intérieur de ces massifs.

Si l'absence, ou au moins l'existence très sporadique de tout dépôt de cet âge dans la zone cristalline delphino-savoisienne (1re zone alpine), venait à être définitivement confirmée, il faudrait en conclure que cette partie externe des Alpes (y compris le massif du Mercantour) était *émergée* à ce moment où elle a été, du reste, contrairement aux zones intra-alpines, le théâtre d'énergiques dislocations (transgression du Permien sur le Houiller et peut-être même discordance dans le voisinage du Mont-Blanc et aux environs d'Allevard). Il convient aussi de rappeler qu'à l'époque du Houiller supérieur et du Permien inférieur, ces chaînes, comme les montagnes du Pilat, de Vienne

[1] On lira avec intérêt la consciencieuse étude consacrée par cet auteur aux diverses roches détritiques (Conglomérats homogènes, quartzeux, porphyritiques, mélaphyriques, porphyriques, protoginiques, conglomérat de Sernf, tufs porphyriques, grès grossiers (Mühlstein de Mels [Grisons], arkosine, grès fins, ferrugineux, siliceux, argileux, colorés en rouge, violet, vert, par des oxydes de fer, argiles et marnes durcies) que comprend dans la Suisse orientale le complexe du *Verrucano*, à leurs variations locales, et aux types métamorphiques (schistes à chloritoïde, schistes à séricite, schistes à ottrelithe, schistes épidotifères, etc.), qui en dérivent. Ce *Verrucano* qui comporte une série de subdivisions locales serait, pour M. Milch, contemporain d'une partie de couches à *anthracite* des Alpes. Cette dénomination n'est (voir Frech. Lethaea geogn., Dyas, p. 548) qu'un terme pétrographique désignant des conglomérats rutilants et des grès rouges dans la région méditerranéo-alpine. Ce facies se présente dans le Permien inférieur (Autunien) avec une flore caractéristique à Verruca, au Monte Pisano (*idem*, p. 537, bibliographie intéressante), où il a été étudié par de Stefani, Canavari, Lotti et Bosniaski).

(Isère) et de Saint-Vallier si bien étudiées par M. Termier, appartenaient au bord de la zone de plissement hercynienne. La nature détritique des roches permiennes de la zone du Briançonnais s'expliquerait ainsi très simplement par la présence de ces massifs émergés *en voie de plissement,* à l'Ouest d'un *géosynclinal intra-alpin.*

L'allure d'ordinaire grossièrement détritique des dépôts permiens qui succèdent *en concordance* au Houiller, dans le bassin intra-alpin, la nature des éléments microscopiques *d'origine granitique* (Valloire) et des galets de roches éruptives et de quartz qu'ils renferment, conduisent, en effet, à admettre l'existence à cette époque de *massifs émergés* et battus par les flots en certains points des Alpes françaises. En tenant compte de l'absence fréquente du Permien dans la première zone alpine, et de la discordance qui en limite les assises vers le bas dans cette zone (Haute-Savoie, Allevard), on est conduit à conclure que ces masses continentales devaient être situées *à l'Ouest* de la zone du Briançonnais, et probablement sur l'emplacement actuel de la zone du Mont-Blanc-Belledonne-Pelvoux-Mercantour, et à confirmer l'ancienneté, déjà admise par Ch. Lory, des massifs cristallins de la première zone alpine, qui ont, du reste, ainsi que l'un de nous l'a mis en évidence, en 1892 [1], une histoire identique à celle des régions appartenant à ce qu'on est convenu d'appeler la *chaîne hercynienne.* Nous retrouvons en effet, à Allevard [2] et au Prarion, la discordance du Permien avec son substratum et sa concordance avec le Trias que l'on connaît dans les Vosges et dans d'autres massifs de l'Europe centrale.

Répartition dans l'ensemble des Alpes.

Le Permien, soit sous la forme de *Verrucano,* soit sous son *facies métamorphique,* a été signalé dans la plupart des massifs de la chaîne des Alpes. Il existe dans les Alpes orientales (Grœdener Konglomerat à *Walchia piniformis*) et dans les nappes de charriage qu'on y a récemment mises en évidence, notamment au Nord et au Sud (Mals, Hopfgarten, Tarvis) de la zone centrale cristalline, dans les Karawanken (couches de Grœden); on le retrouve, sous son aspect détritique et bigarré (Servino, *p. parte*), dans les nappes de l'Engadine, des Grisons et des Alpes glaronnaises, dans les Alpes bernoises, dans les environs de Lugano [3], etc.

[1] W. Kilian, Notes sur l'histoire et la structure géologique des chaînes alpines de la Maurienne, etc. (*B. Soc. géol. Fr.,* 3e série, t. XIX, 1891).

[2] Les Grès d'Allevard et leur disposition transgressive rappellent vivement les Grès de Patroa près de Saint-Étienne.

[3] Outre les précieuses indications sur le Permien alpin, réunies dans Frech, Lethaea geognostica (Dyas, 2-3 Lief., p. 537, 548) et dans Eb. Fraas, Szenerie der Alpen, p. 91, 94, 97 et 106

Il constitue en particulier, dans la zone du Briançonnais, une bande importante qui prend en Italie, entre la haute Ubaye et Savone, un développement notable; le facies *verrucano* a été signalé également en dehors des Alpes; c'est ainsi que M. Zlatarsky en a décrit près de Sofia, dans le défilé de l'Isker, de remarquables affleurements.

On y a signalé des végétaux fossiles caractéristiques dans le Val Trompia, au Monte Pisano, à Neumarkt et dans les couches de Grœden. Il se montre discordant avec son substratum au Toedi, au Bifertengraetli et dans la zone méridionale des Alpes orientales. (Voir Fraas, *loc. cit.*, fig., p. 92, etc.)

A l'Est et au Nord-Est, dans la zone du Piémont, règne le type franchement *métamorphique et gneissique.*

Les coulées porphyriques et andésitiques sont fréquentes dans le Permien des Alpes (porphyres et porphyrites de Botzen, Lugano, Arona, andésites de la Windgaelle, de Guillestre, bésimaudites, etc.), comme dans celui des Alpes Maritimes italiennes, des Maures et de l'Estérel.

DIAGNOSES LITHOLOGIQUES D'ÉCHANTILLONS APPARTENANT AU SYSTÈME PERMIEN[1].

Diagnoses lithologiques.

1. *Conglomérat permien de l'Argentière* (Hautes-Alpes) [Préparation n° 26. Coll. Fac. des Sc. de Grenoble]. — Nous avons prié M. Michel-Lévy de bien vouloir examiner des préparations de cette roche au microscope. Voici ce qu'il nous écrit : « structure grossièrement clastique; grains irréguliers de quartz entre les nicols croisés, moirés et même parfois grossièrement quadrillés (imitant le microcline) par dynamométamorphisme. Ciment en fine séricite et en quartz récent toujours à grains très dentelés et allongés. Quelques débris de mica noir. »

2. *Conglomérat permien de l'Argentière.* (Coll. Fac. des Sc. de Grenoble.) — [Diagnose de M. Termier] : Poudingue à galets de quartz, très pressés, de sorte que le ciment est devenu rare. Ce ciment est transformé en une sorte de mélange d'argile cristallisée et de séricite très courte, cette dernière due probablement à la présence de quelques galets feldspathiques écrasés. Les galets de quartz sont pour la plupart intacts. Dans quelques

(avec figures), on consultera à ce sujet les publications de MM. von Bistram sur les Alpes de Lugano, Schiller sur le Massif de Lischanna, Paulcke sur l'Antirhaetikon, etc.

[1] La collection Alph. Favre (Musée de Genève) contient divers échantillons du Permien alpin; nous y avons remarqué notamment : *a. Arkose* de Cevins (Savoie). Conglomérat à galets de jaspe, du type habituel analogue aux conglomérats de l'Argentière. *b. Arkose* de Chardausse de la Balme (Alph. Favre, *loc. cit.*, § 649). Conglomérat siliceux (anagénite) du type du Verrucano de l'Argentière. *c. Arkose* à galets de jaspe du Moulin-Barbe, près Albertville, et des Mollières, près d'Ugine, analogue aux précédents.

Diagnoses lithologiques. (Suite.)

interstices, cristallisation secondaire de quartz grenu aux dépens sans doute des galets quartzeux pulvérisés. Rien de bien intéressant à noter.

3. *Permien des environs du col de l'Argentière* (Basses-Alpes). [Préparation n° 155. Coll. Fac. des Sc. de Grenoble.] — Arkose à grains feldspathiques très fins. Ciment chloriteux et calcaire.

4. *Verrucano, Est de la Mandette* (Galibier). [Préparations n°s 12, 12 *bis*, 3 *bis*, 126 de la Fac. des Sc. de Grenoble.] — Quelques gros galets de quartz blanc et rose; galets lie-de-vin d'*argilophyre* de la grosseur d'un œuf. Le fond de la roche est à grains plus fins mélangés de quartz rouge groseille et de quartz verdâtre; quelques mouches de limonite.

5. *Verrucano, Les Combes*, près Puy-Saint-André (Hautes-Alpes). Échantillon n° D. 2422 de la collection de la Faculté des Sciences de Grenoble. — Même type que le précédent; roche d'un très bel aspect. Roche ressemblant au Verrucano; on y remarque des débris de feldspath.

6. *Permien de Ponteil*, près Saint-Crépin (Hautes-Alpes). [Échantillon de la collection Kilian et Révil.] — Roche bigarrée, d'un joli aspect, formée de galets de quartz rose, vert olive et blanc avec fragments d'argilolithe ou *argilophyre* lie-de-vin ou verdâtre. C'est un Verrucano typique.

7. *Sernifite (permien) de Mels* (Suisse). [Échantillon n° 327 de la collection Kilian.] — Roche quartzeuse. Sorte de quartzite à galets de quartz rose et verdâtre; rappelle d'une façon frappante les couches de passage des quartzites inférieurs au Verrucano permien ainsi que certains bancs *permiens* de Fontan et Saint-Dalmas-de-Tende (Roja).

8. *Conglomérat permien*, recueilli par M. Pons au-dessus de Saint-Chaffrey (Hautes-Alpes). [Échantillons n°s 713, 714 de la collection Kilian.] — Fin conglomérat quartzeux à petits galets de quartz blanc et rouge-groseille (ciment essentiellement quartzeux).

9. *Conglomérat permien*, au-dessus de Saint-Chaffrey (recueilli par M. Pons). — Ciment quartzeux gris-verdâtre. Nombreux galets de quartz blanc, rose et vert; assez grande quantité de petits *galets d'argilophyre* rouge; quelques débris d'une roche éruptive verte (microdiorite?), les galets sont de dimensions moyennes.

9 *bis*. *Conglomérat permien* à éléments assez fins.

10. *Conglomérat permien*, au-dessus de Saint-Chaffrey. (Échantillon n° 714 de la collection de la Fac. des Sc. de Grenoble.) — Grès quartzeux laminé, avec schiste sériciteux.

11. *Permien*. — La Blachière (Basses-Alpes). [Échantillon de la collection Kilian.] — Roche quartzeuse d'un gris clair verdâtre, sorte de Verrucano formé en grande partie de galets de quartz blanc rosé ou grisâtre; on y remarque aussi des galets ou fragments de schistes lie-de-vin qui paraissent être des *argilophyres* décomposés.

12. *Verrucano de La Blachière* près Maurin (Haute-Ubaye). — Conglomérat quartzeux à nombreux petits galets rose groseille et noyaux de quartz verdâtre de la grosseur d'œufs de pigeon; galets d'*argilophyre* lie-de-vin; ciment de quartz laiteux.

IMPRIMERIE NATIONALE.

Diagnoses lithologiques. (*Suite.*)

13. *Verrucano erratique de Guillestre* (Hautes-Alpes). — Belle roche, montrant sur fond grenu du quartz rose et vert, des galets lie-de-vin (roche éruptive) et de nombreux galets de quartz rose.

14. *Galets dans le Permien du Galibier.* (Préparation n° 12 *bis* de la Faculté des Sciences de Grenoble.) — Grès avec galet de *tuf porphyrique* (tuf de porphyre pétrosiliceux). Ce tuf contient de beaux cristaux de quartz bipyramidé et *des galets d'une roche basique* indéterminable. (Diagnose de M. Termier.)

15. *Galet dans les grès permiens des Sanières* près Barcelonnette (Basses-Alpes). [Préparation n° 277. Coll. Fac. des Sc. de Grenoble.] — Diagnose très incertaine d'après M. Termier. Probablement porphyre [pétrosiliceux (?)] dans la pâte duquel se sont développées par métasomatose des éponges de quartz simulant des galets.

16. *Galet dans le Permien* de la Mandette (Hautes-Alpes). (Échantillon n° 12 *bis* de la collection Kilian et Révil.) — Quartz à taches rosées et verdâtres rappelant les quartzites triasiques.

16 *bis. Schiste permien du Plan-de-Phazy* (Hautes-Alpes). [Échantillon n° 581 de la Faculté des Sciences de Grenoble.] — Au microscope : Sédiment argileux et quartzeux avec rares feldspaths (microcline) laminé d'une façon énergique. Développement de séricite et même d'un peu de mica noir. Ce type est fréquent, d'après M. Termier, dans le Trias, le Permien et le Houiller de la Vanoise. Cette arkose me semble avoir été *constituée aux dépens d'un granite* dont l'affleurement était certainement très voisin du lieu de dépôt. (Diagnose de M. Termier.)

17. *Plan-de-Phazy* (Hautes-Alpes). [Échantillon n° 581 de la collection Kilian.] — Roche verte quartzeuse grenue, sorte de grès quartzeux moucheté de limonite par places; quelques noyaux de quartz blanc et rosé, ressemblant par places à une roche éruptive laminée. A l'œil nu : aspect identique à celui de la roche de Mondonne, paraît bien être un grès.

18. *Mondonne*, près Guillestre (Hautes-Alpes). [Échantillon n° 560 de la collection Kilian.] — Roche verdâtre quartzeuse; d'aspect gréseux. On y remarque quelques lamelles de mica détritique et de petites taches limoniteuses.

19. *Permien de Réotier*, près Guillestre. (Échantillon n° 146 de la Collection de la Faculté de Grenoble.) — Diagnose de M. Michel-Lévy : Schiste à grains clastiques de quartz rares. Très sériciteux et chloriteux; peu cristallin.

19 *bis. Grès rouge permien de Valloire* (Savoie), n° G. 587 de la Coll. Faculté des Sciences de Grenoble. — Diagnose de M. Termier : « Grès à éléments granitiques : quartz, albite, cryptoperthite, zircon, mica noir rare. Le granite qui a fourni ces éléments était probablement du type *granite du Pelvoux*. Ciment ferrugineux où l'on observe une cristallisation secondaire de mica et de quartz. »

20. *Permien du Galibier.* (Préparation n° 13 de la Faculté des Sciences de Grenoble. Coll. Kilian.) — Au microscope : Grès quartzeux à ciment argileux vert, à peine recristallisé. Un peu de séricite secondaire, un peu de nourrissage des galets quartzeux. Type

des grès houillers laminés. (Diagnose de M. Termier.) A l'œil nu : Grès essentiellement quartzeux formé de grains de quartz rose fortement agglutinés; on y remarque quelques gros galets plats de quartz rose et d'autres d'une roche à aspect d'*argilophyre* ou de porphyre pétrosiliceux. D'autres fragments sont des grès quartzeux d'une teinte uniformément verte.

Diagnoses lithologiques. (*Suite.*)

21. *Permien supérieur du Veyer* (Hautes-Alpes), limite du Trias inférieur. (Préparation n° 612. Coll. Fc. des Sc. de Grenoble.) — Au microscope [Diagnose de M. Termier] : Quartzite laminé à membranes quartzeuses. Un peu de microcline détritique, séricite de dynamométamorphisme, séricite détritique, galets de quartz. — A l'œil nu : Roche formée surtout de *quartz vert*, membraneux avec taches rouge groseille, entièrement siliceuse.

Permien supérieur schisteux, vallée du col Tronchet (limite du Trias inférieur), la Rua, près Ceillac (d. p. M. Zürcher). — Quartzite schisto-sériciteux, membraneux. Éclat nacré, grains de quartz rose groseille et verdâtre fortement étirés.

22. *Grès rouge* d'Entraigues (Isère). (Échantillon n° 587 de la collection de la Faculté des Sciences de Grenoble.) — Grès siliceux, lie-de-vin passant au poudingue à petits galets de quartz.

23. Schiste d'Hautecour (Savoie), de la Coll. Favre à Genève. — *Schiste lilas argileux* du type ordinaire des schistes qui accompagnent le Verrucano.

24. *Schiste permien de la Dray*, près Briançon (Hautes-Alpes). — Recueilli par M. Pons. — Schiste lie-de-vin, friable et feuilleté.

Les collections de la Faculté des Sciences de Grenoble renferment, en outre, de belles séries d'échantillons du Permien détritique (facies briançonnais) des localités suivantes :

Poudingues et conglomérats siliceux à galets de quartz rose et vert et d'*argilophyres* violets des environs de Guillestre (Hautes-Alpes), de Saint-Chaffrey (Hautes-Alpes), de l'Argentière (Hautes-Alpes) [Ch. Lory, 1857], de Saint-Roch près l'Argentière (Hautes-Alpes), de la Blachière près Maurin (Basses-Alpes), d'Oronaye près Larche (à teinte verdâtre dominante) du massif de la Ponsonnière (à la base des quartzites du Trias et au-dessus des grès houillers), de la Mandette près du Galibier, des Combes près Puy-Saint-André, du Galibier, du Bout du Monde près Allevard (Isère) [avec rares galets de Schistes cristallins].

Poudingue lie-de-vin à galets d'argilophyre, rappelant énormément le Verrucano de l'Argentière (Hautes-Alpes), étiqueté « Poudingue houiller de Vallorcine », Outre-Rhône (Valais), Ch. Lory, 1880. Il est possible que le *poudingue de Vallorcine* (H^te^ Savoie), lui-même, appartienne au *sommet du Stéphanien ou au Permien.*

Schiste noir, satiné, non cristallin. Croix de la Gachette entre Tignes et Pésey (étiqueté « schiste métamorphique permo-carbonifère »), ressemble à un schiste houiller.

Schistes rouges et verts, recueillis au contact avec les grès et schistes à plombagine du ravin de Fréjus, au-dessus de la Salle près Briançon. — (Ch. Lory, 1861.)

Diagnoses lithologiques. (*Suite.*)

Schiste verdâtre, avec taches lie-de-vin et paillettes de mica détritique; entre Fins-Hauts et Trièges (Bas-Valais); rappelle certains schistes du Permien de l'Argentière (Hautes-Alpes).

Conglomérat du Col de Rosoire (Ch. Lory, 1885) [attribué au Trias inférieur]. — Conglomérat siliceux à galets de pseudogneiss et de schistes noirs.

Grès cristallin englobant des débris de schistes houillers. Col d'Aussois entre Pralognan et Aussois (Tarentaise et Maurienne). (Coll. Ch. Lory.)

Série complète de *Grès d'Allevard*, provenant des récoltes de P. Lory et de Ch. Lory à Allevard et aux environs : Quartzite jaunâtre, quartzo-séríciteux schisteux; grès grossier en gros bancs [Ruisseau de Pierre-Herse, près Theys (P. Lory, 1892)], quartzite jaunâtre moucheté de lie-de-vin, exploité comme réfractaire; quartzite compact, verdâtre, en dalles; carrière à l'entrée du Bout-du-Monde : grès schisteux rouge (étiqueté par Gueymard, 1837, comme «alternant avec les grès bigarrés»); poudingue quartzeux à galets roses et ciment vert du Bout-du-Monde, *semblable au Verrucano* de la Blachière (Haute-Ubaye), poudingue verdâtre, siliceux, très fin; grès grossiers de la crête au Sud du lac du Collet, près Allevard, poudingue quartzeux à gangue chloriteuse, etc.

Belle série de *quartzites et poudingues* siliceux, à *jaspe* rouge, de Saint-Gervais (Haute-Savoie), avec quartzites verts et jaunâtres, grès micacés lie-de-vin, à galets de jaspe, parties phylliteuses, micacées et chloriteuses. Ces roches, indiquées par Ch. Lory comme formant la base du Trias, rappellent énormément le Verrucano permien du Briançonnais et certains bancs du Permien de Fontan (Alpes-Maritimes).

Verrucano de Mels (Grisons) : Sernifite schisteuse, lie-de-vin, du canton de Glaris (Suisse) [M. W. Kilian].

Schistes noirs à mica détritique et conglomérats gneissiformes à galets feldspathiques de la Route du Châtelard à Vernayaz (Valais) [Ch. Lory].

Il se peut, ainsi que nous l'avons dit plus haut, qu'un certain nombre de ces types détritiques appartiennent à l'extrême base du Trias (horizon du Grès vosgien; t_{IV}-r de la carte géologique), car il est pratiquement impossible, dans la majorité des cas, de fixer d'une *façon absolument précise* la limite inférieure de ce dernier système.

ÉCHANTILLONS DU PERMO-CARBONIFÈRE MÉTAMORPHIQUE.

1. *Substratum des Schistes lustrés* au col de Longet (Basses-Alpes)[1]. [Préparation des échantillons n°s 544, 586 et 588 (D. 11010) de la collection Kilian.] — A l'œil nu : Roche gneissiforme, fibro-schisteuse, ayant l'aspect d'un micaschiste à chlorite et à mus-

[1] Au sujet des «pseudogneiss» du col Longet (ou Col *de* Longet, ou Col *du* Longet), voir les diagnoses publiées par M. Termier et par l'un de nous (*Bull. Soc. géol. de Fr.*, 4e série, t. I, p. 419).

Diagnoses lithologiques. (*Suite.*)

covite en paillettes d'un blanc argentin verdâtre; dans les sections perpendiculaires à la schistosité, on aperçoit des lits minces et ondulés de quartz et des parties feldspathiques. — Au microscope (diagnose de M. Termier) : Cette roche, d'apparence cristalline, ressemble à l'échantillon n° 581 de même provenance; elle est cependant plus micacée. La *magnétite* y est abondante en cristaux octaédriques ou en grains irréguliers. La *muscovite* en larges lamelles répond aux caractères de celle du numéro précédent. Elle s'associe à une *chlorite* verte très abondante avec laquelle elle alterne par places. Cette chlorite s'éteint parallèlement à la trace du clivage généralement positif. Son polychroïsme est appréciable : *ng* vert pâle, *np* jaunâtre, presque incolore. Bissectrice aiguë négative. Le contact de deux lamelles de chlorite et de muscovite est souvent jalonné par des grains de magnétite *orthose et quartz* avec les caractères de celui du n° 581 (voir plus bas). On observe un seul grain de *zircon* dans une préparation. Le *rutile* qui paraît manquer dans d'autres échantillons est, au contraire, très commun dans cette roche sous forme d'aiguilles moulées ou non, qui souvent sortent comme des piquants d'un grain noir et opaque.

2. *Même roche* (Échantillons n°s 273, 529, 538, 544 et 544 *bis* de la collection Kilian), du *col de Longet*. — A l'œil nu : Roche d'aspect gneissique d'un gris jaunâtre formée d'une alternance de lits quartzeux et micacés, ces derniers d'un blanc argentin et d'un éclat soyeux, verdâtres sur la tranche. La roche est parfois tapissée d'un lichen jaune (*Rhizocarpon geographicum* D. C.). — Au microscope : v. les diagnoses publiées par MM. Kilian et Termier (in *Bull. Soc. géol. de Fr.*, 4e série, t. I, p. 419).

3. *Immédiatement sous les Schistes lustrés, Col de Longet* (Basses-Alpes). [Préparation n° 581.] — A l'œil nu : roche d'apparence gneissique avec mica blanc. — Au microscope (diagnose de M. Duparc) : la roche est entièrement cristalline et renferme les minéraux suivants : orthose, microcline, oligoclase, muscovite, quartz, puis sphène et magnétite. La *muscovite* est en lamelles incolores. Les sections perpendiculaires à $p = 001$ s'éteignent généralement parallèlement à la trace du clivage. On a cependant observé parfois des extinctions de 1 à 3 degrés. Les sections $p = 001$ donnent une croix noire à un axe négatif $2v = 0$. La biréfringence $ng - np = 0{,}035$. Ces lamelles, couchées dans le plan de schistosité, se développent de préférence par places. Elles renferment quelques inclusions de grains bruns de petite dimension (0,05 m.) et de forte biréfringence qui sont du *sphène*. Certains d'entre eux montrent une bissectrice aiguë positive $= ng$; l'angle des axes est petit. Ces grains sont isolés ou groupés en série dans le mica. L'*orthose* en cristaux irréguliers s'éteint sur $g' = 010$ rigoureusement à 5° *pg*. Les signes de la bissectrice aiguë et de la biréfringence sont conformes. La mâcle de Karlsbad est fréquente. On observe aussi quelques rares cristaux de microcline, l'oligoclase est exceptionnel, toujours petit. Le *quartz* de taille inférieure à l'orthose est en grains irréguliers ou polyédriques, pressés les uns contre les autres et alignés dans le sens de la schistosité. Par places, quelques plages séricitiques résultant de la décomposition d'un feldspath préexistant.

4. *Même roche.* — *Col de Longet,* à la source de l'Ubaye, entre Maurin et Ponte-Chianale. [Échantillon de la collection de la Faculté des Sciences de Grenoble (C. Lory, 1861).] — Roche quartzeuse d'aspect gneissique formée d'une alternance régulière de lits de

Diagnoses lithologiques. (*Suite.*)

mica blanc alternant avec des lits quartzeux. Cette roche rappelle vivement le Permien métamorphique du glacier de Lépéna dans le massif de la Vanoise.

4 *bis.* Autre échantillon de la même localité. — D'un aspect plus granitoïde et plus feldspathique.

5. « *Pseudogneiss* » *du glacier de Rosolin* (Vanoise), bas du glacier de Rosolin (Vanoise). [Échantillon de la collection Kilian.] — Schiste cristallin, verdâtre, présentant l'aspect d'un micaschiste ou d'un schiste à séricite un peu gneissique. Appartient au Permo-carbonifère (voir Termier, Vanoise, page 47, etc.). Cette roche, que l'on pourrait confondre à première vue avec un schiste cristallin[1] préhouiller, s'en distingue cependant par un aspect plus verdâtre et l'éclat moins nacré de ses phyllites.

6. Quartzite gneissiforme (« Pseudogneiss ») du *Gornergrat* (Valais). [Échantillon de la collection Kilian, 1894.] — Roche d'aspect gneissique formée d'une alternance de bancs quartzeux d'un gris sale et de lits écailleux d'un mica blanc argentin légèrement verdâtre; quelques taches de limonite dues à l'altération de la roche. Rappelle les pseudogneiss de Luserna (Piémont) et certaines assises du Col de Longet.

7. *Gneiss chloriteux* de la gare de Modane. (Préparation n° 43 de la collection Ch. Lory. Fac. des Sc. de Grenoble.) — Au microscope (diagnose de M. Gentil) : sphène en petits grains, tourmaline (?) très rare en très fines baguettes, magnétite rare, muscovite, chlorite, orthose et albite secondaire, oligoclase. Quartz granitique dominant.

8. *Schistes d'Hautecour* (Savoie). — Collection Alph. Favre à Genève. — Schistes verts à mica blanc, du type de certains micaschistes permo-houillers de la zone du Piémont.

9. Il est probable que l'on doit ranger dans le Permo-houiller métamorphique un échantillon (Préparation n° 2997) recueilli par M. Révil près de Moûtiers (Savoie), en amont de Grégny, au bord de la route d'Hautecour, dont nous avons déjà parlé (voir plus haut, p. 20). C'est une roche entièrement méconnaissable, renfermant beaucoup de chlorite et de quartz fin, avec argile cristallisée, fer titané et oligiste, qui, d'après une communication de M. Termier, pourrait avoir été autrefois une lave ou un tuf volcanique, d'*âge peut-être permien.*

Les collections de la Faculté des Sciences de Grenoble renferment, en outre, une série d'échantillons qui paraissent se rapporter à ce *type métamorphique du Permo-carbonifère*[2]; ce sont notamment les suivants :

Schiste talqueux luisant, vert clair, recueilli en amont des Brévières (Haute-Tarentaise). — (Ch. Lory, 1885; étiqueté « schiste chloriteux et séricíteux ».)

[1] Des schistes identiques à ce type sont très abondants dans les brèches éogènes de Moûtiers (Savoie), dont ils forment un des éléments les plus constants.

[2] Nous avons publié, en collaboration avec M. Termier (*Bull. Soc. géol. de France*, 4e série, t. I, p. 414), une série de diagnoses de roches gneissiques, probablement permo-carbonifères

Diagnoses lithologiques. (*Suite.*)

Gneiss recueilli en blocs isolés, en amont de Bonneval-sur-Arc, aux sources de l'Arc. — (Ch. Lory, 1883).

Gneiss chloriteux, Modane; galerie latérale supérieure à celle du Replat (galerie dite « des 800 mètres »). — Coll. Ch. Lory.

Roches gneissiques à gros noyaux feldspathiques de la rive droite de l'Arc, entre Modane et Saint-André (Ch. Lory, 1860);

Id., des Fourneaux près Modane en dessous du signal du tunnel, sur la rive droite de l'Arc (Ch. Lory, 1861) (étiqueté « Granite »);

Id., gare de Modane, rive droite de l'Arc (Ch. Lory).

Quartzites métamorphiques, séricíteux, de la Traversière (Haute-Tarentaise). — [P. Lory, 1893].

Quartzite très séricíteux (étiqueté « grès calcaréo-schisteux métamorphique »). — Col de la Galise, P. Lory, 1893. — Rappelle certains quartzites talcoïdes du Trias inférieur.

Micaschistes analogues à ceux du Col de Longet et phyllades noires des pentes de la Traversière, sur le col de la Goletta en Haute-Tarentaise. — (P. Lory, 1893.)

« *Pseudogneiss* », du col de Rosolin (Vanoise); *id.*, des crêtes sud et sommet du Mont-Pourri. — (M.-P. Lory, 1893.)

Schistes verts de l'arête nord du Mont-Pourri. — (P. Lory, 1893.)

Échantillon étiqueté « *Gneiss* servant de base au Trias », Plan-de-Phazy. — Ch. Lory, 1861. — *Roche siliceuse* verdâtre, ressemblant à une corne ou à un quartzite, avec quelques noyaux feldspathiques; doit être un granite laminé (voir plus haut, p. 45).

Autre échantillon étiqueté « Gneiss chloriteux, recouvert immédiatement par le Trias ». — Plan-de-Phazy (Hautes-Alpes). — Ch. Lory, 1884. — Paraît être un granite du Pelvoux laminé (voir plus haut, p. 45).

Roche du Ruitor (Sainte-Marguerite). — (Ch. Lory, 1882.) — Échantillon se rapprochant beaucoup plus d'un grès houiller que d'un gneiss.

Roche gneissiforme de la Gorge du Doron de Thermignon (massif de la Vanoise) — (P. Lory, 1892), étiquetée « Schiste à séricite », montrant des bandes phylliteuses noirâtres alternant avec des lits quartzo-feldspathiques.

Roche gneissiforme du Mont Chétif près Courmayeur, étiquetée : « arkose métamorphique, immédiatement sous le Trias ». — (Ch. Lory, 1882.) — Cette roche est peut-être *un porphyre laminé.*

du Piémont (Torre Pellice, Bobbio, Luserna), dont les échantillons sont conservés dans les collections de la Faculté des Sciences de Grenoble (n°s 262-269, 275, 278, 276, etc.). — Voir aussi à ce sujet la notice explicative de la Feuille *Aiguilles* de la Carte géol. détaillée de France au 80 millième.

Diagnoses lithologiques. (*Suite.*)

Roche d'aspect granitoïde (Granite laminé?) de la base du Prarion, route de Chamonix à la Diosaz (W. Kilian, 1891).

Roche verdâtre, sorte de *schiste chloriteux* à gros noyaux quartzeux et feldspathiques, rappelant la bésimaudite de la vallée de Corsaglio. — Sommet du Prarion (Haute-Savoie) — (W. Kilian). — N'est peut-être qu'un *granite laminé.*

Ajoutons que M. Zaccagna nous a communiqué des échantillons de *bésimaudite* des localités suivantes, qui montrent nettement qu'on a désigné sous ce nom des roches très hétérogènes et provenant en partie du *laminage de produits éruptifs :*

a. De la vallée de Corsaglio, revers nord des Alpes-Maritimes (n° D. 2422 à D. 2425 [50, 52, 59, 64] des Coll. Fac. des Sc. de Grenoble): schiste verdâtre à noyaux feldspathiques et quartzeux et roches rose lilas, feldspathiques, rappelant vivement les intercalations du Permien d'Oronaye près Larche; semblent être une roche *éruptive étirée;* ne faisant pas effervescence avec les acides;

b. De la vallée du Frigido (Massa) [Alpes apuennes] (n° D. 2419 des Coll. Fac. des Sc. de Grenoble): *roche gneissique,* rappelant certains «pseudogneiss» permiens de la Vanoise et sans analogie avec le précédent; ne faisant pas effervescence avec les acides.

Échantillon de la (collection Kilian et P. Lory). — Cîme de Payannaz près Orsières (Valais) :

a. Quartzite séricitenx très plissé, d'un aspect gneissique, rappelant beaucoup les pseudogneiss du col de Longet;

b. Schiste brun noirâtre très quartzeux, à mica, détritique et séricite. La roche est, aux affleurements, tapissée de lichens jaunes (*Rhizocarpon geographicum* D. C.).

Opinion récente de M. Sacco, sur les schistes cristallins du Mercantour.

M. Sacco, [Sur l'âge des Gneiss du massif de l'Argentera (Mercantour), *Bull. Soc. géol. Fr.,* 4e s., t. VI, p. 484, 1907]; [et Acad. r. d. sc. di Torino, 1906-1907; «I monti di Cuneo tra il gruppo della Besimauda e quello dell. Argentera»], a récemment énoncé l'hypothèse que les Schistes cristallins du massif du Mercantour seraient en *partie permo-carbonifères.*

On sait que ce massif présente un grand développement des roches suivantes: gneiss, micaschistes, chloritoschistes, amphibolites, amphibolites à grenats, dioritoschistes, grenatites, pyroxénites, gneiss à glaucophane; mais on y a décrit aussi des granites gneissiques à biotite, de grandes masses de véritable granites, de granites à amphibole, de «granitites», des diorites, des syénites, des aplites, des pegmatites, des aplites grenatifères, des microgranulites, des microgranites, des porphyres felsitiques et des microdiorites; ces roches, dont la plupart rappellent franchement les types pétrographiques préhouillers des chaînes hercyniennes et des massifs centraux de la zone delphino-savoisienne, ont fait l'objet de recherches nombreuses de la part de Pareto, Sismonda, Taramelli, MM. Roccati, Franchi, Sacco et Léon Bertrand; elles ont été considérées comme « *archéennes* » par la plupart de ces auteurs. Il convient donc de n'accepter que *sous de sérieuses réserves* les conclusions récentes de M. F. Sacco, qui ne sont fondées que sur un passage latéral hypothétique qui se produirait *en profondeur* (sous un synclinal mésozoïque), entre le Permien à « facies apenninitique » et à bésimaudites et les Gneiss du Mercantour.

Il n'en est pas de même des Gneiss du massif du Simplon, dont une bonne partie pourrait être permo-carbonifère, en particulier le « *Lebendungneiss* », qui se trouve en galets dans les Cipolins mésozoïques du monte Teggiolo. Il ne nous appartient pas de trancher la question de savoir quels sont, parmi les nombreux types locaux (Gneiss d'Antigorio, d'Arolla, Gneiss du Val Sesia, Gneiss de Lebendun, Gneiss de l'Ofenhorn, Gneiss du Tessin, etc.) distingués par nos confrères suisses, les équivalents des Schistes cristallins préhouillers et ceux des Gneiss permo-carbonifères de la Vanoise.

Schistes cristallins de Servoz (Haute-Savoie).

Nous rappellerons, d'autre part, que, d'après MM. Haug, Lugeon et Corbin, une partie des cornes et schistes métamorphiques granitisés des environs de Servoz (Haute-Savoie), à l'extrémité ouest du massif des Aiguilles-Rouges, serait inséparable du Houiller; il y a là un problème intéressant. Cependant la présence de *calcaire* (cipolin signalé par M. Corbin à Servoz) ne paraît pas militer en faveur de l'âge houiller (stéphanien) de ce complexe, dont une notable portion est probablement *plus ancienne*.

(*Notes ajoutées pendant l'impression.* — Juin 1907.)

IMPRIMERIE NATIONALE.

CHAPITRE IV.

SYSTÈME TRIASIQUE.

Système triasique — Généralités.

Les diverses assises qui composent le Trias jouent dans les zones intérieures des Alpes françaises un rôle très important, tant par la surface qu'elles occupent, que par leur épaisseur, par la nature spéciale de plusieurs d'entre elles et par leur importance oroplastique dans la constitution de certains massifs de nos hautes chaînes intérieures (Vanoise). Les quartzites blancs, les calcaires dolomitiques ruiniformes, si apparents dans le relief des pays intra-alpins, et rappelant à certains égards les fameuses « dolomites » du Tyrol, les cargneules[1] et les gypses ont dans ces régions une valeur géomorphologique de premier ordre.

Il y a lieu de remarquer, en outre, que la connaissance de ces dernières formations a parfois, et notamment en Maurienne et Tarentaise, une grande utilité pratique. Si les sulfates de chaux et le chlorure de sodium qu'elles contiennent peuvent être en effet utilement exploités, les travaux effectués dans les gypses et les cargneules sont exposés à rencontrer, outre de vastes cavités susceptibles de s'effondrer, des masses d'anhydrites foisonnant et « gonflant », au bout d'un certain temps, au contact de l'air humide. De plus, les eaux d'infiltration deviennent, dans ces terrains qu'elles dissolvent en partie, rapidement séléniteuses; elles ont sur les maçonneries et les travaux en ciment un effet désastreux. Il importe donc grandement de disposer les ouvrages de manière à ne traverser ces formations que sur une longueur aussi petite que possible. On s'expose aussi à de sérieux mécomptes, lorsque l'on veut utiliser pour les constructions les anhydrites de ce terrain, ainsi que cela est arrivé pour le revêtement du tunnel du Galibier. Il en résulte

[1] Les affleurements des cargneules facilement délitables et des gypses, dont la solubilité est bien connue, correspondent en général à des dépressions du relief : un grand nombre des *cols* de nos Alpes sont ouverts dans les assises triasiques; il en est ainsi du col du Galibier, des cols Izoard du Mont-Cenis, des Encombres, des Thures, de Chavières, de la Grande-Forclaz, de la Leysse, du Soufre, de Chanrouge, etc. Fréquemment, la solubilité des dépôts gypseux a donné lieu (col du Galibier, col du Mont-Cenis, Petit Mont-Blanc de Pralognan, etc.) à la formation d'*entonnoirs* caractéristiques dans le voisinage de ces cols.

que la connaissance précise des dépôts triasiques a, dans nos Alpes, une importance industrielle considérable.

Si, d'une part, l'âge véritable de plusieurs de ces formations — les calcaires du Briançonnais, par exemple, ont été avant 1889 considérés comme liasiques — a été longtemps méconnu, on a, d'autre part, rattaché au Trias[1] des assises telles que les marbres liasiques de l'Étroit du Ciex et les brèches micacées de la Tarentaise (Nummulitique), que les progrès de la stratigraphie ont amené depuis lors à en séparer.

Le Trias des Alpes françaises, surtout dans ces vingt dernières années, a fait l'objet unique ou partiel d'un grand nombre de publications, parmi lesquelles nous citerons, après l'œuvre considérable de Ch. Lory, les mémoires de Marcel Bertrand, de MM. P. Termier, Ritter, Zaccagna, Franchi, la description que l'un de nous a consacrée en 1892 aux formations triasiques de la Maurienne et du Briançonnais[2], et un aperçu en langue allemande inséré,

[1] L'abbé Stoppani considérait (*loc. cit.*, p. 193) les Schistes calcaréo-talqueux ou « Schistes lustrés » du col de la Roue, près de Modane, comme l'équivalent des couches de Saint-Cassian et du Keuper. Ch. Lory rattachait également au Trias cette formation schisteuse si développée dans la zone du Piémont, où elle contient fréquemment des masses intrusives de Roches vertes (« Pietre Verdi »). A la suite de M. Zaccagna, Marcel Bertrand, M. P. Termier et l'un de nous avaient attribué ces Schistes lustrés au paléozoïque, mais, dans un travail mémorable, Marcel Bertrand démontra en 1894 leur âge mésozoïque et les rattacha au système triasique. Aujourd'hui, grâce aux belles recherches de M. Franchi, qui a découvert *au-dessous* d'eux, dans de nombreuses localités, des assises fossilifères du Trias supérieur, ces schistes sont considérés comme en majeure partie liasiques. (Franchi, Sull' eta mesozoica, etc. [*Bull. Comit. geol.*, 1902)]. Cette question a encore été traitée récemment au Congrès de Turin (*Bull. Soc. géol. de Fr.*, 4ᵉ série, t. V, p. 856, 1906). M. Haug a constaté, à juste titre, que le plus grand nombre de géologues inclinent aujourd'hui en faveur de l'âge mésozoïque de cette formation. Pour lui, il les considère comme appartenant *exclusivement* au Lias. A ce sujet, M. P. Lory faisait remarquer qu'en Haute Tarentaise, d'après les travaux de M. Bertrand, le facies « Schistes lustrés » affecterait une partie du Trias. Enfin, l'un de nous (W. K.), tout en les considérant *comme en grande partie liasiques*, a présenté quelques réserves en ce qui concerne le Jurassique supérieur. Celui-ci pourrait être représenté par une portion de cette formation, notamment par celle contenant les intercalations siliceuses à Radiolaires décrites par M. Parona. D'autre part, avec M. Haug, M. Kilian *ne croit pas à l'extension du facies* « Schistes lustrés » *à l'Éogène.*

[2] W. Kilian (*C. R. A. S.*, 5 janvier 1891), et *id.* : Note sur l'histoire et la structure géologique des chaînes alpines de la Maurienne, du Briançonnais et des régions adjacentes (chapitre sur le Trias). (*Bull. Soc. géol. de France*, 1891, 3ᵉ série, t. XIX, p. 571.)

P. Termier, Étude sur la constitution géologique du massif de la Vanoise. (V. *Liste bibl.*, t. I.)

Marcel Bertrand, *Bull. Soc. géol. de France*, 3ᵉ série, t. XXII, 1894, et *C. R. Coll. Serv., Carte géol.*, n° 38, t. VI; 1893 (1894). (*C. R. Séances Soc. Géol. France*, 5 février 1901.)

Voir aussi, t. I, p. 437 et 505, la liste bibliographique et l'historique.

avec un tableau de la composition du Trias dans les Alpes françaises, d'après les travaux récents, dans la *Lethæa geognostica*, par M. le Professeur Frech.

Subdivisions du Trias intra-alpin.

Le Trias des *zones intra-alpines* comprend généralement les termes suivants, en remontant la série des couches :

A. Quartzites.

B. Schistes siliceux, marbres ou schistes phylliteux, gypses et cargneules inférieurs.

C. Puissante série de calcaires gris, parfois siliceux ou dolomitiques, dits « Calcaires à gyroporelles ».

D. Cargneules et gypses supérieurs.

E. Schistes violets et lilas ou bancs de calcaire dolomitique (E') à patine nankin ou « capucin ».

Variations du Trias.

Il faut remarquer cependant que cette série est loin d'être invariable et que les modifications locales en sont fréquentes : l'horizon des quartzites (A) est en effet le seul qui puisse être considéré comme absolument constant; il fournit aux stratigraphes un repère précieux et certain jusque dans les Alpes orientales. Les autres termes sont soumis à des variations, parmi lesquelles il faut citer :

a. L'absence fréquente ou l'extrême réduction des gypses et cargneules inférieurs et des marbres phylliteux (B), et le développement local de ces derniers dans le massif de la Vanoise, ainsi que dans la haute Tarentaise;

b. Le développement inégal et l'épaisseur variable des calcaires dolomitiques (C) qui se présentent tantôt en masses ruiniformes, — et rappelant alors l'allure de formations récifales au milieu de sédiments vaseux, — tantôt formant de puissantes séries d'assises dans lesquelles, si la recristallisation n'avait pas fait disparaître toute trace de fossiles, il serait probablement possible de distinguer plusieurs niveaux paléontologiques;

c. La *gypsification* fréquente de ces mêmes calcaires (C) signalée d'abord par l'un de nous en 1892, puis confirmée par Marcel Bertrand qui a donné une explication chimique de ce phénomène[1]. Les gypses arrivent alors

[1] La gypsification des calcaires du Trias se serait produite, d'après Marcel Bertrand, par des eaux saturées par l'anhydrite, qui auraient abandonné leur gypse en dissolvant ces calcaires. L'anhydrite existe fréquemment en profondeur. Sa transformation en gypse a pu se faire de deux manières : sur place, par simple hydratation ou, après transport, à la suite de solution et de

parfois à former une seule masse avec ceux du niveau supérieur (D). D'autres fois, les calcaires (C) s'étendent en une masse unique jusqu'au contact du Lias, les horizons D et E ne sont pas reconnaissables, et tout se termine par les « calcaires nankin E' »;

d. Le développement inégal des bancs de dolomies (E') subordonnés aux schistes bariolés[1] (E) ou des calcaires à patine nankin, qui peuvent les remplacer totalement et qui sont remarquablement constants en Tarentaise et en Maurienne.

Localisation des schistes bariolés.

Aux environs du col du Bonnet-du-Prêtre, à Rocheviolette et dans le massif de la Grande-Moëndaz, les schistes rouges et versicolores du Trias supérieur forment, sous les bancs calcaires du Rhétien, un horizon bien net et permettant de suivre avec une grande facilité les ondulations remarquables des assises décrites par l'un de nous en 1891[2]. Ces schistes fortement colorés, que l'on retrouve dans les Alpes suisses sous le nom de « Quartenschiefer », et que M. Haug a signalés à Barles, Terres-Pleines[3], ainsi que dans les masses charriées des Annes et de Sulens, rappellent ceux du Morgon et des lambeaux de recouvrement de l'Ubaye. Ils sont exploités à Villarly et paraissent *spéciaux à une zone située immédiatement à l'Est de la zone nummulitique des Aiguilles* d'Arves.

Fossiles.

L'absence presque complète, dans les Alpes françaises, de fossiles autres que des Encrines, des Myophories, des Gastropodes indéterminables et quelques Algues calcaires dans cet ensemble ne permet pas de paralléliser, d'une façon quelque peu rigoureuse, aucune de ces assises (sauf les quartzites de la base, reliées au Permo-carbonifère par des transitions insensibles, qui correspondent très probablement à l'étage vosgien) avec les divers niveaux du Trias classique. Nous éviterons donc d'employer pour les divisions B et C les termes de « Muschelkalk inférieur » et de « Muschelkalk supérieur » introduits à titre provisoire par M. Termier pour la commodité du langage. Ajoutons

reprécipitation. On peut conclure, d'après cette explication, que les gypses ne sont que des roches d'altération, tandis que les anhydrites sont des dépôts originels. (Voir M. Bertrand. *Études dans les Alpes françaises*, p. 76.)

(1) Équivalent des « Quartenschiefer » des Alpes suisses.

(2) W. Kilian, Sur l'allure tourmentée des plis isoclinaux dans les montagnes de la Savoie (*Bull. Soc. géol. de France*, 3e série, t. XIX, p. 1152).

(3) E. Haug, *Les chaînes subalpines entre Gap et Digne*, loc. cit.

également que, dans la partie N. E. de la zone du Piémont-Mont-Rose, un métamorphisme intense modifie notablement la nature des assises triasiques.

Superpositions anormales.

L'existence de nappes de recouvrement a amené parfois la *superposition* dans la même région d'*assises triasiques de facies différent,* les unes autochtones, les autres faisant partie de masses charriées; c'est ainsi que, dans les Basses-Alpes, par exemple, le Trias charrié du Morgon, du Caire et des Siolanes, provenant de la sous-zone occidentale de la bande intra-alpine (sous-zone des Aiguilles d'Arves), caractérisée par le *développement des schistes bariolés* au sommet du système, est refoulé sur une zone de schistes jurassiques, qui recouvrent en profondeur un Trias de facies un peu différent et présentant déjà un type voisin de celui de Barles, comme on peut le voir dans le vallon de Terres-Plaines. On sait combien l'existence des charriages, et les superpositions anormales qui en résultent, ont provoqué d'erreurs dans le parallélisme et la classification des formations triasiques des Alpes orientales.

Réduction du Trias à l'Ouest de la zone intra-alpine.

Les dépôts triasiques reposent en *concordance*[1] sur les assises permo-carbonifères dans toute l'étendue des pays intra-alpins (zone du Briançonnais et zone du Piémont); ce n'est que dans les chaînes occidentales appartenant à la zone cristalline delphino-savoisienne, c'est-à-dire dans les massifs de la Mure, de Belledonne et des Grandes-Rousses, que l'on observe une discordance pré-triasique et une *transgressivité* du Trias sur les terrains plus anciens. Dans les chaînes situées à l'Ouest de la zone des Aiguilles d'Arves, le Trias présente, en effet, une *réduction* notable d'épaisseur; les quartzites de la base n'existent plus, et le système ne paraît représenté que par ses termes supérieurs. Vers le S. O. (Basses-Alpes), il prend les caractères du Trias de l'Europe centrale, dont il présente à Barles, par exemple, les trois étages classiques; du côté de l'Est, au contraire, sa constitution s'éloigne de plus en plus, par le développement de masses calcaires considérables, des types bien connus du Var, des Basses-Alpes et de la Bourgogne. Nous serons amenés à distinguer dans cette modification progressive des facies une série de *quatre zones successives* en nous déplaçant de l'Ouest à l'Est, c'est-à-dire vers la partie

[1] C'est à tort, et par suite d'interprétations erronées, que M. Zaccagna avait admis dans les chaînes intra-alpines de la Savoie l'existence de discordances qui se seraient produites entre le Trias et le Jurassique. Nos observations — relatées dans le premier volume de ce Mémoire — nous ont démontré que les deux systèmes forment une série parfaitement continue.

profonde du géosynclinal. Le Trias des Alpes françaises peut être considéré comme présentant un caractère intermédiaire entre le type de l'Europe centrale et le type plus marin des Alpes orientales, auquel il se rattachait sans doute par le Piémont et la région des lacs italiens.

Historique.

Des représentants isolés du système triasique ont été signalés de bonne heure dans les Alpes françaises, mais sans qu'on ait d'abord saisi toute leur importance et leur complexité. C'est ainsi qu'en 1867, dans le chapitre XXXI de ses « Recherches géologiques », Alph. Favre faisait remarquer que le Trias avait déjà été signalé dans les Alpes, en 1821, par Buckland, qui l'assimilait au calcaire magnésien d'Angleterre et y classait une partie des calcaires alpins, le gypse, le sel, le grès rouge et les cargneules. Le géologue génevois ajoutait que, deux ans plus tard, Backewell avait adopté la même interprétation. (Favre, t. III, *loc. cit.*, p. 432.) A. Favre désignait sous le nom d'« *Arkose* » des grès siliceux verdâtres ou roses de la base du Trias, dont « l'élément le plus important est le quartz en grains ». Près de Modane et du Grand-Saint-Bernard, ces arkoses sont transformées en quartzites stratifiés (*loc. cit.*, p. 438). Quant aux gypses et cargneules, ils sont « plus développés à l'extérieur du sol que dans l'intérieur ». Le gypse, dit-il à juste titre, est une altération de l'anhydrite et la cargneule une altération de la dolomie. Cependant, dans la première partie de sa classique description du Dauphiné, Ch. Lory *rapporta au Lias les gypses* et cargneules de l'Oisans et des environs de Vizille. Ce n'est que dans le chapitre VI consacré aux chaînes du Briançonnais qu'il les considéra comme triasiques. « Cette classification, écrit-il, est aujourd'hui démontrée d'une manière incontestable pour toutes les localités où l'on a constaté l'existence des assises liasiques les plus inférieures de l'Infralias, caractérisées particulièrement par l'*Avicula contorta.* Or, c'est ce qui a été reconnu sur toute la longueur des Alpes savoisiennes, jusqu'à Saint-Michel-en-Maurienne (*loc. cit.*, p. 511). On sait aussi que les études d'Éd. Hébert, sur le Rhétien des environs de Digne, furent décisives à cet égard. — Les travaux de Ch. Lory ont été suivis des recherches de MM. Zaccagna, Marcel Bertrand, Kilian, Révil et Termier, qui ont définitivement établi la succession des assises triasiques dans les Alpes françaises.

MM. Frech et Philippi [1] ont donné un aperçu fort instructif de la consti-

[1] *Lethœa geognostica. II das Mesozoïcum*, 1er Band, *Trias*, 1e Lieferung, Stuttgart, Naegele 1903; — p. 78 et suiv.

tution du Trias dans les Alpes occidentales; nous aurons maintes fois à revenir sur cet important travail, dans lequel sont reproduites quelques vues caractéristiques de notre région, et où les auteurs tiennent compte des travaux récents de l'École française [1]. On y remarque notamment plusieurs coupes relevées par M. Frech, sous la direction de M. Termier, dans le Briançonnais (la Condamine, la Cucumelle) et dans l'Oisans. Ce même ouvrage contient d'intéressants détails sur le Trias des Alpes suisses.

Plan du chapitre.

Dans le présent chapitre, nous étudierons d'abord le type *briançonnais* du Trias, en consacrant à chacune des assises qui le constituent une description détaillée, et en indiquant les variations locales que nous avons pu reconnaître dans l'étendue des chaînes intra-alpines.

Les rapports de ce Trias briançonnais avec le type plus réduit de la zone cristalline delphino-savoisienne et celui des autres zones alpines feront l'objet de paragraphes spéciaux, ainsi que les phénomènes de gypsification qui s'observent fréquemment dans les calcaires du Briançonnais. Nous essaierons en terminant de nous former une idée des conditions bathymétriques qui régnaient sur l'emplacement des Alpes françaises pendant cette première époque de la période mésozoïque et d'en esquisser une représentation schématique. Des séries de diagnoses lithologiques et la liste des rares fossiles rencontrés dans le Trias des Alpes françaises serviront de complément à ces descriptions [2].

A. Quartzites.

Quartzites du Trias inférieur.

Le Trias débute dans les chaînes intérieures des Alpes par l'étage éminemment caractéristique des *quartzites*. Cet étage est formé de grès d'un blanc rosâtre, avec taches verdâtres, saccharoïdes; il constitue dans ces chaînes un

(1) Massif de Rochebrune (calcaires triasiques); quartzites du lac de Marinet; gypses plissés à Saint-Firmin, près Vizille (d'après des clichés de M. W. Kilian).

(2) Ch. Lory, le premier, sut distinguer, dans les chaînes intérieures alpines, *trois formations de grès : 1° grès à anthracites; 2° grès quartzeux* et poudingues bigarrés; 3° *grès nummulitiques*. Il attribuait les seconds au Trias, et les considérait comme présentant les caractères minéralogiques signalés par lui dans les Grès d'Allevard. Des poudingues quartzeux bigarrés se trouvent à la base de ce groupe; ils présentent un grand développement à l'Argentière, dans le haut de la vallée de Névache, etc. (Nous les avons rattachés au système permien, voir plus haut.) Quant aux grès fins, plus spécialement désignés sous le nom de *Quartzites*, ils sont composés, d'après Lory, de grains de quartz liés par un ciment siliceux (loc. cit., *Descr. géol. Dauphiné*, p. 254).

horizon très constant et bien connu depuis les travaux de Lory. Ces grès sursiliceux à grains plus ou moins nets de quartz roses ou verdâtres (*Classarts, Grésards* des habitants du pays[1]) sont tantôt blancs, tantôt teintés de rose et de vert, souvent talqueux et d'aspect argentin. Un lichen jaune, le *Lecidia geographica* Schaer (= *Rhizocarpon geographicum* D. C.), qui affectionne spécialement les roches siliceuses, s'attache de préférence à la surface des bancs, et s'y présente souvent en telle abondance, qu'il fournit un critérium empirique pour distinguer de loin les rochers de quartzites des reliefs calcaires qui les entourent. Quoique très dures, ces roches ne résistent pas complètement aux divers agents de désagrégation, à l'action desquels sont exposées les saillies rocheuses de nos montagnes : au pied des escarpements se forment alors des talus blancs de débris prismatiques fort durs, à angles vifs; ces *casses*, comme on les appelle dans ce pays, sont fort pénibles à gravir (*casses blanches*, près du Lautaret, du Col des Encombres, etc.).

Variations de l'étage des quartzites.

Dans le Briançonnais, ces quartzites blancs, verdâtres ou rosés, généralement très massifs, sont parfois réduits par le laminage à des sortes de *schistes satinés*. Leur épaisseur, du reste variable, peut aller à 200 mètres; elle a été évaluée en certains points à 600 mètres. Dans la zone du Pelvoux, des grès, souvent feldspathiques, parfois quartziteux, ou des conglomérats, formant la base du Trias (sous les calcaires dolomitiques), ont été rapportés à cet horizon; mais l'âge de cette formation de base reste douteux : elle correspond là probablement à un niveau plus élevé du Trias. Au contraire, au S.E. du Briançonnais et dans la Haute-Ubaye, les quartzites du Trias conservent leur type habituel, saccharoïde, d'un blanc jaunâtre, avec parties verdâtres, grisâtres, rosées, etc.; leur épaisseur dépasse parfois 100 mètres.

Passage au Permien.

A la base, ils passent à des poudingues sursiliceux (t_{IV}-r de la carte géologique) à petits galets de quartz[2] rose et verdâtre; tels sont ceux de Villard-Lurin, près de Moûtiers en Tarentaise, du Veyer (Queyras), des envi-

[1] Dans la vallée de Névache, ces quartzites sont souvent désignés par les habitants sous le nom de *granite*.

[2] Ch. Lory (*Trias de la Vanoise*, p. 42) réunit aux quartzites du Trias inférieur ces grès et ces conglomérats bigarrés si constants dans notre région, où ils établissent un passage graduel au conglomérat permien (Servino de Stoppani, Sernifites, Anagénites, Verrucano), que nous avons décrits plus haut; M. Ritter (*Bordure S. O. du Mont-Blanc*, etc., p. 80) signale une assise analogue près de Flumet; c'est aussi le niveau des quartzites de Saint-Gervais (Haute-Savoie).

rons de Briançon, etc., et que l'on a considérés comme l'extrême base du Trias. Cette assise surmonte à son tour des conglomérats à galets de quartz, associés à des schistes lie-de-vin et verdâtres et à des grès violacés rappelant le Verrucano (Sernifite) du canton de Glaris, qui affleurent notamment à la Blâchière (Haute-Ubaye), dans le vallon d'Oronaye, près de Larche et dans la haute vallée de la Roya (Alpes-Maritimes). Nous rattachons cette dernière assise au Permien, et nous en avons parlé dans le chapitre précédent.

Dans la Vanoise, M. Termier a remarqué également la patine rousse des quartzites et les lichens jaunes qui les tapissent. Cette assise y possède les mêmes caractères que dans le Briançonnais; elle atteint 500 mètres d'épaisseur dans les environs de Pralognan, et forme notamment l'Aiguille de la Glière.

Fossiles.

Nous n'avons à signaler dans l'étage des « Quartzites », comme restes organiques, que la découverte de *Myophories* indéterminables, du groupe de *Myophoria Goldfussi* Alb., dans un petit galet de quartzites, inclus dans les brèches infra-liasiques du col du Bonhomme, faite par M. Blayac, au cours de l'excursion XIIIe du Congrès géologique international de 1900. Malgré tout l'intérêt de cette trouvaille, — et comme il est malheureusement impossible de savoir si le galet qui a fourni ces fossiles provient réellement des assises inférieures ou du sommet de l'étage parfois si puissant des quartzites, ou même d'une autre couche grèseuse du Trias de la première zone alpine, — il est difficile de tirer de cette découverte un renseignement tant soit peu précis sur l'âge exact de la formation de base du Trias dans le Briançonnais.

Composition lithologique. M. Termier.

M. Termier considère les quartzites du Trias alpin comme des grès quartzeux métamorphiques contenant des galets détritiques (quartz). Il y a constaté la présence de la séricite, de la chlorite, du rutile, de l'ilménite, de la tourmaline et d'une série d'autres minéraux (sphène, zircon, oligiste, sidérose). Le ciment quartzeux est recristallisé.

L'éminent pétrographe énumère des variétés roses, violacées (Creux Noir) et vertes (Col de Chavière) identiques à celles que nous avons observées dans la basse Maurienne et dans le Briançonnais.

Notre confrère invoque pour expliquer la nature sursiliceuse de cette roche l'existence de sources siliceuses, au moment de sa formation. Les quartzites montrent, en outre, la trace de mouvements moléculaires postérieurs à la recristallisation de la silice.

Structure microscopique d'après MM. Duparc et Ritter.

MM. Duparc et Ritter[1] ont consacré, de leur côté, une monographie aux quartzites de la Haute-Savoie et les ont soumis à un examen pétrographique approfondi. Pour ces auteurs, comme pour M. Termier, les quartzites triasiques, qui se présentent en bancs compacts ou énergiquement laminés, doivent leur richesse en silice à l'existence de *sources siliceuses* dans le bassin où ils se sont formés. Le ciment qui unit les grains dont ils se composent, est formé de *quartz recristallisé,* quelquefois accompagné de quartzine. MM. Duparc et Ritter ont reconnu parmi les éléments ainsi cimentés des fragments de séricite et de chlorite, des galets de feldspath et de quartz; ils ont constaté l'absence de la muscovite et du rutile, si fréquents dans les quartzites plus métamorphiques de la Vanoise.

Structure et variation des quartzites.

En résumé, et malgré la *recristallisation* de ses éléments, cette formation se présente avec un facies éminemment détritique[2]. Elle a dû occuper dans les Alpes occidentales une grande étendue, et s'est formée aux dépens d'éléments empruntés aux anticlinaux primitifs qu'avaient fait surgir les mouvements hercyniens dans la zone du Mont-Blanc. Ces quartzites, qui jouent un rôle oroplastique important dans la zone du Briançonnais (Aiguille de la Glière, Aiguille Noire, Mont-Thabor, bord O. du Glacier de Marinet, etc.), constituent le meilleur et le plus sûr horizon de la région alpine, ainsi que l'a reconnu déjà Marcel Bertrand (*loc. cit.*, p. 120). Généralement blancs, tirant sur le jaune — ne différant en apparence du quartz laiteux que par leur nature plus grenue — et renfermant quelquefois des parcelles limoniteuses ainsi que des parties soyeuses, les quartzites triasiques présentent des variétés grises

[1] Duparc et Ritter, Les formations du Carbonifère et les quartzites du Trias dans la région N. W. de la première zone alpine. Étude pétrographique, Genève, 1894 (*Mém. Soc. de phys. et d'hist. naturelle de Genève*).

[2] Dans la partie orientale de nos Alpes, cette assise a été fréquemment métamorphisée; il en est résulté des *roches gneissiformes* particulières. Dans le Piémont, on rencontre, par exemple, dans la vallée du Pellice, près de Bobbio, des quartzites chargés de paillettes de séricite qui paraissent appartenir à cet horizon, et supportent la série mésozoïque des Schistes lustrés. Il en est de même au Col de Longet, sur la frontière franco-italienne (voir plus haut, p. 157).

Sur certains points du massif de la Vanoise, d'après M. Termier (*Étude sur la constitution géologique du massif de la Vanoise*, p. 51), il y a développement de mica blanc et de quartz secondaire, mais, «nulle part, ce métamorphisme dynamique n'arrive à effacer complètement le caractère clastique des dépôts».

(Thabor), vertes (Champoulet près Moûtiers, Thabor) ou violacées (Thabor) assez fréquentes.

Parfois, certains bancs deviennent feuilletés, talqueux, nacrés et méritent alors le nom de *schistes argentins*, que leur ont appliqué MM. Bertrand et Ritter. C'est à la partie inférieure, notamment, ainsi que nous l'a fait remarquer Marcel Bertrand, lors d'une excursion que nous avons eu le plaisir de faire avec lui aux environs de Modane, qu'ils prennent cet aspect spécial, ont alors une vague analogie avec un empilement d'écailles [1] de poissons. On les voit aussi, au pied nord de la Cime del Serù (massif du Thabor), devenir violacés et feuilletés; dans la même région, ils se transforment souvent en plaquettes saccharoïdes d'un gris foncé. Dans la vallée du Guil, au Veyer, les parties talqueuses abondent et donnent à la roche un éclat soyeux tout particulier, sans toutefois atteindre les degrés de schistosité des schistes argentins de Modane; dans certains cas, ils deviennent schisteux et feuilletés (Le Veyer [Queyras], Saint-Martin-de-Belleville) et se montrent satinés d'une teinte verdâtre et d'un aspect talqueux. Les analyses pétrographiques reproduites plus loin montrent la nature essentiellement siliceuse de cette roche, qui n'est autre qu'un grès sursiliceux recristallisé, dans lequel des actions dynamométamorphiques subséquentes ont souvent développé des minéraux divers (rutile, etc.).

Répartition.
—
Sous-zone occidentale ou des Aiguilles d'Arves.

Les quartzites proprement dits se montrent, dans notre champ d'études, dans les zones intra-alpines, à partir du flanc ouest de la zone axiale houillère. Ils ne s'y rencontrent pas d'une façon absolument continue, car ils ont souvent disparu par étirement ou par le glissement des strates les unes sur les autres. C'est ainsi qu'ils affleurent, aux environs de Saint-Martin-de-Belleville et au Col des Encombres, entre les schistes permiens et les calcaires dolomitiques, tandis qu'ils ne se trouvent plus au bord de l'Arc, en aval de Saint-Michel, les calcaires du Trias moyen étant en ce point directement en contact avec les grès houillers.

Ces roches se voient aussi plus au Sud dans la vallée de Valloire, sur les flancs de la Sétaz et surtout vers le Col des Rochilles, où elles présentent un beau développement, constituant des dômes aigus et déchiquetés de l'Aiguille-

[1] Voir *Livret guide du Congrès géologique international de Zurich*, 1894. — M. Golliez cite au Gorner-Grat une roche de cette nature que l'un de nous lui avait indiquée, mais qu'il nous fait appeler à tort du nom absolument immérité de « schiste à *écailles de poissons* ».

Noire et de la Moulinière. On peut également les étudier au pied du Pic de la Ponsonnière, aux environs du Col du Galibier et à l'Ouest de la Mandette.

Sur le versant occidental du Pic du Grand Galibier, entre deux petites pointes qui accidentent l'arête reliant le col du même nom au massif principal, on aperçoit, sous les quartzites, une roche quartzeuse verte, à taches violacées, qui représente probablement le passage aux anagénites du terrain permien; il existe fréquemment aussi à ce niveau des schistes argentins. Près de Moûtiers en Tarentaise, les quartzites triasiques constituent dans le Clos des Cordeliers un escarpement remarquable qui domine la route d'Aime; on les exploite tout près de là, au Pont-Ador, pour la fabrication du ferro-silicium.

Zone intra-alpine. — Savoie.

Ils se montrent encore en une foule de localités qu'il serait trop long d'énumérer ici : on les suit de la Tarentaise jusqu'aux Alpes-Maritimes. C'est ainsi, par exemple, qu'on les voit au Pic de Bussort et au Cheval-Blanc (voir tome I, pl. VIII et fig. 70-71), près de Modane, à l'Aiguille-Noire, près du Col des Rochilles, etc.; ils forment notamment tout le soubassement du Thabor.

Près de la source du Nantbrun (Savoie), c'est-à-dire entre les cabanes du Plane et le Col du Bonnet-du-Prêtre, ils dessinent un bombement dans le fond du cirque de Varbuche. En ce point, ils se montrent nettement inférieurs aux calcaires du Trias moyen, d'un côté; de l'autre, ils sont en contact avec les assises éogènes, sans qu'il semble y avoir de faille, et, ainsi que nous a conduit à l'admettre l'étude de toute la région environnante, par simple transgression. Citons-les encore, aux environs de Modane, où ils deviennent feuilletés, talqueux et micacés, méritant bien alors le nom de *schistes argentins.* Dans le massif de la Vanoise, d'après M. Termier, il faut les étudier aux environs de Pralognan. Les massifs du Creux-Noir et de la Vuzelle, l'Aiguille occidentale de la Glière en sont entièrement formés et leur épaisseur ne doit pas être de moins de 500 mètres. Des étirements locaux amènent des réductions fréquentes et considérables de l'assise. L'une des Aiguilles de la Glière est formée de quartzites dont la patine sombre contraste avec la teinte plus claire des marbres phylliteux qui forment l'Aiguille orientale; les bancs y sont fortement contournés.

Très typiques et largement développés, avec une teinte blanchâtre, autour de Tignes et de Val d'Isère, où ils occupent les noyaux de plis anticlinaux inférieurs à la masse (probablement charriée) des Schistes lustrés de la Grande Sassière, ils se poursuivent à l'Est dans la zone du Piémont. Ayant dans cette région des épaisseurs très variables, ils n'existent pas partout, mais il n'est pas facile de dire si leur disparition est due à des glissements ou à des étirements. D'après Marcel Bertrand[1], ils *feraient par exemple uniformément défaut* sur le bord du massif du Grand-Paradis. Par contre, dans les environs du Petit-Mont-Cenis (Val d'Etache), ils deviennent impurs et passent insensiblement, à la base, à des quartzites phylliteux, avec noyaux et galets de quartz. Dans le massif d'Ambin, les quartzites phylliteux alternent avec des schistes de plus en plus métamorphiques; ici, le métamorphisme est comparable à celui des parties les plus cristallines du massif de la Vanoise.

Zone intra-alpine. — Briançonnais.

Au Sud de notre région, dans le Briançonnais, les Quartzites peuvent être étudiés en une foule de points, notamment à Ratière et à la Blétonnée près de Prelles, à la roche Baron, à Queyrières, à l'Ouest de la Croix-de-Bretagne, au col des Ayes, au col Tronchet, au Sud de Villargaudin, au pied du rocher de l'Ange-Gardien, sur le versant Est de l'Aiguille de Ratière. A l'Ouest du fort de la Croix-de-Bretagne, sur la route militaire, leurs variétés vertes et roses présentent des types remarquables. On les retrouve encore formant une mince bande à l'Ouest du village de Cervières, ainsi qu'au col des Grangettes près du Monestier de Briançon, où ils s'appuient directement sur les granites. On les voit aussi au-dessus de Monestier-les-Bains sur le chemin du Puy-Jomard, au Puy-du-Cros sur le versant de Rochecourbe, à la roche du Queyrellin, puis à l'Aiguillette; enfin, sur la rive droite de la Guisane, au pied du col de l'Eychauda, et sur la rive gauche entre le col de Granon et Briançon.

Au Nord de Saint-Chaffrey, au S. E. du col de Granon, cette assise présente un *facies pulvérulent* tout particulier et passe sous les couches permiennes renversées qui affectent la forme d'un *Verrucano* bien typique.

A la montagne du Petit-Aréa, au Nord de Briançon, les quartzites présentent une variété rouge groseille, zonée de bandes plus claires, à éclat un peu résineux, qui mérite d'être signalée; on les retrouve à l'Ouest, formant des aiguilles hardies dans le massif de la Moulinière et à l'Aiguille-Noire.

Au col des Muandes, on remarque un petit synclinal de quartzites blancs se détachant en une étroite bande sur le fond noir des grès houillers. (V. fig. 8.)

[1] Marcel BERTRAND, *Légende de la feuille de Bonneval* de la Carte géol. au 80 millième.

Briançonnais. (*Suite.*)

Le massif du Thabor (voir t. I, fig. 68 et 69) présente également de belles masses de ces quartzites triasiques. Ils constituent une bande continue s'étendant du Thabor au Queyras, par Névache, Briançon et le col des Ayes. On en rencontre de beaux affleurements au S. E. de l'Argentière, à l'entrée du vallon de Fournel, ainsi que dans le massif de la Condamine, enfin dans le massif de Pierre-Eyrautz, dans la montagne de Gaulent et près du col de la Pousterle, non loin de Freyssinières; dans la gorge du Guil, en amont de Montdauphin.

Enfin, à l'embranchement des routes d'Arvieux et de Château-Queyras, un affleurement de ces quartzites mérite d'être cité, comme *situé à la limite occidentale de la zone des Schistes lustrés*, du Queyras. Il en est de même près du col Fromage, de Ceillac et de Maljasset, près Maurin (Haute-Ubaye).

Vallée de l'Ubaye, etc.

VALLÉE DE L'UBAYE. — On a vu que les quartzites werféniens ont un développement typique dans le Briançonnais et le bas Queyras; on peut les étudier aussi dans la haute vallée de l'Ubaye (Combe-Brémond, base des Glaciers de Marinet, etc.), dans le bassin de l'Ubayette, aux environs du lac d'Oronaye, près du col de l'Argentera, où ils reposent sur les anagénites permiennes (v. feuille de Larche de la Carte géologique) et dans la haute vallée de la Roya (Alpes-Maritimes).

Zone intra-alpine. — Italie et Suisse.

M. Franchi[1] a donné des détails sur l'extension de ces quartzites sur le versant italien dans les vallées de la Maira, de la Varaita et la province de Cuneo.

Région au S. E. du Mont-Blanc.

Ce remarquable horizon se poursuit également très nettement à la base du Trias, au S. E. du Mont-Blanc, dans une zone située à l'Est du val Ferret et aboutissant aux environs de Sion, dans le Valais. On le suit des environs des Chapieux, en Tarentaise, par l'Aiguille-de-Mya et les Mottets jusque dans le massif du Grand-Saint-Bernard; il offre notamment un développement typique dans le voisinage du col de Fenêtre, où il constitue d'étroits synclinaux dans les grès houillers et forme notamment le Pain-de-Sucre près du Grand-Saint-Bernard, ainsi que l'ont montré nos confrères italiens (voir Stella, *in Mem. descr. da Carta geol. d'Italia*, t. XII [1903], p. 83, pl. VI [Prof. XI] et VII), et comme l'un de nous a pu le constater avec M. P. Lory[2]. On peut

[1] FRANCHI, *Sull' eta mesozoica*, etc. (*loc. cit.*).

[2] W. KILIAN et P. LORY, Sur l'existence de brèches calcaires et polygéniques dans les montagnes situées au S. E. du Mont-Blanc (*C. R. Ac. Sc.*, t. LXLII, p. 359, février 1906).

le suivre encore plus avant dans les Alpes suisses (à Saint-Nicolas [Valais], d'après M. Lugeon), ainsi que nous le verrons dans un chapitre ultérieur (voir fig. 10).

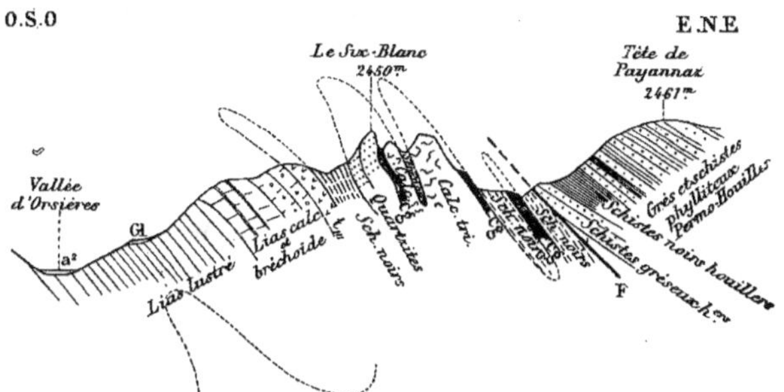

Fig. 10. — Coupe des chaînes situées à l'Est de la vallée d'Orsières par MM. W. Kilian et P. Lory.

Massif du Mont-Blanc.

D'après MM. Duparc et Mrazec, le facies du Trias est très uniforme dans le massif du Mont-Blanc; l'étage des quartzites en forme encore ici la partie inférieure et il supporte le Trias moyen et supérieur représenté par des calcaires dolomitiques et des cargneules. Les quartzites paraissent constituer le terme le plus constant; cependant *ils font défaut* au col du Bonhomme, au col des Fours, aux Pyramides calcaires et en plusieurs autres points, où les dolomies se rencontrent seules comme dans un grand nombre de localités de l'Oisans et de la Chaîne de Belledonne. Ces quartzites sont ordinairement de teinte claire, blanche ou verdâtre et sont disposés soit en assises compactes, soit en bancs plus ou moins grossièrement schisteux. Ils présentent des phénomènes dynamiques très accusés, les types très recristallisés sont nettement froissés, les galets de quartz sont souvent alignés et leurs axes disposés parallèlement[1].

Quartzites du Trias dans les Alpes orientales.

Les recherches de M. Termier dans les Alpes orientales lui ont permis de constater la *remarquable constance* de ces Quartzites du Trias inférieur dans les nappes de recouvrement intra-alpines, jusque dans les chaînes autrichiennes

[1] Duparc et Mrazec, *Recherches géologiques et pétrographiques sur le massif du Mont-Blanc* (loc. cit., p. 177). Pour les quartzites de Saint-Gervais, voir le chapitre précédent.

IMPRIMERIE NATIONALE.

orientales[1]. C'est ainsi qu'au Semmering, les couches présentent la plus grande analogie avec la série sédimentaire de la Vanoise. Les calcaires du Trias sont les mêmes, et sous ces calcaires passent des *Quartzites* blancs verts ou rosés fréquemment phylliteux. Dans les Alpes du Zillerthal, on observe au-dessus des roches cristallines anciennes, d'après notre confrère, une série schisteuse métamorphique appelée la « *Schieferhülle* ». Elle comprend des marbres, des conglomérats métamorphiques, des *quartzites*, des micaschistes et des amphibolites variés, enfin, un puissant étage de calcschistes. Sous cette « Schieferhülle » passe du Trias incontestable qui présente les caractères de celui de la Haute Maurienne : *quartzites*, fréquemment séricíteux et albitiques, marbres phylliteux, calcaires souvent albitiques. Pour M. Termier, les marbres et quartzites de la « Schieferhülle » seraient donc triasiques, tandis que les calcschistes représenteraient nos *Schistes lustrés*.

Répartition générale des quartzites.

La répartition des Quartzites dans les Alpes françaises présente quelques particularités : très développés et très constants dans toute la zone du Briançonnais, comme nous l'avons vu, de la haute Tarentaise au col de Larche, ils empiètent vers l'Est sur la zone du Piémont (Massifs de la Vanoise, du Mont-Cenis, etc.); à l'Ouest, *ils s'étendent sur une partie de la zone du mont Blanc*, dans les régions du Prarion, de Mégève, de Beaufort; ils atteignent les environs d'Albertville; tout à fait au Sud, *ils dépassent* également dans les Basses-Alpes (ravin des Sanières près de Barcelonnette[2]) *la limite occidentale de la zone du Briançonnais*. Il en est de même sur la bordure est et sud du Pelvoux et du Mercantour. En mettant en évidence la *solidarité* qui unit les différentes zones des Alpes françaises, cette constatation, d'une haute signification, s'oppose absolument à toutes les conceptions qui tendent à attribuer aux zones intra-alpines françaises une origine « exotique » lointaine et différente de celle de la zone delphino-savoisienne.

Il est, en effet, important de remarquer que la présence *simultanée* de cette assise si caractéristique aux environs de Beaufort, dans la zone du Briançonnais, en certains points de la zone du Piémont et dans la vallée de la Roya, écarte for-

[1] P. Termier, Sur quelques analogies de facies géologique entre la zone centrale des Alpes orientales et la zone interne des Alpes occidentales (*C. R. A. S.*, 16 novembre 1903).

Id. Les nappes des Alpes orientales et la Synthèse des Alpes (*Bull. Soc. géol. France*, 4e série t. III, p. 711, 1903).

[2] Découverte de MM. W. Kilian et E. Haug.

cément toute possibilité d'admettre pour aucune de ces zones une origine lointaine distincte; cette répartition montre bien à notre avis que les *charriages* incontestables qui s'observent dans nos Alpes ne sont que des refoulements locaux, affectant diverses parties d'une nappe sédimentaire *continue*, et qu'aucun d'entre eux n'a amené dans les Alpes françaises de masses véritablement « exotiques ».

Limite d'extension vers l'Ouest.

Quant aux points les plus occidentaux de nos chaînes où se rencontre cette remarquable assise, ce sont : les environs de Beaufort et d'Albertville en Savoie, les Chapours, près Saint-Avre (Savoie) [voir tome I, p. 71], la vallée de Valloire, Pramelier, près de la Grave (Hautes-Alpes) [tome I, fig. 27], le col des Grangettes près Monestier-les-Bains, le Laus près de Gap (Hautes-Alpes). A Barles, dans les Basses-Alpes, M. Haug a fait remarquer que « les Grès bigarrés » possèdent encore le « *facies des Quartzites du Briançonnais* »; il en est de même pour un lambeau de Trias charrié dans une écaille à Entraix, à l'Est de Sisteron (Basses-Alpes).

Base du Trias, transgressivité dans les parties occidentales des Alpes françaises.

Les Quartzites *font défaut*, et le Trias, du reste réduit en épaisseur, débute localement par des *arkoses* dans le petit massif du Rocheray, dans les grandes Rousses et dans toute la portion centrale et méridionale de la chaîne de Belledonne (Vizille, la Mure[1], etc.), ainsi que dans une bonne partie du Pelvoux.

Arkoses et grès.

En plusieurs points où le Trias, du reste très réduit, repose directement sur le granite ou sur les Schistes cristallins, il débute par une faible épaisseur d'*arkoses* schisteuses grisâtres à éléments empruntés aux roches granitoïdes et que l'on peut être tenté de considérer comme représentant le Trias inférieur. Il en est ainsi près de Saint-Jean-de-Maurienne[2] et sur le sentier de Montandré à Hermillon; on retrouve ce banc détritique au Sappey, sur l'autre rive de

[1] La « Gratte », sorte de poudingue quartzeux peu puissant qui, dans le bassin houiller de la Mure, repose en *discordance* sur les Schistes cristallins et le Houiller, et avait été considéré comme infra-liasique par Ch. Lory, doit également, ainsi que l'a montré M. Pierre Lory, être rattaché au Trias.

[2] On exploite entre Saint-Jean-de-Maurienne et l'Échaillon un granite schisteux (voir *ante*, tome I, p. 79, et tome II, p. 12), près d'un four à chaux qu'alimentent les calcaires du Lias. Nous avons recueilli dans la carrière même et au *contact du granite*, dont il est presque impossible de les séparer à l'œil nu, plusieurs échantillons, dont voici la diagnose, d'après M. Michel-Lévy : « *Arkose très feldspathique*, à grain grossier, avec un peu de ciment quartzeux séricíteux. Ce sont les arènes recimentées d'un granite affleurant dans le voisinage immédiat. »

l'Arc, et vers un groupe de chalets, près de Saint-Sorlin-d'Arves. Un affleurement analogue existe au col du Couard (Ouest des Grandes-Rousses), où l'un de nous l'a signalé à M. Termier. Des grès quartzeux jaunâtres, appartenant encore au même horizon, se rencontrent également à l'Est de l'Échaillon, dans le ravin de Montandré et forment l'axe d'un anticlinal situé entre deux synclinaux liasiques. On retrouve encore, près de La Chambre, des grès analogues ferrifères et dolomitiques à grains de quartz[1]. Ces arkoses peuvent être rapprochées des grès détritiques magnésiens et siliceux, que M. P. Lory a signalés à la base des dolomies et cargneules, en certains points du pays d'Allevard et à Chamrousse. On observe également des grès bruns arkosiques sur le bord nord du massif pelvousien, au plateau d'Emparis et aux chalets de Voiron, à l'Ouest de la Grave.

Il est peu vraisemblable que ces grès et arkoses soient l'équivalent de l'étage des quartzites, et nous sommes plutôt portés à y voir un facies détritique d'étages triasiques *plus élevés;* ils représenteraient les dépôts de base de la transgression triasique dans la partie occidentale des chaînes alpines.

Résumé et conclusions.

Que conclure de ces faits, sinon que les contrées que nous venons d'énumérer en dernier lieu devaient, à l'époque du Trias inférieur, être soumises à un régime un peu différent de celui qui régnait alors dans les parties plus orientales de nos Alpes, où se déposaient les Quartzites? Nous inclinons à penser que cette différence est due à *l'immersion incomplète* d'une partie de la zone cristalline delphino-savoisienne (Rocheray, Grandes-Rousses-Belledonne, portion du Pelvoux) qui devait constituer à l'Ouest du bassin triasique de la zone du Briançonnais, *au début* des temps triasiques, une suite de hauts fonds, d'îlots ou même une sorte de continent dépendant du Plateau Central.

[1] Ch. Lory (*Description du Dauphiné*, § 46) signale à Allevard, au lieu dit «Le Bout du Monde», des grès d'un aspect particulier : les uns à gros grain, les autres à grain fin et même schisteux, de couleur variée. De plus, ces dépôts présentent à la partie inférieure des couches de conglomérats où s'observent des fragments de schistes talqueux. Lory les considère comme ayant une grande analogie avec les *Grès bigarrés*, ou tout au moins avec les *grès triasiques*. Ils sont indépendants du Lias qui les recouvre et des schistes talqueux leur servant de base. Enfin ils doivent être encore distingués des grès à anthracite, aussi ont-ils été figurés sur la carte géologique avec une teinte particulière. Nous avons vu, dans le chapitre précédent, que ces «Grès d'Allevard», qui ont fait l'objet des recherches récentes de M. P. Lory, doivent plutôt, comme les quartzites de Saint-Gervais (Haute-Savoie), rentrer dans le *système permien*.

Accumulation des galets de quartzites dans l'avant-pays alpin.

Nous rappellerons, en terminant, que l'assise des quartzites a fourni dans la suite aux formations détritiques et fluvio-glaciaires d'origine alpine leurs éléments les plus résistants. Les poudingues de base de la mollasse burdigalienne, les alluvions pliocènes des plateaux, les alluvions pléistocènes, renferment dans tout le bassin du Rhône une quantité remarquable de galets de quartzites triasiques. Dans beaucoup de cas, et particulièrement pour les cailloutis pliocènes, ces galets ont seuls résisté aux phénomènes d'altération; les cailloux calcaires et granitiques ont disparu, laissant un résidu de glaise décalcifiée, au milieu de laquelle (plateau de Chambaran [Isère]) d'innombrables quartzites intacts, à peine patinés de brun, subsistent seuls comme témoins des phénomènes de transport. L'énorme quantité de ces galets, épars dans tout le S. E. de la France et même en quelques points de la rive droite du Rhône, (Crussol [Ardèche], Saint-Alexandre [Gard]) et y formant souvent des couches importantes, peut seule donner la mesure du rôle important que joue dans la constitution des Alpes françaises l'assise que nous venons de décrire, en même temps qu'elle permet à l'observateur de se rendre compte du travail vraiment colossal accompli par l'érosion.

B. Calcaires phylliteux, schistes et cargneules.

Composition variable de l'assise.

Les quartzites que nous venons d'étudier supportent un complexe d'assises assez diverses comme nature et comme épaisseur, que nous allons essayer de caractériser, malgré sa grande variabilité. Ce sont : tantôt des cargneules et des gypses, tantôt des calcaires phylliteux cristallins ou siliceux, ou des schistes à zones siliceuses, saturés de silice[1].

L'épaisseur de cet ensemble est également sujette à de grandes variations : réduit à un mètre à peine dans la portion occidentale des pays intra-alpins (Galibier, Moûtiers-Salins), il possède une puissance considérable dans le massif de la Vanoise (entre 200 et 500 mètres d'après M. Termier), et cet accroissement de puissance correspond au développement que prennent dans ces montagnes des *marbres phylliteux* d'un aspect très caractéristique, alors que plus à l'Ouest il n'est représenté que par une faible épaisseur de schistes siliceux. Ailleurs encore (Massif du Thabor), ce sont des cargneules parfois gypsifères et dont l'épaisseur ne dépasse pas une trentaine de mètres,

[1] Voir les diagnoses lithologiques à la fin de ce chapitre.

qui occupent cet horizon. Dans le Briançonnais, cet étage intermédiaire est formé tantôt de gypses et de cargneules (il comprend notamment une grande partie des masses gypseuses très importantes du Briançonnais oriental), tantôt de schistes luisants *verts* ou gris, de couleur sombre, peu épais, avec calcaires en plaquettes ou petits bancs de cargneules, le tout épais de 20 à 50 mètres.

1. Calcaires phylliteux de la Vanoise.

I. Les *calcaires phylliteux* sont relativement peu développés dans la région qui fait l'objet de ce travail, mais ils ont été signalés dans le massif de la Vanoise par M. Termier. D'après cet auteur, ils sont composés de calcite cristalline et translucide[1] et de zones chloriteuses ou séricitenses grossièrement parallèles à la stratification, ce qui leur donne un *aspect gneissique* très remarquable. Ils s'observent à Pralognan même, près du hameau de Barioz où ils sont exploités; au refuge de la Vanoise, près du lac des Assiettes; au sommet de la Pointe-de-la-Réchasse; sur le versant méridional du col de Chavière, dans le massif des Aiguilles de la Glière, etc.

Leur teinte générale est verte ou rosée; on y remarque des intercalations de calcaires cristallins blancs. L'examen micrographique est intéressant, en ce qu'il permet d'y constater la présence de certains *minéraux de métamorphisme* qui se trouvent également dans les schistes permiens de la même région (chloritoïde, chlorite, séricite, tourmaline, orthose, calcite). M. Termier a signalé dans les marbres phylliteux, les schistes noirs et verts, les cargneules et les calcaires à bandes siliceuses de cet étage, les espèces suivantes : ilménite, oligiste, rutile, tourmaline, calcite, quartz, chlorite, séricite; plus rarement : orthose, albite, et exceptionnellement : chloritoïde et sphène impur.

Ces calcaires sont accompagnés de calcaires à bandes siliceuses, de schistes noirs anthraciteux, de schistes chloriteux ou séricitenx et forment un horizon très caractéristique par son aspect et par sa structure[2].

Sur le bord Est du Glacier de la Grande Motte, tout près du chemin qui mène du Col de la Leisse à Tignes, l'un de nous a observé, dans la masse

[1] Termier, *loc. cit.*, p. 64. — Le phénomène des « rascles » (« lapiazures ») se montre particulièrement fréquent dans ces marbres, comme du reste dans tous les calcaires cristallins présentant des parties chimiquement pures.

[2] M. P. Lemoine (*Bull. Soc. géol de Fr.*, 4e série, t. IV, p. 423) a signalé, au contact des quartzites, des schistes qui représentent une partie de cette assise près de Pralognan.

des marbres phylliteux, des *intercalations lenticulaires* très remarquables de *calcaires blancs* largement cristallins, dont la disposition d'ensemble n'est pas sans analogie avec celle des formations récifales, bien que la haute cristallinité de ces roches n'ait laissé subsister aucun vestige de structure organisée. Ces accidents sont représentés sur notre planche XI (fig. 1).

Au col de Mône, l'assise passe à des marbres phylliteux zonés à *chloritoïde*, fortement métamorphiques, qui ont été étudiés par M. Termier; au Priou, elle renferme des *minerais de fer* (hématite) à chloritoïde.

Des *cargneules* se montrent fréquemment à ce niveau (Col de Chavière, vallée de Saint-Bon, près le Bioll, cols du Palet et de la Leisse); dans ces trois dernières localités, elles ont un grand développement.

L'analogie de certains bancs de calcaires phylliteux de la Vanoise avec les marbres suprajurassiques du Briançonnais avait amené l'un de nous (W. K.), puis, à sa suite, quelques auteurs (MM. E. Haug, de Lapparent, etc.), à supposer qu'ils pourraient appartenir au Jurassique ou à l'Éocène. Cependant l'un de nous (W. K.) (séance de clôture de la réunion de Turin[1] et séance du 11 juin 1906[2] de la Soc. géol. de Fr.) a annoncé avoir eu l'occasion d'étudier, en 1905, avec M. P. Termier, ces calcaires triasiques de la Vanoise. Il a pu, au cours de cet examen, se rendre compte que les « calcaires phylliteux » de Pralognan si bien décrits par notre éminent confrère *n'ont rien de commun avec les « marbres* en plaquettes, également *phylliteux* » du Briançonnais et de l'Ubaye, dont il n'existe aucun analogue dans cette région[3], et sont bien réellement compris entre les quartzites du Trias inférieur et les calcaires à Gyroporelles renfermant des traces d'Algues calcaires au col de la Grosse-Tête[4].

[1] *Bull. Soc. géol. Fr.* (4 s.), t. V, 1905, p. 859.

[2] *Bull. Soc. géol. Fr.* (4 s.), t. VI, 1906, p. 431.

[3] Leurs représentants les plus rapprochés de la Vanoise ont été signalés par nous à Claret, en Maurienne, à l'*Ouest* de la zone axiale houillère et au Plan-de-Nette (Col de la Leysse), à l'Est de cette même bande axiale.

[4] La série des formations calcaires de la Vanoise comprend, outre ces « calcaires phylliteux » triasiques et les calcaires gris à Gyroporelles qui les surmontent, un horizon très constant de calcaires à pâte fine et patine jaunâtre retrouvé par MM. Kilian et P. Lory sur le versant méridional du massif du Mont-Blanc (Arpvieille et aux Chapieux) et qui, en Tarentaise (Saint-Marcel, Brides, etc.) se trouve intercalé entre le Trias moyen et le Lias; on trouve des galets de ce « *calcaire nankin* » dans le conglomérat (brèche) toarcien à Bélemnites de Villette. Cet horizon appartient probablement au sommet du Trias; nous le décrivons plus bas.

Quant au Jurassique supérieur *certain*, il n'affleure qu'à l'Est du massif de la Vanoise, aux environs du col de la Leisse. MM. Kilian et Termier l'ont signalé, en 1905, sous forme de brèches de calcaires cristallins roses, fossilifères, qui font défaut dans l'intérieur même du massif.

On sait que Marcel Bertrand a suivi avec une attention particulière les modifications latérales des calcaires phylliteux; ces derniers passeraient, d'après lui, à des calcaires compacts à bandes siliceuses, à des schistes noirs et à des cargneules à débris de phyllites, et d'après notre regretté maître, ils seraient *très probablement représentés également par une partie des « Schistes lustrés »* de la zone piémontaise (*loc. cit.*, p. 120 et suiv.). Ce passage latéral serait surtout visible à Picheri[1] (Picheru de la Carte d'Ét.-M.) et aux Aiguilles-Noires dans la haute Tarentaise où des « Schistes lustrés » alterneraient à la base avec les calcaires phylliteux. Le même auteur a décrit le passage insensible qui relierait cette assise aux quartzites sous-jacents, par l'intermédiaire de quartzites à lentilles calcaires et de calcaires cristallins à noyaux de quartzites, passant à quelques bancs de marbre très blanc.

Les calcaires phylliteux ont été étudiés sur un très grand nombre de points des Alpes de Savoie par Marcel Bertrand, notamment au Mont-Jovet, à la Grande-Sassière, dans les massifs de la Sana, de Val-d'Isère, de Tignes et de l'Iseran et dans celui de Bardonnèche; ce savant les a retrouvés, avec l'un de nous, jusque dans les vallées de l'Ubaye, au Sud de la Durance.

II. Schistes siliceux des autres régions intra-alpines.

II. Les calcaires et marbres phylliteux, siliceux et schisteux[2] sont également assez constants à la base des calcaires triasiques dans certaines parties de la zone du Briançonnais (Polset près Modane, Maurin [Haute-Ubaye], etc.). Examinons quelques-uns de ces affleurements.

On retrouve ces calcaires phylliteux bien développés près de Saint-Martin-de Belleville, non loin du hameau du Châtelard.

Environs de Moûtiers.

Près de Moûtiers, on peut étudier quelques-unes de ces assises dans la chaîne qui s'étend d'Aigueblanche au Col du Golet, sur le flanc ouest et nord-ouest de la montagne de Crève-Tête, où un anticlinal étiré fait apparaître des calcaires

[1] Des explorations récentes dans les environs de Tignes nous ont montré que le soubassement du massif de la Grande Sassière, dont fait partie la montagne de Picheru, a une structure très compliquée et comprend, notamment au Fornet, des *synclinaux liasiques*. Nous croyons donc devoir faire toutes nos réserves au sujet du « passage latéral » observé par M. Bertrand.

[2] Par suite de fausses interprétations, qui ont été du reste partagées par plusieurs de nos confrères, nous avions d'abord rattaché à cette assise des *calcaires et marbres en plaquettes et des schistes luisants* qui se montrent très développés dans le Briançonnais; nos explorations ultérieures nous ont amenés à considérer définitivement ce curieux complexe (E.-J. de la Feuille Briançon de la Carte géologique détaillée) comme *plus récent* que le Jurassique supérieur de Guillestre. Ces assises peuvent être étudiées au col du Galibier, à la Grande Cucumelle et dans les gorges de Villard-Meyer; nous leur consacrerons plus bas un chapitre spécial.

satinés très phylliteux et schisteux, rubanés de rouge lie-de-vin et ayant une teinte générale d'un gris verdâtre. Ces couches alimentent notamment un vaste éboulis situé à la tête d'un ravin boisé (Ravin du Sécheron) qui descend vers le hameau du Bois. Elles sont surmontées *en discordance* par les masses de brèche polygénique de Crève-Tête (voir t. I, p. 243 et fig. 88) qui sont éogènes.

On les rencontre également aux environs immédiats de Moûtiers dans le clos des Cordeliers, où ils se montrent sur les deux flancs d'un anticlinal de quartzites. Cet anticlinal affleure sur les bords mêmes de la route conduisant à Aime, pour se continuer ensuite sur la rive droite de l'Isère.

Les calcaires phylliteux verdâtres satinés, souvent *très siliceux*, et passant à des quartzites feuilletés, prennent donc un grand développement aux environs de Moûtiers où ils sont constamment intercalés entre les quartzites et les calcaires médiotriasiques, là où la série n'est pas rendue incomplète par des étirements. Il convient de rattacher encore à cet horizon des schistes verts et violets qui apparaissent en plusieurs points sur le chemin d'Hautecour. On les voit, notamment, à Plainvillard, présenter des veines marbreuses d'un aspect cireux et des zones siliceuses qui les font ressembler aux quartzites. On les retrouve encore au lieu dit « Les Routes », sur la rive gauche de l'Isère, enfin sur le chemin de Villarly. (Voir tome I, p. 241, 248, 265, fig. 96.)

Cet horizon existe également dans le Briançonnais, mais avec une très faible épaisseur : dans la petite crête rocheuse qui sépare la Mandette du vallon de Combe Noire, on peut voir, en remontant vers le Nord, les quartzites du Trias inférieur séparés des calcaires plus récents par quelques centimètres de calcaires phylliteux brunâtres et grisâtres (tome I, fig. 46 *bis*). Briançonnais et Ubaye.

Dans le massif de Ceillac et dans celui d'Escreins (Hautes-Alpes), on les retrouve en beaucoup de points, toujours au même niveau stratigraphique, entre la maison du Roy et « la Viste », par exemple. Dans la Haute Ubaye, ils peuvent être observés le long du vallon de Marinet et dans le massif de Chillol. Marcel Bertrand en a constaté la présence en notre compagnie, près de Combe-Bremond (au N.O. de ce hameau, vers le col Tronchet) et en plusieurs points entre le Lac du Paroird et le Col La Noire, où ils séparent les Schistes lustrés des Quartzites.

A peu de distance de Château-Queyras, sur la route de Guillestre et dans le lit du Guil, près de la bifurcation d'Arvieux, les calcaires phylliteux lie-de-vin et verts apparaissent bien reconnaissables. (Voir Bertrand, *loc. cit.*, p. 154.) Ces mêmes calcaires phylliteux bien caractérisés verdâtres et lie-de-

IMPRIMERIE NATIONALE.

vin se rencontrent aussi dans la vallée de Barcelonnette, où l'un de nous les a observés dans le vallon de Sanières et à Chanenc près de Jausiers, formant avec les quartzites le noyau d'un anticlinal étiré, refoulé du N. E. vers le S. E. sur les « Terres noires » autochthones. C'est un des points les plus occidentaux où ils soient connus. On trouvera plus loin l'analyse microscopique d'un échantillon des Sanières, dont le résultat confirme notre interprétation.

Enfin on rencontre cette assise dans les pointements (masses charriées) de Remézine, du Ventebrun et du Chapeau de Gendarme (ou Lan, ou Olan) [portion orientale], où elle accompagne les calcaires triasiques et se montre énergiquement froissée.

Peut-être faut-il encore rapporter à cet horizon des calcaires siliceux, jaunâtres et phylliteux qui séparent les quartzites triasiques du complexe des Schistes lustrés dans la Haute Ubaye, aux environs du col de Longet, à l'Hubac-du-Longet et dans le Haut-Queyras. (Nous reviendrons plus bas sur ces formations à l'occasion des Schistes lustrés.)

III. Cargneules et gypses inférieurs.

III. Un horizon inférieur de *cargneules et de gypses*, séparant les quartzites des calcaires et *occupant exactement le niveau stratigraphique des calcaires phylliteux* de la Vanoise, s'observe dans certaines localités, mais ne se rencontre qu'exceptionnellement dans notre champ d'études. Il se montre très rarement au Nord de l'Arc (Col de Varbuche, Moûtiers [tome I, fig. 96]). Cette formation très puissante près de Ceillac (Hautes-Alpes), où elle fournit des gypses exploités, se réduit ailleurs (Mont-Thabor, Rocca del Serù) [fig. 11]) à une assise de quelques mètres. Au Mont-Thabor, les cargneules et les gypses de ce niveau constituent une couche peu épaisse s'appuyant sur les quartzites et supportant au S. E. les dalles calcaires sur lesquelles est construite la chapelle (voir tome I, fig. 68 à 76).

C'est encore sur les quartzites que reposent très nettement (Festiva et Polset près Modane, roc de l'Ange-Gardien (Château-Queyras), col Tronchet, lac du Paroird, Galibier, etc.), des gypses et des cargneules parfois assez épais, souvent aussi réduits à une mince bande (de cargneules jaunes) facile à découvrir à cause de sa coloration spéciale, dans les cols et à la partie moyenne des escarpements dont le sommet est formé par les calcaires et la base par les quartzites.

Les gypses de ce niveau inférieur acquièrent un grand développement au col Fromage, dans les Hautes-Alpes, où ils semblent se confondre en une masse unique et puissante avec ceux du niveau supérieur, ainsi qu'avec un équivalent gypseux de l'assise suivante; au Pont Baldi, des morceaux de calcaire en partie transformés en gypse s'observent au milieu de la masse sulfatée.

Au col des Thures (tome I, fig. 75-76) et au Sud-Est de Névache, ainsi que près de Briançon, notamment au-dessous du Pont Baldi, les quartzites du Trias inférieur sont habituellement séparés des calcaires du Trias moyen par des masses de gypses et de cargneules. Ces cargneules inférieures peuvent être

Fig. 11. — Coupe relevée dans le massif du Mont-Thabor, versant S. E.

LÉGENDE.

tq Quartzites du Trias inférieur. — tg Cargneules (horizon inférieur).
tc Calcaires triasiques.

étudiées en outre au Mont-Thabor (Savoie) et dans la haute Vallée-Étroite (Italie); on peut encore les observer en une foule de points, par exemple au col de la Roue (Savoie) et dans les Hautes-Alpes, au col des Ayes, aux Glaisaz près du col Tronchet, près de Villargaudin, etc.

Dans la Haute-Ubaye (Testa di Cialancion), des cargneules inférieures séparent également la masse des calcaires triasiques des quartzites sous-jacents; elles sont fréquemment accompagnées de schistes siliceux qui les remplacent parfois.

Diverses modifications de l'assise.

Dans le Sud-Est de la région, on assiste à un amincissement très irrégulier et local (vallée du Guil et de l'Ubaye) de cette assise. Au Nord-Ouest (Varbuche [tome I, p. 210] Moûtiers), les quartzites supportent dans certains points directement les calcaires triasiques de l'étage suivant.

Très puissante, près de Ceillac, comme nous l'avons dit, cette curieuse formation s'amincit notablement dans la vallée du Guil et au Veyer, dans la gorge du Queyras; c'est à peine si quelques mètres de cargneules s'observent entre les quartzites et les calcaires. Dans la même région, au col de la Gypière et au lac des Neuf-Couleurs dans la Haute-Ubaye, ainsi qu'en divers autres points, M. David Martin mentionne l'existence de couches gypseuses qui doivent appartenir à cet horizon; mais, plus au Sud, c'est avec une plus grande netteté que l'on peut voir, au col du Tronchet[1], les dolomies à Encrines du Trias, séparées des Quartzites, — qui sont repliés en anticlinal aigu à quelques mètres à l'Est du col, — par une assise de cargneules de 1 à 2 mètres seulement (non accompagnée de gypse); cette couche reparaît plusieurs fois, par suite des plissements, à l'Ouest du passage. Ces cargneules peuvent être suivies vers Ceillac, et l'on assiste, en descendant la vallée du torrent du Tronchet, à leur épaississement graduel. A la Chapelue (Queyras), elles ont complètement disparu et les calcaires *recouvrent directement les quartzites.* Cet exemple met bien en évidence le caractère *irrégulier et sporadique* de ce niveau de gypses et de cargneules.

Origine probable des cargneules inférieures.

Dans le massif de la Vanoise, MM. Marcel Bertrand et Termier ont signalé (voir plus haut), entre les quartzites et les calcaires, des marbres phylliteux et des schistes noirs à rognons de calcaires magnésiens pyriteux, alternant avec des schistes séricíteux et chloriteux; mais ils ont décrit aussi, sur le même horizon stratigraphique, des *cargneules,* auxquelles s'associent des gypses, provenant de la décomposition et de la transformation de ces roches et contenant de nombreux débris de schistes et de phyllites, c'est-à-dire les parties de la roche que leur nature chimique devait garantir contre la décalcification ou la gypsification. Il semble dès lors très vraisemblable que l'horizon des gypses et cargneules inférieurs n'est *qu'un accident* de l'étage des calcaires et marbres phylliteux, dont il ne représente donc vraisemblablement qu'une simple modification occasionnée par des actions chimiques (décalcification et gypsification) *postérieures* au dépôt des assises.

Ajoutons que lorsque la gypsification[2] s'est étendue en même temps à l'étage suivant (calcaires dolomitiques), il devient impossible de distinguer les

[1] W. Kilian, Note sur l'Histoire, etc... (*Bull. Soc. géol.*, 3ᵉ série, t. XIX, p. 74, fig. 2).

[2] Nous reviendrons plus bas, dans un chapitre spécial, sur la question intéressante des gypses, anhydrites et cargneules de nos Alpes, sur leur origine et sur leur substitution fréquente aux calcaires.

gypses inférieurs de l'horizon gypseux supérieur; on n'a plus devant soi qu'une unique et énorme masse de gypses et de cargneules représentant la plus grande partie du Trias, et à la base de laquelle, dans le voisinage des quartzites, des débris de schistes et de phyllites, ou quelques minces bancs schisteux, indiquent seuls l'existence de l'étage dont nous parlons ici. Cette disposition s'observe, par exemple, à Ceillac dans les Hautes-Alpes.

D'après M. Termier, aux conglomérats et grès permiens succèdent, entre Briançon et Vallouise, des quartzites dont l'épaisseur, en certains points, a pu atteindre 300 à 400 mètres; au-dessus vient un *étage schisteux* formé de schistes argileux ou argilo-calcaires d'un vert sombre ou d'un gris sale. C'est à cet *étage schisteux*, représentant notre assise B, qu'avaient été annexés autrefois les « Marbres en plaquettes » de la Cucumelle et de Pierre-Eyrautz, qui, depuis lors, ont été reconnus comme étant beaucoup plus jeunes. Viennent ensuite les « *Calcaires à Gyroporelles* » qui, dans ce groupe de montagnes, présentent les mêmes caractères que dans le reste du Briançonnais. Leur épaisseur peut atteindre 300 mètres, et ils sont pauvres en fossiles. A Réotier et au Plan-de-Phazy (Hautes-Alpes), une mince bande de cargneules sépare les quartzites de ces calcaires triasiques. Régions alpines diverses. Briançonnais occidental.

Il convient de rappeler, d'autre part, que M. Léon Bertrand a décrit dans les Alpes-Maritimes *deux niveaux* de gypses et de cargneules, dont le premier recouvrant directement les couches arénacées du Trias inférieur, — qui représentent l'équivalent de nos Quartzites, — *correspond à notre assise B*, et dont le supérieur, qui est le principal niveau gypsifère, se trouve séparé du précédent par des masses calcaires et paraît être l'équivalent de nos gypses supérieurs. Alpes-Maritimes.

Au col de Chécoury, sur le versant S. E. du Mont-Blanc, on voit les quartzites triasiques surmontés également par des cargneules qui donnent lieu à de belles pyramides d'érosion, mais il est difficile d'affirmer qu'elles correspondent uniquement à notre assise B. Versant S. E. du Mont-Blanc.

Un très grand nombre de cols de la région alpine doivent leur existence à des affleurements de gypses et de cargneules; nous en avons cité quelques-uns (tome I, p. 54 et 55; tome II, p. 163); nous reviendrons plus loin sur Rôle orographique.

ce rôle orographique particulièrement motivé par le peu de consistance et la solubilité des roches qui constituent cette assise.

C. Calcaires gris siliceux et dolomitiques [1].

(Calcaires du Briançonnais, Lory *pro parte maxima.*)

Calcaires triasiques dits à Gyroporelles.

La plus grande partie du Trias est constituée dans les zones intra-alpines par de puissantes masses (300 mètres dans le Briançonnais) de calcaires subcristallins ou plus ou moins finement cristallins (voir pl. VIII, fig. 2, 3), d'un gris cendré généralement siliceux et parfois dolomitiques [2], qui présentent leur type le plus net dans les environs de Maurin (Ubaye), dans le Briançonnais et dans le massif de la Vanoise (Savoie). Ils jouent dans ces parties de nos chaînes alpines un rôle oroplastique des plus caractéristiques.

Structure et particularités diverses.

Ces calcaires, qui n'ont fourni que très peu de fossiles déterminables, ont une structure habituellement massive et ruiniforme, non feuilletée, parfois stratifiée en gros bancs réguliers (massif de Rochebrune); ils sont légèrement saccharoïdes et de couleur gris bleuâtre à l'intérieur, devenant blanchâtre par exposition à l'air, et plus rarement jaunâtre par altération. Ils se débitent généralement en fragments parallélépipédiques très caractéristiques. Ces roches, souvent aussi noirâtres ou d'un gris cendré d'aspect moiré, se montrent parfois aussi bréchoïdes et présentent généralement de petites taches rugueuses, siliceuses, blanches, nombreuses et caractéristiques (Rocca del Serù, Thabor, lac Paroird près Maurin, etc.), qui doivent avoir pour origine des organismes quelconques, mais dont il est impossible de reconnaître la structure [3]. Ils forment, par exemple dans la haute vallée de l'Ubaye, au Nord du lac de Paroird, près de Maurin, un massif puissant (Péou Roc), au pied

[1] « Calcaires francs » de la Vanoise (Termier), calcaires dits à *Gyroporelles* (Termier), « calcaires de Villanova » (Zaccagna).

[2] Voir les diagnoses lithologiques à la fin du chapitre.

[3] M. Munier-Chalmas, qui a examiné une série de ces échantillons, n'avait pu y reconnaître les traces d'aucun organisme déterminable. M. Benecke n'a pu découvrir dans d'autres fragments que nous lui avons envoyés que des Crinoïdes. Nous y avons observé, depuis lors, des sections de *Diplopores* très nettes au Pic d'Escreins (Hautes-Alpes), à Rouchouze (Savoie) et au col de Grosse-Tête (Savoie) [voir pl. VIII, fig. 2]. — Enfin des cristaux de Quartz (à faces p, e 1/2 e^1) très nombreux ont été rencontrés par nous dans les calcaires du col du Châtelard cités plus haut. On verra plus loin quels ont été les résultats que nous a fournis l'examen de plaques minces de ce niveau (planche VIII).

duquel on peut étudier dans de vastes éboulis ces roches curieusement tachetées. Des parties pseudo-bréchoïdes se font remarquer habituellement dans ces calcaires, notamment dans les clapiers qui bordent au Nord le lac du Paroird, ainsi que sur la route du Mont Genèvre. Ces brèches grises, bien distinctes, par la teinte uniformément grise de leurs éléments, des brèches liasiques (Brèche du Télégraphe) à galets jaunâtres, s'observent en particulier dans le massif du Grand-Galibier; on peut en voir de superbes blocs éboulés près des Granges du Galibier, sur la route de Valloire.

Bancs de calcaires cristallins, schisteux; intercalations diverses.

Les calcaires triasiques de la Maurienne faisant peu effervescence avec les acides ont parfois aussi une apparence rose chair ou jaunâtre, due à la rubéfaction; cependant on y distingue encore des *noyaux* restés intacts d'un gris cendré et saccharoïde. Ceux du lac Paroird ne font aucune effervescence à froid et se dissolvent lentement dans l'acide chlorhydrique. Au sommet du Thabor, des calcaires dolomitiques rose chair, à sections de *Gastropodes*, *Encrines* et petites taches d'origine probablement organique, sont accompagnés de calcaires gris en dalles, tachetés de blanc, comme ceux du lac du Paroird. Au col des Désertes, Lory a trouvé des calcaires dolomitiques identiques aux précédents (ces échantillons sont conservés à la Faculté des Sciences de Grenoble); on les retrouve à Château-Queyras, où ils contiennent également de petites particules blanchâtres.

D'autre part, Marcel Bertrand a fait remarquer (*loc. cit.*, p. 146) que ces calcaires ne présentent jamais la texture largement spathique, par juxtaposition de larges cristaux de calcite des calcaires du Lias; ils sont, au contraire, plus finement cristallins.

D'autres fois, ces calcaires, par suite du laminage énergique qu'ils ont subi, ont pris une structure schistoïde et gaufrée très particulière, bien connue des géologues suisses qui ont donné à ces calcaires étirés le nom de « Langgestreckte Kalke ».

On observe dans l'ensemble de ces calcaires des variations de couleur et d'aspect assez notables : c'est ainsi que certains bancs possèdent une apparence blanchâtre, d'autres sont plus régulièrement lités et de couleur noirâtre. Ces différences correspondent sans doute à des subdivisions que l'absence de fossiles détruits par la recristallisation empêche de préciser; elles donnent l'impression que le complexe des calcaires triasiques *représente probablement toute une série d'horizons paléontologiques*. Certaines assises de ces calcaires triasiques se débitent en dalles et ont une teinte *noire* caractéristique assez différente de la couleur plus claire des assises ruiniformes qui les accompagnent. Ces calcaires noirs bien lités forment dans la partie orientale du Briançonnais un horizon très remarquable; tels sont ceux qui composent la crête de la Grande Maye, vers le point 2652, ainsi que celle de l'Enlon près du fort de l'Olive.

Vermiculations, lapiaz, cargneulisation.

De nombreuses *vermiculations* à la surface des bancs rappellent parfois le Muschelkalk classique de l'Est de la France et du Var.

Enfin certains bancs présentent fréquemment les accidents connus dans le Midi sous le nom de *Rascles*, sortes de rigoles ou *Lapiaz* produits par le ruissellement superficiel; d'autres offrent en beaucoup de points une tendance à se transformer en cargneules et à prendre une teinte jaunâtre particulière, imputable à des oxydes de fer. Les bancs inférieurs, en particulier, sont fréquemment atteints de cette *cargneulisation*, qui est parfois complète et peut, ainsi que nous le verrons plus loin, atteindre la totalité du système.

Puissance apparente.

L'épaisseur apparente des calcaires triasiques du Briançonnais donne le plus souvent une idée inexacte de leur puissance réelle : les bancs calcaires sont, en effet, disposés fréquemment en « nappes » revêtant les pentes et donnant l'impression de masses considérables. De nombreux *plissements secondaires* affectent dans tout le Briançonnais ces calcaires triasiques, et ont pour effet d'augmenter singulièrement leur *puissance apparente*, surtout sur le flanc des grandes vallées. Ces accidents sont en général postérieurs au plissement orogénique principal et dus, en grande partie, à des tassements et à des glissements.

Composition chimique.

MM. Duparc et Mrazec, puis notamment M. Termier, ont montré par des analyses que les calcaires triasiques du Briançonnais renferment de la silice, mais parfois relativement peu de magnésie. D'après notre confrère, ceux de la Vanoise sont *toujours siliceux et albitiques;* ils ont fourni 0.6 à 2.7 p. 100 de magnésie[1], alors qu'à Saxon, en Valais, les dolomies du Trias contiennent 40 p. 100 de carbonate de magnésie, d'après Renevier; des échantillons des environs de Briançon et de la Maurienne ont donné à Ch. Lory 0.61 de carbonate de chaux, 0.375 de carbonate de magnésie, 0.01 à 0.02 d'oxyde de fer, silice et alumine.

Examen microscopique.

Examen microscopique. — Nous avons soumis à l'examen microscopique un certain nombre d'échantillons de calcaires triasiques taillés en plaques minces.

Cet examen a été effectué à deux points de vue différents : en plaques très

[1] P. Termier, La Vanoise, *loc. cit.*, p. 74.

minces, observées au microscope polarisant et en lames plus épaisses au microscope simple à de faibles grossissements. La première méthode a pour but de se rendre compte de la cristallinité plus ou moins grande de la roche, et de voir si elle contient d'autres minéraux que la calcite ou la dolomie; par la seconde, nous avons recherché les traces de micro-organismes parfois assez nettes et nous avons essayé d'en déterminer la nature. Dans ces dernières recherches, nous avons été puissamment aidés par la coopération éclairée de notre regretté et excellent ami, Maurice Hovelacque[1]. En ce qui concerne les types intra-alpins, nous avons obtenu quelques résultats intéressants, pour la distinction des calcaires d'âges divers qui avaient été désignés par Ch. Lory sous la dénomination globale de « calcaires du Briançonnais ». Examinés par cette méthode, les *calcaires triasiques* ne présentent que de vagues traces d'organismes déformées par la *recristallisation*, à petites plages de calcite formant un grain serré (Janus et Infernet, près Briançon, Ceillac [Hautes-Alpes], Lac du Paroird [Basses-Alpes], le Gros près Guillestre [Hautes-Alpes], col des Fours [Hautes-Alpes], etc.).

Il est intéressant d'ajouter que Ch. Lory[2] a mentionné la présence de l'*albite* dans les dolomies de la zone cristalline delphino-savoisienne, dans les calcaires magnésiens du Trias des environs du col du Bonhomme et du col de la Seigne, dans ceux du Roc-Tourné, de Villarodin et de Bramans, près Modane. Lory a rencontré ce même minéral en cristaux microscopiques souvent mâclés, accompagnés de grains de quartz dans le résidu de la dissolution par l'acide chlorhydrique de presque tous les *calcaires triasiques* des Alpes occidentales. Ce même minéral se retrouve d'ailleurs dans un certain nombre de calcaires alpins d'âge plus récent.

Enfin il est important de remarquer que plusieurs bancs « de dolomies du « *Trias réduit* » du sommet de Chanrousse, de Laffrey et de la Gardette (Isère) et celles qui accompagnent les gypses du Trias à Champ, près Vizille (Isère), appartenant à un facies tout différent dans son ensemble de celui des régions intra-alpines, ont au microscope absolument le même aspect que les dolomies de Salins-Moûtiers (Savoie) et que certains bancs du complexe des cal-

[1] Kilian et Hovelacque, *Album de Microphotographies de roches sédimentaires*. Paris, Gauthier-Villars, 1900, *loc. cit.*, p. 8.

[2] Ch. Lory, Sur la présence de cristaux microscopiques du groupe des feldspaths dans certains calcaires jurassiques des Alpes (*C. R. Ac. Sc.*, 2 août 1886). — Voir aussi la note insérée à la suite des diagnoses qui terminent le présent chapitre.

caires dolomitiques si développés dans la Maurienne, dans le Briançonnais et dans l'Ubaye [1].

Fossiles.

Au sommet du Mont-Thabor et sur le flanc Est du vallon du Tronchet, près de Maurin (Basses-Alpes), les calcaires du Trias contiennent des Entroques qui semblent bien appartenir au genre *Encrinus;* nous avons à citer aussi des *Polypiers* dans un calcaire affleurant au Sud de Valloire, dans le massif de « La Sétaz-Vieille » et qui paraît faire partie du Trias. Des *Gastropodes,* malheureusement indéterminables, et de vagues traces d'organismes visibles surtout au microscope se trouvent également presque partout dans ces calcaires et dolomies triasiques. Ce sont là, avec des restes de Diplopores (voir la planche VIII) spécifiquement indéterminables, constatés par nous dans les calcaires du Pic d'Escreins, près de Guillestre, de Rouchouze, près de Larche, et du col de Grosse Tête (Vanoise), tous les restes organiques que nous avons rencontrés, malgré une attention soutenue et de longues années de recherches, dans ceux des massifs calcaires du Briançonnais qui appartiennent au Trias. Nous espérons que de nouvelles explorations seront aussi heureuses que l'ont été celles de nos voisins italiens qui ont cité un certain nombre d'espèces dans cette assise. On trouvera plus loin la liste complète des fossiles trouvés dans cette assise, soit dans nos Alpes, soit dans les parties limitrophes de l'Italie et de la Suisse.

Analogie avec les Alpes orientales.

Ajoutons enfin que, soit au point de vue microscopique, soit en ce qui concerne la structure microscopique, l'analogie est frappante entre certaines de ces assises et les calcaires de Wetterstein (Muschelkalk), des Alpes orientales, en particulier ceux de Hœtting, près d'Innsbruck [2].

Calcaires triasiques en Maurienne et Tarentaise.

Étudions maintenant cette importante formation calcaire dans la Maurienne, pour la suivre ensuite dans d'autres parties des chaînes intra-alpines.

Dans le massif de Varbuche [3] (Savoie), la partie moyenne du Trias est

[1] M. le professeur Schmidt, au cours de l'excursion dirigée en 1900 dans le Briançonnais par M. Termier, à l'occasion du Congrès géologique international, a recueilli, dans la brèche liasique de Prorel, un bloc remanié de calcaire triasique contenant des *Diplopores*. Cet échantillon est conservé à la Faculté des sciences de Grenoble.

[2] En quelques points, par exemple dans le massif du Mont Jovet (Bertrand, *loc. cit.*, p. 142), les calcaires triasiques se montrent injectés de filonnets de serpentine.

[3] C'est dans cette localité que, en 1891, l'un de nous (*C. R. Ac. des Sc.*) a décrit, le premier, pour cette région, des calcaires triasiques, établi une distinction entre eux et les calcaires du Lias (auxquels Ch. Lory les avait assimilés) et démontré *l'âge triasique* d'une bonne partie des

constituée par des calcaires dolomitiques massifs, d'un blanc bleuâtre à l'intérieur, devenant jaunâtre par altération, légèrement saccharoïdes. C'est aux quartzites, avons-nous dit, qu'ils se superposent directement dans le cirque du Nantbrun ou de Varbuche. Le contact se voit dans le lit du ruisseau en amont des chalets du Plane. Il est probable qu'en ce point les calcaires phylliteux B. ont disparu par étirement (fig. 12).

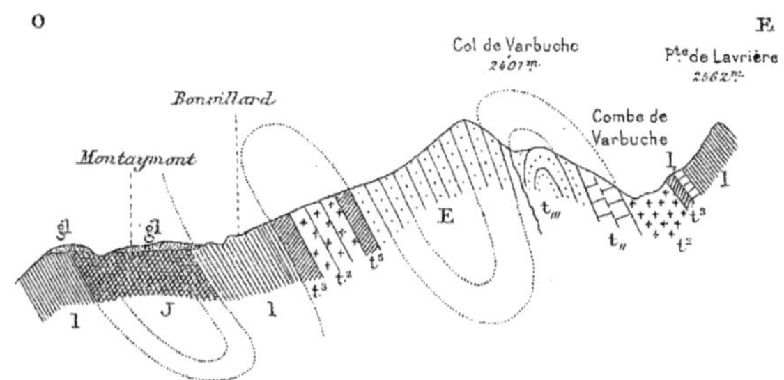

Fig. 12. — Coupe transversale du massif de Varbuche (Savoie).

LÉGENDE.

gl Dépôts glaciaires. — E Grés éogènes. — J Lias schisteux (et Dogger). — l Lias calcaréo-schisteux. — $l_,$ Infralias. — t^2 Gypses et Cargneules supérieurs. — $t_{,,}$ Calcaires dolomitiques. — $t_{,,,}$ Quartzites.

Les calcaires dolomitiques affleurent aussi sur le versant méridional du même massif, dans les pâturages de la Platière où ils sont en partie *cargneuliformes,* ainsi qu'au col du Châtelard (ou de Varlossière), qui relie le col du Bonnet-du-Prêtre à celui des Encombres. On les trouve encore aux environs de Moûtiers où ils sont très développés (Salins, bois entre Feisson et « les Routes », clos des Cordeliers [1], en dessous du hameau des Routes; deuxième lacet de la route d'Hautecour [petite masse entre les schistes liasiques et les calcaires phylliteux près de la caserne des chasseurs], v. tome I, fig. 97, etc.) et

calcaires du Briançonnais considérés jusqu'alors comme appartenant au Jurassique. Cette nouvelle interprétation a été confirmée depuis par tous les travaux publiés sur la géologie des chaines alpines.

[1] Près de Moûtiers, dans le Clos des Cordeliers, les calcaires du Trias offrent un beau développement; ils y présentent un grain fin et rappellent certains types du Malm briançonnais. Ils se continuent dans l'arête de la Saudcette.

où ils sont généralement séparés des Quartzites par des schistes siliceux et des calcaires phylliteux (Champoulet, environs d'Hautecour, etc.). On les exploite à Salins pour chaux maigre; ils sont gris, compacts, ne font pas effervescence à froid avec l'acide chlorhydrique et montrent, au microscope, de petits cristaux d'albite (coll. Ch. Lory). Leur puissance est là considérable et dépasse certainement 100 mètres. Ils existent aussi dans les pentes, au Sud de la place principale de Moûtiers, entre l'Isère et le Doron, dans le parc d'une propriété privée. Enfin ils forment la bande de rochers qui dominent la ville au S. E. au milieu des bois, vers la croix de Feisson (tome I, fig. 94). Ils apparaissent encore sur le versant de la montagne, au S. E. de Villard-Lurin. Dans le reste de la Tarentaise, ils sont partout bien développés et distincts des calcaires du Lias, notamment aux Étroits du Ciex où ils affleurent non loin et au bas des masses cristallines du Lias calcaire[1]; ils en diffèrent par une teinte plus jaunâtre et un aspect plus dolomitique.

Description de M. Zaccagna (1892).

M. Zaccagna a décrit, en 1892, dans notre région, une série d'affleurements de calcaires triasiques; il les attribue au Muschelkalk, mais il y englobe également à tort des assises appartenant au Lias comme les calcaires d'Aigueblanche que coupe le tunnel du chemin de fer d'Albertville à Moûtiers[2], et qui constitueraient, dit-il, la bande calcaire dont sont formées les hauteurs du mont Quermo. Le géologue italien place encore à ce niveau les schistes liasiques qui affleurent au bord de la route d'Hautecour, au point où elle se sépare de celle de Bourg-Saint-Maurice. C'est également au Trias qu'il rapporte les calcaires cristallins de l'Étroit-du-Ciex, de la Pomblière et du Châtelard de Bourg-Saint-Maurice; il émet aussi des doutes sur l'âge de la brèche de Villette, dans laquelle il n'a pas recueilli lui-même de fossiles, mais dont il a cependant judicieusement reconnu l'intime liaison avec les calcaires saccharoïdes. Enfin il classe de la même façon des schistes calcaires qui, au Sud de Moûtiers, affleurent sur la route conduisant dans la vallée de Belleville, ainsi qu'une brèche calcaire grise qui se montre près du ruisseau venant du col du Golet et qui, pour nous, est du même âge que celle du Niélard, où nous avons recueilli des fossiles incontestablement *liasiques*.

[1] Ch. Lory (*Trias de la Vanoise*, p. 42) considérait comme triasiques les marbres de l'Étroit-du-Ciex dont il rapprochait le gisement de celui des marbres de Carrare. Nous montrerons plus loin que ces calcaires cristallins sont nettement intercalés dans le Lias comme ceux du Bois, près d'Aigueblanche, du Châtelard, près Bourg-Saint-Maurice, et de Sembrancher, dans le Valais.

[2] Elles nous ont fourni une Ammonite liasique (*Rhacophyllites*) (voir plus bas).

Distinction des calcaires du Trias et du Lias en Tarentaise. Leur position stratigraphique.

Les calcaires du Trias sont en général assez faciles à distinguer des assises liasiques, plus noires, plus largement spathiques et mieux litées, mais il est bien des cas (environs de la Bessée, Eychauda, dans le Briançonnais) où cette distinction est presque impossible à un observateur non exercé.

Il est donc d'une grande importance d'avoir pu constater, dans les environs de Moûtiers, la position précise de ces calcaires qui atteignent une grande puissance vers l'Est, dans la région de Modane. Or, les calcaires des environs de Modane, de la Vanoise, Roche-Chavière, etc., peuvent se suivre facilement vers le Sud, et ne sont coupés dans cette direction, vers le Briançonnais, que d'interruptions insignifiantes.

C'est ainsi que ces couches triasiques se retrouvent, en amont d'Albanette, situées au-dessous des assises de gypse. Elles se montrent encore, près de Valloire, sur les flancs de la Sétaz, se superposant par l'intermédiaire d'une mince assise de cargneules aux quartzites et passant, à leur partie supérieure, à des dolomies jaunâtres à patine nankin. Enfin elles se rencontrent près du Galibier, où elles sont très développées à l'Est du col. Si l'on a soin d'en détacher les diverses assises jurassiques, que Ch. Lory et M. Zaccagna avaient confondues avec eux, il est donc facile d'établir d'une façon précise la position stratigraphique de ces calcaires triasiques qui prennent, à l'Est, un si beau développement et dont l'âge incontestable est admis maintenant par tous les auteurs.

Calcaires triasiques des environs de Modane et de la haute Maurienne.

Près de Modane, c'est au Bourget et au fort de l'Esseillon (l'Exillon) qu'ils sont le plus nettement caractérisés. En ce dernier point, L. Pillet et Vignet ont découvert, en août 1858, quelques fossiles assez mal conservés (*Lima, Avicula*) et spécifiquement indéterminables. Ch. Lory cite encore des traces de Bivalves à Villarodin. On connaît également les travaux de Drian et de Lory sur les cristaux d'*albite* que ces calcaires renferment en abondance[1]. G. de Mortillet rattachait ces assises au Lias, mais Ch. Lory ne tarda pas à reconnaître leur âge véritable, tout en maintenant, il est vrai, d'une façon quelque peu paradoxale, dans le terrain jurassique les calcaires identiques qui en forment la continuation dans le Briançonnais.

[1] La collection A. Favre, à Genève, renferme plusieurs échantillons de calcaires triasiques de la Haute-Maurienne, une dolomie finement cristalline de l'Esseillon, un « Calcaire à pyroxène » de Villarodin, un calcaire du type ordinaire des calcaires triasiques de Lans-le-Bourg. Ces roches sont désignées sous le nom de *Calciphyres* par le géologue genevois.

Ce dernier auteur signalait en effet, dès 1860, dans la Haute-Maurienne, et particulièrement au fort de l'Esseillon, près Modane, des calcaires magnésiens « dépendant probablement du Trias ». Ces calcaires triasiques, disait-il, paraissent prendre un développement considérable dans la Haute-Tarentaise et représentent probablement une partie des assises dolomitiques du Trias des Alpes lombardes. Par contre, les masses importantes de calcaires compacts, grisâtres et souvent magnésiens qui peuvent être désignés sous le nom de « *Calcaires du Briançonnais* », appartiendraient toutes, pour Ch. Lory, à une même formation, celle du Lias, et seraient la continuation directe de celles du massif des Encombres qui renferment à leur base les fossiles caractéristiques de l'Infralias et, plus haut, les espèces du Lias moyen et du Lias supérieur (*Descr. du Dauphiné*, § 255). (Voir, plus bas, le chapitre consacré au Lias.)

D'après Ch. Lory (§ 287), les calcaires de l'Esseillon représenteraient donc le *Muschelkalk*, reposant immédiatement sur les quartzites, et recouverts par des gypses, au-dessus desquels vient l'immense formation des Schistes lustrés. Cet auteur pensait que cet étage calcaire du Trias *manquerait dans le Briançonnais;* il ne connaît, dit-il, « dans ce pays aucun exemple d'une assise calcaire distincte placée au-dessous des gypses et des Schistes lustrés ». (*Loc. cit.*, p. 570.) Nous verrons bientôt que cette dernière interprétation est contraire à la réalité des faits.

Il est facile de suivre les masses de calcaires triasiques de la haute vallée de l'Arc, où ils forment une série de pointements au milieu des Schistes lustrés mésozoïques, par les environs de Lans le Bourg, vers le massif de la Vanoise.

Marcel Bertrand[1] indique en effet dans la Haute-Maurienne et la Haute-Tarentaise, comme succédant aux calcaires phylliteux, un horizon de calcaires compacts semblables à ceux de la Vanoise et qu'il désigne sous le nom de « *Calcaires francs* ». Ils sont susceptibles, comme ceux du niveau inférieur, de donner des calcaires fragmentés et caverneux, faciles à confondre avec des cargneules. En outre, ils peuvent passer à de grandes masses gypseuses. Notre regretté maître n'y a pas trouvé de fossiles, sauf quelques *Encrines* et quelques petits *Gastropodes*, ainsi que de rares traces de *Polypiers*.

[1] Marcel Bertrand, Études dans les Alpes françaises : 1° Structure en éventail, massifs amygdaloïdes et métamorphisme; 2° Schistes lustrés de la zone centrale (*Bulletin Soc. géol.*, 3e *série*, *t. XXII*, *p. 69*, *1894*).

C'est à ce niveau qu'appartient, d'après lui, le Roc Tourné, près de Modane, célèbre par ses cristaux d'albite et qui serait une masse calcaire isolée par éboulement plutôt que par l'effet d'un plissement, au milieu du Gypse, ainsi que les calcaires de l'Esseillon, dans lesquels, comme nous l'avons dit, quelques fossiles[1], malheureusement indéterminables, ont été recueillis par L. Pillet et Vignet. Ces calcaires reposent sur les quartzites, après une ondulation qui fait affleurer à Avrieux des schistes noirs en relation incontestable avec des cargneules et des calcaires appartenant « à la partie inférieure du Muschelkalk[2] »; à l'Est du Vernay, ils s'observent sur les deux versants de la montagne appelée « Le Jeu », où les Schistes lustrés forment une masse lenticulaire au milieu des Gypses. Une traînée calcaire se montre également au milieu des Schistes lustrés dans les environs de Lanslevillard, près des chalets de la Fesse, où elle se subdivise en deux bandes appartenant à l'horizon des *calcaires francs*. On aurait ici affaire, d'après M. Bertrand, à un double pli anticlinal et non à des synclinaux, comme le pensait M. Zaccagna. Ces bancs traversent la vallée de l'Arc entre Lanslebourg et Termignon. En outre, sur la rive gauche de la haute vallée de l'Arc, existent des affleurements intermittents de calcaires triasiques[3], en face de Bonneval et sous le Roc de Paréi; ce sont ceux du niveau inférieur; dans le vallon d'Audagne et sur le versant méridional de la pointe du même nom, ceux du niveau supérieur. Un affleurement de ces derniers paraît se terminer lenticulairement dans tous les sens au milieu des Schistes lustrés avec toutes les apparences d'un *passage latéral*.

Calcaires triasiques de la Vanoise.

Dans les massifs de la Vanoise[4] et de l'Aiguille du Fruit, ces mêmes calcaires, toujours identiques à eux-mêmes, forment une série de sommets (Roc de la Pêche, Aiguille du Fruit) caractéristiques, aux flancs revêtus d'éboulis.

Au col de la Grosse-Tête, où ils ont leur aspect le plus typique, l'un de nous y a recueilli des traces d'*Algues calcaires* reconnaissables au microscope. M. Termier a découvert dans ces calcaires des débris indéterminables de *Polypiers* et pense que la majeure partie est d'origine corallienne. Dans ce massif, ils sont extrêmement puissants (près de 400 m.); lorsque le plissement a été peu intense, la stratification n'apparaît qu'en grand, tandis que, dans le cas où les mouvements ont été énergiques, ils sont réduits en

[1] Ils sont conservés au musée de Chambéry.

[2] M. Bertrand, Études dans les Alpes, etc., *loc. cit.*, p. 76.

[3] M. Bertrand, Études dans les Alpes, *loc. cit.*, p. 141.

[4] P. Termier, Massif de la Vanoise, *loc. cit.*, p. 73.

plaquettes menues, et la séricite apparaît développée aux dépens de l'argile[1] que contenait la roche.

Calcaires triasiques des environs de Val d'Isère.

Au N. E. de la Vanoise, on les retrouve, avec leurs caractères habituels, dans la haute vallée de l'Isère, dans le soubassement du massif de la Grande-Sassière, où ils constituent, sous une masse de Schistes lustrés, une série de replis dans les synclinaux desquels se trouvent pincées (en amont du Fornet) des brèches liasiques à facies briançonnais. Les calcaires triasiques se développent largement aux environs de Val d'Isère. D'après Marcel Bertrand, une première bande se montre en amont des gorges, se continue en pointe jusqu'au col Pers et, de là, va rejoindre, sous forme de cargneule, celle qui existe près de Bonneval. Une coupe analogue s'observe en aval, où, de part et d'autre de couches schisteuses noirâtres, se trouvent les calcaires francs, puis les calcaires phylliteux. Un profil de la vallée de l'Isère, au col de la Thouvière, présente notamment une grande masse de « calcaires francs » surmontés par les cargneules affleurant au col, puis par des *Schistes lustrés*. Les gorges du Prarion, près des sources de l'Isère, montrent encore une série puissante de calcaires, dont on peut suivre tous les contournements sur la rive gauche, et sur lesquels viennent passer, sur la rive droite, deux bandes schisteuses très semblables au type normal des Schistes lustrés[2].

[1] Les calcaires se présentent particulièrement typiques dans les éboulis de la Grande-Casse, où ils rappellent d'une façon frappante les calcaires synchroniques du Lac Paroird, dans la Haute-Ubaye.

[2] Indiquons encore, le long du Mont-Charvet, une série normale de niveaux triasiques composée de calcaires phylliteux, de calcaires francs et de cargneules s'inclinant régulièrement vers les Schistes lustrés. Par contre, à Picheru (Picheri), d'après Marcel Bertrand (*loc. cit.*, p. 128), c'est par alternance que se ferait le passage des schistes aux calcaires. Près de la Grande-Sassière, il y aurait superposition de ces schistes au Trias et, en outre, passage latéral aux calcaires de cette dernière formation. Au Rocher Blanc s'observerait une intercalation d'une lentille de calcaires triasiques, laquelle prendrait au rocher même une épaisseur de plusieurs centaines de mètres et finirait « en coin » au milieu des Schistes lustrés, à peu de distance au Nord comme au Sud.

Près du Plan-de-Nette, M. Bertrand a signalé des calcaires phylliteux passant latéralement à des schistes identiques aux Schistes lustrés. Il a cru pouvoir conclure de ces observations que le passage vers l'Est des calcaires triasiques aux Schistes lustrés se réaliserait d'abord par la partie inférieure, puis par la partie supérieure, plus loin seulement pour la partie moyenne (*loc. cit.*, p. 134). Nous avons visité cette région et nous croyons devoir formuler des réserves au sujet de ces interprétations, les Schistes lustrés nous ayant paru constamment *supérieurs aux Calcaires* triasiques, au milieu desquels ils forment des bandes *synclinales* et parfois des masses de recouvrement.

Calcaires triasiques des environs du Petit-Saint-Bernard, et de Courmayeur.

Au N. E. du Petit Saint-Bernard, les calcaires du Trias se continuent dans les parties limitrophes de l'Italie et du Valais. C'est ainsi que nous avons pu les étudier[1] avec leur développement typique près de Courmayeur (Dollone) et à l'Est de la vallée d'Orsières, dans les massifs du Six-Blanc et dans la Combe de Lâ (voir fig. 13); ils sont identiques aux calcaires du lac Paroird, du Janus, etc., et sont faciles à distinguer des assises liasiques voisines; enfin on les voit encore près de Sion en Valais.

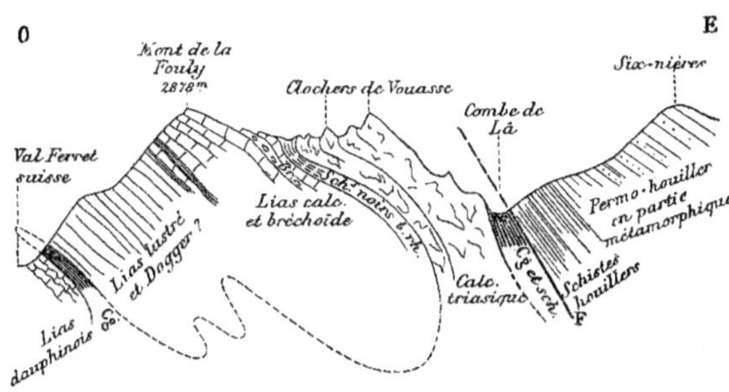

Fig. 13. — Coupe relevée par MM. W. Kilian et P. Lory à l'Est d'Orsières (Valais).

Calcaires triasiques de Dollone, d'après M. Zaccagna.

Dans la haute vallée d'Aoste, M. Zaccagna[2] cite en divers points des formations calcaires qu'avec les divers auteurs qui se sont occupés de la région il rapporte au Trias. Examinant la série des assises qui se présentent dans le vallon de Dollone, il donne la succession suivante, en ordre descendant :

1° Bancs de calcaire du type de Villanova formant les rochers terminaux du Mont Brisé;

2° Schistes talqueux gris avec un banc de calcaire « cargneulisant », ocreux, avec petits lits calcaires;

3° Grande masse de *gypse*, divisée en deux zones par une lentille schisteuse;

4° Calcaire « cargneulisant » à teinte ocreuse, avec lequel se termine le flanc droit du vallon. Au col de Chécouri, au-dessous de ces Gypses, passent :

5° Une brèche grise à cailloux allongés et partiellement gneissifiés. De là, à la cime du mont Chétif, sur le flanc gauche du vallon, la série se continue par :

[1] W. Kilian et P. Lory, sur l'existence de brèches calcaires et polygéniques dans les montagnes situées au S. E. du Mont-Blanc (*C. R. A. S.*, p. 359, février 1906).

[2] Zaccagna, sulla geologia delle Alpi occidentali (*Boll. R. Comitato geologico, 1887, n. 11 e, 12*).

IMPRIMERIE NATIONALE.

6° Des schistes talqueux gris, calcschistes et calcaires bariolés stratiformes;

7° Calcaires en dalles, blanchâtres, cristallins et quartzites alternant avec les calcschistes;

8° Schistes talqueux gris verdâtres, d'abord fissiles et schisteux, puis compacts à grains bien distincts, quartzeux et feldspathiques[1].

Notre confrère considère comme appartenant au Trias moyen les calcaires du type de Villanova et les assises allant jusqu'au n° 5; au Trias inférieur, les assises 6 et 7, et au Permien, les schistes anagénitiques et gneissiformes 8. On aurait ainsi, en position régulière, une série normale allant du Trias moyen au Permien. Examinant ensuite une série d'assises constituant les rochers s'étendant de Pré-Saint-Didier à la cime d'Arpi, il trouve la plus grande analogie avec la série que nous venons de rapporter. Des calcaires marbreux y affleurent également et y sont l'équivalent des calcaires triasiques de Villanova. On en rencontre encore sur le versant du Crammont, descendant vers Courmayeur, où ils se présentent en alternance avec des bancs de marbre. A la « Tête-de-l'Arp » existent des calcaires gris stratiformes, à structure cristalline, avec noyaux et lits de cailloux granuleux blanchâtres, alignés suivant la stratification. Ils forment la paroi Sud, tandis que celle du Nord est constituée par les calcaires de Villanova et en est séparée par une zone de schistes talqueux noirâtres. M. Zaccagna croit pouvoir rapporter au Trias supérieur ces calcaires à lits caillouteux; il se base pour cela sur l'analogie de la série triasique de cette partie des Alpes avec celle des Alpes maritimes, vénitiennes et apuennes. Nous ne partageons pas cette manière de voir. (Voir plus bas.)

Calcaires triasiques du Chablais.

On retrouve nos calcaires triasiques, avec un aspect et une structure *absolument identiques*, en Suisse, plus au Nord encore, sur le bord N. E. de la région du Chablais, dans le massif de Tréveneusaz, où ils consistent en calcaires gris et noirs, tantôt spathoïdes, tantôt compacts. L'épaisseur en est considérable et peut être évaluée à 300 ou 400 mètres. Une formation analogue se retrouve à Saint-Triphon (rive droite du Rhône), où elle fut assimilée au Lias par E. Renevier. Des alternances de bancs dolomitiques et de cargneules au milieu de ces calcaires noirs amenèrent M. Lugeon à les considérer comme triasiques. Il découvrit postérieurement des *Diplopores* (Gyroporelles) sur un sentier conduisant de Muraz à Plex (Bas-Valais). A quelques mètres, dit-il[2],

[1] Zaccagna, *loc. cit.*, p. 16.

[2] M. Lugeon, *La région de la Brèche du Chablais*, *loc. cit.*, p. 54.

au-dessous de la croisée du sentier avec la « Chable-Croix », on observe de nombreux blocs éboulés n'étant constitués que par des Algues fossiles. Ce sont des formes probablement nouvelles, mais ayant un certain rapport avec celles du Trias supérieur et notamment avec les formes du « Hauptdolomit ».

Quant à la colline calcaire de Saint-Triphon, bien connue par les marbres noirs qui y sont exploités, elle appartient bien au *Lias* et montre un banc rempli de Brachiopodes qui est observable, ajoute M. Lugeon[1], dans une des carrières situées au bord de la voie ferrée. Ces fossiles ont été rapportés par Haas à *Zeilleria perforata* Piette et à une espèce nouvelle : *Terebratula Renevieri* Haas.

M. Jaccard a découvert, d'autre part, des calcaires à Gyroporelles dans le massif du Rubly (Préalpes vaudoises).

Calcaires triasiques de la Suisse méridionale.

Dans le Valais, dans le massif de « Pierre-à-Voir », c'est-à-dire dans la région comprise entre le val de Bagne, la vallée du Rhône et le val de Nendaz, M. Sandberg[2] a observé, au-dessus des quartzites, un complexe formé de gypse, de *schistes rouges et verts* ainsi que de calcaires dolomitiques, complexe qui est quelquefois broyé en une véritable brèche de dislocation. Au-dessus de cette assise vient une série épaisse de *calcaires dolomitiques*, devenus souvent bréchiformes par dislocation et passant aux cargneules, qui correspondent sans doute à nos calcaires triasiques du Briançonnais. Nous avons, du reste, décrit plus haut (p. 201) des calcaires triasiques typiques dans les environs d'Orsières.

Il convient de rappeler aussi qu'une partie du « *Roethidolomit* », des Alpes suisses, correspondrait à la fois, selon MM. Philippi et F. Frech, au Muschelkalk et au Keuper.

Également dans les Alpes suisses, M. Gerber s'est occupé des chaînes situées à l'Est du Kienthal[3], où il a relevé dans le Trias, de bas en haut, la série suivante :

1° Schistes dolomitiques, grès et conglomérats (assimilés au Verrucano par l'auteur);

2° *Calcaires dolomitiques* contenant *Pleuromya musculoides* v. Schloth. sp., qui pour l'auteur représenteraient, avec des cargneules sous-jacentes, le Muschelkalk;

[1] Lugeon, *loc. cit.*, p. 55.

[2] C. G. S. Sandberg, Études géologiques sur le massif de la Pierre-à-Voir (Bas-Valais). — Thèse présentée à la Faculté des sciences de Paris, juin 1905.

[3] Ed. Gerber, Beiträge zur Geologie der œstlichen Kienthaler Alpen. — (*Inaug. Dissert. univ. Bern*, et *Nouv. mémoires de la Soc. hel. des Sc. nat.*, t. XL, liv. 2.)

3° Quartzites clairs micacés, ocreux à la base, épais de 2 à 3 millimètres et contenant *Equisetum* cf. *Mytharum* Heer;

4° *Schistes rouges et verts* avec bancs dolomitiques.

Massif des lacs italiens.

Dans les environs d'Arona (Lac Majeur) se montrent de puissants calcaires jaunâtres à *Gyroporelles*, qui rappellent beaucoup certains bancs de nos calcaires du Briançonnais et dont nous reparlerons plus bas. Ces assises relient ce type briançonnais du Trias à celui des Alpes orientales qui se montre dès les environs du lac de Come.

Alpes calcaires septentrionales.

A l'Est et au N. E. du Lac Majeur, la complexité des horizons triasiques devient plus grande; dans les Alpes de Salzbourg, dans le Salzkammergut méridional, dans les Alpes calcaires septentrionales, existent des massifs élevés constitués, d'après M. Haug[1], par l'empilement de plusieurs *nappes* de charriage renfermant chacune une série triasique d'un type spécial.

Dans la *nappe du Dachstein*, la série débute par des dolomies puissantes (les *Dolomies de la Ramsau*), auxquelles succèdent des couches marneuses à *Cardita*, puis viennent les *Calcaires du Dachstein* équivalents du « Hauptdolomit »; ces calcaires, de teinte grise, sont d'origine organique, riches en Gyroporelles, en Coralliaires, en coquilles de *Megalodus* et de Gastropodes. On y trouve encore des Brachiopodes, et plus rarement des Ammonites. Ils sont quelquefois stratifiés, mais parfois massifs et d'aspect récifal. L'analogie avec nos calcaires dolomitiques est un peu plus grande dans la *nappe bavaroise* (la plus profonde), où le Trias débute par un Werfénien quartzeux, rappelant le Verrucano; mais les horizons calcaires multiples du Trias moyen et supérieur ne peuvent pas être parallélisés avec notre série briançonnaise si monotone et si pauvre en fossiles. Cependant les calcaires ladiniens du Wetterstein rappellent vivement certaines assises de nos « Calcaires à Gyroporelles » de la Haute-Ubaye. Voir plus bas, la comparaison avec le Trias des Alpes orientales.

Alpes orientales.

Au Semmering (Alpes orientales), M. Termier a observé une série de couches parfaitement concordantes et comprenant des schistes houillers, des phyllades plus ou moins métamorphiques (Permien?), des quartzites fréquemment phylliteux, auxquels s'associent des calcschistes; enfin, des calcaires où M. Toula a découvert des *Diplopores* et qui doivent être considérés, par suite, comme d'âge triasique. Le *Trias de cette région est*, d'après notre confrère,

[1] E. Haug, Les nappes de charriage des Alpes calcaires septentrionales. — (*Bull. Soc. geol. de France*, 4e série, t. VI, p. 378, 1906.)

le même que celui de la Vanoise, et le métamorphisme régional l'a touché, ainsi que le Houiller, sans le transformer entièrement.

Comme nous l'avons déjà dit, les Alpes du Zillerthal montrent une série schisteuse métamorphique appelée la *Schieferhülle* et qui est surmontée d'un Trias présentant les caractères de celui de la haute Maurienne. A Mouls, il consiste en marbres phylliteux et en calcaires francs, dans lesquels on a trouvé des *Dactylopores.* Quant aux marbres de la « Schieferhülle » elle-même, ils sont également d'âge triasique[1].

Calcaires triasiques au S. E. de la vallée de l'Arc.

Revenons à Modane et examinons le développement que prennent les calcaires du Trias au *S. E. de la vallée de l'Arc.*

L'érosion n'a laissé subsister au sommet du Thabor que les bancs inférieurs du système calcaire et dolomitique; la chapelle est construite sur des dalles très cristallines d'apparence dolomitique, noirâtres, souvent teintées

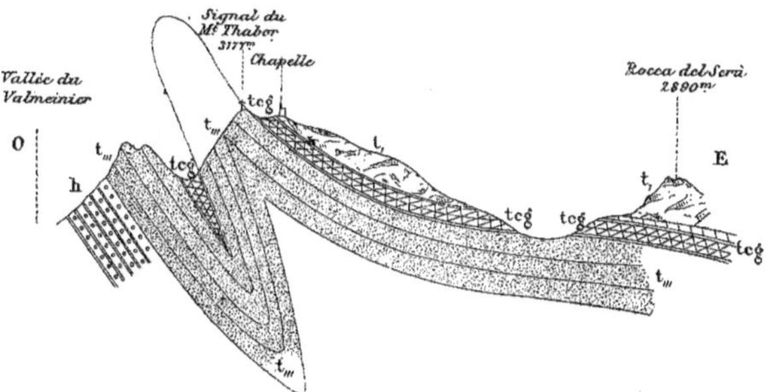

Fig. 14. — Coupe du Trias au S. O. du col de la Vallée-Étroite.

LÉGENDE.

h Grès houillers. — t, Calcaires et dolomies. — tcg Cargneules et gypses. — t,,, Quartzites.

de rouge, qui, bien que considérées tour à tour comme rhétiennes et même crétacées, ont tous les caractères des calcaires du Trias (teinte gris cendré, petites taches blanches habituelles, apparence bréchoïde et présence de cristaux de quartz dans la pâte même de la roche). — [Voir fig. 14 et tome I, fig. 69 et p. 193 (description des Calcaires de Thabor).]

[1] P. Termier, *Sur quelques analogies de facies géologiques,* etc., *loc. cit.*

Cette assise prend notamment un grand développement dans les escarpements qui dominent la Vallée Étroite (massifs des Rois-Mages, etc.); elle y présente sa composition habituelle et offre de nombreux replis, ce qui augmente notablement sa puissance apparente.

Cependant au Mélezet, près de Bardonnèche, on observe, à la partie supérieure de la grande masse des calcaires triasiques, au contact et à la base des Schistes lustrés et dans le voisinage des Gypses supérieurs, des bancs réguliers de calcaires noirâtres, cristallins, que nous serions disposés à rattacher au Lias (v. ci-après, fig. 18), sans cependant avoir aucune preuve certaine de cette manière de voir. Ces bancs peuvent surtout être étudiés à droite du chemin du col de l'Échelle, avant de traverser un pont.

Ajoutons que, dans la partie de l'Italie voisine du Thabor et du Briançonnais, les restes organisés paraissent être moins rares dans ce système que dans les chaînes françaises, où nos recherches prolongées et minutieuses n'ont malheureusement amené la découverte d'aucune espèce déterminable.

Fossiles trouvés en Piémont dans les calcaires triasiques.

Des fossiles triasiques ont, en effet, été trouvés à ce niveau à Gad-d'Oulx et au col des Acles, par MM. Zaccagna et Mattirolo. Ce sont des *Natices*, des *Limes*, des *Myophories* et des débris de *Diplopores*. Les Natices sont voisines, d'après M. Portis, l'une de *Natica pulla* Goldfuss et l'autre de *Natica exsculpta* Schl. Les Myophories ressemblent à l'espèce appelée *Myophoria curvirostris* par Goldfuss et qu'Alberti rapporte au *Myophoria. elegans* Dunker. Les échantillons de Limes peuvent être facilement reconnus comme appartenant à la *Lima costata* v. Münster. Quant aux Diplopores, elles appartiennent à *Diplopora pauciporata* Schafh., qui, d'après Guembel, serait caractéristique du Muschelkalk inférieur (couches à Brachiopodes ou de Recoaro). (Voir, plus bas, l'énumération générale des fossiles du Trias.) — Nous n'avons rencontré aucune de ces espèces dans les nombreux affleurements du versant français.

Calcaires triasiques du bassin de la Guisane.

Si nous poursuivons vers le Sud l'étude des calcaires triasiques et si nous quittons le bassin de l'Arc (Maurienne) pour celui de la Guisane en Dauphiné, nous retrouvons les dépôts qui nous occupent près du Galibier. Les calcaires sont très développés à l'Est de ce col, au roc du Grand-Galibier, où nous en avons constaté l'existence en compagnie de M. Termier, et où, depuis, nous les avons étudiés en détail. Ils sont là, surmontés par de puissantes masses de brèches et de calcaires jurassiques qui forment une série de petits synclinaux parfois occupés par les couches rouges du Jurassique supérieur.

La structure bréchoïde s'y montre fréquente et on peut admirer dans les éboulis, près des granges du Grand-Galibier, de beaux blocs d'une *double brèche* appartenant à ce niveau. Leur teinte cendrée, leur plus grande cristallinité et l'homogénéité de leur pâte permet, ainsi que la teinte uniformément grise de fragments englobés, de distinguer aisément, avec un peu d'habitude, ces brèches, des calcaires et des brèches liasiques.

On peut étudier aussi les calcaires triasiques sur le flanc S. O. du même massif, dans les parois qui dominent, à l'Est, la Mandette et la route de Lauzet. Vers l'Est, on les retrouve près du col des Rochilles et dans un grand nombre de points des montagnes séparant la vallée de la Guisane de celle de Névache (Grand Aréa, fort de l'Olive, etc.). Ils sont aussi très développés dans la chaîne frontière, aux Acles, près du col de l'Échelle, etc.

Dans tous ces massifs synclinaux (v. t. I, fig. 64, 66, 67), ils sont *entourés* d'une zone déchiquetée de quartzites du Trias inférieur et contiennent dans leurs replis des assises plus récentes (Trias supérieur, Lias, Malm, Marbres en plaquettes).

On les remarque particulièrement dans les massifs du Chardonnet, de la Moulinière, de la Corne des Blanchets et dans le passage transversal du col des Rochilles. Au Rocher Roux, ils offrent leur forme typique; ils dessinent une aiguille hardie à l'Est du lac de la Vie dans le massif de la Ponsonnière et constituent la base des escarpements calcaires du Grand-Galibier et du pic de la Ponsonnière. On les retrouve encore à l'Aiguillette, à Rochecourbe, dans le massif de la Grande-Manche, ainsi qu'au roc de Queyrellin; enfin au Grand et Petit Aréa.

Entre le Lautaret et le Galibier, ils apparaissent dans la crête rocheuse située à l'Ouest de la Mandette où ils sont laminés et gaufrés, séparant les Quartzites des calcaires coralligènes du Lias.

Calcaires triasiques dans les massifs de l'Eychauda et de Prorel.

Les calcaires triasiques jouent également un rôle important dans la constitution du massif de l'Eychauda[1] et de Prorel, où ils se présentent toujours avec les mêmes caractères.

Dans cette région comme dans les environs du Lauzet, ils forment, au milieu des marbres phylliteux en plaquettes, des masses lenticulaires dont il

[1] Au col de l'Eychauda existe une série de calcaires gris cristallins assez analogues, à première vue, aux calcaires du Trias, mais qui renferment une grande quantité de petits fragments provenant probablement de Crinoïdes. Cette série appartient au *Lias* du type des «Calcaires de Vallouise» (Termier).

semble, au premier abord, impossible d'attribuer la présence à des dislocations, sans supposer une extrême complication de structure. Cette complication ne se justifie pas par l'allure des assises supérieures au Trias moyen, très plissées, il est vrai, mais moins que ne l'exigerait l'explication des lentilles calcaires par des replis synclinaux.

Il a d'abord paru résulter de ces apparences que les calcaires triasiques étaient, dans une grande partie du Briançonnais, intercalés dans des calcaires et marbres phylliteux en plaquettes qui en représenteraient un facies latéral. Cette manière de voir, à laquelle nous avait conduit une longue série d'observations et que nous avons pendant longtemps hésité à formuler, n'est cependant pas exacte : ainsi qu'il sera montré dans un chapitre ultérieur, les calcaires et marbres en plaquettes *sont bien postérieurs aux calcaires triasiques*, et ces derniers ne paraissent y former des intercalations que par l'effet de dislocation multiples et intenses.

De plus, on observe une transformation fréquente et localisée des calcaires triasiques en *cargneules* (rampes de la route du mont Genèvre, etc.), et cette « cargneulisation » due sans doute à une décalcification des calcaires dolomitiques se présente d'une façon très irrégulière et sporadique. Elle peut parfois atteindre la plus grande partie de la masse calcaire, et il est alors impossible de distinguer les niveaux B et D (cargneules inférieures et supérieures) de cet horizon moyen de cargneules qui dérive seul des calcaires C.

Dans le groupe de montagnes qui se développent entre Briançon et Vallouise, l'étage schisteux succédant aux quartzites est, d'après M. Termier[1], très aminci, parfois même il disparaît entièrement, et les calcaires à Gyroporelles surmontent ceux-ci sans aucune interposition. Ces calcaires ont les mêmes caractères que dans le reste du Briançonnais; ils ne diffèrent des *Calcaires francs* de la Vanoise que par l'absence de minéraux secondaires (autres que le quartz et la calcite). Leur épaisseur peut atteindre 300 mètres. Les bancs bréchoïdes y sont peu nombreux, ainsi que les niveaux dolomitiques susceptibles de se transformer en cargneules. Par contre, on y observe des intercalations schisteuses très minces (Tête-d'Amont).

Les calcaires triasiques de ce massif contiennent un peu de silice et de

[1] TERMIER, *Les montagnes entre Briançon et Vallouise*, loc. cit., p. 18. Paris, Imprimerie nationale, 1903. — Voir les coupes intéressantes données par cet auteur et en outre celles qu'a relevées *M. Frech* sous la direction de M. Termier (Coupes prises du Signal de l'Eychauda et de la Condamine, in *Lethaea geognostica;* II, Trias. Lief, I, p. 80).

faibles quantités de magnésie, mais les assises méritant le nom de calcaires dolomitiques sont rares. Ils sont très pauvres en fossiles. La plupart du temps, ce sont des débris d'*Encrines*. Nulle part on n'y a trouvé de *Diplopores* vraiment déterminables.

Calcaires triasiques des environs de Briançon.

Autour de Briançon, ces calcaires offrent à la montagne du Janus, à l'Infernet, à la Cochette, à la Croix-de-Toulouse, au signal de Saint-Chaffrey et au pont d'Asfeld des types dignes de devenir classiques. Ils sont parfois ici superposés, en série renversée, aux marbres en plaquettes qui jalonnent dans ce massif très disloqué une suite de synclinaux, alors que, dans les montagnes voisines de Saint-Chaffrey et de l'Alpet, ces mêmes calcaires se montrent en replis répétés au milieu de ces formations schisteuses et parfois de cargneules. Ils alternent alors avec des bandes synclinales dans lesquelles l'un de nous (W.K.) a reconnu des marbres du Jurassique supérieur (le Fontenil, l'Infernet) et même du Flysch (au-dessus des Vachettes).

Sur les flancs de l'Aiguille-Rouge, dans les escarpements au Nord et au-dessus de la Vachette, ils présentent sur leurs surfaces altérées des taches rouge sang, dues à la décalcification. Il est à noter que ces *traînées rouges*, affectant les calcaires triasiques, se trouvent presque toujours au voisinage des bandes synclinales des marbres roses du Jurassique supérieur, qui ont pu fournir une partie des sels de fer dont le ruissellement a enduit les parois calcaires du Trias.

La région du chalet des Acles et du col des Désertes est peut-être l'une de celles où les calcaires triasiques du type Briançonnais peuvent être les mieux étudiés et où ils présentent le développement le plus considérable. Cependant aucun fossile déterminable n'a pu y être rencontré jusqu'à ce jour.

En outre, ils se présentent avec leur développement typique à l'Est de la Clarée et forment le sommet Guion (Guglia del Mezzodi), le rocher de Barrabas, la montagne de Charras, les pics de Bonvoisin, de Cloutzeau, les Grands-Becs, le rocher des Près, le col des Désertes, l'Aiguille-Rouge au sommet de Pierron. Dans la Basse-Clarée, ils sont très développés près de Planpinet; on les retrouve autour du fort de l'Olive (pic Jean-Gauthier).

Aux portes de Briançon, au-dessus de la Vachette[1], les calcaires triasiques forment d'importants escarpements remarquables par la rubéfaction intense

[1] La coupe des Vachettes, à Briançon, que l'un de nous a publiée, en 1892, doit être modifiée par suite de l'attribution à une intercalation synclinale de calcaires jurassiques (Le Fontenil) d'une partie des assises énumérée dans la portion moyenne de la coupe (W. K.).

(voir plus haut) [teinte rouge sang] qu'y ont fait naître les phénomènes de décalcification. Ils affleurent le long de la route nationale, entre les Vachettes et Briançon, où l'on relève la succession suivante :

1° Calcaire noirâtre, cristallin, dolomitique, à reflets moirés, en gros bancs.
2° Schistes calcaires et calcaires schisteux gris et rougeâtres.
3° Calcaires marbre gris, cristallins, noirâtres par places, avec reflets bruns et blonds de cire, sur les anciennes cassures.
} Bande synclinale *jurassique.*

4° Calcaire très dolomitique finement cristallin, gris clair, d'aspect finement bréchiforme avec petites taches blanchâtres et grisâtres caractéristiques. On reconnaît là aisément les calcaires de Maurin et du Mont-Genèvre.

5° Calcaire bréchoïde noirâtre.

6° Schiste gris brunâtre avec banc de calcaire rubéfié.

7° Calcaire noir, saccharoïde, alternant avec des calcaires schisteux et des calcaires jaunes dolomitiques.

8° Calcaire noir, saccharoïde et bréchiforme.

9° Schistes calcaires.

Après une interruption d'environ 200 mètres, on arrive près de l'enceinte extérieure de Briançon.

On remarque aussi sur cette route des calcaires et des dolomies semblables aux diverses variétés décrites plus haut, tantôt grises saccharoïdes, d'un aspect moiré, tantôt jaunâtres. Les montagnes dans lesquelles est creusée la vallée de la Clarée montrent également d'immenses *taches rouges* dues à une rubéfaction superficielle de ces roches sous l'influence des actions météoriques. Ce fait se reproduit en beaucoup de points de la région.

Calcaires triasiques des environs du Mont-Genèvre et du Chaberton.

A l'Est du village de Mont-Genèvre, ce sont des dolomies grises et de gros bancs de calcaire compact qui affleurent sur la route qui conduit à Césanne [1] et dans lesquels M. Diener a recueilli des *Gyroporelles*. (Voir, plus loin, la liste des fossiles).

De la route (ponts stratégiques), on voit les bancs calcaires s'élever sur les flancs de la montagne italienne du Chaberton, dont ils forment le sommet et en certains points de laquelle ils offrent leur aspect le plus typique, alors qu'en d'autres ils présentent des portions cargneulisées. La position qu'occupent ces calcaires au Chaberton est analogue à celle qu'ils ont aux environs du Mélezet et de Bardonnèche par rapport aux *Pietre Verdi* et aux Schistes lustrés

[1] Nous écrivons *Césanne* comme la Carte d'état-major (feuille Briançon), bien que l'on écrive plus souvent *Cézanne*.

qu'ils *semblent*[1] recouvrir vers l'Est. On pourrait dresser une excellente coupe de ces assises le long de la route de Césanne à Briançon, là où cette route est taillée dans le roc et côtoie une gorge profonde, s'il n'était impossible de stationner en cet endroit à cause des barricades et des fortifications qu'y a élevées le génie militaire italien. On y voit des dolomies grises et de gros bancs de calcaire compact à reflets jaune brun. A la descente du Mont-Genèvre vers Briançon, près des « rampes » du Mont-Genèvre, les calcaires *passent à des cargneules*, vers le ravin où coule la Durance. La bande calcaire du Chaberton se continue d'ailleurs au Nord par le col du Chaberton et les Grands-Becs, vers le vallon des Acles. (Voir plus haut.)

Nous reviendrons plus loin sur les fossiles prétendus *crétacés* signalés au Chaberton par divers auteurs, par suite d'une confusion de localités, et qui, d'après les recherches de MM. Davies et Gregory, proviendraient de calcaires blancs coralligènes bien différents de ceux que nous décrivons ici et localisés au Clos-des-Morts, près du col du Chaberton. Il n'est du reste aucunement prouvé que les calcaires du Clos-des-Morts soient postérieurs au Jurassique. (Voir plus loin, chapitre V.) — Nous rappellerons aussi que Ch. Lory (*loc. cit.*, § 285) a signalé une découverte de fossiles faite dans ces parages par les membres de la Société géologique de France, en 1861; des échantillons d'un calcaire bleuâtre montrant des empreintes de petits *Bivalves* auraient été trouvés, à la descente du Mont Genèvre, vers Césanne, dans des couches situées à la base des calcaires du Briançonnais; Ch. Lory les attribue à l'Infralias; dans les éboulis du Chaberton fut encore trouvé un fragment de calcaire plus compact, offrant une empreinte d'*Ammonite;* ce calcaire provenait probablement d'une assise plus élevée et non de celle que nous décrivons ici. — Toutes ces trouvailles, comme celles du Clos-des-Morts, montrent qu'il existe sans doute dans le massif de Chaberton, comme dans la plupart des chaînes calcaires du Briançonnais, au milieu des grandes masses calcaires incontestablement triasiques, des *replis synclinaux* peu étendus d'assises jurassiques également calcaires.

Les rochers que relie le pont d'Asfeld à Briançon et ceux qui supportent le château et les forts de cette ville appartiennent en grande partie (sauf quelques bandes schisteuses) à l'assise que nous décrivons ici.

[1] Ils dessinent un anticlinal couché vers l'Orient; la série est donc *renversée* sur le flanc Est de la montagne et les Schistes lustrés sont *plus récents* que les calcaires qui les surmontent.

Calcaires triasiques à l'Ouest de la Guisane.

Nous avons dit plus haut que l'on retrouve ces calcaires à l'Ouest de la Guisane, dans les massifs de la Tête-d'Amont, de la Condamine, à la crête de la Balme, dans le massif de Bouchard, au Nord de l'Argentière, où ils jouent, avec les calcaires du Lias et du Malm, un rôle important dans la structure si compliquée des « Écailles » décrites par M. Termier entre Briançon et Vallouise. Ils y présentent parfois un aspect ruiniforme et contiennent en quelques points des *silex bruns*.

Calcaires triasiques au Sud de Briançon.

Aux environs de l'Argentière, dans la vallée de la Durance, les calcaires triasiques, gris, cristallins et gaufrés, affleurent en plusieurs points. A la chapelle de Sainte-Marguerite, non loin de la Bessée, un affleurement de calcaires gris dolomitiques appartient sans doute également au Trias.

On les voit encore dans le massif de Pierre-Eyrautz.

Les dolomies et les calcaires du Trias, dont les grandes masses ruiniformes aux teintes claires donnent, aux environs de Briançon, un aspect si caractéristique, se continuent au Sud et au S. O. Ils sont encore bien développés dans le voisinage de la batterie de la Lozette, près Briançon, où le calcaire se présente avec son type habituel gris et cristallin (faisant effervescence avec l'acide chlorhydrique). On peut en récolter des échantillons typiques sur la route militaire qui, de la vallée de Cervières, conduit à ce fort. Il forme des massifs importants, comme la montagne de Lasseron, près de Cervières; le fameux et splendide pic de Rochebrune (3,324^{m}), avec ses gros bancs calcaires, et une suite de crêtes voisines des cols d'Izoard, des Ourdéis, etc. Dans ces massifs, les *passages latéraux aux cargneules* sont fréquents. Ces mêmes calcaires forment tout le massif de Rochebrune, et leurs débris constituent la « Casse » des Oules et la « Casse » des Clauzins au Nord et au Sud de ce sommet. Ils constituent également la plupart de la montagne de Pointe-Pégu, le col Perdu et une grande partie des crêtes environnantes; vers le Sud, on les suit dans le bassin du Guil, à Villargaudin, à Souliers.

Calcaires triasiques dans le massif de Furfande.

Le massif de la Furfande, entre la Durance et le Guil, offre le même développement des calcaires triasiques (le Lauzet, route du col Néal). Ce régime s'étend jusqu'à Guillestre, où il est facile, entre ce bourg et le Pont-du-Roi, de s'assurer que les quartzites supportent un ensemble de calcaires cendrés plus ou moins gaufrés, eux-mêmes surmontés par les brèches du Jurassique[1] passant, vers le Gros, sur la rive droite du Guil, à des marbres en plaquettes phyl-

[1] Voir KILIAN, Le Profil de la vallée du Guil, in *Bull. Serv. Carte géol. et top. souterr.*, n° 75.

liteuses et à des schistes luisants. Plus haut, une deuxième « nappe » de même composition, avec des *Gypses* triasiques, reposant sur du Flysch, recouvre cet ensemble.

Le roc de l'Ange-Gardien, dans la vallée du Guil, est constitué par les mêmes calcaires, identiques ici à ceux des bords du lac du Paroird et parsemés des mêmes corpuscules blancs.

A la Chapelue, on les retrouve exploités comme pierre de taille et formant des plis secondaires d'une acuité remarquable.

Calcaires triasiques dans les environs de Château-Queyras.

La forteresse de Château-Queyras est établie sur un dôme de calcaires triasiques, plongeant de toutes parts sous les Schistes lustrés. En ce point[1], les calcaires triasiques sont par conséquent directement recouverts par ces derniers, tandis que, tout près de là, non loin de l'embranchement de la route d'Arvieux, ils recouvrent des quartzites et des calcaires phylliteux.

Calcaires triasiques dans les environs de Ceillac.

A la Clapière, près de Ceillac, les gypses et les cargneules du Trias supportent un ensemble formé : 1° de calcaire noir cristallin, sonore, en plaquettes, montrant des traces nombreuses de fossiles et rappelant un peu les plaquettes de l'Infralias; 2° de schistes satinés durs, grisâtres et de calcschistes cristallins; 3° de gros bancs de calcaires noirâtres à débris d'Entroques. Nous ne croyons pas devoir assimiler ces assises, probablement *jurassiques*, à nos calcaires triasiques, mais on peut étudier ces derniers d'une façon particulièrement nette dans le vallon d'Escreins, près du col des Houerts et de l'arête de la Main-de-Dieu, où ils sont en rapports étroits avec les assises du Lias, du Malm et les marbres en plaquettes, dans lesquels ils semblent former une série empilée d'*intercalations anticlinales*.

Au Plan-de-Phazy[2], à Réotier, à Champcella et dans la vallée de Freyssinière, à la montagne de Gaulent, les calcaires du Trias se présentent également avec leurs caractères habituels.

Calcaires triasiques dans les vallées de l'Ubaye et de l'Ubayette.

Dans les Basses-Alpes, les calcaires triasiques se poursuivent, facilement reconnaissables; c'est surtout dans la partie haute du département, dans les vallées de l'Ubaye et de l'Ubayette, qu'ils se montrent identiques au type que nous avons décrit en Maurienne et dans le Briançonnais.

[1] Non loin de ce bourg, ils apparaissent en contact avec les Schistes lustrés de Souliers au col Péas et, au Sud du Guil, dans le massif du sommet Bucher. Ils jouent un rôle important dans les montagnes qui séparent le Guil du Cristillan et du Rioubel et y forment une série de bandes anticlinales; ils nous ont fourni au pic d'Escreins des restes très nets de *Diplopores* (v. planche VIII).

[2] M. Bertrand, *loc. cit.*, p. 154.

Des environs de Ceillac on les suit, par le col Albert, dans la Haute-Ubaye, où on les voit former, à partir et en aval du lac Paroird, une série de bandes anticlinales N. O.-S. E. et constituer le Péou-Roc, la montagne du Tronchet, la pointe de Mary, une partie de Font-Sancte et de la Mortice, etc. Une portion du massif de Chambeyron en est formée, ainsi que la partie moyenne du massif de Saint-Ours et la Tète-de-Sautron. Ces affleurements se poursuivent vers le col de Larche par la Meyna, la crête de Rouchouze et la Tète-de-Moyse. Ce sont des calcaires gris cendré, siliceux, ruiniformes à *Encrinus liliiformis* Lamk. (au Péou-Roc) et *Diplopores*, parsemés souvent de mouchetures siliceuses blanches, parfois bréchoïdes ou d'un aspect moiré, à structure finement, mais entièrement cristalline. Ils forment de grands massifs déchiquetés (Font-Sancte, etc.), accidentés de synclinaux de Lias bréchoïde, de Malm, de Marbres en plaquettes et de Flysch et dominant de vastes talus d'éboulis. Dans la région italienne voisine de la Haute-Ubaye, M. Franchi y a distingué plusieurs subdivisions (voir plus bas).

La vallée de la Haute-Ubaye, qui traverse entièrement la « zone du Briançonnais », permet de faire une bonne étude du Trias. Les calcaires[1] et dolomies ruiniformes y apparaissent plusieurs fois entre Saint-Paul et la frontière, en bandes à peu près perpendiculaires à la direction de la vallée, près du Castellet, près de la Barge, à Maljasset, au lac du Paroird, et, en petits lambeaux isolés, en aval du col de la Noire. Ils constituent le sommet qui domine Combe-Bremond, vers le col Albert (2,988^{m}) au Nord, et leurs blocs (avec rares Entroques) y déterminent un entassement chaotique. Un peu plus loin, sur le bord occidental du lac du Paroird, se termine, au milieu des Schistes lustrés, un massif ruiniforme (Péou-Roc), analogue au précédent et également formé de calcaires dolomitiques gris cendré, très caractéristiques (v. à ce sujet, plus bas, p. 215 et 218 les observations de M. Zaccagna).

Au-dessus de Combe-Bremond, sur la rive droite de l'Ubaye, nous avons pu, M. Bertrand et l'un de nous, établir la succession suivante :

1° Quartzites;

2° Calcaires phylliteux avec bancs marbreux;

3° Cargneules et calcaires dolomitiques massifs.

[1] Dont il y a lieu de distraire des bandes synclinales de brèches liasiques, de marbres cristallins et amygdalaires (Malm) et de schistes marbreux (Crétacé?), notamment près de Saint-Antoine et de Fouillouze.

Cette succession fixe bien l'âge des masses calcaires. Rappelons encore que c'est près du lac Paroird que M. Zaccagna a signalé pour la première fois, dans les calcaires gris ruiniformes, les *Gyroporelles* qui lui permirent de classer définitivement ces assises dans le Trias. Il nous a été toutefois impossible, malgré des recherches minutieuses et souvent répétées, de retrouver dans la région des traces bien nettes de ces organismes.

Enfin nous mentionnerons encore l'existence de calcaires triasiques entre les Schistes lustrés du vallon de Chabrières et les quartzites du Trias inférieur près des Dents de Maniglia et de la Pointe du Fond de Roure, à l'Ouest du point coté 3,162 mètres, sur la frontière franco-italienne.

Opinion ancienne au sujet des rapports des calcaires dolomitiques de la Haute-Ubaye avec les Schistes lustrés.

Nous avions considéré, en 1892, toutes ces masses calcaréo-dolomitiques comme des *synclinaux* isolés au milieu des Schistes lustrés que nous croyions alors plus anciens. Nous expliquions l'absence des quartzites entre les deux formations par le mécanisme suivant : il arrive fréquemment que les calcaires reposent directement sur les Schistes lustrés [environs de Briançon, de Modane et de Villarodin, lac du Paroird (extrémité nord)], sans en être séparés par

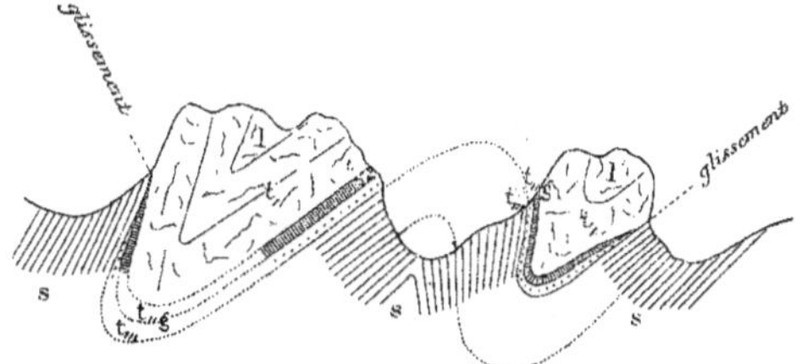

Fig. 15. — Coupe schématique destinée à faire comprendre la disparition mécanique des quartzites et des cargneules entre les dolomies triasiques et leur substratum.

LÉGENDE.

S Schistes lustrés. — $t_{,,,}$ Quartzites. — $t_{,,}g$ Cargneules (et gypses). — $t_{,}$ Dolomies triasiques.
l Brèche liasique.

des quartzites; cette disposition du Trias inférieur ne se ferait remarquer que dans le cas où les phénomènes de plissement ont été très énergiques; il s'agirait d'un étirement des assises, par conséquent d'une *lacune purement mécanique* dans la série des couches, et non pas d'un phénomène dû à une absence de sédimentation. La coupe schématique ci-jointe (fig. 15) nous semblait donner l'explication de ce fait qui nous paraissait surtout frappant dans la haute vallée de l'Ubaye, où les Quartzites sont tantôt interposés entre les calcaires et les Schistes lustrés et tantôt font absolument défaut, comme sur les bords du lac du Paroird.

Âge des Schistes lustrés et des calcaires dolomitiques.

Depuis lors, les travaux de Marcel Bertrand, suivis de ceux de M. Sec. Franchi, ont définitivement établi l'âge mésozoïque d'une partie des Schistes lustrés. Dans une course que l'un de nous eut le plaisir de faire avec le premier de ces éminents géologues dans la vallée de l'Ubaye, nous fûmes amenés à admettre la possibilité de voir, dans les massifs calcaires des environs de Maurin, des bandes *anticlinales;* la démonstration de ce fait nous semble actuellement entièrement faite pour cette région, mais nous avons néanmoins cru devoir exposer ici les deux interprétations, qui ont été données tour à tour, de la structure des environs de Maurin.

Calcaires de la zone des « Pierres vertes », d'après MM. Franchi et Zaccagna.

Sur le versant italien, M. Franchi a fait, au sujet des calcaires triasiques, une série de découvertes intéressantes, qu'il a publiées dans un mémoire consacré à la zone des « Pierres vertes » (= zone des Schistes lustrés ou zone des calcschistes)[1]. Dans la région s'étendant de la vallée de Suze à celle de la Stura de Cuneo, c'est-à-dire dans les Alpes Cottiennes, il a pu, notamment, établir les relations des Schistes lustrés avec ces formations triasiques, et recueillir des fossiles à divers niveaux. Les relevés géologiques qu'il a effectués en 1896 et 1897 dans les vallées de la Grana et de la Maira lui ont permis d'arriver ainsi à des résultats indiscutables et d'affirmer l'âge mésozoïque des Schistes lustrés. Le géologue italien a recueilli de nombreux exemplaires d'*Encrinus liliiformis* Lamk. dans les calcaires dolomitiques du vallon de l'Arma, ainsi qu'une petite *faune rhétienne*[2] dans des strates qui leur sont superposées. Il a trouvé également des *Gyroporelles*, au même niveau, dans le vallon de Stroppia. L'attribution de ces assises au Trias est donc incontestable.

En 1896, il recueillait encore des *Pleurotomaridées* (*Pl. solitaria*), des *Aviculidées* et des *Loxonema* dans des calcaires dolomitiques affleurant dans le vallon d'Elva. Les calcaires sont en ce point disposés en anticlinal, et s'enfoncent sous les calcschistes sur les versants du Mont-Bouch, au-dessus des Granges Porcile. Le passage des calcaires aux calcschistes se fait par l'intermédiaire

[1] S. Franchi, Sull' Età mesozoica della zone delle Pietre Verdi nelle Alpi occidentali (*Boll. comitato geologico*, 1898, n°s 3 et 4).

[2] A *Myopharia postera* Quenst. sp. à la Collette de Sale près du Col del Mulo (d'après une communication verbale de M. Franchi).

de calcaires et de calcschistes à noyaux spathiques de teinte sombre, et, à quelques mètres au-dessus de la limite des deux formations, s'intercalent de petites masses intrusives de « roches vertes » (serpentine, euphotide, prasinite). Dans des calcaires analogues, au Sud de la vallée de Maira, et près des Granges susmentionnées, M. Franchi retrouvait, outre des restes de *Pleurotomaria*, quelques *Crinoïdes* indéterminables. Citons aussi la découverte de Crinoïdes, malheureusement mal conservés, dans des calcaires affleurant entre Caudano et Stroppo. Le vallon de Cugino, près de Bernezzo, est presque entièrement creusé, sauf la partie supérieure, dans des calcaires dolomitiques de teinte plus ou moins claire, dont certains lits sont essentiellement constitués par des *Diplopores* avec de rares *Crinoïdes* et quelques *Gastropodes* peu déterminables. Ces calcaires forment un pli anticlinal, sur l'un des flancs duquel sont situés les hameaux de Maddalena, Giordano, Pittavino et Dojetta, sur l'autre celui de Nibbiera; des *Gyroporelles* peuvent se reconnaître facilement près de Maddalena, près de Colle Berge et en plusieurs autres points, au-dessus de Cugino.

Les Siphonées fossiles des environs de Bernezzo sont à grandes tiges rappelant un peu celles de Villanova et de Mondovi; elles sont, toutefois, d'une détermination spécifique impossible. De plus, à ces Gyroporelles sont encore associés des Crinoïdes, et des Gastropodes appartenant aux genres *Chemnitzia* et *Natica*.

Les petits vallons affluents de la Maira, à l'Est du vallon de Piossaco, sont creusés dans une zone de terrains formée de calcaires dolomitiques offrant également des *Gyroporelles* et des *Crinoïdes* en de nombreux points. Cette zone a son prolongement dans les calcaires du col Rascias, d'un côté, et dans ceux du roc Perfusa et Cantanero, de l'autre.

L'attribution au Trias de ces masses calcaires, dit M. Franchi[1], « a la plus grande importance, soit à cause de leurs rapports stratigraphiques avec « l'ellipsoïde » de gneiss et de micaschistes du massif Dora-Maira, soit par la concordance non moins évidente qui les relie aux masses de roches micacées éminemment cristallines, à gastaldite et sismondine, avec lentilles de « Pietre Verdi » de la cime Cugulet, de la cime Lubin et des environs d'Albaretto; ces grandes masses calcaires qui ont été dénudées et entamées par l'érosion dans le val Maira sont probablement en continuité sous leur couverture de Schistes lustrés ».

[1] S. Franchi, *loc. cit.*, p. 32.

IMPRIMERIE NATIONALE.

Dans les vallées de la Lenta et du Pô, M. Stella a signalé des *Crinoïdes* au milieu des calcaires analogues; ces restes sont malheureusement déformés et indéterminables. Le même auteur en a encore recueilli, au débouché du val Varaita, dans une carrière de pierre à chaux située près S. Antonio di Piasco, et près de Rossona et de Combe Blua.

Dans les environs immédiats de Chianoc, près de Bussoleno (val de Suze), M. Franchi a observé sous les Schistes lustrés des calcaires dolomitiques renfermant des Crinoïdes en divers points [rives du torrent de Prabec (vers la maison), carrière de pierre à chaux, au bord de la route conduisant de Chianoc à Ravoira, chemin muletier menant à Combetta, etc.].

On peut conclure, par conséquent, dit le géologue italien, que la presque totalité des calcaires de la zone des « Pierres Vertes » renferment des fossiles d'âge mésozoïque.

Il en est de même pour la zone des « Pierres Vertes » de l'Apennin ligure (Groupe de Voltri), où le même auteur[1] a signalé, dans la région occidentale, de nombreux massifs de calcaires dolomitiques dont quelques-uns renferment comme fossiles des *Loxonema* (versants du Bric de Giogo, des monts Greppino et de la Cime de la Biscia dans le haut bassin de Sansobbia).

Dans le massif du Viso, et près du lac du Paroird, M. Zaccagna a observé des blocs de roches renfermant des *Gyroporelles;* quelques bancs, dit-il, sont remplis de Gastropodes formant une véritable lumachelle[2]. Ces calcaires renferment également, comme ceux de la haute Maurienne, des cristaux d'albite. En descendant dans la vallée de l'Ubaye, on peut suivre, ajoute-t-il, ces calcaires jusqu'au hameau de Peine-d'Hier, où on voit leur succéder des calcaires gris plus foncés, fissurés, à veines de calcite, et à veines jaunes leur donnant l'aspect du marbre Portor. A ces bancs s'associent, d'après cet auteur, des calcaires roux *passant aux cargneules,* bréchiformes et probablement dolomitiques. Des lits de schistes talqueux verdâtres séparent quelquefois les bancs de cette zone, qui peut être rapportée au Trias supérieur; une partie de ces assises sont pour nous liasiques et post-jurassiques (voir plus bas, p. 240). — (Voir ce que nous avons dit plus haut sur cette vallée, p. 214 et 215.)

Alpes maritimes italiennes.

Dans la partie de son mémoire consacrée aux Alpes maritimes italiennes, notre confrère signale des « anagénites » qui, d'après lui, correspondraient au Verrucano de la Toscane et représenteraient le Permien supérieur, tandis que les Quartzites qui leur succèdent appartiendraient au Trias inférieur. Cette der-

[1] S. Franchi, A proposito della riunione in Torino della Societa geologica di Francia nell settembre 1905 (*Boll. R. comitato geologico d. Italia*, vol. XXXVI, fasc. 4, 1905).

[2] Zaccagna, *loc. cit.*, p. 47.

nière attribution est fondée sur des données paléontologiques — (des traces de fossiles ont été indiquées à Castagnabanca, en Ligurie, par Mazzuoli et Issel, et déterminés par eux comme *Estheria minuta* Goldf. sp., ces restes, mal conservés, sembleraient toutefois devoir être rapportés à *Anoplophora* (*Myacites*) *Fassaensis* Wissm. sp., caractéristique du Werfénien[1]). — Lorsqu'on s'élève vers la cime de « Mongioie », on voit succéder à ces schistes talqueux associés aux quartzites, de *grandes masses calcaires* constituant le reste de la montagne. Ceux de la base sont gris, subcristallins, passant aux calcschistes et aux calcaires en dalles. Ceux du sommet rappellent le type de Villanova et consistent « en calcaires noirs bréchiformes, à vésicules de calcite blanche, en calcaires gris clairs, à surface poudreuse, dure, à cassure prismatique, en calcaires blancs dolomitiques, etc. »[2]. Ces calcaires, du type de Villanova, semblent devoir être rapportés au Muschelkalk. En effet, des fossiles y ont été trouvés en diverses localités : *Encrinus liliiformis* Lamk. par exemple, à l'extrémité du val de Stura près Argentera; dans les carrières de Villanova, les *Diplopores* et les *Gyroporelles* sont abondantes. M. Zaccagna y a recueilli lui-même de grosses *Chemnitzia* qu'il envoya, en 1883, au musée de Pise avec d'autres fossiles qu'il avait récoltés dans des calcaires analogues à la « Madonna di Monseratto », au-dessus du village de S. Dalmazzo, sous le mont Corto près de Tende, et au Bric Santin sur Mombasilio. Ces « *calcaires de Villanova* » conservent habituellement le même facies dans toutes les Alpes maritimes italiennes; il est assez rare d'y rencontrer les cargneules et les gypses qui, dans d'autres localités, en forment la base. A Fraboso, le calcaire de Villanova est constitué par un véritable marbre; il est activement exploité au mont Berlino et dans d'autres localités des environs de Garesse.

Dans plusieurs localités, les calcaires supérieurs sont fossilifères et abondent spécialement en Crinoïdes. Près de Roaschia ont été observées des traces de *Coralliaires*, de *Bivalves* et de *Gastropodes*, mais pas de fossiles déterminables. Toutefois, des calcaires gris fissiles, parfois stratiformes, avec lits caillouteux qui leur sont associés, ont livré à M. Zaccagna au mont Sapè, près de Vernante (val de Vermenagna) et au mont Corno de Valdieri, des Céphalopodes pouvant être rapportés à *Phragmoteuthis bisinuata* Bronn. sp.; on sait que de Mojsisovics a rencontré ce Céphalopode dans des calcaires analogues des Alpes

[1] Zaccagna, *loc. cit.*, p. 57.
[2] Zaccagna, *loc. cit.*, p. 58.

vénitiennes calcaires qu'il rapporte au Trias supérieur, et plus spécialement aux couches de Raibl[1].

Calcaires triasiques des environs de Jausiers et de Barcelonnette.

Revenons sur le versant français à l'Ouest de la Haute-Ubaye : dans les environs de Jausiers et de Barcelonnette, les calcaires du Trias, toujours semblables à eux-mêmes, forment une série d'affleurements anticlinaux au milieu du Flysch, près de Chanenc, dans les torrents des Sanières, du Bourget, etc. Ils se retrouvent en vastes et grandioses lambeaux de recouvrement aux environs du col de Granges-Communes (le Tourillon) et de Restefond (Rocca Maddalena), formant, toujours en superposition anormale, le Ventebrun qui domine Fours, la partie Est de la crête d'Olan (chapeau de Gendarme de la carte de l'État-Major français), etc. On en retrouve encore des lambeaux, souvent partiellement gypsifiés dans le massif des Siolanes. Au Morgon, ils reparaissent très puissants, très massifs et accompagnés de cargneules.

Calcaires triasiques des chaînes comprises entre Gap et Digne. (E. Haug.)

Plus à l'Ouest encore, M. Haug[2] a décrit sous le nom de Muschelkalk, dans les environs de Tanaron, Barles, Bayons, etc., des calcaires triasiques, parfois localement gypsifiés, et fréquemment *identiques* à ceux qui font l'objet de ce chapitre, ainsi que l'un de nous a pu s'en assurer *de visu*.

Calcaires triasiques du Nord des Alpes-Maritimes.

Sur le versant français des Alpes-Maritimes, les mêmes dépôts se poursuivent, formant la « série triasique supérieure calcaréo-magnésienne » de M. Léon Bertrand[3]; néanmoins les calcaires paraissent, d'après les descriptions de cet auteur, être *moins puissants*, moins massifs que dans le Briançonnais, et jouer dans cette région un rôle oroplastique d'une moindre importance. Une gypsification partielle les atteint également en plusieurs points (environs de Sospel) et, d'après les observations de l'un de nous, « la cargneulisation » les envahit totalement dans les régions de la Giandola, Saorge, Fontan, Berghe et Tende autour de l'extrémité S. E. du massif de Mercantour. Au S. de Sospel, près du Barbonnet, l'un de nous y a reconnu des bancs calcaires gris brun qui possèdent l'aspect du Muschelkalk classique si développé dans le département du Var.

Muschelkalk du Barbonnet.

(1) Cependant, d'après M. Franchi (*Ancora sul' età mesozoica della zona delle pietre verdi*, loc. cit., p. 27), ces calcaires renferment des *Bélemnites* : une partie appartiendrait au Jurassique et le reste au Crétacé.

(2) Haug, *Les Chaînes subalpines entre Gap et Digne*, p. 17.

(3) L. Bertrand, *Étude géologique du Nord des Alpes-Maritimes*, p. 53.

Nous avons pu suivre, dans les pages qui précèdent, des environs de Moûtiers et de Modane (Savoie) aux Alpes-Maritimes, une formation puissante et facilement reconnaissable de calcaires gris ruiniformes, finement cristallins et fréquemment dolomitiques. Plusieurs coupes, notamment celle du Nantbrun (Savoie) [voir *ante*, fig. 8], nous ont permis de fixer nettement au Trias la position stratigraphique de cet intéressant horizon, dont l'aspect extérieur et les caractères pétrographiques sont remarquablement constants. Résumé.

Ces calcaires forment une bande à peu près continue du Valais et de la Tarentaise aux Alpes-Maritimes, en passant par Moûtiers, l'Esseillon et Polset, près Modane, le Mont-Thabor, la Vallée-Étroite, la Sétaz, le Roc du Grand-Galibier, le col des Rochilles, le Chaberton, Briançon, le Mont-Genèvre, le col de l'Eychauda, Palon, Peine-d'Hier, Saint-Antoine et les environs de Maurin (Basses-Alpes), la Maison-du-Roi, le Plan-de-Phazy, la vallée de Barcelonnette, le col de Larche, le val de Vermegnana et Villanova, dans les Alpes maritimes italiennes.

Ils contiennent souvent des cristaux de quartz et d'albite (environs de Modane, vallée de l'Ubaye, etc.).

Les restes d'*algues calcaires*, parfois reconnaissables au microscope, malgré la recristallisation de la roche, autorisent à présumer qu'une partie de ces calcaires doivent leur origine à l'activité d'organismes marins, comme c'est le cas pour un grand nombre de formations triasiques des Alpes orientales.

Ils sont très pauvres en fossiles sur territoire français (Mont-Thabor [Savoie], col du Tronchet [Hautes-Alpes], pic d'Escreins près Guillestre, la Rouchouze près Larche, torrent du Bourget [Basses-Alpes]). (Encrines, Gastropodes indéterminables, Polypiers, Diplopores)[1].

La région dans laquelle ces calcaires possèdent une notable épaisseur serait limitée *à l'Ouest* par une ligne déterminée par les localités suivantes : Moûtiers, Saint-Michel, Valloire, le Galibier, le col de l'Eychauda, l'Argentière, Freyssinière, Dormillouse, Réotier, Guillestre, Barcelonnette et le col de Pourriac, à l'Ouest desquels les formations calcaires[2] diminuent d'importance et finissent par être limitées à une assise moins puissante (Varbuche [Savoie], Barles [Basses-Alpes]) séparant les grès ou arkoses inférieurs de couches de

[1] Voir, à la fin du chapitre, la liste des fossiles rencontrés, dans ces calcaires, dans les Alpes françaises et les massifs voisins des Alpes suisses et italiennes.

[2] Sauf, toutefois, celles qui constituent des masses charriées venues de l'Est (l'Olan, le Morgan, les Siolanes, etc.).

gypses, de cargneules, d'argiles et de schistes bigarrés du Keuper[1]. Dans cette région occidentale, le facies du Trias se rapproche donc de celui de l'Europe centrale, et ce n'est que dans le Dauphiné occidental ou dans les Alpes maritimes (Sospel) que l'on peut comparer la composition du Trias avec celle de la Lorraine et de l'Allemagne méridionale, comme l'a fait remarquer M. Haug (*loc. cit.*, p. 21), tandis qu'à l'Est il possède un développement fort analogue à celui qu'il présente dans les Alpes orientales. Ces deux facies du Trias passent de l'un à l'autre sans *changement brusque;* les formations marines calcaires s'atténuent seulement vers l'Ouest, où le facies est surtout clastique et lagunaire (Keuper de Digne, Vizille, Allevard, etc.), et où la série semble souvent incomplète ou du moins fort réduite (zone de Belledone, la Mure, etc.).

La zone des calcaires gris du Briançonnais représente simplement une dépendance occidentale de la mer triasique du Tyrol méridional et de la Lombardie, qui est venue, probablement par la région du lac Majeur et le Piémont, empiéter sur la région qu'occupent actuellement les zones intra-alpines françaises, pour mourir graduellement vers l'Ouest, le long d'une bande moins profonde et lagunaire correspondant approximativement à la zone cristalline delphino-provençale : Mont-Blanc, Pelvoux-Mercantour.

Remarquons aussi que les travaux de Ch. Lory ont fait connaître les calcaires triasiques des environs de Modane et de Bramans, dont les bancs, que nous avons décrits au col de Varbuche (Savoie), sont le représentant réduit et qui sont, dans cette dernière localité, nettement intercalés, comme à Modane et dans le Briançonnais, entre les quartzites et les gypses du Trias. *L'extension de ce facies ne semble donc pas avoir été influencée par l'existence des failles anciennes* qu'admettait Lory à Saint-Michel et à Modane, ni limitée à la 4e zone alpine de cet auteur.

C'est par l'existence d'anciens reliefs hercyniens[2], ou tout au moins d'une

[1] Dans les zones les plus extérieures, l'assise calcaire subit une notable réduction; cependant on remarque encore des dalles très analogues au type du Briançonnais, par exemple à Pierre-Percée, près la Motte-d'Aveillans.

[2] Il est probable qu'à l'Ouest de cette zone peu profonde et partiellement émergée, *un autre* chenal correspondant à la vallée de la Saône et à celle du Rhône, en aval de Lyon, mettait en communication la mer du Muschelkalk de l'Est de la France avec celle de la Basse-Provence, du Var et des environs de Cannes. Ses dépôts nous en sont cachés par les terrains tertiaires, et nous n'en connaissons, dans la bordure triasique du Vivarais, que la bordure occidentale.

Dans l'étude que MM. Frech et Philippi ont consacrée dans la *Lethaea geognostica* (Trias, Lief., II, p. 78, etc.), au Trias des Alpes occidentales, ces auteurs expriment des vues analogues :

zone d'eaux très peu profondes, au large du rivage formé par le plateau central et à l'emplacement actuel de nos Alpes de Belledonne et du Pelvoux (1re zone), du Jura, de la Bresse, du Bas-Dauphiné et du Comtat, que s'explique tout naturellement cette manière d'être des sédiments triasiques à l'Est, où le *régime marin a continué pendant le Trias supérieur* et se relie au Rhétien et au Lias sans changement bien notable, alors qu'à l'Ouest s'était établi, du moins à la fin de la période, le facies lagunaire (Keuper), — semblable à celui de la Franche-Comté, — dont les sédiments séparent les dépôts marins du Trias moyen des premiers calcaires jurassiques.

Des masses puissantes de calcaires triasiques se continuent, du reste, sur le versant italien, où elles forment des *bandes anticlinales*, au milieu des Schistes lustrés, entre Modane, Suze et Cuneo (Coni), ainsi que dans les régions de la Maira et de la Varaita. Il est toutefois difficile d'en suivre, — sous la masse puissante de ces schistes et peut-être sous les dépôts tertiaires et récents des plaines turinoises, — la continuité probable avec les calcaires du lac Majeur (Calcaires à Gyroporelles d'Arona) des environs de Lugano (S. Salvadore) et de la Lombardie. L'analyse tectonique de la zone du Piémont, la distinction et la détermination exacte de l'emplacement des « racines » des différentes *nappes* de *charriage* qui prennent part à la constitution de ces régions et des parties voisines des Alpes suisses et autrichiennes pourront seules permettre d'affirmer quelque chose de plus précis à cet égard.

En résumé, les calcaires du Trias, qui n'ont qu'un développement relativement peu important dans la deuxième zone alpine (zone des Aiguilles-d'Arves), forment, plus à l'Est, de la Vanoise à la Haute-Ubaye, une large bande où percent çà et là, le long des anticlinaux, des assises plus anciennes; ces calcaires très puissants montrent dans leurs replis synclinaux quelques lambeaux jurassiques et même éogènes (Panestrel, Clot de la Cime, etc.). Nous avons là une zone où dominent les calcaires ruiniformes, siliceux et dolomitiques, et qui présente *dans son ensemble*, sinon dans les détails stratigraphiques, les

Le Trias des Alpes françaises et suisses représente pour eux un *type de passage* entre le Trias « germanique » et le Trias des Alpes orientales (Trias « alpin »); dans la zone externe (Pelvoux-Glaris-Grisons) existait, à l'époque du Trias supérieur, une région lagunaire (Küstenmeer) dans laquelle la faune marine méridionale n'a pu pénétrer que par certains points exceptionnellement profonds de la région alpine. — La série triasique est tantôt *incomplète* dans les chaînes calcaires de la Suisse orientale, dans les massifs de l'Aar, du Gothard et de l'Ortler, tantôt réduite (p. ex. à l'Oldenhorn, p. 80); la composition du Trias est analogue dans l'Apennin ligure et dans les Alpes maritimes; elle présente des *lacunes* dans les Alpes lépontiennes et pennines.

plus grandes analogies avec les zones triasiques (en partie charriées) des Alpes orientales et du Tyrol[1], décrites par MM. E. Suess, de Mojsisovics, etc.

Nous avons signalé comme triasiques dans diverses publications[2], et notamment en collaboration avec M. Termier, des *Marbres zonés* qui, dans l'Est du Briançonnais et dans le Queyras, sont en relation avec les Schistes lustrés et les « Roches vertes » (col de Lauze, col Tronchet, Mont-Pelvas, la Chalp, etc.). — Ces calcaires cristallins ne doivent pas être confondus avec ceux que nous venons de décrire dans ce chapitre; leurs caractères lithologiques ne sont pas les mêmes et leur position stratigraphique est différente. Ils occupent certainement un horizon supérieur à celui des calcaires gris dolomitiques du Trias et sont intimement liés avec les Schistes lustrés dont ils occupent habituellement la base et avec les roches intrusives qui les accompagnent; ces dernières ont exercé, sans doute, sur eux des actions de contact importantes auxquelles s'est superposé un dynamométamorphisme intense. Nous inclinons à leur attribuer, en partie, comme aux Schistes lustrés, un âge liasique; nous reviendrons sur cette question dans un chapitre ultérieur. Il en est de même des marbres clairs, fortement minéralisés (à trémolite et séricite) qui, dans la région d'Ornavasso et du Simplon, supportent les Calcschistes (Schistes lustrés) et à la base desquels se rencontrent les *galets de gneiss* signalés par le prof. Schmidt au Monte Teggiolo dans le massif du Simplon, ainsi que nous avons pu nous en assurer sous la conduite de ce savant.

D. Gypses et Cargneules supérieurs.

Généralités. On trouve dans les environs de Saint-Jean-de-Maurienne de nombreux affleurements de gypses blancs saccharoïdes, qui passent à l'anhydrite dans la profondeur. Ils présentent une stratification un peu confuse, et sont accom-

[1] Nous avons déjà indiqué cette analogie en 1892, et nous avons vu avec satisfaction le regretté Marcel Bertrand, à la suite de ses beaux travaux sur la Tarentaise (*loc. cit.*, p. 161), reprendre, quelques années plus tard, et confirmer pleinement ce rapprochement.

[2] W. Kilian, Nouvelles observations géologiques dans les Alpes delphino-provençales (*Bull. Serv. carte géologique de France*, n° 75, t. XI, 1900).

W. Kilian et P. Termier, Nouveaux documents relatifs à la géologie des Alpes françaises (*Bull. Soc. géol.*, 4e sér., t. I, 1901).

W. Kilian, Notice explicative de la feuille « Aiguilles » de la Carte géologique de France, au 1/80.000e.

pagnés, ou parfois complètement remplacés, par 1 à 10 mètres de calcaires dolomitiques celluleux jaunâtres, renfermant souvent des fragments de schistes verts ou rouges et habituellement désignés sous le nom de *cargneules*.

Gypses et cargneules de la zone des Aiguilles-d'Arves.

Bien développés en Maurienne, immédiatement *au-dessous* des schistes ardoisiers lilas et verts que surmonte le Rhétien à *Avicula contorta* Portl., ces gypses et cargneules se montrent nettement *au-dessus* des calcaires C, aux environs de Moûtiers (Savoie) et dans le Briançonnais (environs de Monêtier-de-Briançon) [1], etc. La superposition des couches de cet horizon aux calcaires massifs se voit particulièrement bien sur la rive droite du Nantbrun (fig. 16), ainsi que sur le versant Est du Perron-des-Encombres, où la série est renversée.

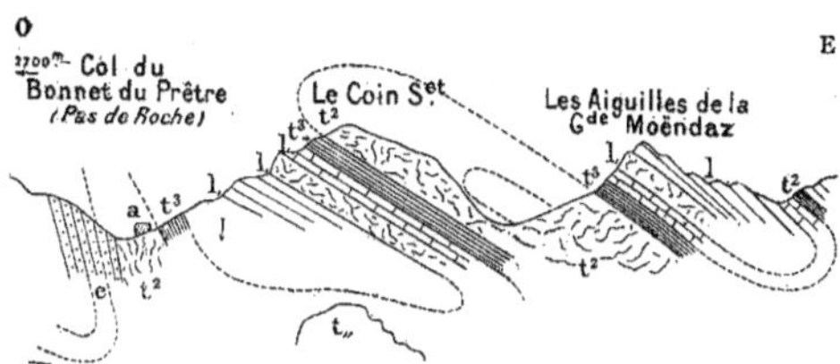

Fig. 16. — Coupe à travers la sous-zone des Aiguilles-d'Arves, au Nord de l'Arc.

LÉGENDE.

$t_{,,,}$ Quartzites du Trias. — $t_{,,}$ Calcaires triasiques. — t^2 Gypses et Cargneules supérieures. t^3 Schistes bariolés. — $l_{,}$ Rhétien. — l Lias. — e Grès éogènes.

On observe également, un peu en contre-bas des cimes de la Sétaz et près du col des Rochilles, des cargneules qui séparent les calcaires dolomitiques triasiques des assises bréchoïdes du Jurassique. Il est incontestable que ces couches se trouvent ici à la partie supérieure du Trias, et il est d'autant plus important de pouvoir établir leur place dans la série, que, dans d'autres localités de nos Alpes, un *autre niveau* (B) *de cargneules et de gypses* se présente, comme nous l'avons dit, intercalé entre les quartzites A et les calcaires C de l'étage moyen.

Ces gypses et ces cargneules supérieurs prennent une grande extension au

[1] A Gévoudaz, dans la vallée de l'Arvan, par exemple. — Les gypses de Saint-Jean-de-Maurienne ont d'ailleurs servi à l'ornementation des édifices religieux (chapiteaux en gypse dans le cloître de Saint-Jean-de-Maurienne; dans la cathédrale : ciboire en albâtre [gypse]).

Les cargneules sont particulièrement développées au Mont-Charvin, à la cime des Torches, sur la limite du Dauphiné, etc.

Sud de Saint-Jean, sur le versant Ouest du Mont-Charvin et vers Montrond. Les cargneules, notamment, forment là des colonnes coiffées du plus pittoresque effet; on les retrouve en pointements anticlinaux facilement reconnaissables à leur teinte jaunâtre tranchant sur la masse noire des Schistes jurassiques, au milieu des assises foncées du Lias, dans toute la région qui sépare le bassin de l'Arvan de celui de la Romanche. (Voir t. I, p. 107-125; et fig. 15, 25, 26.)

Près du tunnel du Télégraphe, l'on voit également des cargneules et des gypses terminer la série du Trias, au-dessous des premières assises liasiques. Il en est de même dans le centre des anticlinaux de la vallée de l'Arc, entre Saint-Jean et Saint-Michel (Calypso, Saint-Félix, Claret). [Voir la pl. V du t. I.]

On peut encore les étudier sur la rive droite du Nantbrun, entre le Plane et Varbuche. Les cargneules à structure vacuolaire sont bien visibles au col même du Bonnet-du-Prêtre (fig. 16); le bloc isolé qui, par sa forme, a probablement motivé le nom de ce passage, est formé de cargneules. On les retrouve aussi au sommet de la montagne du Coin et au col du Châtelard. En ce point notamment, l'horizon de gypses et cargneules est encore incontestablement *supérieur aux calcaires dolomitiques;* il occupe, par conséquent, un niveau élevé du Trias, alors que, dans d'autres parties des Alpes (Ceillac, Thabor, etc.), un horizon analogue (notre assise B) est intercalé entre les quartzites et les calcaires. Ces derniers, en revanche, sont ici en contact immédiat. Les gypses forment une mince assise et ne sont séparés de l'Infralias que par les schistes bariolés et les dolomies du Trias supérieur.

Les gypses de Salins[1] (Tarentaise) appartiennent également à cet horizon supérieur, ainsi que ceux des environs de Moûtiers (rive g. de l'Isère, entre cette localité et le hameau des Routes). M. Zaccagna attribue ces formations à une gypsification des calcaires; nous reviendrons sur cette question dans la suite de cet ouvrage.

Considérées au point de vue de leur allure dans la région où nous venons de les décrire, — située à l'Ouest de la zone axiale et voisine de la zone des Aiguilles-d'Arves, — ces couches forment de longues bandes qui jalonnent et

[1] La Faculté des Sciences de Grenoble possède de curieux *stalactites de gypse* (coll. Ch. Lory) formés sur les cordes des bâtiments de graduation des anciennes salines, par les eaux minérales de Moûtiers (Savoie). Ils consistent en un gypse blanc, à peine translucide, et résultent de la recristallisation du sulfate de chaux emprunté par les eaux au terrain triasique qu'elles ont traversé (gypse régénéré). — Au-dessus et sur la route même de Moûtiers-Salins à Saint-Jean-de-Belleville, les gypses sont exploités dans de vastes carrières souterraines.

représentent des anticlinaux. L'une passe par l'Échaillon, près de Saint-Jean-de-Maurienne, Champessuit, Mont-Pascal, Bonvillard, etc.; l'autre par le Claret, le col du Bonnet-du-Prêtre, Dorgentil, Pierre-Forte, etc. Au Sud de Saint-Jean, la première bande se continue sur les bords de l'Arvan (exploitations), forme le versant Ouest du Mont-Charvin, passe à Entraigues et entre en Dauphiné par le col de l'Infernet. La seconde se retrouve vers le Sud à Valloire (Poingt-Ravier) et au col du Galibier.

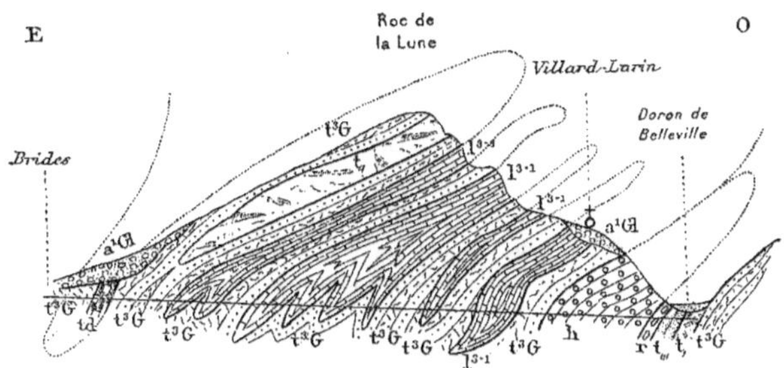

Fig. 17. — Coupe schématique et théorique du flanc gauche de la vallée du Doron de Bozel entre Brides et Salins.

LÉGENDE.

h Houiller. — r Permien. — t_{III} Quartzites du Trias.
t_I Calcaire triasique. — t^3G Gypses et Cargneules supérieurs. — *td* Dolomie nankin. — $l^{3\cdot1}$ Lias.
a^1Gl Cailloutes glaciaires.

Entre Salins et Brides, le Doron de Bozel (pl. IX et fig. 17) coupe une série de bandes gypseuses[1] intercalées dans les assises marno-calcaires du Lias. Ces bandes se révèlent comme représentant des anticlinaux déversés vers l'Ouest, entre la zone houillère de Bozel et le faisceau des plis de Moûtiers; ils se continuent au Nord dans les flancs occidentaux du massif du Jovet. *Gypse et cargneules dans le voisinage de la zone axiale du Briançonnais.*

Les gypses supérieurs sont moins développés dans le Briançonnais, où ils sont fréquemment remplacés par des cargneules; *ils font même souvent défaut* (t. I, fig. 59, 60, 64 et 66). Très fréquemment même, dans la partie *orien-* *Zone axiale et zone du Piémont.*

[1] L'importance apparente de ces bandes est habituellement plus grande qu'elle ne l'est en réalité; leur largeur est exagérée, en effet, par des éboulements des « foirages » importants et surtout par la transformation (hydratation) de l'anhydrite en gypse.

tale de la zone du Briançonnais, les brèches liasiques reposent directement sur les calcaires triasiques (environs de Briançon, environs N. de Larche, Brec-du-Chambeyron)[1]. Les gypses ne se rencontrent pas non plus dans la haute vallée de l'Ubaye.

En beaucoup de points, cependant, les calcaires dolomitiques du Trias moyen sont encore surmontés par une assise de cargneules appartenant à cet horizon.

Ch. Lory (§§ 286) considère les gypses et cargneules des zones intra-alpines (zone du Piémont et bordure E. de la zone axiale) comme ne caractérisant point un niveau unique et déterminé dans la série des assises du Trias alpin. Ces formations seraient, écrit-il, *intimement liées aux Schistes lustrés* et se trouveraient, en amas, à la partie supérieure, dans le milieu, ou enfin à la base de ces schistes. Le savant géologue de Grenoble a sans doute pris pour des intercalations les bandes anticlinales triasiques qui s'observent fréquemment dans les pays de Schistes lustrés; sa conception spéciale de la tectonique alpine, si différente de celle à laquelle nous ont amenés des observations plus détaillées, rend d'ailleurs cette erreur facilement explicable.

Des cargneules, supérieures aux calcaires triasiques, s'observent encore au Nord de Cervières, au contact des Schistes lustrés. On les voit aussi au col de l'Alpet, où elles sont associées à des schistes calcaires, au sommet Guion, au Pas-des-Rousses, à la Blétonnée, sur le versant Est du Pic Gaspard, au-dessus du Mélezet (Italie) [fig. 18], et près de la Vachette. Parfois, les « calcaires cargneulisants » sont sculptés par l'érosion en séries de pyramides pittoresques qui donnent au paysage un caractère particulier. Il en est ainsi sur la rive gauche de la Durance, en amont de la Vachette, sur les flancs de la montagne de Pécé, près de Bardonnéche, et dans la vallée du Guil, en face de l'Ange-Gardien.

On retrouve du reste des gypses supérieurs bien développés au-dessus des calcaires aux environs de Château-Queyras, dans le vallon de Souliers, au Rocher-Roux et près du rocher de l'Ange-Gardien, où ils se montrent manifestement plus récents que ces derniers. Des gypses puissants envahissent aussi, au Nord de Ceillac, une bonne portion du Trias; mais ils représentent là, en partie, un facies latéral des calcaires de l'horizon précédent.

[1] Voir les coupes de la Meyna et des environs de Larche. (*Bull. collab. Serv. Carte géol. de Fr.*, n° 85, t. XII, p. 156) [1902].

Enfin, à la chapelle Saint-Simon près de Molines, les Schistes lustrés sont séparés des calcaires du Trias, qui les surmontent en série *renversée*, par des gypses appartenant également à notre niveau supérieur.

Des gypses et des cargneules paraissant provenir d'une transformation de la partie supérieure des calcaires triasiques sont également assez développés dans les environs de Château-Queyras, où ils se montrent constamment supérieurs aux calcaires.

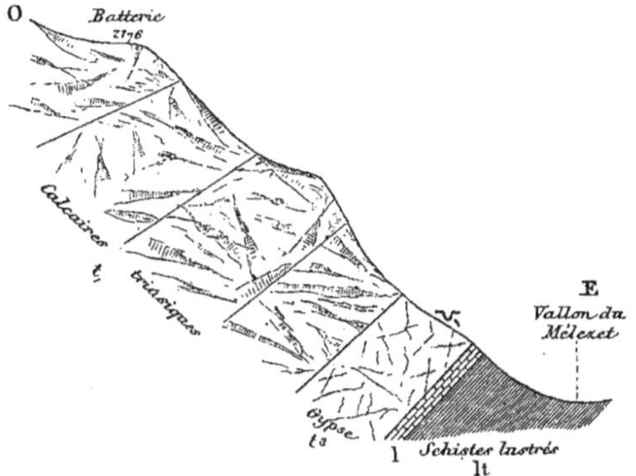

Fig. 18. — Coupe des environs de Bardonnèche (Italie).

LÉGENDE.

l Calcaires noirs spathiques (Lias ?).

Zone cristalline delphino-savoisienne.

Des calcaires dolomitiques de couleur claire, à patine *nankin* ou *capucin*, forment dans la zone du Pelvoux un niveau très constant au-dessous du Lias. L'épaisseur n'en dépasse pas 40 mètres. Il y a parfois, avec ces calcaires, quelques *cargneules* et des bancs de schistes versicolores. Sur les cartes géologiques détaillées (Feuille de Briançon), ce complexe a été rapporté avec doute au sommet du Trias et à notre assise D. Dans la portion occidentale de la zone du Briançonnais, la même teinte a, du reste, été attribuée à des gypses, cargneules, dolomies et schistes bigarrés qui sont certainement supérieurs aux calcaires gris du niveau C. Ce complexe correspond à l'assise que nous venons de décrire et à celles (E) qui sont l'objet des paragraphes suivants.

Basses-Alpes.

C'est encore à ce niveau (D) qu'il faut rattacher la plupart des gypses des environs de Digne (Basses-Alpes) décrits par M. Haug[1], qui surmontent les couches désignées par cet auteur sous le nom de « Muschelkalk » et qui sont, nous l'avons vu plus haut, identiques, par leur nature pétrographique, à nos calcaires triasiques C du Briançonnais, dont ils doivent être considérés comme un représentant réduit. Les caractères de cette *assise gypseuse supérieure* des Basses-Alpes sont sensiblement les mêmes que ceux des gypses et cargneules inférieurs, dont ils se distinguent surtout par la présence, à leur toit, des *schistes bariolés* que nous décrirons plus loin. Cependant, près d'Ainac (Basses-Alpes), M. Haug nous a montré un point où ces gypses supérieurs peuvent être nettement distingués, par leur teinte moins jaunâtre, d'une autre masse gypseuse sous-jacente passant au Muschelkalk, dont elle ne paraît être qu'une modification latérale.

E. Dolomies supérieures, Calcaires nankin et Schistes bariolés.

Généralités.

Au-dessus des gypses et cargneules supérieurs, il existe, comme nous venons de le dire, en différents points de notre région une assise bien caractéristique de dolomies compactes, à cassure parallélépipédique, mate ou subcristalline et grain très fin, formant des bancs bien réglés et parfois accompagnés de *schistes bariolés*. La teinte de cette roche est habituellement d'un gris bleuâtre, verdâtre, blonde ou jaunâtre très claire. Elle prend fréquemment par altération à la surface des bancs une couleur tantôt *brun capucin*, tantôt *jaune nankin*, qui contraste avec la teinte des cassures fraîches de la roche[2].

Dolomies et schistes bariolés dans la sous-zone des Aiguilles-d'Arves.

Ce niveau spécial de calcaires dolomitiques que nous décrirons d'abord, pour parler ensuite des schistes bariolés qui l'accompagnent et parfois le remplacent dans la zone la plus occidentale des pays intra-alpins, existe dans la vallée de l'Arc, à l'extrémité orientale du défilé du Pas-du-Roc. Il ne forme, en ce point, qu'une mince assise qui est séparée du Rhétien par les schistes bariolés du Trias supérieur. Il prend un plus grand développement à la hauteur du col des Encombres, où il comprend des dolomies jaunâtres qui s'ap-

[1] Haug, Les chaînes subalpines entre Gap et Digne, *loc. cit.*, p. 20.

[2] Le Rœthidolomit du Trias des Alpes suisses présente fréquemment une grande identité avec ces dolomies qui sont, en outre, très répandues dans le Trias supérieur de la zone cristalline delphino-savoisienne : Champ (Isère), la Garde (Isère), Grandes-Rousses, Fau-Laurent près Séchilienne (Isère), etc.

puient à l'Ouest sur les assises liasiques du Grand-Perron (v. plus bas, fig. 15). On le retrouve près de la Serpolière, où il dessine le pourtour des noyaux anticlinaux triasiques coupés en cet endroit par la vallée de l'Arc (voir tome I, pl. V et fig. 9).

Des dolomies gris brunâtre, à cassure mate, sont, à la montée de Mont-Vernier (v. *ante*, fig. 1), nettement intercalées entre l'Infralias et une *nappe de mélaphyre (spilite), qui leur sert de substratum*, au voisinage de laquelle elles doivent de contenir de nombreux cristaux de pyrite.

Cette même formation se rencontre encore dans quelques points de la vallée de Valloire. Sur le flanc N.E. du roc de Rochecourbe, au N.E. du Monetier-les-Bains, les calcaires massifs du Trias sont également recouverts par quelques assises de calcaires dolomitiques jaunes bien litées.

Dolomies des Grandes-Rousses.

M. Termier[1] a décrit, dans le massif des Grandes-Rousses, des calcaires dolomitiques « capucin » que nous croyons appartenir à cet horizon; se basant sur l'identité de ces dolomies avec celles du Pas-du-Roc en Maurienne considérées par M. Zaccagna comme appartenant au Trias moyen, cet auteur[2] assimile au Muschelkalk (!) ces calcaires « capucin » des Rousses.

Nous avons visité à maintes reprises la localité du Pas-du-Roc (Pont-du-Roc de certains auteurs), et nous n'hésitons pas à affirmer que les calcaires dolomitiques à cassure parallélépipédique qui y affleurent, et qui sont bien de même nature que les « calcaires capucin » des Rousses, occupent la partie tout à fait supérieure du Trias. Ils sont intimement liés, comme c'est aussi le cas dans les Grandes-Rousses, aux schistes lilas et verdâtres qui, dans toute cette région, forment le substratum de la zone à *Avicula contorta;* ils peuvent être facilement suivis du Pas-du-Roc par le flanc est du Perron-des-Encombres (où ils ont un beau développement) jusqu'en Tarentaise, demeurant constamment *supérieurs* aux gypses et dolomies massives de la vallée de Saint-Martin-de-Belleville.

Les calcaires dolomitiques capucin des Grandes-Rousses et ceux du Pas-du-Roc sont, à notre avis, certainement plus récents que les *calcaires gris* de la Vanoise et du Briançonnais (calcaires à Gyroporelles des auteurs) et que les

[1] Termier, Le massif des Grandes-Rousses, *loc. cit.*, p. 59.

[2] Les dolomies des Rousses ont donné lieu à une discussion entre M. Termier et l'un de nous (*Bull. Soc. géol. de Fr.*, séance du 4 juin 1894). — Cette discussion est résumée dans les lignes suivantes.

puissantes masses de gypse qui les remplacent localement. Ils peuvent, au contraire, être rapprochés des « calcaires nankin » de la Vanoise, supérieurs aux précédents, et des dolomies fort analogues qui, sur le versant Nord de la chaîne de Belledonne (Champ près Vizille, Fau-Laurent près Séchilienne), séparent les gypses triasiques du Rhétien fossilifère.

Dans la région du Briançonnais, on en trouve des fragments dans la brèche triasique, mais là *ils n'existent généralement plus en place*, et la brèche repose parfois directement sur les calcaires dolomitiques de l'étage moyen; mais, dans les Grandes-Rousses où le Lias véritable[1] ne présente en aucun point, ni même dans le voisinage, le facies nettement bréchoïde, il semble quelque peu téméraire d'admettre des phénomènes d'ablation qui auraient fait disparaître complètement le Trias supérieur pour ne laisser subsister que le Trias moyen. Il est, au contraire, plus naturel de supposer que la *réduction du Trias moyen*, si frappante le long de la chaîne de Belledonne, et causée sans doute par la transgressivité des dépôts, s'est aussi fait sentir dans les Grandes-Rousses, et que ce ne soit que plus à l'Est que les formations marines représentant le Muschelkalk[2] ont atteint leur complet développement. La cause qui aurait déterminé la nature lagunaire et la réduction du Trias dans la première zone alpine doit être recherchée dans l'existence de *plis hercyniens* ayant déterminé des différences de profondeur dans les mers du Trias, et occasionné sur leurs bords la formation de bassins d'évaporation.

Opinion de M. Termier.

M. Termier a opposé à ces raisons les arguments suivants:

« Le seul argument en faveur de l'attribution au Trias moyen desdites dolomies est celui tiré de l'*identité pétrographique* de cette formation avec des termes du Trias de la Vanoise. L'identité est bien plus grande que M. Kilian ne semble le croire. Les schistes satinés tourmalinifères des Rousses ne diffè-

[1] Ch. Lory avait, on le sait, d'abord attribué au *Lias* les dolomies brunâtres des Grandes-Rousses qu'il a plus tard reconnues triasiques. Bien que M. Termier ait très justement démontré l'âge triasique de cette assise dans le massif des Rousses, il ne laisse pas d'y avoir actuellement encore une certaine confusion en ce qui concerne certains bancs bréchoïdes à cassure bleuâtre qui, dans l'Oisans notamment, sont superposés aux calcaires capucin et *semblent bien jurassiques*.

On a vu plus haut que, dans les massifs de l'Aar et du Gothard, le Trias offre des lacunes incontestables dans sa composition et que le Trias moyen y fait notamment défaut, en beaucoup de points, comme dans les Grandes-Rousses.

[2] Si, dans l'état actuel de nos connaissances, il est toutefois permis d'établir un parallélisme de détail tant soit peu vraisemblable entre les termes de la série triasique du Briançonnais et ceux du Trias germanique.

rent point de ceux de la Vanoise ou de la Cucumelle. Sans doute, dans la Vanoise, la cristallinité des schistes est plus grande; mais on sait que cette augmentation locale de cristallinité se retrouve dans tous les autres terrains de la Vanoise.

« Il semble impossible de ne pas assimiler les dolomies du Pas-du-Roc à celles qui, dans toute la région de l'Aiguille-du-Fruit, sont nettement inférieures aux calcaires dits à *Gyroporelles* [1].

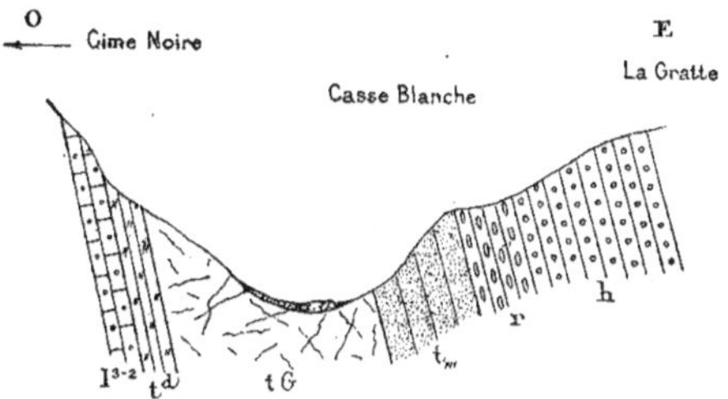

Fig. 19. — Coupe relevée près du Col des Encombres.

LÉGENDE.

l^{3-2} Lias calcaire et Rhétien. — t^d Dolomies capucin, schistes bigarrés et cargneules (Trias supérieur). — tG Gypses triasiques (Trias moyen). — t_{III} Quartzites (Trias inférieur). — r Permien (verrucano). — h Grès et schistes houillers.

« Le fait que les dolomies du Pas-du-Roc sont supérieures aux gypses et dolomies massives de la vallée de Saint-Martin-de-Belleville ne peut pas être invoqué comme une objection décisive. Il y a, en effet, des gypses et des dolomies massives dans le Muschelkalk inférieur de la Vanoise, ou mieux dans le complexe qui paraît antérieur aux calcaires du Briançonnais. Après une visite, un peu sommaire, à la vérité, des environs de Saint-Martin-de-Belle-

[1] Il convient, du reste, de remarquer que la tectonique compliquée du massif de la Vanoise rend particulièrement difficile l'établissement d'une succession bien nette des divers horizons des calcaires et dolomies triasiques. On verra notamment plus bas qu'à la suite d'excursions récentes nous avons pu distinguer dans la Vanoise des bancs de *dolomies à patine jaunâtre*, occupant des *synclinaux* et correspondant sans doute à l'horizon dont il s'agit ici. Remarquons aussi que les schistes de la Cucumelle, invoqués comme triasiques par M. Termier au cours de la discussion, ont été depuis, par lui comme par nous, reconnus comme *plus récents que le Jurassique supérieur*.

IMPRIMERIE NATIONALE.

ville, M. Termier a gardé l'impression que tout le Trias de cette région est de l'âge des marbres phylliteux et des schistes satinés de la Vanoise. »

« Quant aux dolomies de la chaîne de Belledonne (Champ), elles ne ressemblent guère à celles des Rousses. Là encore, du reste, on peut se demander quel est l'âge exact des gypses. »

Discussion de l'argumentation de M. Termier.

Nous avons répondu à notre honorable contradicteur et ami (*Bull. Soc. géol. de Fr.*, 3e série, t. XXII, p. XCVI et CXXX; 1894) :

a. Au sujet des schistes des Rousses et de la Vanoise, l'identité pétrographique invoquée par M. Termier paraît due au métamorphisme, également intense de part et d'autre, et s'étant exercé dans les deux cas sur des schistes à peu près semblables. Cette similitude, qui nous semble, du reste, moins évidente qu'à M. Termier, n'est pas, à nos yeux, décisive; il n'y a du reste aucune raison pour ne pas admettre qu'il existe dans le Trias de nos Alpes *deux niveaux* à peu près semblables de schistes bariolés.

b. La position de ces dolomies au Pas-du-Roc est on ne peut plus nette (v. fig. 15); cette localité est célèbre par son gisement de fossiles rhétiens et les bancs à *Avicula contorta* y fournissent un repère très précis pour la situation des assises du Trias supérieur qui l'avoisinent.

c. Nous avons étudié de près le Trias des environs de Saint-Martin-de-Belleville; ce terrain nous y paraît certainement représenté au complet. *Supposer dans cette région* une lacune correspondant au Trias supérieur serait nier l'existence du Keuper dans toutes les Alpes françaises. Jusqu'à nouvel ordre, une telle conclusion est, à nos yeux, purement gratuite.

d. Outre l'analogie d'aspect, les dolomies de la zone de Belledonne ont une position identique à celles de Mont-Vernier par rapport à la spilite, et à celles du Pas-du-Roc par rapport aux bancs rhétiens à *Avicula contorta.*

Nous croyons donc devoir, tout en regrettant vivement de n'avoir pas été d'accord, sur ce point, avec M. Termier[1], maintenir notre première opinion relative aux « dolomies capucin » des Rousses.

[1] Ajoutons que M. Termier semble s'être depuis lors rattaché à notre manière de voir, dans son mémoire sur les montagnes entre Briançon et Vallouise; cet éminent géologue, en parlant de la réduction du Trias dans la zone cristalline delphino-savoisienne, s'exprime, en effet, dans les termes suivants : « Il semble donc aujourd'hui que la démonstration soit faite de l'émersion de la région *pelvousienne* tout entière pendant la plus grande partie des temps triasiques. La contrée ainsi émergée comprenait non seulement la région pelvousienne, mais aussi les Grandes-Rousses et la chaîne de Belledonne jusqu'au delà du Mont-Blanc. C'est seulement pendant l'époque

Dolomies des massifs du Pelvoux et de Belledonne.

Nous assimilons du reste à nos dolomies supérieures du Pas-du-Roc des bancs, identiques comme aspect, qui affleurent en divers points du massif du Pelvoux, au-dessous des assises liasiques, par exemple sur le flanc de Roche-Noire, près (au Sud) du col du Lautaret, aux Marmes près de Valsenestre, et dans le val de Champoléon (Sud-Ouest du col de la Cavale, les Piorois, etc.), dans le voisinage des spilites qui les recouvrent ou les supportent suivant les localités. M. P. Lory nous a signalé des points où cette dernière roche est si intimement liée à ces dolomies et aux cargneules qu'elle semble contemporaine de leur dépôt.

Conclusions.

Quoi qu'il en soit, il est pour nous certain que les dolomies bien litées de ce niveau constituent un *horizon constant* dans les Alpes françaises; nous les connaissons à Champ (Isère), au-dessus de Formaffrey près Séchilienne (M. P. Lory), dans les Grandes-Rousses, à la Rivoire, près du Bourg-d'Oisans (Isère), à Roche-Juan (Ubaye), à l'Échaillon et à Mont-André, près Saint-Jean-de-Maurienne (Savoie), au Pas-du-Roc, près Saint-Michel; au col des Encombres, à Saint-Marcel et aux Chapieux, en Tarentaise; dans la Vanoise, elles prennent, comme nous allons le montrer, une teinte jaune nankin et appartiennent à un niveau élevé de la série triasique, très voisin du Rhétien qui les recouvre et auquel nous avons été tentés de les attribuer.

keupérienne que cette vaste contrée a été graduellement envahie par des lagunes, avant d'être enfin, au début du Lias, recouverte par une mer relativement profonde ».

Nous ferons toutefois remarquer qu'en attribuant *uniquement au Keuper* le Trias du Dauphiné occidental, notre confrère nous semble aller un peu loin, bien que les dolomies supérieures (dolomies capucin) de cette région présentent le type de nos dolomies à *patine nankin* des pays intra-alpins. En effet, il existe en outre, à la base de ce Trias réduit, quelques bancs de calcaire dolomitique, absolument semblables aux calcaires gris du Trias moyen du Briançonnais. Tel est le cas, par exemple, pour les dolomies de Laffrey, de Chamrousse et de la Gardette (Isère). Nous ne saurions donc affirmer que la *totalité du Trias* de la 1re zone alpine soit *uniquement keupérienne* et que le Trias moyen (Muschelkalk) ou que tout au moins l'étage ladinien n'y soit pas représenté en plusieurs points. — Il est bon de rappeler que M. Frech (*Lethæa geognostica*, II. Trias, 1, p. 89) admet, lui aussi, des *lacunes* dans le Trias des Alpes calcaires suisses orientales, dans celui des massifs du Gothard et de l'Aar et dans celui de l'Ortler. Il y a là un type particulier, incomplet, de la série triasique (*Lepontinische Facies* de M. Steinmann), fréquent dans les Alpes lépontiennes et pennines, que M. Frech considère plutôt comme un type de passage que comme un facies spécial.

E *bis*. Calcaires à patine nankin.

Calcaires dolomitiques à patine nankin.

Dans le massif de la Vanoise, aux alentours de Tignes et de Val-d'Isère, dans les environs de Saint-Marcel et de Villette-en-Tarentaise et dans l'Allée-Blanche, ainsi qu'aux Mottets, et près du col de Chécoury (Italie), on remarque un horizon de calcaires remarquables par la patine jaune clair (jaune nankin) qu'ils prennent par l'exposition à l'air. Ces calcaires se font remarquer, en outre, par la finesse de leur pâte et par leur cassure esquilleuse; au microscope, ils se montrent finement et entièrement cristallins (mosaïques des plages cristallines rhomboédriques de petites dimensions); ils ne font que très faiblement effervescence avec les acides (à froid), ce qui indique leur nature dolomitique et siliceuse.

Dans la Vanoise et dans le massif de l'Aiguille-du-Fruit, ces « calcaires nankin », déjà remarqués par M. Termier[1], forment une série de bandes au milieu des calcaires gris du Trias moyen, et leurs débris sont aisément reconnaissables dans les éboulis par leur patine jaune. Ces bandes, bien visibles également dans les escarpements du flanc Ouest du vallon qui descend de la Leisse à Entre-Deux-Eaux, ainsi qu'au Plan-de-Nette et dans le massif de l'Aiguille-du-Fruit, au Sud du col de Mône, représentent une suite de synclinaux pincés dans les calcaires gris; au Plan-de-Nette, ces calcaires supportent directement les assises jurassiques fossilifères. Près de Saint-Marcel-en-Tarentaise, ils séparent les gypses et les schistes triasiques des calcaires du Lias. — On les retrouve *en galets dans la brèche liasique de Villette,* dont ils forment un des éléments les plus caractéristiques.

Il y a lieu de constater l'identité lithologique frappante de ces *calcaires nankin* avec certains calcaires dolomitiques de la région dauphinoise faisant partie de l'horizon des *calcaires capucin*[2] (v. *ante*, p. 232) du Trias supérieur (La Garde, Champ près Vizille, Fau-Laurent près Séchilienne, etc.), surmontant les gypses et supportant le Rhétien à *Avicula contorta.* Ajoutons également que quelques bancs du « Roethidolomit » des Alpes suisses présentent, dans un certain nombre de points, la plus grande analogie avec nos calcaires nankin.

[1] Vanoise, p. 133 et p. 135.

[2] Un facies analogue de *calcaires capucin* se montre dans le Trias supérieur de l'Ardèche, sur la bordure orientale du Massif central de la France.

E *ter*. Schistes bariolés [1].

(*Quartenschiefer* des géologues suisses.)

Schistes bariolés du Trias supérieur. — Généralités.

A la partie supérieure des gypses et dans le voisinage des dolomies précédentes, ou les remplaçant même complètement, on trouve le plus souvent en Maurienne des schistes tantôt noirâtres[2], tantôt lilas et verdâtres. Ces schistes sont surtout argileux et ont souvent une teinte violette analogue à celle des ardoises des Ardennes. Ils présentent, comme celles-ci, des mouchetures d'un vert clair. Leur pâte est fine et ils ne font pas effervescence avec les acides; ils contiennent fréquemment (à Villarly), parmi leurs éléments microscopiques, un certain nombre de minéraux de métamorphisme (rutile, etc.).

Environs de Varbuche et de Villarly, Mont-André, Pas-du-Roc, etc.

M. Potier nous avait déjà signalé, en 1890, les schistes ardoisiers versicolores de la vallée du Nantbrun comme appartenant au Trias supérieur. Cette assise se montre bien développée sur les pentes qui forment le revers Ouest du col de Varbuche, où elle surmonte les gypses et se trouve recouverte en ce

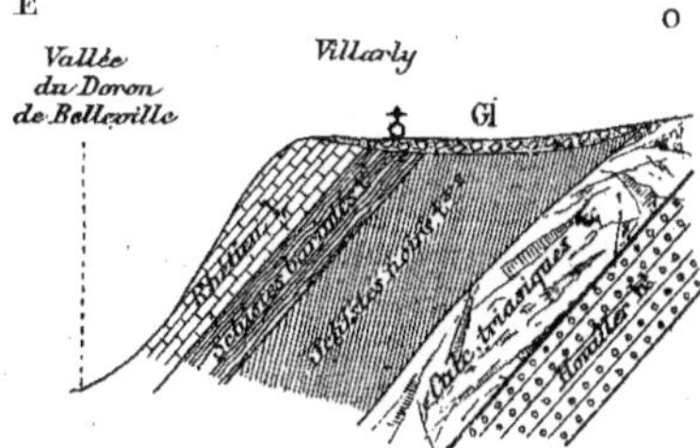

Fig. 20. — Coupe relevée près de Villarly (Savoie), dans un ravin affluent du Doron de Belleville.

point au-dessus de Bonvillard par les brèches du Nummulitique *qui en contiennent de nombreux débris*. Elle se retrouve également sur l'autre rive du Nantbrun en superposition directe sur les cargneules.

[1] Voir, plus loin, le résultat de leur examen microscopique par le professeur Duparc.

[2] Il existe dans la carrière de Roche-Noire, près de Saint-Jean-de-Maurienne, des schistes triasiques qui ont paru à M. Badoureau (*in litteris*) analogues aux « Schistes lustrés » de la zone du Piémont, analogie que cet auteur considère « comme un argument en faveur de l'âge triasique de ces derniers ». Nous pensons que cette ressemblance n'est que fortuite, et ce fait ne nous semble

Les schistes bariolés s'observent, en outre, nettement près de Villarly[1], un peu au-dessous de la route de Moûtiers et ils y sont exploités comme *ardoises;* ils ont été étudiés par Ch. Lory, Alph. Favre, l'abbé Vallet et par M. Zaccagna, et sont, dans cette localité (fig. 20), en contact avec les bancs calcaires rhétiens à *Avicula contorta* Portl. Ils reposent par l'intermédiaire de schistes noirs sur les calcaires et gypses du Trias moyen; leur puissance est de 50 à 60 mètres.

On les rencontre dans la même position sur la rive droite de l'Arvan (moulin de Gévoudaz), et là encore nous avons pu constater qu'ils étaient directement recouverts par les assises rhétiennes.

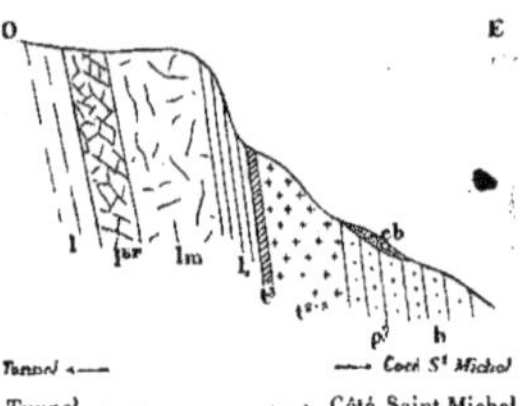

Tunnel. ⟵ ⟶ Côté Saint-Michel.

Fig. 21. — Coupe relevée près de la cantine du tunnel du Télégraphe (Maurienne).

LÉGENDE.

h Houiller. — p? Permien? — t^{2-3} Gypses triasiques. — t^3 Schistes bariolés.
l, Rhétien. — l, l^{br} l Lias. — eb Éboulis.

On les voit aussi au Mont-Charvin, au Pas-du-Roc où ils sont encore directement surmontés par les calcaires en petits lits de la zone à *Avicula contorta.* Ils affleurent plus au Sud, près du tunnel que traverse la route, entre Saint-Michel et Valloire, non loin du fort du Télégraphe; là, le contact des schistes bariolés et de l'Infralias est très net (fig. 21). Ces schistes surmontent encore, en ce point, les gypses supérieurs qui forment une bande étroite jusqu'au delà de Valloire.

pas un argument suffisant; car nous pourrions citer un grand nombre de cas où de semblables analogies se rencontrent entre les schistes du Flysch ou d'autres formations et certains bancs de calcschistes du système des Schistes lustrés, d'âge très différent.

Faisons remarquer, d'autre part, que M. Grégory s'est basé sur la présence de fragments de calcschistes dans les « cargneules » du Trias pour attribuer aux « Schistes lustrés » un âge antétriasique.

[1] Où M. Zaccagna les avait considérés comme permiens.

A Champessuit, près de Mont-André, on voit aussi, en suivant au Nord le chemin de la Platière, des schistes rouges et verts accompagnant les gypses qu'ils recouvrent directement (fig. 22).

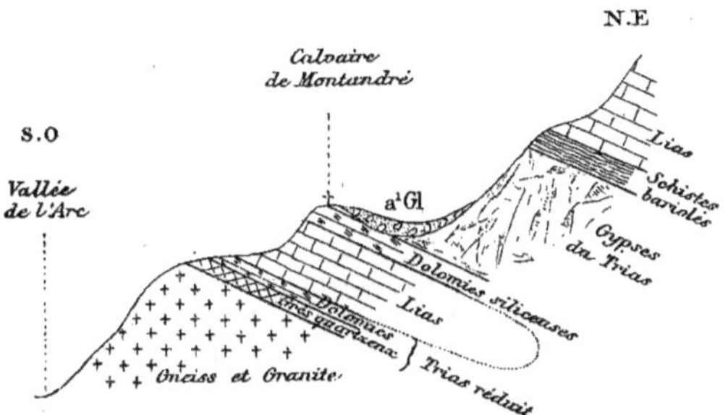

Fig. 22. — Coupe de Montandré près Saint-Jean-de-Maurienne.

Conclusions.

La présence constante de ces schistes dans le voisinage des gypses, leur position stratigraphique au-dessous des bancs fossilifères du Rhétien étant bien établie pour la région par la coupe du Nantbrun, empêche, à nos yeux, de les considérer comme liasiques, ainsi qu'on l'avait proposé jadis. Ces assises fortement colorées constituent un des niveaux les plus faciles à reconnaître parmi ceux que nous avons rencontrés dans le Trias des chaînes alpines.

Nous rappellerons que M. Termier a décrit dans le massif de la Vanoise[1], près du col de la Leisse, des schistes violets ou lie-de-vin accompagnant des cargneules intercalées[2] dans les Schistes lustrés. Nous pensons qu'il s'agit là de nos schistes bariolés et que ces cargneules appartiennent au Trias supérieur.

Extension des schistes bariolés dans les Alpes.

Le niveau des schistes argileux rouges et verts, exploités comme ardoises, est très répandu dans les Alpes. C'est ainsi que M. Haug (*Bull. Carte géol.; C. Rend. des Collaborateurs pour 1893*, p. 115) les a signalés au sommet du Trias et au contact de l'Infralias, à Barles, dans les Basses-Alpes. On peut les étudier aussi dans les masses de recouvrement de l'Ubaye, au sommet du Morgon et à Roche-Juan, près de Revel, où ils succèdent immédiatement au Rhétien fossilifère.

(1) Termier, Étude sur la constitution géologique du massif de la Vanoise (*Bull. Serv. G. de France*, t. II, p. 109).

(2) Par l'effet de phénomènes de charriage (voir Kilian, *C. R. Ac. des Sc.*, oct. 1906).

Dans toute la région de Digne, ils accompagnent les gypses du Trias supérieur. Nous les avons retrouvés dans la Haute-Ubaye. Ils existent également dans le Chablais, d'après les descriptions de M. Lugeon.

Nous avions précédemment, et notamment en 1892, rapporté à tort à cette assise des schistes argileux violacés verts et rouges, dolomitiques, calcschistes roses gaufrés qui sont bien développés en amont du Lauzet, dans le voisinage du col Néal (Hautes-Alpes); ces schistes appartiennent en réalité à une formation plus récente. Enfin nous leur avions assimilé, à Saint-Antoine (Peine-d'Hier), sur l'Ubaye, des schistes calcaires et des plaquettes dolomitiques, d'aspect satiné et gaufré, — assez semblables à ceux qui nous semblaient, près de Saint-Martin-de-Queyrières, et en d'autres points du Briançonnais, intercalés dans le Trias, — et qui se montrent entre un massif de dolomies triasiques et les affleurements de marbre bréchoïde liasique du Pont-Voûté. M. Zaccagna a mentionné également des schistes verdâtres dans cette localité. Nous nous sommes assurés, néanmoins, que tout cet ensemble schisto-calcaire et parfois versicolore du Briançonnais appartient au complexe des « marbres en plaquettes » suprajurassiques que nous étudierons plus bas.

M. Léon Bertrand a également signalé dans la haute vallée de la Tinée (*loc. cit.*, p. 53) un développement local, au-dessus des cargneules supérieures, de marnes versicolores violettes, vertes, jaunes et rouges, qui correspondent très exactement, par leur position, à nos schistes bariolés.

Conclusions. Les schistes bariolés occupent donc constamment *la partie supérieure du Trias*. Ils présentent toutefois une grande ressemblance avec les schistes analogues de l'horizon suprajurassique des « calcaires et marbres en plaquettes » dont les distingue habituellement leur nature plus argileuse, beaucoup moins calcaire, leur aspect plus mat, l'absence de lits marbreux et leur moindre cristallinité; ils se distinguent également, par les mêmes caractères, des schistes siliceux et de certains bancs vivement colorés de l'assise des calcaires phylliteux (B), dont les séparent les masses puissantes des gypses et des dolomies décrites plus haut[1]. Nous croyons pouvoir les rapporter avec beaucoup de probabilité à l'étage du Keuper. Ils représenteraient la totalité ou au moins une partie des « *Marnes irisées*[2] » dont ils ont les couleurs et la composition et

[1] Il est vrai que dans certains cas (vallon de Naves), du reste assez rares, le facies schisteux, phylliteux et bariolé s'étend à la plus grande partie du Trias, et il devient alors difficile de séparer les schistes inférieurs de ceux du sommet.

[2] Le durcissement et le satinage, par des actions mécaniques, de ces schistes argileux versicolores qui représenteraient les *Marnes irisées* des régions extra-alpines, étaient admis déjà par Ch. Lory (Trias de la Vanoise, p. 41).

dont leur consistance seule les différencie. Cette consistance plus grande et la nature schisteuse de la roche trouvent du reste tout naturellement leur explication dans le dynamométamorphisme qu'elles ont subi dans les Alpes.

Localisation des schistes bariolés à l'Ouest de la zone axiale.

Les schistes bariolés ne se présentent qu'accidentellement sous une forme très réduite ou *font complètement défaut* à l'Est de notre région intra-alpine, dans le Briançonnais oriental, le Queyras et la Haute-Ubaye; ils acquièrent, en revanche, leur *développement typique* dans une *zone spéciale* (sous-zone des Aiguilles-d'Arves) *bordant à l'Ouest la zone axiale houillère,* allant des Basses-Alpes au col de la Seigne et comprenant, outre une partie des masses charriées de l'Ubaye, les affleurements autochtones des environs de Barcelonnette (Terres-Pleines), la région ouest du Galibier, Valloire, le Pas-du-Roc, près Saint-Michel, Saint-Martin-de-Belleville, Saint-Jean-de-Belleville, les environs de Moûtiers, d'Aime, des Chapieux, de Naves (Roc-Marchand) et les contrées situées à l'Ouest de ces dernières.

Leur présence caractéristique dans les *lambeaux* de *recouvrement* de l'Ubaye (Morgon, Roche-Juan près Méolans) et des Savoie (Sulens, les Annes, le Chablais) semble donc indiquer que ces masses proviennent de cette zone occidentale intra-alpine et que leurs racines ne *doivent pas être cherchées plus à l'Est*, au delà de la zone axiale houillère.

Les dépôts bariolés du Trias supérieur se retrouvent, du reste, bien développés dans le Trias réduit de la zone cristalline delphino-savoisienne (Vizille, etc.), dans les environs de Digne (Basses-Alpes), ainsi que dans les affleurements triasiques de la bordure du Massif Central de la France (Ardèche), où ils sont associés parfois, comme dans la zone des Aiguilles-d'Arves, à des dolomies à patine brun capucin ou jaune nankin.

Ajoutons que, dans les Alpes suisses, l'assise désignée par nos confrères helvétiques sous le nom de « Quartenschiefer » ne se distingue pas de nos « schistes bariolés » et occupe le même niveau; M. Gerber[1] a récemment encore décrit cet horizon dans le Kienthal (Alpes bernoises). MM. Frech et Philippi (*Lethaea geognostica*, t. II, Trias, 1, p. 88) placent aussi les « Quartenschiefer » et les schistes bigarrés des Alpes de Glaris dans le Trias supérieur.

[1] Gerber, *loc. cit.*

RÉPARTITION STRATIGRAPHIQUE

ET ORIGINE DES GYPSES ET CARGNEULES[1] TRIASIQUES DES ALPES FRANÇAISES.

Répartition stratigraphique des gypses et cargneules. — Généralités sur le Trias intra-alpin.

Nous avons vu, par ce qui précède, que les niveaux de gypses et de cargneules[2] sont fréquents dans le Trias de nos Alpes et qu'il en existe deux principaux : l'un au-dessus, l'autre au-dessous de la grande masse de calcaires gris siliceux dolomitiques qui constitue la partie moyenne du Trias. Nous ajouterons que le facies gypseux peut aussi se substituer partiellement ou en totalité à ces derniers calcaires, et même parfois atteindre les bancs dolomitiques dits « capucin » du Trias supérieur. Il en résulte, en certains cas, l'existence d'une *seule et unique* masse de gypse entre les quartzites de la base et les schistes bariolés du Trias supérieur (Environs de Saint-Jean-de-Maurienne) et, dans d'autres, la présence d'amas gypseux plus ou moins lenticulaires à divers niveaux et même dans les calcaires phylliteux B.

Il est important de remarquer également que les gypses passent parfois en profondeur à des masses de karsténite (ou *anhydrite*) [Saint-Jean-de-Maurienne, le Galibier], et que des *sources salées* existent dans le voisinage de ces dépôts, à Salins, où elles ont été exploitées pour la fabrication du sel.

Existence de deux niveaux de gypses et de cargneules.

Nous avons vu, d'autre part, qu'un horizon de gypses et de cargneules supérieur aux calcaires dolomitiques s'est montré suffisamment net pour être décrit séparément et être séparé d'un *niveau inférieur*, qui s'intercale parfois entre les quartzites de la base et les calcaires (C). Que l'on attribue ces deux subdivisions au Trias moyen, ou que l'on considère l'une d'elles comme représentant le Trias supérieur, elles n'en demeurent pas moins distinctes et constituent, dans notre région, *deux horizons* de niveau différent.

(1) Désignés aussi sous le nom de *Carnieules* (Struve, 1810), ou de *Cornieulaz* [patois de Bex] (Vaud) par nos confrères suisses.

(2) Il est intéressant de rappeler qu'un grand nombre de cols de nos Alpes (col des Encombres, col de la Vallée-Étroite, col du Bonnet-du-Prêtre, col Rouge, col de Chanrouge, col de la Leisse, col de Chavière, col du Soufre, en Savoie, col du Galibier, col Fromage, col Izoard, col des Thures, col Tronchet (Hautes-Alpes), etc., etc., coïncident avec des affleurements de gypses et de cargneules, ce qui est dû probablement au peu de résistance que ces roches opposent à l'érosion. — Ajoutons que les phénomènes de dissolution y donnent lieu à des *entonnoirs* caractéristiques (Petit-Galibier, col du Mont-Cenis, Grande Forclaz, col Izoard, etc.) et, parfois, à des effondrements circulaires au sein des dépôts superficiels qui recouvrent les Gypses (N. de Réotier en face Mont-Dauphin, environ de Taconnaz près Chamonix et de Thonon (Haute-Savoie).

Quoi qu'il en soit, à cet égard, si l'assise dolomitique à patine capucin ou nankin, supérieure aux gypses du niveau le plus élevé, peut être reconnue en un grand nombre de points que nous avons énumérés en partie, elle n'est toutefois pas absolument constante. Elle semble faire défaut, par exemple, dans une grande partie du Briançonnais. D'autres fois, la « *cargneulisation* » en a partiellement modifié l'aspect. (Environs d'Allevard, Grandes-Rousses[1].) Il est par suite très probable que cette transformation est souvent complète et que les *cargneules supérieures* du Briançonnais représentent notre dolomie supérieure, dont elles occupent exactement le niveau. Nous croyons également que cette dernière assise peut être plus ou moins totalement remplacée par des *gypses* (par exemple, au-dessus de Saint-Avre en Maurienne). La dolomie supérieure n'est donc qu'un simple facies du Trias supérieur, particulièrement développé dans la zone occidentale de notre région, et dans les chaînes de Belledonne, des Rousses et du Pelvoux. M. Léon Bertrand a également observé dans les Alpes-Maritimes des couches qui paraissent pouvoir être identifiées avec cette assise. Aux environs de Sospel notamment, l'un de nous a pu constater le grand développement des gypses et des cargneules. Ces dernières semblent même passer à des dolomies médiojurassiques.

Origine des gypses et cargneules. — Observations diverses.

L'existence simultanée d'anhydrites, de dolomies et de chlorure de sodium dans nos assises triasiques montre clairement qu'il y a là des dépôts de bassins d'évaporation. *Il ne peut donc y avoir de doute sur l'origine lagunaire d'un certain nombre de nos amas gypseux*, que l'on doit considérer comme s'étant formés par précipitation chimique dans des eaux sursaturées[2].

Cependant beaucoup de nos gypses offrent, lorsqu'on les étudie de près, des caractères singuliers sur lesquels l'un de nous a déjà[3] attiré l'attention. Les

[1] Dans ce massif, elles ont fréquemment une structure bréchiforme et contiennent des éléments détritiques; elles donnent alors des cargneules à débris de schistes variés. (Termier.)

[2] C'est à des phénomènes de cet ordre que E. Renevier, le regretté professeur de Lausanne, attribue l'origine des gypses et cargneules des Alpes vaudoises. Pour cet auteur, « les roches salines, gypseuses et dolomitiques associées dans cette région constituent une formation d'une nature particulière, analogue aux dépôts actuels des nappes extra-salées (formation *halogène*) ». Quant aux calcaires dolomitiques (40 p. o/o de carbonate de magnésie), ils se seraient constitués dans des eaux moins concentrées, peut-être moins profondes; ils représenteraient des dépôts mixtes, en partie sédimentaires, en partie *hydatogènes* (E. Renevier, Origine et âge du gypse et de la Cornieule des Alpes vaudoises, *Eclogæ geologicæ helveticæ*. Vol. B[d] II, n° 3, p. 229, 1891).

[3] *Bull. Soc. géol. de France*, 3[e] série, t. XIX, p. 571 et suiv. (1891).

relations des gypses et cargneules avec les autres assises triasiques sont, en effet, assez particulières pour que nous en disions quelques mots :

La construction du tunnel du Galibier, qui est situé à 2,550 mètres d'altitude et ne mesure pas moins de 363 mètres de longueur, a mis à nu de grandes masses d'anhydrite en contact avec un calcaire gris dolomitique; on y a aussi trouvé du sel gemme. Un examen un peu attentif montre une transition ménagée entre l'anhydrite et le calcaire, qui *sont pour ainsi dire enchevêtrés.* D'autre part, l'anhydrite n'existe qu'en profondeur, et, à la surface du sol, on ne voit apparaître que du gypse et de la dolomie. Cette disposition n'avait pas échappé à Ch. Lory : nous avons, en effet, trouvé dans les collections de la Faculté des sciences de Grenoble un échantillon du Galibier, qui porte écrite de la main du regretté professeur l'étiquette suivante : « *calcaire magnésien bréchiforme enchevêtré avec le gypse* (*Galibier*) ». C'est ainsi qu'au col même du Galibier on voit affleurer des gypses qui, dans l'intérieur du tunnel, deviennent insensiblement des masses d'anhydrite; ces dernières, à leur tour, passent à des dolomies. Ces couches sont, à l'Ouest, en contact avec des quartzites, qui forment sans doute un anticlinal aigu et qui sont appliqués contre des calcaires dolomitiques. D'autre part, plus à l'Est, au roc même du Grand Galibier, les calcaires triasiques ne sont séparés des quartzites que par quelques mètres de cargneules jaunes. Où sont ici les gypses si développés au col et près du tunnel? Comment expliquer cette disposition sans admettre *l'équivalence des gypses, anhydrites et cargneules et des calcaires dolomitiques?*

Les gypses, les calcaires et les cargneules semblent donc se remplacer mutuellement[1], et *leurs épaisseurs croissent aux dépens l'une de l'autre* (Maurienne et Briançonnais).

Variations; passages latéraux.

Nous avons vu que, dans l'Ouest de la Maurienne et de la Tarentaise, les gypses, au lieu d'être intercalés entre les quartzites et les calcaires, occupent la partie supérieure du Trias. Il en est de même aux environs de Château-Queyras (Hautes-Alpes). On a reconnu, d'autre part, que parfois une *seule masse* de gypse représente l'ensemble des assises qui séparent les quartzites des schistes bariolés du sommet du Trias (environs de Saint-Jean-de-Maurienne). On voit, en outre, comme nous venons de le montrer, au tunnel du Grand Galibier, les gypses

[1] Ch. Lory avait remarqué, lui aussi, la variabilité des niveaux gypseux dans les chaînes intra-alpines. (*Trias de la Vanoise*, p. 42.)

(qui en profondeur, comme nous l'avons dit, sont de l'anhydrite) *passer latéralement* à des calcaires dolomitiques. De plus, à la montée du Mont-Genèvre, ces mêmes calcaires passent très nettement à des cargneules.

Ajoutons que l'on remarque fréquemment dans les gypses des *blocs non roulés* de calcaire, « noyés » dans la masse sulfatée, et ne pouvant être, comme les fragments analogues contenus dans les cargneules, autre chose que des *restes de la roche primitive, épargnés par la transformation* qu'aurait subie la masse entière.

La représentation sur la carte détaillée de ces masses de gypse, dont la puissance est si variable et qui passent latéralement aux calcaires triasiques et se trouvent, d'autre part, tantôt inférieurs, tantôt supérieurs à ces bancs calcaires, a nécessité des explorations très longues.

A Saint-Martin-de-Belleville, la formation gypseuse comprend toutes les assises qui séparent les calcaires phylliteux (B) du Rhétien. Il est, par contre, des points où les gypses font *complètement défaut* dans la série triasique (coupes du col des Rochilles, du Queyrellin, etc.) ou n'apparaissent qu'en *lentilles* insignifiantes et sporadiques soit dans les calcaires phylliteux (B), soit dans les calcaires dolomitiques (C) (Queyras), ou dans les cargneules inférieures ou supérieures, auxquelles ils paraissent habituellement liés.

Au Plan-de-Phazy, des gypses très puissants (exploités) reposent directement sur des quartzites (A), tandis qu'à quelques kilomètres de là ces mêmes quartzites sont recouverts par des schistes siliceux (route de Guillestre à la Maison du Roy).

M. Léon Bertrand (*l. cit.*, p. 53) a constaté de son côté, dans la vallée moyenne de la Vésubie, un grand développement de gypses « résultant d'une transformation des calcaires de la série moyenne, dont on rencontre des blocs inaltérés ou en voie de transformation, au milieu de ces gypses ». — Près de Sospel (Alpes-Maritimes), les gypses et cargneules surmontent des bancs de Muschelkalk typique et se confondent partiellement au sommet avec diverses assises jurassiques et crétacées qu'elles ont en quelque sorte « *épigénisées* » (W. K.). Il y a là un phénomène analogue à celui qui a donné lieu dans la Drôme à la « *formation de Suzette* », qu'ont fait connaître les travaux de MM. F. Léenhardt et V. Pâquier.

D'une façon générale, on peut dire que, là où les calcaires atteignent une très grande épaisseur, les gypses et cargneules sont limités à une bande mince (environs de Briançon, Névache, etc.), tandis que, dans les localités où les gypses présentent une certaine puissance (Saint-Jean-de-Maurienne, Ceillac, etc.), les dolomies et les calcaires sont fortement réduits (Pas-du-Roc, Varbuche, etc.).

Nous pouvons conclure de ces faits que les gypses, les cargneules et les calcaires ne sont que les *modifications latérales d'une même assise.*

Faut-il nous borner à constater ce passage latéral sans nous prononcer sur l'origine de ces gypses, et sans vouloir affirmer que du fait que ces couches se remplacent dans la série elles se soient substituées les unes aux autres par transformation chimique? Nous ne le croyons pas.

En effet, s'il est des points où l'origine lagunaire des gypses semble prouvée par la présence simultanée d'*anhydrite*, de *dolomie* et de *chlorure de sodium* (Salins), il en est d'autres où l'existence de *fragments calcaires non altérés* au milieu des masses sulfatées et le passage des bancs calcaires à des bancs de gypse semblent indiquer non moins clairement une transformation (*gypsification*) des calcaires.

Théories diverses. Diverses explications ont été données de ces faits : ils pourraient, à la rigueur, être interprétés en faveur des deux hypothèses généralement admises [1] :

On peut voir, en effet, dans ces formations, soit des sulfates de chaux sédimentaires, à côté desquels se seraient déposés, en s'enchevêtrant avec eux, des calcaires et des dolomies, soit, avec M. Termier (*loc. cit.*, p. 903), une grande masse de calcaires dolomitiques, dont certaines parties auraient été *postérieurement* transformées en cargneules et en gypse.

Il semble difficile d'admettre que les fragments de calcaires inclus dans les gypses ne soient que des grumeaux entraînés dans la masse sulfatée, pendant la *sédimentation;* leur aspect est bien plutôt celui de *restes* demeurés intacts au sein de l'ensemble calcaire, transformé postérieurement en gypse ou anhydrite. Pour les cargneules il en est de même, et il faut en outre, comme nous l'a fait remarquer M. Renevier, se mettre en garde contre une apparence trompeuse et très fréquente, due souvent à la production toute récente de *brèches modernes*, aux dépens des éboulis de cargneules, de dolomies et des gypses de nos montagnes. Les environs de Sospel, dans les Alpes-Maritimes, sont particulièrement instructifs à cet égard (W. K.).

[1] Renevier, *Origine et âge du gypse et de la cargneule des Alpes vaudoises*, Lausanne, avril 1891 (*Coll. géolog. Helv.*, II, 3).

Plusieurs auteurs ont voulu attribuer cette gypsification à l'action de sources chargées d'acide sulfurique ou de sulfates, ou encore à l'oxydation des pyrites disséminés dans les calcaires. Ces explications qui, pour d'autres cas, paraissent plausibles, sont ici invraisemblables ou insuffisantes. Nous ne rappellerons de même que pour mémoire le rôle des sources thermales ou des phénomènes éruptifs, auxquels on a, dans certains cas, attribué l'origine de dépôts gypseux. Ce mode de formation ne peut être admis pour les gypses de notre région.

Opinion de M. David Martin.

Il convient aussi de rappeler que, dans une note pleine d'imagination (Ass. française pour l'Avanc. des Sc., Congrès de Besançon, 1893), M. David Martin attribue à des émanations de la fin de la période tertiaire l'origine des gypses des Hautes-Alpes, qu'il considère comme des *formations superficielles* (« Gypses arachnoïdes »). Nous ne nous arrêterons pas à réfuter cette hypothèse qu'un grand nombre de faits, et notamment la localisation du phénomène dans le Trias (qui se trouve souvent, il est vrai, par l'effet de phénomènes de recouvrement, dans des situations très anormales), empêchent d'envisager comme possible, et en faveur de laquelle l'auteur ne donne aucune preuve sérieuse.

Opinion de MM. Zaccagna, Mattirolo, Termier.

MM. Zaccagna[1] et Mattirolo admettent la transformation des calcaires en gypses par le processus suivant : les eaux, en traversant des calcaires riches en sulfures métalliques, auraient lessivé les produits d'altération de ces minéraux. Tenant alors en dissolution de l'acide carbonique, du sulfate ferreux et

[1] D'après M. Zaccagna (Résumé d'observations géologiques faites sur le versant occidental des Alpes graies, traduction Lachat, *Bull. Soc. hist. nat. de Savoie*, première série, t. VII, p. 69, 73, etc.), les gypses triasiques des environs de Modane (le Mélezet) seraient dus à des actions secondaires et postérieures non seulement au dépôt des calcaires, mais aux mouvements orogéniques subis par les assises de la région. Le *processus* de cette transformation aurait été le suivant : les eaux en traversant des masses calcaires, renfermant souvent des *sulfures métalliques*, et notamment de la pyrite de fer, auraient lessivé les produits d'altération de ces minéraux. Contenant ainsi en dissolution de l'acide carbonique, du sulfate ferreux, de l'acide sulfurique libre, elles auraient plus spécialement porté leur action sur les bancs inférieurs qu'elles auraient transformés en anhydrite et en gypse. Ces bancs étant superposés à des couches imperméables (schistes et quartzites du Trias inférieur), la circulation souterraine se serait trouvée arrêtée et l'action sur ces bancs ainsi nettement activée. En outre, les calcaires du Trias moyen étant, le plus souvent, dolomitiques et à structure fragmentaire ne présentaient pas un degré uniforme de solubilité pour les eaux acides. Ainsi s'expliquerait la texture cellulaire des cargneules, dont la teinte jaune serait due à des hydrates de fer. Enfin les mêmes eaux, après avoir produit gypses et cargneules, auraient déposé des calcaires dissous et donné naissance à ce qui a été appelé *tufs de cargneules*, tufs qui accompagnent fréquemment les assises de la formation que nous étudions ici.

de l'acide sulfurique libre, elles auraient porté leur action sur les couches les plus inférieures du calcaire pour les transformer soit en anhydrite, soit en gypse[1].

M. Termier admet également l'action de l'acide sulfurique sur les calcaires.

Théorie de Marcel Bertrand.

Enfin le regretté Marcel Bertrand, qui avait reconnu comme nous l'existence de deux niveaux de gypse dans le Trias alpin (*Compte rendu des Collaborateurs, Carte géologique de France,* 1894-1895), a publié en 1894 d'intéressantes observations sur ce sujet. Rappelant les cas fréquents de passages latéraux des gypses aux calcaires, indiqués par l'un de nous, en 1892, et confirmant nos observations relatives aux fragments de calcaires englobés dans la masse sulfatée, Bertrand en conclut, lui aussi, à une véritable *gypsification* des calcaires triasiques qui se serait effectuée en beaucoup de cas. Se basant sur les études de M. le Chatelier, il explique cette gypsification par *sursaturation en sulfate de chaux* des eaux d'infiltration ayant passé sur de l'anhydrite. Ces eaux auraient déposé du *gypse à la place du calcaire dissous* par ces mêmes eaux. Ainsi le sulfate de certaines couches, entraîné par les eaux, se serait déposé ailleurs *à la place du calcaire.*

Partout où l'on rencontre de l'anhydrite, on peut être certain qu'on a affaire à un dépôt originel, c'est-à-dire à un dépôt de lagunes contemporaines. Nous avons vu que les masses d'anhydrite existent, en effet, fréquemment en profondeur dans notre Trias. La transformation en gypse se serait effectuée de deux manières : ou sur place, par simple *hydratation,* ou après *transport,* à la suite de dissolution et de *reprécipitation.* Ainsi une auréole gypseuse se serait formée autour de ces masses, en même temps qu'il se produisait une *gypsification des couches calcaires voisines.*

La plupart des affleurements gypseux de nos Alpes auraient donc comme point de départ des masses sulfatées d'*origine lagunaire;* mais, en beaucoup de cas, il y aurait eu déplacement du sulfate de chaux et, comme aux environs de Salins, par exemple, *gypsification des calcaires dolomitiques du Trias,* dans le voisinage même de dépôts nettement lagunaires.

Il n'y aurait que deux niveaux de gypses nettement lagunaires, et ceux-ci, notamment le supérieur, auraient fourni le sulfate de chaux transporté postérieurement par les eaux, pour être ensuite substitué aux calcaires.

Il est à remarquer que ce processus paraît s'être beaucoup accentué dans

[1] Zaccagna, *loc. cit.,* p. 71.

la région de Pralognan et de Bozel, ainsi que près de Moûtiers et en Maurienne, tandis qu'il n'a que peu atteint les masses calcaires, incomparablement plus puissantes, du Briançonnais, du Queyras et de la Haute-Ubaye.

Origine des cargneules. (Cargneulisation.)

Quant à la « *cargneulisation* », les études faites par M. Termier sur les cargneules de la Vanoise et sur les « *dolomies cargneulisantes* » des Grandes-Rousses permettent d'affirmer qu'il s'agit là d'une simple *décalcification* de calcaires dolomitiques bréchiformes *phylliteux* et parfois détritiques.

D'après notre confrère, les eaux d'infiltration auraient provoqué la transformation moléculaire des carbonates. La calcite étant plus soluble aurait disparu en partie, tandis qu'il se serait formé un carbonate ferrugineux et magnésien, cristallisé en rhomboèdres laissant entre eux des vides [1]. Le même processus s'appliquerait aux *dolomies cargneulisantes* des Rousses; M. Termier a, en outre, fait remarquer que les dolomies jaunes (pauvres en fer) passent plus fréquemment aux cargneules que celles à patine capucin [2].

Il est également frappant de voir cette altération se produire fréquemment au milieu des grandes masses calcaires du Briançonnais, sous forme de *taches jaunes* visibles de loin. C'est le cas, par exemple, dans le voisinage de la montée du col du Mont-Genèvre et dans les montagnes des environs, où les cargneules se montrent au milieu des calcaires, sans qu'on puisse rattacher leur présence à aucune dislocation vraisemblable.

Lorsque la *cargneulisation* attaque les calcaires phylliteux de l'horizon B, les parties phylliteuses non calcaires échappent à l'altération, et il en résulte des cargneules renfermant en grand nombre des fragments siliceux ou schisteux qui leur donnent très fréquemment un *aspect bréchoïde* remarquable, bien connu de tous les géologues alpins. Il faut cependant, comme nous l'avons fait remarquer plus haut, se mettre en garde contre une apparence analogue et trompeuse, due souvent à la production de *brèches modernes* toutes superficielles, aux dépens des éboulis de cargneules, de schistes et de dolomies de nos montagnes.

La « *cargneulisation* » paraît surtout localisée dans les deux niveaux décrits plus haut, au-dessous et au-dessus des calcaires massifs du Briançonnais; elle n'atteint ces derniers que plus rarement et lorsqu'ils se montrent exceptionnellement altérables (Mont-Genèvre, Le Bioll près Bozel, etc.). Il convient

[1] Termier, *Étude sur la constitution géologique du massif de la Vanoise*, loc. cit., p. 71.

[2] *Id.*, *Le massif des Grandes-Rousses*, loc. cit., p. 63.

IMPRIMERIE NATIONALE.

aussi de remarquer que les deux horizons précités n'existent pas toujours simultanément : celui de la base, par exemple, est très constant dans le Briançonnais, où le niveau supérieur fait fréquemment défaut (Grand-Galibier, Chardonnet, Rochilles, etc.).

Sur le bord sud du massif du Mercantour (Sospel, Tende, etc.), la cargneulisation envahit, par contre, *la plus grande partie du Trias.*

COMPOSITION DU TRIAS DANS LES DIVERSES PARTIES DES ZONES INTRA-ALPINES.

Composition du Trias intra-alpin.

Nous avons passé en revue les diverses assises qui constituent la série triasique dans les chaînes intérieures des Alpes françaises, lorsque ce système atteint son complet développement. Il convient cependant de remarquer que la variabilité de constitution du Trias dans les Alpes françaises est très grande, et que son épaisseur est sujette à de fréquentes irrégularités; nous venons de montrer néanmoins qu'à travers cette apparente inconstance, et en tenant compte de la *gypsification*, de la *cargneulisation* et aussi de l'intervention fréquente de schistes siliceux et phylliteux, on pouvait reconnaître une certaine unité de plan dans la composition de ce terrain.

Les successions suivantes, relevées en divers points de la zone du Briançonnais, présentent à cet égard un intérêt incontestable.

A. Chaînes intra-alpines de Tarentaise et de Maurienne.

I. Environs de Moûtiers (Savoie)[1]. On y voit, de bas en haut :

1. Quartzites (près de Champoulet, Clos des Cordeliers, etc.).
2. Calcaires et schistes verdâtres phylliteux et siliceux (près de Champoulet, Clos des Cordeliers, Plainvillard, etc.).
3. Calcaires dolomitiques massifs (décrits par M. Zaccagna à Salins, en contact avec les cargneules), en partie *gypsifiés* (Rochers de la Croix-de-Feissons).
4. Gypses et cargneules (Route de Brides, de Saint-Jean-de-Belleville, Villard-Lurin, etc.).
5. Schistes noirs et schistes bariolés (Villarly).

[1] Nous rappellerons que, d'après Marcel Bertrand, dans certains points des environs de Moûtiers et notamment à l'Ouest, dans les escarpements du Quermoz, le Trias presque entier est à l'état de schistes satinés et luisants.

II. Près du col du Bonnet-du-Prêtre (Savoie), on voit se succéder :

1. Quartzites (versant de la Cabane-de-Varbuche).
2. Calcaires dolomitiques (la Platière).
3. Gypses et cargneules.
4. Schistes versicolores.
Rhétien (calcaire noir à petits Bivalves).

} Formant des replis très curieux à l'Est du col.

III. Près du col de la Lune au S. de Brides, le Trias se compose de :

1. Quartzites.
2. Calcaires gris dolomitiques.
3. Gypses.
4. Schistes versicolores.

Cette série se montre très constante aux environs de Moûtiers, où le prétendu *mélange* des calcaires et des couches à anthracite, signalé dans une lettre de Mgr Rendu à De Luc, résulte évidemment d'une erreur d'observation.

IV. A l'Est de l'Échaillon, près de Saint-Jean-de-Maurienne (Savoie), en montant dans le vallon de vers Mont-André, on peut voir (t. I, fig. 4 et 6) :

1. Quartzites formant une crête anticlinale;
2. Gypses puissants (exploités);
3. Schistes versicolores.

V. Le Mont-Thabor présente la succession suivante (voir tome I, fig. 68, 69 et 71) :

1. Quartzites très épais. Formant tout le soubassement du massif;
2. Cargneules (près de la Chapelle);
3. Calcaires gris, siliceux et dolomitiques, avec traces de fossiles. Bien observables sur les pentes au S. E. de la Chapelle.

VI. Près de la limite méridionale de la Maurienne, sur le flanc Ouest de la roche du Grand-Galibier, entre le col du Grand-Galibier et le point culminant, on voit successivement, en suivant les crêtes et à partir d'une petite aiguille située en avant de la crête principale :

1. Quartzites;
2. Cargneules;
3. Calcaires gris triasiques.
A ces derniers succèdent les brèches du Lias.

Nous avons donné, en outre, dans le tome I une série de coupes de la série triasique aux environs de Moûtiers et dans différents pays de la Savoie et du Briançonnais, auxquelles le lecteur voudra bien se reporter.

Trias des chaînes intérieures de la Savoie d'après M. Zaccagna.

Il y a lieu de mentionner en outre les travaux de M. Zaccagna[1] sur la Maurienne et la Tarentaise, où le Trias occupe une large place. Cet auteur a distingué, en général dans ces régions, de bas en haut :

Trias inférieur : — Schistes talqueux verdâtres, roses ou gris; quartzites roses et verdâtres; « *Calciphyres* » talqueux et calcaires cristallins; calcschistes, etc. (on reconnaît ici nos calcaires phylliteux B).

Trias moyen : — Cargneules et gypses; — Calcaires gris à nodules siliceux; — Schistes calcaires gris, brèchiformes ou marneux; — Calcaires dolomitiques à *Encrinus liliiformis;* — Calcaires-marbres (Bourg-Saint-Maurice, Séez, etc.). — Roches vertes intrusives (Bonneval).

Le *Trias supérieur* ne serait pas représenté dans la région.

On voit que l'auteur rattache au Trias moyen, à côté des calcaires dolomitiques réellement triasiques de Salins, un certain nombre de formations qui appartiennent nettement à d'autres terrains, ainsi que nous le montrerons plus loin. C'est ainsi qu'il y range les calcaires brèchiformes liasiques (nos brèches du Télégraphe), la brèche polygénique de Crève-Tête et de Fontaine[2] (que nous considérons comme tertiaire), le calcaire lamelleux et les schistes (liasiques) du Châtelard, près de Bourg-Saint-Maurice, les calcaires des Étroits du Ciex (reconnus comme nettement liasiques par nous, ainsi que par M. Gregory, par Marcel Bertrand, etc.), les schistes de la Pomblière, le calcaire blanc (Lias) de Villette, etc.

M. Zaccagna admet d'ailleurs, comme nous, la transformation fréquente des calcaires en gypse (Moutiers, Mélezet), mais il l'attribue à d'autres causes (voir plus haut).

Enfin il considère le Trias comme évidemment *discordant* avec son substratum, ce qui est en contradiction avec toutes les observations faites par nous, en dehors des massifs cristallins de la première zone alpine et du Rocheray.

[1] D. Zaccagna, Résumé d'observations géologiques faites sur le versant occidental des Alpes graies (traduction de l'italien, par H. Lachat) [*Bull. Soc. hist. nat. de Savoie*, 1re série, t. VII, p. 51]. (Annoté par H Lachat, p. 73.)

[2] On sait que Ch. Lory avait, jusqu'à la fin de sa carrière, considéré comme triasiques ces brèches qu'il appelait « calcaires micacés ».

Trias de la Vallée-Étroite.

Le Trias de la Vallée-Étroite est, d'après M. Virgilio[1], formé de quartzites, de calcaires gris sub-cristallins, de gypses et de cargneules; mais ce géologue distrait de ce terrain les calcaires du sommet du Thabor, ceux du Passo del Cavallo et du col de la Vallée-Étroite, rapportés tour à tour au Portlandien par Sismonda[2], à l'Infralias par Ch. Lory, et qu'avec MM. Portis et Piolti[3] il attribue à un horizon inférieur du Crétacé (!!). Nous ne pouvons souscrire aux conclusions de ces deux derniers auteurs, car les données paléontologiques sur lesquelles ils se basent sont vraiment trop imparfaites. Ce sont des débris d'algues, rapportés par eux au genre *Cylindrites*, et des fragments d'un très petit fossile paraissant, d'après eux, avoir appartenu à un *Magas*. Une étude microscopique très attentive de ces calcaires et plusieurs explorations de leur gisement nous ont conduits à les considérer *sans aucune hésitation* comme appartenant au type ordinaire des calcaires triasiques. Les corps décrits sous le nom de *Cylindrites* sont à peu près indéterminables.

Trias des environs de Modane.

Au tunnel de Fréjus, souvent désigné sous le nom de « tunnel du Mont-Cenis », les assises triasiques ont été remarquées ou étudiées par de nombreux auteurs (Élie de Beaumont, Ch. Lory, Gastaldi, Baretti, Copello, Lachat, de Mortillet, etc.[4]), dont il serait trop long de résumer ici les travaux.

Nous rappellerons seulement que, pour Élie de Beaumont, toutes les roches traversées par le tunnel appartenaient à la même formation, c'est-à-dire au Lias; l'éminent géologue y distingue une « zone anthraciteuse » qu'il compare aux assises analogues d'Aime et de la Tarentaise, une « zone des quartzites », une « zone calcaréo-gypseuse » avec anhydrites, calcaires cristallins et schistes calcaires, qui lui rappellent ceux de Villette, enfin une « zone supérieure des calcaires schisteux » développée près de Bardonnèche et qu'il compare aux calcschistes de Naves en Tarentaise. Il donne une bonne description et des analyses de ces calcaires schisteux (nos Schistes lustrés). Enfin Élie de Beaumont *signale dès cette époque le passage latéral des anhydrites aux calcaires.*

[1] F. Virgilio, Il Permo-carbonifero di Valle-Stretta (*Atti d. R. Ac. d. Sc. di Torino*, t. XXV, 1890).

[2] A. Sismonda, Osservazioni geologiche et mineralogiche sopra i monti posti tra la valle d'Aosta et quelle di Susa in Piemonte (*Mém. de l'Acad. des Sc. de Turin*, 2e sér., t. I, p. 1 à 42).

[3] A. Portis et G. Piolti, Il calcare del Monte Thabor (*Atti d. R. Ac. d. Sc. di Torino*, t. XVIII, 1883).

[4] Voir la liste des principales publications qui furent publiées sur le tunnel des Alpes occidentales, p. 254.

Trias en Haute-Maurienne.

Gastaldi[1] y voyait des représentants du *Prépaléozoïque*, du Cambrien et du Silurien, tandis que Sismonda[2] en faisait des grès « anthracifères supérieurs » ou du Portlandien (!).

Par contre, G. de Mortillet[3] classait plus exactement les grès micacés dans le Carbonifère; les quartzites, calcaires et dolomies dans le Trias; enfin il considérait, d'après Lory, les schistes calcaires comme constituant la partie supérieure de cette dernière formation.

On peut se rendre compte, par l'énoncé de ces diverses théories, quelles différences d'opinion régnaient encore, il n'y a que peu d'années, sur la géologie des Alpes.

Voici, d'après Marcel Bertrand (*loc. cit.*, p. 77), une coupe relevée plus récemment, entre Bramans et le Petit-Mont-Cenis, et qui donne la succession des horizons triasiques de cette région :

1. Quartzites.
2. Calcaires phylliteux.
3. Cargneules.
4. Calcaires dolomitiques.

Trias de la Haute-Maurienne et de la Haute-Tarentaise.

En Haute-Tarentaise et en Haute-Maurienne, les beaux travaux de Marcel Bertrand et de M. P. Termier ont fait connaître de façon très complète la composition du système triasique et ses variations. Sans entrer dans le détail, nous rappellerons seulement que les divers termes distingués par Marcel

(1) B. Gastaldi, Lettere al signor Enea Bignami (*Ext. de Cenisio e Frejus di G. Bignami*, 1871).

Gastaldi, Deux mots sur la géologie des Alpes cottiennes (*Atti della R. Accad. delle Scienze di Torino*, t. VII, p. 662).

(2) Sismonda, Observations à l'article de M. de Mortillet, publié sous le titre de Géologie du tunnel de Fréjus (*Atti d. R. Accad. delle Scienze di Torino*, t. VII, p. 178).

(3) De Mortillet, Géologie du tunnel de Fréjus (*Revue savoisienne*, 13e année, n° 3).

Conte, Rapport sur le percement du grand tunnel des Alpes (*Annales des ponts et chaussées*, 4e série, 1er semestre, 1863, p. 1).

Lachat, Note sur les terrains qui avoisinent le tunnel des Alpes (*Annales des ponts et chaussées*, 4e série, 1er semestre, 1863, p. 42).

Élie de Beaumont, Note sur les roches qu'on a rencontrées dans le creusement du tunnel des Alpes occidentales entre Modane et Bardonnèche. (*C. R. Ac. des Sciences*, t. LXXI et LXXIII, 4 juill. 1870 et 18 sept. 1871). Ces notes contiennent un historique intéressant.

Gastaldi, Brevi Cenni intorno oi terreni attraversati della galeria delle Alpi Cozie (*Boll. com. géol. d. Italia*, 1871, p. 193).

De Mortillet, Géologie du tunnel de Fréjus ou percée du Mont-Cenis (*Bull. Soc. géol. de France*, 2e série, t. XXIX, p. 2).

Bertrand[1] sont les suivants dans cette région, où les facies et l'épaisseur du Trias varient dans une large mesure :

1° Quartzites blancs ou verdâtres (n'existant pas partout), d'épaisseur variable et alternant parfois avec des schistes « argentins » micacés, qui débutent par des « anagénites » et passent insensiblement à l'assise suivante;

2° Calcaires marbres et calcaires phylliteux (à chlorite, séricite, chloritoïde), parfois remplacés par des calcaires compacts à *zones siliceuses*, par des schistes noirs ou versicolores, des dolomies jaunes et par des cargneules englobant des fragments de schistes phylliteux ou par des gypses;

3° Grande masse de calcaires compacts blancs ou gris et parfois noirs, sans fossiles spécifiquememt déterminables (Entroques, Gastropodes, Polypiers). Ces calcaires sont souvent, en partie ou en totalité, cargneulisés ou gypsifiés;

4° Cargneules et gypses ou anhydrites. Ce facies envahit localement le Trias tout entier. Cet ensemble n'a fourni aucun fossile déterminable;

5° Schistes lustrés (Le Jeu).

Les calcaires de l'Esseillon et du roc Tourné, connus par leurs cristaux d'albite, appartiennent au niveau 3.

Ch. Lory a rencontré des traces de Bivalves dans les calcaires de Villarodin; MM. Vignet et Pillet ont découvert, en 1858, des coquilles (*Lima* et *Avicula*) au fort de l'Esseillon, dans les calcaires (n° 3) intercalés entre les quartzites et le gypse.

A l'Est, cette série ferait place en presque totalité, d'après Marcel Bertrand, à de puissantes masses de calcschistes ou « Schistes lustrés », dont ce savant a étudié les rapports avec les assises ci-dessus. Il en a démontré l'âge en grande partie triasique, une portion de ces schistes pouvant cependant appartenir au Lias.

Trias de la Vanoise d'après M. Termier.

Le Trias de la Vanoise, si bien connu par les travaux de M. P. Termier[2], comprend, de bas en haut, les termes suivants :

1° Quartzites blancs, parfois roses ou verts, alternant quelquefois avec des schistes quartzeux et séricіteux. Ce sont des grès métamorphiques, dont

[1] M. Bertrand, Études dans les Alpes françaises (*Bull. Soc. géol. de France*, 3e série, t. XXII, p. 69 et 119; 1894). Voir aussi les légendes des feuilles Saint-Jean-de-Maurienne et Albertville de la Carte géologique détaillée de la France.

[2] P. Termier, Sur les terrains métamorphiques des Alpes de Savoie (*C. R. Acad. des Sciences*, 20 avril 1891).

P. Termier, Études sur la constitution géologique du massif de la Vanoise (*Bull. Serv. Carte géol. de France*, t. II [1890-1891], n° 20).

M. Termier a étudié dans tous ses détails la structure microscopique. Puissance très variable; ils montrent parfois des accidents gypseux (Bonaval);

2° Marbres phylliteux, chloriteux, associés à des schistes noirs, parfois anthraciteux, des schistes verts à tourmaline, des cargneules, des gypses et anhydrites, des *calcaires siliceux zonés* (la Saulce) et des calcaires dolomitiques jaune nankin[1]. Les cargneules de cet horizon renferment de nombreux débris phylliteux et de l'oxyde de fer. M. Termier a étudié la structure microscopique et les minéraux que renferme cette assise, qu'il assimile au « Muschelkalk inférieur ». Sa puissance est de 30 à 40 mètres. En certains points, on y remarque des intercalations très analogues aux Schistes lustrés. Cette assise est souvent partiellement gypsifiée (col du Palet) ou cargneulisée; les cargneules contiennent alors les débris de schistes phylliteux dont nous avons parlé plus haut;

3° Calcaires dolomitiques de la Vanoise, généralement grisâtres, avec marbres blancs translucides à la base, toujours albitiques (environs de Modane, l'Esseillon); traces de fossiles spécifiquement indéterminables (Polypiers, Encrines, Brachiopodes); ils ont jusqu'à 400 mètres d'épaisseur. M. Termier y voit le « Muschelkalk supérieur » et une partie du « Keuper »; cet horizon est bien développé dans les massifs de l'Aiguille du Fruit, du Roc de la Pêche, etc.;

4° Cargneules supérieures et gypses, n'existant que dans la vallée de l'Arc, à Termignon, et correspondant, d'après l'auteur, au « Keuper supérieur ».

Cette série a été décrite dans les plus minutieux détails, et on trouvera dans l'ouvrage de M. Termier des analyses chimiques et micrographiques. Le dynamométamorphisme aurait, d'après ce savant, puissamment agi, par une sorte de « recuit » auquel il les aurait soumises, sur les nombreuses roches triasiques de la Vanoise, et y aurait développé un *grand nombre de minéraux* que nous a fait connaître notre éminent confrère. Il y a là également deux niveaux de gypses et de cargneules; mais, au Mont-Blanc de Pralognan et à la Dent-du-Villard, la *gypsification affecte presque tout le Trias*. Les gypses peuvent d'ailleurs, dans ce complexe, apparaître à tous les niveaux et avec toutes les épaisseurs.

[1] Une partie de cette assise a été, depuis, reconnue comme appartenant au sommet du Trias (W. K., 1905-1906).

Ch. Lory[1] admettait, à la suite de ses travaux sur la Savoie et le Briançonnais, que le Trias de ces régions se décompose, en résumé, comme suit, par exemple dans le massif de la Vanoise : Trias de la Savoie et du Briançonnais (d'après Ch. Lory).

1° Grès parfois nuancés de rouge et de vert, à l'état de conglomérats plus ou moins grossiers et passant à des quartzites plus ou moins compacts;

2° Marbres bleuâtres, calcaires grenus, magnésiens, associés à l'anhydrite et au gypse;

3° Schistes gris lustrés, formés de silicates reliés par un ciment de calcaire, spathique.

C'est au Lias que Ch. Lory[2] attribuait *indûment* les calcaires de Chasseforêt, des Grands-Couloirs, de la Grande-Motte, du Mont-Genèvre et du Mont-Thabor; mais c'est au Trias (étage des Schistes lustrés) que cet auteur[3] rattachait, d'autre part, les « conglomérats grossiers » à blocs, d'Aigueblanche, de l'amont de Moûtiers, du col du Cormet, de la chaîne de Pierre-Menta, des Chapieux, du col de la Seigne et du haut de l'Allée-Blanche, qui contiennent des débris de roches très diverses, et que nous considérons comme certainement post-triasiques et en grande partie éogènes.

B. Chaînes du Briançonnais.

I. Dans la partie dauphinoise des chaînes intra-alpines[4], Ch. Lory avait indiqué la succession suivante pour la région briançonnaise : Trias du Briançonnais.

1. Grès blancs ou bigarrés qui, lorsque la superposition n'a pas été intervertie par des bouleversements, recouvrent régulièrement et en stratification concordante les Grès à anthracites. — (C'est l'assise de nos quartzites A; Ch. Lory n'en séparait pas les grès permiens.)
2. Gypses, présentant une stratification confuse et accompagnés de calcaires magnésiens jaunâtres désignés sous le nom de *cargneules*.
3. Dolomies, souvent accompagnées de *schistes bariolés*, rouges ou verts, formant le toit du gypse et se liant plus intimement avec lui.

Ce n'est que plus à l'Est et au Nord que se développent, d'après Lory, les *Schistes lustrés* (=*Schistes calcaréo-talqueux*) que le regretté maître

[1] Lory, *Sur les variations du Trias*, etc.; *loc. cit.*, p. 42.
[2] *Trias de la Vanoise*, p. 47.
[3] Ch. Lory, *Trias de la Vanoise*, p. 47.
[4] Lory, Description géologique du Dauphiné (*loc. cit.*), p. 514.

IMPRIMERIE NATIONALE.

considérait comme un facies alpin de certaines assises argileuses du Trias, correspondant principalement à la partie supérieure de cette formation.

Quant aux *calcaires* (C) que nous avons décrits plus haut comme occupant la partie moyenne du Trias, Ch. Lory les attribuait *au Lias* et les assimilait à tort au calcaire du Perron des Encombres.

II. D'après les recherches de l'un de nous (W. K.) aux environs du col du Galibier, la succession du Trias briançonnais est notablement différente de celle qu'avait admise Lory; on a, en effet, de bas en haut :

1. Quartzites (exploités dans une carrière à l'Ouest du col et faisant de petites saillies près du Petit col);

2. Gypses, anhydrites, schistes siliceux, et calcaires dolomitiques (tunnel du Galibier); (Des calcaires siliceux en plaquettes et des calcaires phylliteux que nous avions d'abord considérés comme triasiques (Clot-Julien; v. la carte tome I, p. 144-145), offrant un développement considérable aux environs du col, doivent être attribués au Jurassique et en partie à l'Éogène. Ils forment des replis *synclinaux* au milieu du Trias.)

3. Enfin des calcaires gris, ruiniformes, *très puissants*, forment la base des escarpements du Grand-Galibier et supportent directement les brèches liasiques.

L'assise gypseuse numéro 2 représente vers la roche Olvera, où elle est très épaisse, en même temps l'assise 3, entièrement gypsifiée en ce point, du Nord-Ouest du col; à l'Est au contraire (Roc du Grand-Galibier), cette assise numéro 2 est réduite à quelques mètres de cargneules et de schistes siliceux et phylliteux, et les calcaires numéro 3 sont, en revanche, très développés. Il en est de même dans le chaînon qui sépare Combe-Noire de la Mandette. On se reportera à ce sujet aux coupes que nous avons données dans le tome I (fig. 46[b], 46, 47, 48, 49, 50, 51, 52, 53).

Parfois, l'assise 2 manque complètement (voir t. Ier, fig. 46-53); d'autres fois, une *deuxième assise de gypses* et de cargneules avec schistes bariolés apparaît au sommet de la masse calcaire numéro 3 [la Sétaz] (voir t. Ier, fig. 40).

Les étirements et les suppressions mécaniques de couches, ainsi que les contacts transgressifs des schistes éogènes, rendent particulièrement difficile, dans cette région occidentale, voisine de la sous-zone des Aiguilles-d'Arves, l'établissement d'une succession précise des assises triasiques; mais il est certain que la gypsification et la cargneulisation, tantôt partielles, tantôt complètes des calcaires numéro 3, y jouent, par leur apparition très irrégulière et sporadique, un rôle important.

III. Nous rencontrons dans les Hautes-Alpes un Trias également très développé dans le massif de l'Eychauda, si magistralement étudié par M. Termier (voir les cartes et coupes publiées par ce savant); on y relève la série suivante, aux environs mêmes du col de l'Eychauda :

1. Quartzites, visibles près du col de Grand-Pré et plus bas, à la Chapelle Sainte-Élisabeth. On les retrouve dans divers points du massif jusqu'à la Durance.

2. Calcaires dolomitiques massifs (entre la Grande-Cucumelle et le col des Neyzets; crête du Grand-Pré).

3. Cargneules.

Des Calcaires et marbres phylliteux en plaquettes, formant le cône aride de la Grande-Cucumelle, et qui semblent au premier abord intimement liés aux calcaires triasiques, se sont révélés, après une étude attentive, comme des *intercalations synclinales* d'assises plus récentes (post-liasiques).

Des gypses et des cargneules apparaissent rarement et surtout au sommet de la série, par exemple aux Sagnières, près du Monétier-les-Bains, au Nord du col de l'Eychauda, à N.-D. des Neiges, à Ratière et au col d'Anon.

IV. Entre les chalets de Queyrellin et Casse-Blanche, le Trias présente de bas en haut :

1. Quartzites du type ordinaire.
2. Calcaires gris siliceux et dolomitiques, puissants.

Cette dernière assise est *directement surmontée* par les brèches du Lias. Elle présente à la base une série de bancs bien lités et noirâtres, coupés de lits schisteux, qui forme un complexe inférieur à la masse principale des calcaires ruiniformes (voir aussi les coupes, fig. 56 à 61; 64 à 67, du tome Ier).

Dans toute la région d'entre Guisane et Clarée, l'assise des cargneules inférieures fait fréquemment défaut (voir t. I, fig. 56-67). Cette absence est due le plus souvent à des étirements. Il en est de même des gypses et cargneules supérieurs.

V. Dans les environs immédiats de Briançon, la succession est également très simple (voir plus haut, p. 209, etc.), et l'on remarque la grande importance que prennent les calcaires; le versant Sud-Ouest de la montagne de Saint-Chaffrey permet de voir se succéder, en montant la route de la Croix de Toulouse :

1. Quartzites (E. de Reguignier; pentes à l'Est du « Paradis »).

2. Calcaires dolomitiques, que franchit en cascade le torrent des Eytieu.

— Après avoir traversé un repli synclinal de Schistes bariolés et de cargneules (environs du Poët-Ollagnier et des Eytieu), on retrouve les mêmes calcaires dolomitiques massifs formant la crête qui prolonge au Sud le signal de Saint-Chaffrey, puis :

3. Cargneules et schistes, sur le versant Est de l'arête de Saint-Chaffrey, où elles encadrent un synclinal de Flysch déversé vers l'Est (le Fontenil).

La gorge de la Durance, entre la fabrique Audoyer et le pont d'Asfeld, permet également de constater que, dans cette région, les Quartzites sont *directement recouverts* par la masse des calcaires; cependant certains bancs (intercalations synclinales?) rappellent, par leur disposition en plaquettes, leurs teintes violacées par places et leur aspect satiné, les calcaires phylliteux suprajurassiques. Ce n'est que plus haut qu'apparaissent, près du pont, les gros bancs massifs qui forment le fond d'un synclinal très disloqué, un peu plus à l'Est.

Au N. O. de Briançon, sur les flancs du Grand-Aréa, non loin de la route du col de Granon, on voit se succéder au-dessus du Verrucano permo-houiller (affleurant près de la Chapelle) :

1. Quartzites du type ordinaire.

2. Cargneules.

3. Calcaires triasiques massifs et puissants du type habituel des calcaires dits « à Gyroporelles ».

Dans le massif de l'Infernet, apparaissent en plusieurs points, au milieu des calcaires, des *bandes de marbres et de schistes phylliteux* rouges et verts, que l'on serait tenté au premier abord de rapporter au Trias, mais qui correspondent à des synclinaux d'assises plus récentes (Jurassique supérieur, etc.). L'une d'elles, qui passe au pied oriental du fort de l'Infernet, comprend des marbres amygdalaires roses rappelant les calcaires jurassiques de Guillestre, mais plus cristallins. Plusieurs de ces bandes synclinales, nettement déversées vers l'Est, sont même accompagnées de Flysch éogène (versant Est de la crête de Saint-Chaffrey, Est de l'Infernet, etc.).

V^b. Dans le massif de Pierre Eyrautz, le Trias se compose également, d'après MM. Lugeon et Termier[1], notamment sur le versant qui regarde le vallon des Ayes, de :

1. Quartzites.
2. Gypses et cargneules.
3. Calcaires dolomitiques.

Des marbres phylliteux rubanés, en plaquettes, et des schistes luisants qui sont également très développés ici comme dans les gorges de la Durance en amont de la Bessée, avaient été à tort rattachés au Trias par MM. W. Kilian et Lugeon; ils doivent être considérés comme plus récents (E. J. de la Carte géologique détaillée); M. Termier (*loc. cit.*) les a décrits dans ce massif et nous leur consacrerons un chapitre spécial (voir plus bas).

— Le niveau supérieur des gypses et cargneules fait ici défaut, comme au roc du Grand-Galibier, au Chardonnet et sur beaucoup de points du Briançonnais (les Rochilles, Cervières, le Fontenil, l'Olive, l'Enlon, etc.). Dans la zone orientale des montagnes de la Clarée, au contraire, vers les Acles et la cime de Barrabas, des cargneules sont bien développées au-dessus des calcaires gris du Trias moyen.

VI. Plus au Midi, on relève une succession analogue à l'Est de Réotier[2], où l'on voit se succéder, redressées verticalement sur la route de Montdauphin, les assises suivantes, dans un noyau anticlinal dont le centre est formé de microdiorites, et, près de l'église de Réotier, de *grès houillers :*

1. Quartzites (Trias inférieur).
2. Mince assise de cargneules avec calcaires phylliteux et calcaires schisteux.
3. Calcaires triasiques du type ordinaire, avec intercalation synclinale de calcaires liasiques et de schistes noirs du Flysch, au Nord des Terrasses.
4. Cargneules et gypses avec schistes noirâtres rappelant les schistes de Raibl des Alpes-Orientales.
5. Calcaires triasiques (tranchées de la route au Nord du Pont).

[1] Voir W. Kilian et M. Lugeon, Une coupe transversale des Alpes briançonnaises [*C. R. Ac. des Sc.*, t. CXXVIII (1899)], et aussi le chapitre que M. Termier a consacré à ce massif en 1903. (Montagnes entre Briançon et Vallouise, p. 160-167, f. 19-25.)

[2] Voir Kilian et Termier, Sur quelques roches éruptives des Alpes françaises. [*Bull. Soc. géol. de France*, 3e série, t. XXIII (1895), p. 404-405, fig. 2.] — La coupe fig. 2 de cette note doit être rectifiée dans les détails (voir feuille Gap de la Carte géol. détaillée au 80 millième); nous la reproduirons dans un chapitre ultérieur, avec ces rectifications.

Rappelons enfin que M. Frech a donné, dans le volume I de la deuxième série du *Lethaea geognostica,* d'après les travaux de M. Termier et les nôtres, une série de coupes de la série triasique du Briançonnais (Montagnes entre Briançon et Vallouise) et des vues photographiques (Clichés W. Kilian) représentant divers aspects de notre Trias dauphinois et intra-alpin.

C. Queyras.

Trias de la « Combe de Queyras ».

Près de Guillestre, la série : 1° quartzites, 2° schistes siliceux et phylliteux, et 3° calcaires dolomitiques, est bien nette le long de la route du Queyras, sur les flancs d'un bombement anticlinal coupé par la gorge du Guil

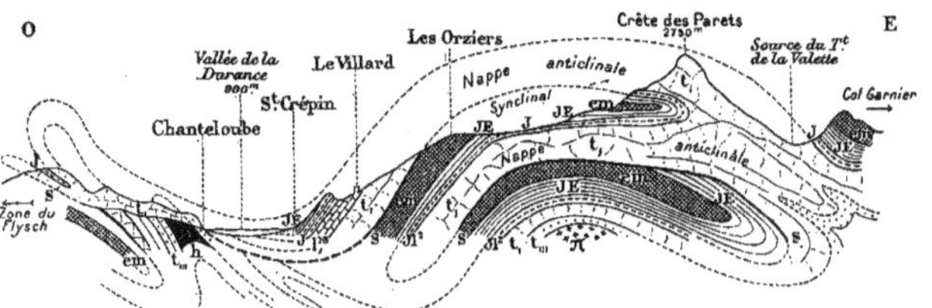

Fig. 23. — Coupe parallèle à la basse vallée du Guil, et perpendiculaire à la vallée de la Durance, passant par Saint-Crépin, au Nord de la Combe du Queyras.

LÉGENDE.

π Andésite. — t_{iii} Quartzites (Trias inférieur). — t_i Calcaires triasiques. — l^{1-3} Calcaires du Lias. — Jl^2 Brèches jurassiques. — J Jurassique supérieur (marbre rose). — JE Schistes et marbres en plaquettes. — em Flysch et grès. — S Contact anormal.

et entamé par la nouvelle route du Queyras; les Gypses s'intercalent, sur la rive droite, près de la batterie de Gros, à la base d'une *nappe charriée* de calcaires triasiques, superposée au système de marbres phylliteux supra-jurassiques du pli inférieur (v. *Bull. 77; Serv. Carte géol., n° 75,* planche I) dont nous venons de parler. A Mondonne, sur la rive droite, des *arkoses* se trouvent à la base de la même nappe.

Dans le Queyras, aux environs de Château-Queyras, près du Rocher-Roux, la série triasique présente les termes suivants :

1. Quartzites (visibles sur la route d'Arvieux, près de la bifurcation).

2. Schistes calcaréo-phylliteux (avec intercalations de roches éruptives (voir Kilian et Termier, *in Bull. Soc. géol. de Fr.*, 3e série, t. XXIII, p. 400), sur le bord du Guil.

3. Calcaires dolomitiques gris, puissants (Rocher-Roux), à patine blanchâtre, renfermant des *Diplopores,* au Pic d'Escreins.

4. Gypses (au Nord-Ouest du Rocher-Roux); se montrant, dans toute la contrée, supérieurs aux calcaires précédents.

5. Schistes lustrés (Lias?) avec intercalations serpentineuses (*Pietre verdi*), dans un vallon affluent de gauche du Guil.

Cette succession est constante dans toute cette région et notamment aux environs d'Arvieux (Col Tronchet).

Les calcaires gris perle, d'un beau type cristallin, sont exploités comme pierre de taille, à la Chapelue où ils présentent des « plissottements » de détail très nets. Les Quartzites sont bien développés au Veyer [1].

Quant aux *marbres* cristallins *rubanés* et phylliteux, — qui enveloppent, dans le Haut-Queyras, les anticlinaux formés au milieu des Schistes lustrés par les roches éruptives (Gabbros) et les masses serpentineuses (il en est ainsi au Bric-Boucher, au Pelvas, à la Taillante, etc.), — nous en dirons quelques mots, dans un chapitre ultérieur, à propos des Schistes lustrés, dont ils semblent occuper la base (v. Kilian et Termier, *Bull. Soc. géol. de Fr.*, 4e série, t. I [1901], p. 413).

D. Région de l'Ubaye.

Trias de la Haute-Ubaye.

Dans la haute vallée de l'Ubaye, l'un de nous a eu l'occasion d'observer la succession suivante :

1. Schistes siliceux et quartzites très puissants, etc. (La Blachière).

2. Calcaires phylliteux à zones siliceuses, identiques, d'après Marcel Bertrand, à certains bancs du Trias de la Vanoise, très développés au-dessus et à l'O. de Combe-Brémond et souvent remplacés par des *gypses* et des cargneules (Testa di Calancion.). Ils contiennent parfois de nombreux rognons de silex cariés (Font-Sancte, S. de Château-Queyras, Vallon de Mary).

3. Calcaires dolomitiques du type des « Calcaires de Villanova », très puissants, à *Encrinus liliiformis* Lamk., rappelant nos calcaires *C* de la Vanoise, du Thabor et du Briançonnais. Ces calcaires gris, dits « à Gyroporelles » (Diplopores), ne sont bien développés que dans la portion voisine de Maurin (Font-Sancte, Péou-Roc, etc.); ils font défaut au col de Longet.

[1] Où ils sont accompagnés de « Schistes argentins » très intéressants, d'un aspect alqueux.

Aux environs de Larche, dans l'Ubayette, la série comprend seulement : 1° des quartzites; 2° des calcaires noirs et gris (avec *Diplopores*) près de Rouchouze; cette dernière assise est directement surmontée par les calcaires noirs du Lias.

Près de Maurin et du col Tronchet, on voit de bas en haut :

1. Quartzites.
2. Cargneules (Cargneules inférieures).
3. Marbres très phylliteux et schistes siliceux.
4. Calcaires dolomitiques ruiniformes, massifs à *Encrinus liliiformis* Lamk. (puissants).
5. Cargneules (cargneules supérieures), auxquelles succèdent, en série isoclinale, les Schistes lustrés [1].

Trias des environs de Barcelonnette.

Dans la *Basse Vallée de l'Ubaye* existent de vastes masses de recouvrement signalées *dès 1892* et étudiées par M. Émile Haug et par l'un de nous (W. K.); le Trias s'y présente avec un type un peu différent de celui de la haute vallée.

Les Quartzites (Les Sanières) s'y montrent recouverts de calcaires siliceux et phylliteux (les Sanières, rochers de Rémezine); les calcaires gris, du type de Villanova, sont fréquemment remplacés par des gypses et des cargneules (ou « *tioure* » des habitants du pays) (Morgon, massif des Siolanes, Gymette, Embrunais, col des Orres, col des Olettes, le Bourget, etc. [2]), mais ce qui caractérise ce facies, c'est la présence, au sommet du système et au contact du Rhétien, de schistes argileux lie de vin et de *couches bigarrées* rutilantes (La Gourrette, Roche-Juan, le Caire, sommet du Morgon), dans lesquelles nous reconnaissons l'élément spécial au Trias de la zone des Aiguilles-d'Arves, tel que nous l'avons décrit à Villarly, Saint-Jean-de-Maurienne, au Pas-du-Roc, etc. La coupe de Roche-Juan près Méolans, en particulier, *reproduit jusque dans ses détails la succession du Rhétien et du Trias supérieur du Pas-du-Roc en Maurienne.*

Quant au Trias « autochtone » des environs de Barcelonnette, nous en parlerons plus bas en même temps que de celui de la Haute-Provence.

[1] L'un de nous (W. K.) [*Bull. Soc. géol. de France*, 3ᵉ série, t. XIX (1891), p. 574, fig. 2] a donné de ce point un profil qui, exact dans ses détails, doit être rectifié en ce qui concerne la position stratigraphique des Schistes lustrés, qui forment non des replis anticlinaux, mais des intercalations synclinales, ainsi que l'a montré Marcel Bertrand en 1894 (*Bull. Soc. géol. de Fr.*, 3ᵉ série, t. XXII, p. 214 et suiv.).

[2] M. Haug a signalé ces mêmes argilolithes rutilantes dans les masses de recouvrement de Sainte-Apollinaire (Hautes-Alpes), des Annes et de Sulens (Haute-Savoie), qui proviennent très probablement de la même zone tectonique. — Ce sont les équivalents des « Quartenschiefer » de la Suisse.

E. Alpes-Maritimes.

Trias des Alpes-Maritimes

Dans la Haute-Ubaye et les Alpes-Maritimes italiennes, la succession des assises triasiques nous est, en outre, connue par les belles études de MM. Zaccagna et Franchi[1], qui ont étendu leurs recherches de Saint-Paul-sur-Ubaye (Basses-Alpes) à la Ligurie (S. O. de Mondovi, Monte-Antoretto, Mongioje, Ormea, Leoana, Tende, etc.). Ces éminents géologues distinguent de bas en haut, sur les « Bésimaudites » permiennes :

1. *Trias inférieur :* Schistes quartzeux, anagénitiques, chloriteux, feldspathiques, talqueux, gris rose, verdâtres; cipolin, *marbres.* — *Quartzites* blanchâtres et *anagénites à quartz.*
2. *Trias moyen :* Calcaires gris compacts albitiques et brèches polygéniques et dolomitiques à *Encrinus liliiformis* Lamk., marnes, calcaires noirs *à Gyroporelles* dits « *Calcaires de Villanova* ».
3. *Trias supérieur :* Calcaires gris à nodules siliceux; calcaires blanchâtres sub-cristallins; calcschistes et calcaires arénacés.

Des cargneules et des gypses se montrent sporadiquement, d'après M. S. Franchi, dans le Trias moyen.

On voit que, dans les Alpes-Maritimes, il existerait, d'après M. Zaccagna, un *niveau supérieur* de calcaires à zones siliceuses rappelant celui qu'a décrit le même auteur en Maurienne et en Tarentaise, à la base des calcaires du Trias moyen.

Nous reviendrons plus bas sur la composition du Trias dans les Alpes italiennes.

Les quartzites de la base reposent en discordance angulaire sur les gneiss *précarbonifères* du Mercantour (S. Franchi).

Aux environs de Tende et dans la haute vallée de la Roya, l'on voit le facies du Trias se rapprocher, ainsi que l'un de nous (W. K.) a pû l'observer, de celui de la bordure du Mercantour; les quartzites de la base supportent de puissants calcaires cargneuliformes (Fontan), auxquels s'associent, à Breil et à Sospel, des masses de gypses au milieu desquelles apparaît, au Sud de Sospel, un *Muschelkalk* typique dont nous reparlerons plus loin.

[1] Zaccagna, Nota sulla geologia delle Alpi, etc. (*loc. cit.*). — Voir aussi S. Franchi, Osservazioni sopra alcuni recenti lavori sulla geologia delle Alpi marittime (*Boll. del R. Com. geol.*, 1907, n° 3), ainsi que les travaux antérieurs du même auteur et diverses notes de M. F. Sacco.

IMPRIMERIE NATIONALE.

Caractères du Trias intra-alpin. — Résumé.

Les exemples que nous venons d'énumérer font voir nettement que, dans la zone du Briançonnais, la base du Trias est constituée d'une façon constante par une assise de *Quartzites*, et que les couches qui succèdent à cet horizon offrent, malgré quelques variations de détail, un caractère commun qui est le développement considérable de *calcaires* gris, *dolomitiques* plus ou moins atteints, suivant les points, par la « cargneulisation » et la « gypsification ».

Les caractères les plus frappants du Trias intra-alpin à facies briançonnais[1], qui repose en concordance parfaite sur les dépôts permo-carbonifères, sont donc les suivants :

1° Une épaisseur considérable relativement aux dépôts de même âge des zones alpines plus extérieures (Mont-Blanc, Oisans, etc.);

2° Constance d'un *horizon de base détritique* et siliceux d'une constitution très constante et caractéristique (Quartzites intra-alpins) et relié par des passages graduels au Verrucano permien sous-jacent;

3° *Variabilité très grande* des assises qui succèdent à ce niveau de base et qui est motivée en beaucoup de points par l'apparition de *gypses* et de *cargneules*, et par la « gypsification » fréquente de calcaires dolomitiques de l'étage moyen;

4° Existence de *masses de calcaires* dolomitiques et siliceux dans la partie moyenne du système; ces masses puissantes et ruiniformes (*Calcaires du Briançonnais, p. parte*) jouent un rôle oroplastique important, en particulier dans la Vanoise et dans le Briançonnais;

5° Rareté des fossiles (Diplopores, Encrines, *Spirigera trigonella* Schloth. sp., Gastropodes) dans ces calcaires qui portent la trace d'une « recristallisation » accentuée, due sans doute au dynamométamorphisme;

6° Existence fréquente d'un niveau supérieur de *dolomies* à patine brun *capucin* ou jaune *nankin*, en bancs très réguliers, à la partie supérieure du système et en relation intime avec le Rhétien, lorsque ce dernier existe (Pas-du-Roc, Roche Juan);

7° *Localisation au sommet de la série d'un horizon de schistes bariolés* dans une sous-zone occidentale s'étendant du Mercantour au Mont-Blanc, par l'Ubaye, Saint-Jean-de-Maurienne, Moûtiers et les Chapieux. Cet horizon est *directement* recouvert par le Rhétien à *Avicula contorta*.

[1] Nous avons montré plus haut que ce type n'avait pas été exactement défini par Ch. Lory, qui attribuait au Lias, après Élie de Beaumont, une bonne partie des calcaires triasiques; nous avons également parlé des interprétations erronées de M. Zaccagna au sujet du Trias de Tarentaise et des discordances prétriasique et préjurassique dont il admet à tort l'existence.

Ces caractères disparaissent en partie dès que l'on se rapproche des massifs cristallins de la zone delphino-savoisienne, tels que le Mont-Blanc, le Pelvoux, les Grandes-Rousses, le Rocheray, Belledonne et le Mercantour.

Passage au Trias de la zone cristalline delphino-savoisienne.

C'est ainsi qu'en se dirigeant vers le massif du Pelvoux, on peut voir, à Pramelier près de la Grave, le Trias, encore si puissant dans le massif du Galibier, restreint à un complexe peu important et réduit, composé de :

1. Quartzites.
2. Dolomies et cargneules avec intercalations de mélaphyre (spilite).

A l'Ouest de ce point, — et malgré la *persistance sporadique* des quartzites de la base aux environs d'Albertville, aux Chapours (ou Échapours), près Saint-Avre (Maurienne), au Plan-de-Phazy, près Guillestre, — le système triasique, réduit encore en épaisseur, offre des caractères différents et réalise dans la zone cristalline delphino-savoisienne un type spécial que nous décrirons plus bas; il en est de même au col des Grangettes, près du lac de l'Eychauda. Cependant des gypses existent encore dans cette zone, aux Sanières dans l'Ubaye, au col du Couard, dans les Grandes-Rousses et près d'Allevard.

Nous avons vu, d'autre part, que, dans les Alpes-Maritimes, une transformation analogue s'observe lorsqu'on approche du massif cristallin du Mercantour, par exemple aux environs de Tende et de Saorge où des *quartzites* blanchâtres identiques à ceux de la zone du Briançonnais, et *attestant la solidarité tectonique de cette région avec celle qui la confine à l'Est,* supportent seulement une assise unique de cargneules du type germanique.

F. Trias de la zone du Piémont.

Trias de la zone du Piémont.

Le Trias de la *Zone du Piémont* (Zone du Mont-Rose de Ch. Lory) et du versant italien de nos Alpes est, en réalité, beaucoup moins connu que celui des pays intra-alpins; il est probable qu'à côté des lambeaux de cargneules de dolomies et de quartzites cités par les auteurs dans divers massifs au Sud du Valais, on doit peut-être y rattacher la partie inférieure des formations schisteuses si développées dans cette région. Marcel Bertrand[1] a fait voir, en effet, que le facies schisteux et *lustré* envahit rapidement les dépôts triasiques

[1] M. Bertrand, *Bull. Soc. géol. de France*, 3e série, t. XXII, 1894, p. 135 et pl. VII.
Le même auteur a figuré sur une carte l'extension respective des calcaires triasiques et des Schistes lustrés dans les Alpes françaises.

vers l'Est de la Tarentaise et de la Maurienne, et il est possible qu'*une faible partie* de l'étage des « *Calcschistes* » (Schistes lustrés) des géologues italiens, — dont M. Franchi a démontré l'âge mésozoïque et en majeure partie *liasique* (voir, plus bas, le chapitre consacré à cette formation), — avec ses intercalations de calcaire et de marbres [1] appartient à ce terrain. Les Quartzites de la base seraient représentés par les assises supérieures des *pseudogneiss* [2], permo-carbonifères de la région italienne. La transition, cependant, est assez ménagée et des *masses de calcaires* triasiques identiques à celles du Briançonnais se montrent encore à Oulx et à Salbertrand, aux environs de Suse (Bussoleno, Gad d'Oulx), et plus au Sud encore, dans la province de Coni (v. *ante*, p. 216-218), soit en intercalations, soit en bombements anticlinaux au milieu des Schistes lustrés. Tel est notamment le cas des calcaires à Entroques de Chianoc, près Bussoleno, décrits par M. Franchi. Une carte très instructive, publiée par Marcel Bertrand, montre que la limite entre le facies purement briançonnais et les Schistes lustrés est loin d'être simple; le même auteur a fait connaître des passages latéraux (Picherù, etc.) qui existeraient entre les calcaires et les schistes; cependant nous avons exprimé (p. 184) quelques réserves à cet égard.

On remarque des *bandes de cargneules et de quartzites* au milieu des schistes où elles jalonnent les axes de plissement (Val de Rhêmes, etc.); on a encore signalé des quartzites au Nord de Suse; des gypses et cargneules existent près de Ferrero, au N. O. de Rocciamelone. Il en est de même dans le Haut-Queyras et la Haute-Ubaye, où l'on constate (col de Longet) la disparition des calcaires et des gypses et où des affleurements de quartzites et de calcaires phylliteux à bandes siliceuses à la base des Schistes lustrés sont, peut-être, avec la portion la plus inférieure de ces derniers, les seuls représentants du Trias.

Des faits analogues s'observent dans le *Queyras*, où, d'après les explorations de M. Zürcher et de l'un de nous, les calcaires dolomitiques semblent *constamment plus anciens* que les Schistes lustrés, au milieu desquels ils forment un *dôme anticlinal* très net à Château-Queyras [3].

Près de Césanne, des *bancs siliceux*, intercalés dans les Schistes lustrés et

[1] (V. Novarese); Dans la vallée d'Aoste, M. Franchi a en outre découvert des bancs de calcaires à Crinoïdes dans les Schistes lustrés.

[2] Voir *ante*, p. 129 et Feuille Aiguilles de la carte géol. détaillée de la France.

[3] Kilian et Zürcher. — *Bull. Serv. Carte geo ac Fr*, t. X, (1898-1899), n° 63, p. 144.

rappelant certaines assises de nos calcaires phylliteux triasiques, ont fourni à M. Parona[1] une faune très curieuse de *Radiolaires*. Ces couches nous avaient paru d'abord permiennes, mais nous avons visité cette localité avec Marcel Bertrand et il nous a semblé alors, avec notre savant et regretté confrère, qu'on doive faire rentrer dans le type phylliteux triasique les couches schisteuses et silicéo-calcaires de Césanne. Cependant des recherches récentes nous ont montré que les calcaires triasiques du Chaberton forment un anticlinal dont la charnière est bien visible, anticlinal *couché sur la formation schisteuse* qui contient les bancs à Radiolaires. Ces derniers *appartiendraient donc à la portion post-triasique des Schistes lustrés;* il est possible qu'ils représentent des assises du Jurassique supérieur et puissent se rapprocher de la Radiolarite de M. Steinmann.

La discussion détaillée de l'âge des « Schistes lustrés » n'entre pas dans le cadre de ce travail et nous nous bornerons à rappeler que, en Corse, dans les Alpes liguriennes (Voltri), du Viso au Mont-Cervin et à l'Engadine, s'étend une puissante formation schisteuse (Schistes lustrés, Bündner-Schiefer, etc.), accompagnée de fréquentes intercalations de roches éruptives basiques (désignées sous les noms de « *Pietri verdi* », ophicalces, vert de Suze, vert Calabre, vert de Polcevera), gabbros serpentines, prasinites, etc., dont la répartition géographique coïncide, en France du moins (Mont-Genèvre, Queyras), avec celle du facies schisteux. Nous croyons, avec Marcel Bertrand, qu'en ce qui concerne la région franco-italienne, la portion inférieure de cet ensemble schisteux appartient peut-être au Trias; mais nous pensons qu'il comprend *surtout des dépôts liasiques* et peut-être des assises plus élevées, sans cependant s'étendre, chez nous, comme M. Steinmann l'a récemment démontré pour la région des Grisons, au Flysch oligocène. M. Steinmann paraît du reste ne pas admettre, pour cette dernière contrée, que les couches triasiques entrent pour beaucoup dans la formation schisteuse dont elles constitueraient la base. Quoi qu'il en soit et lorsque les calcaires gris « du type de Villanova » font défaut, il subsiste très fréquemment à la base des Schistes lustrés des *marbres zonés* (La Chalp en Queyras, etc.), des Cipolins à minéraux (Simplon, Teggiolo) et des dolomies saccharoïdes qui sont certainement triasiques.

[1] C.-F. Parona, Sugli schisti silicei a radiolarie di Cesana presso il Monginevra. — (*Atti della R. Accademia de le Scienze di Torino*, t. XXVII, janvier 1892).

COMPOSITION DU TRIAS DANS LA ZONE CRISTALLINE DELPHINO-SAVOISIENNE

(PREMIÈRE ZONE ALPINE DE CH. LORY)

ET DANS LA BORDURE OCCIDENTALE DE CETTE ZONE.

Trias de la zone cristalline delphino-savoisienne. — Réduction des dépôts.

Nous avons déjà attiré l'attention, à plusieurs reprises, sur la réduction frappante que présentent les dépôts triasiques dans la zone cristalline delphino-savoisienne et notamment sur son bord externe, ainsi que sur les modifications notables et les lacunes fréquentes qui se font remarquer dans sa composition dans cette portion occidentale de nos chaînes alpines.

Il est impossible de ne pas remarquer, avec Fournet, que la nature des aspects triasiques dans cette partie des Alpes rappelle beaucoup le « Trias atrophié » des environs de Lyon. M. Haug a fait également ressortir, dans ses remarquables travaux, le caractère rudimentaire du Trias des premières zones alpines et le fait qu'on le voit là fréquemment *discordant* avec son substratum, alors que, dans les régions intra-alpines, il se rattache au Permien par une série concordante d'assises de transition de nature détritique.

En suivant du Nord-Est vers le Sud-Ouest les affleurements triasiques de cette zone externe de la chaîne alpine, on peut faire les constatations suivantes :

Alpes calcaires de la Haute-Savoie au Nord de l'Arve.

A. Au Sud et au Sud-Est des *Préalpes* du Chablais, nous trouvons dans les *Alpes calcaires de la Haute-Savoie*, au col de Salenton[1], un bon type de Trias, qui présente les termes suivants :

1. Quartzites.
2. Schistes rouges.
3. Dolomies.
4. Cargneules.

Massif des Aiguilles-Rouges.

On retrouve des affleurements de ce terrain au col de Barberine, à la Moëde, aux Aiguilles-Rouges, mais les Quartzites de la base n'existent pas toujours.

[1] G. Maillard, Note sur diverses régions de la feuille d'Annecy (*Bull. des Services de la Carte géol. de France*, t. III, n° 22 (1891-1892, p. 31).

— Nous ne parlerons pas ici du Trias des « Préalpes » du Chablais et de la Suisse, ces régions n'étant pas « en place » et les dépôts triasiques qui y affleurent provenant sans doute et, par suite d'un charriage, d'une zone plus intérieure des Alpes.

Prarion et environs de Saint-Gervais.

B. Au Prarion, à Pormenaz et près de Saint-Gervais[1], la succession est analogue à la précédente :

1. Quarzites feldspathiques avec jaspes[2] [fréquemment absents] souvent difficiles à séparer des conglomérats permiens sous-jacents et des roches appelées *Bésimaudites*, par les auteurs (voir plus haut, p. 145, 156, 180).
2. Schistes brun rouge ou verts.
3. Calcaires et dolomies.
4. Gypses, charbons et cargneules (col du Tricot, les Contamines, col de Voza, flanc Est de la Vallée de Chamonix, Vervex près Sallanches).

Il n'est pas certain que l'assise numéro 1, que l'on peut également observer entre le village des Plagnes et l'usine de Chedde, où elle recouvre en discordance des assises houillères et préhouillères, appartienne au Trias; elle présente, comme les grès d'Allevard en Dauphiné, une grande *identité* avec des bancs qui, dans la vallée de la Roya (Alpes-Maritimes), sont intercalés dans la formation rutilante du Permien, *nettement inférieure aux Quartzites blancs* du Trias; cette même assise *supporte* également les quartzites werféniens près de Modane, en Savoie. Aux Chavans, près des Houches, des quartzites analogues ont été observés par MM. Haug, Corbin et Lugeon et rapportés par eux au Trias.

Massif du Mont-Blanc.

C. Ainsi que l'ont fait justement remarquer MM. Duparc et Mrazec[3], les terrains sédimentaires ne jouent qu'un rôle très secondaire dans le *Massif même du Mont-Blanc*. Le Trias inférieur consiste en quartzites grossiers localisés à la base, puis en quartzites à grain plus fin, souvent schisteux et blanchâtres, que surmontent des schistes verts, ces derniers n'étant pas d'ailleurs un élément constant. Le Trias moyen est représenté par des dolomies, des calcaires dolomitiques et des cargneules. Enfin la partie supérieure consiste en gypse souvent sporadique et lenticulaire, ainsi qu'en schistes noirâtres. Ces derniers manquent dans le Mont-Blanc proprement dit, mais se trouvent dans les régions voisines.

[1] Michel Lévy, Étude sur les roches cristallines et éruptives des environs du Mont-Blanc (*Bull. des Serv. de la carte géol. de France*, n° 9, février 1890).

[2] Nous avons attiré plus haut l'attention sur l'identité des Quartzites à jaspes de Saint-Gervais et de Chedde avec des bancs nettement interstratifiés *dans le Permien* de la haute vallée de la Roya, près de Fontan (Alpes-Maritimes).

[3] L. Duparc et Mrazec, Recherches géologiques et pétrographiques sur le massif du Mont-Blanc. (Genève, 1898, *loc. cit.*, p. 177.)

Sous le microscope, les éléments constitutifs de ces quartzites sont les mêmes que ceux des grès carbonifères (quartz et feldspath, comme matériaux dominants, avec muscovite, tourmaline et sphène, comme éléments accessoires). Ce qui distingue le grès triasique, c'est l'abondance de la calcite disséminée en grains ou en plages un peu partout.

Les dolomies et les calcaires dolomitiques ont une teneur variable en carbonate de magnésie, ainsi qu'en silicates. Elles se différencient aisément des calcaires liasiques. Des schistes verts, inclus dans les cargneules, offrent deux types, dont l'un est représenté par de véritables éclogites à grain fin et l'autre par des schistes à pâte fine, à éléments mal individualisés, et criblés d'aiguilles de rutile. Quant aux gypses, ils présentent les caractères ordinaires et renferment peu de grains roulés détritiques.

Nos deux confrères ajoutent judicieusement que ce Trias est essentiellement lagunaire; il est constitué de matériaux ne venant pas de très loin et identiques à ceux qu'on trouve dans les chaînes voisines. Il est toutefois d'une grande importance de remarquer l'extension, dans cette zone de nos Alpes, des *Quartzites* de la base, *identiques aux Quartzites du Briançonnais*, jusqu'au col de Salenton, à Beaufort et à Albertville; ce fait montrant nettement la *solidarité qui unit la zone du Mont-Blanc aux zones intra-alpines*, que certains auteurs voudraient considérer comme d'origine *exotique*.

Versant italien du Mont-Blanc.

Sur le versant italien du Mont-Blanc[1], les dépôts triasiques, fort réduits au N. du Synclinal de Courmayeur, présentent, d'après notre ami M. S. Franchi, des grès brunâtres (attribués au Houiller, par MM. Duparc et Mrazec, au Mont-Fréty) et quelques bancs dolomitiques peu puissants. Des calcaires à Entroques, que les géologues italiens avaient d'abord rapportés à ce terrain (la Saxe), semblent plutôt devoir être considérés comme liasiques.

Près du col de Miage, M. Franchi a découvert, *en discordance* sur les terrains cristallins, des lambeaux calcaires, peut-être triasiques, qui représenteraient des témoins d'un ancien manteau sédimentaire recouvrant les schistes cristallins et la protogine.

Ce n'est qu'un peu plus au Sud, et en arrière de la ligne de dislocations la Saxe-Chétif-Pyramides-Calcaires, qu'apparaît un type un peu plus complet du système triasique. Aux Chapieux, sur le chemin de Seloge, on rencontre

[1] Franchi, Relazione sulle excursioni in Valle d'Aosta (12-13 settembre 1907) della Societa geologica italiana. (Bull. Soc. geol. ital., t. XXVI [1907], p. clvii.)

déjà le type de la sous-zone des Aiguilles-d'Arves, avec, au sommet, les dolomies capucin, recouvertes par le Rhétien[1].

Trias des hautes chaînes calcaires de Savoie.

D. Dans les *hautes chaînes calcaires de Savoie*[2], le Trias existe toujours, d'après M. E. Haug, entre les terrains anciens du soubassement et les terrains jurassiques. Il est difficile d'y reconnaître plus de deux subdivisions : les Quartzites, puis des calcaires dolomitiques et des cargneules, qui pourraient être assimilés au Trias moyen et au Trias supérieur. *Le Keuper manquerait dans la plupart des affleurements.*

L'épaisseur des Quartzites est variable; dans le vallon de la Motte, près Mégève, elle atteint une vingtaine de mètres, mais ordinairement elle est moindre. Quant aux calcaires dolomitiques, bien qu'ils soient ordinairement surmontés par des cargneules, cette succession n'a rien de constant. Enfin il est à noter, d'après notre confrère, que le Trias moyen fait défaut sur le pourtour de la boutonnière de Mégève, où les *Schistes du Lias reposent immédiatement sur les Quartzites*, et qu'en d'autres points, comme à Flumet, les calcaires dolomitiques sont *très réduits*.

Trias des régions au Sud de l'Arve.

E. On retrouve le Trias (cargneules et calcaires triasiques, qui font souvent défaut) à Vervex, près de Sallanches, avec un développement local de gypses, et plus au Sud, au col de la Fenêtre, dans les vallons de Fontanu et de Beaubois, etc.

Le Trias conserve les mêmes caractères de réduction (diminution des grandes masses calcaires, etc.) et se présente fréquemment en *discordance avec son substratum* dans toute la zone cristalline occidentale des Alpes françaises au Sud de Sallanches. Il n'affleure, il est vrai, en aucun point[3] des chaînes

[1] A peu de distance S. du massif, aux environs des Chapieux, on observe, en effet, une série un peu plus puissante : 1° Quarzites du type briançonnais, avec intercalations de bancs gris lustrés et satinés; 2° Cargneules (5 mètres); 3° Calcaires dolomitiques à cassure fine, esquilleuse, ivoirine, d'un blanc jaunâtre, prenant à l'extérieur une patine nankin et brun capucin (30-40 mètres); supportant : 4° le Rhétien, calcaires noirs du type des calcaires à *Avicula contorta* du Pas-du-Roc en Savoie et de Roche-Juan dans l'Ubaye; les bancs présentent des enduits papyracés noirs et jaunes très caractéristiques.

[2] E. Haug, Études sur la tectonique des hautes chaînes calcaires de Savoie (*loc. cit.*, p. 12).

[3] On l'a cité à Condorcet (Drôme), mais les explorations de l'un de nous et celles de M. Paquier ont montré qu'il n'existait là aucun dépôt inférieur au Callovien. Des produits hydrothermaux et des altérations des couches oxfordiennes ont été pris pour du Trias par les anciens auteurs (v. plus loin, p. 279), mais n'en indiquent pas moins la présence de ce terrain en profondeur.

subalpines, mais il se montre sur les bords et à l'intérieur des massifs cristallins. Il en est ainsi au Sud de Mégève, près d'Albertville, à Grignon, à Cevins, à Petit-Cœur, aux environs du col Joly, au lac de la Girotte, à l'Ouest d'Arêches, etc.

Région de Beaufort et d'Albertville.

Du côté d'Arêches et de Beaufort, ces terrains ont été étudiés par M. Ritter[1]. Toutefois il convient de rappeler qu'en 1883 l'un de nous (J. Révil)[2] avait déjà signalé une série de faits sur cette intéressante région. Il avait constaté, près d'Albertville, la présence de quartzites, de cargneules et de *schistes bariolés* en insistant sur le fait que ces derniers se trouvent toujours à la partie supérieure de la formation triasique et pourraient être considérés comme représentant les marnes irisées. Il avait observé également des calcaires magnésiens à lamelles d'albite qu'il rapportait au Trias moyen, calcaires qui affleurent près d'un pont jeté sur l'Argentine à l'entrée de la Cluse de Beaufort et qui se continuent au Nord vers Hauteluce. Il signalait enfin, au-dessus d'Arêches, des grès-arkoses, des cargneules et des gypses qui, près du col des Près, présentent un remarquable développement.

Dans cette partie des Alpes, le Trias n'a qu'une *faible épaisseur* et se montre généralement en discordance avec son substratum. Toutefois, dans certains cas, cette formation a été reployée en synclinaux si aigus, qu'elle paraît concordante avec les terrains inférieurs[3].

On retrouve le Trias au col de la Louza et entre l'Isère et l'Arc à Monthion, à l'Est de Bonvillaret, à Montgilbert; près d'Aiguebelle (gypses et dolomies compactes), etc. Les quartzites de la base font souvent défaut.

M. Haug a une tendance à envisager les dolomies et les cargneules de cette région comme des équivalents du Muschelkalk.

Environs d'Ugines.

Aux Molières, près d'Ugine, M. Hollande[4], puis M. Ritter[5] et ensuite M. Haug[6] ont relevé une succession analogue. Ces deux derniers auteurs

[1] E. Ritter, Les massifs de Beaufort et du Grand-Mont (Genève, thèse, Georg et Cie, 1894). — *Id.*, La Bordure sud-ouest du Mont-Blanc. Les plis couchés du Mont-Joly et de ses attaches. (*Bull. Serv. Carte géol. de France*, t. IX, 1897, n° 60.)

[2] J. Révil, Études géologiques sur la vallée de Beaufort (*Congrès des Sociétés savantes savoisiennes*, sixième session, 1883, p. 92).

[3] Ritter, La Bordure S. O. du Mont-Blanc, etc. (*Loc. cit.*, p. 80.)

[4] Hollande, Étude sur la dislocation des montagnes calcaires de la Savoie (Chambéry, *Bull. Soc. hist. nat. de la Savoie*, 1re série, t. I-II, 1887-1888).

[5] Ritter, Compte rendu des collaborateurs pour 1894. (*Bull. Serv. Carte géol. de Fr.*)

[6] Haug, Étude sur la Tectonique des hautes chaînes calcaires de Savoie. (*Loc. cit.*)

signalent en ce point une *double discordance :* des schistes rouges lie de vin, considérés par M. Ritter comme archéens, supportent, en discordance angulaire prononcée, une série puissante de schistes argileux, dont les couches redressées sont elles-mêmes recouvertes en discordance par les Quartzites. Ces schistes rouges avaient été rapportés au Permien par M. Hollande, lequel s'était également rendu compte qu'ils étaient discordants avec la formation houillère.

La série triasique décrite par M. Ritter dans ce même massif est formée des éléments suivants (de bas en haut) :

1. Quartzites compacts ou à éléments roulés, souvent schisteux et pailletés de mica.
2. Dolomie (Vallée d'Hauteluce).
3. Cargneules (Col Joly), souvent bréchiforme et renfermant des fragments de schistes variés (schistes amphiboliques verts, etc.).
4. Gypses et schistes bariolés.

Cet auteur reconnaît deux niveaux dans la formation des quartzites : 1° des quartzites phylliteux et conglomérats à galets plus ou moins roulés; 2° des quartzites à grain fin. Le niveau inférieur se rapprocherait des « bésimaudites » ou des grès vosgiens [1].

Quant au Trias supérieur, il est représenté dans les vallées d'Arêches et d'Hauteluce, par des schistes dorés et par des lentilles de gypse.

Il y a lieu de regretter que M. Ritter n'ait pas cherché à comparer ces divers niveaux avec ceux des régions qui avoisinent son champ d'études.

Albertville.

Près d'Albertville, en aval de cette localité, on constate encore (au lieu dit le Pont d'Albertin, près du confluent de l'Arc et de l'Isère) la présence des *quartzites* triasiques fortement laminés et micacés reposant sur les Schistes cristallins.

Bordure du massif de Rocheray en Maurienne.

Il convient de rappeler également la nature spéciale qu'affectent les dépôts du Trias au voisinage du petit *massif du Rocheray* (v. tome I, p. 75-83 et fig. 2 à 6), près de Saint-Jean-de-Maurienne, où il ne comprend, près du pont de l'Échaillon, que des grès arkosiques et des dolomies capucin, alors qu'à la montée de Mont-Vernier il est réduit à des dolomies (fig. 2 du tome I)

[1] Nous le rapprochons en outre des quartzites à jaspe de Saint-Gervais, des Grès d'Allevard, des Chapours et de Modane, dont l'âge est peut-être permien (voir plus haut, p. 180, etc.); on retrouve ce niveau à Fontan dans les Alpes-Maritimes, *sous* les quartzites blancs du Trias, en bancs intercalés dans le Permien.

et qu'aux Chapours (ou Échapours), près de Saint-Avre, apparaissent des quartzites à jaspes roses et verts du type de ceux de Saint-Gervais (Permien?) supportant des masses importantes de gypses et d'anhydrites (1).

Cette variabilité de composition pour des dépôts aussi peu distants que ceux de Mont-Vernier, Saint-Jean-de-Maurienne et les Chapours, — situés tous sur le bord du massif cristallin de Pontamafrey dont la couverture sédimentaire est du reste accidentée de plusieurs dénivellations assez brusques (N. O. de Pontamafrey, etc.), — mérite d'être signalée.

Trias de la bordure Est du haut Graisivaudan. — Environs d'Allevard.

F. En passant par les affleurements gypsifères des environs d'Aiguebelle, du Bourget-en-Huile et de Verneil, on arrive « au pays d'Allevard », où les lambeaux triasiques sont également nombreux (Prodin, le Buisson, le Collet, le bout du Monde, près Allevard). La formation, discordante sur son substratum, débute par les *grés d'Allevard* qui ont été étudiés avec soin par M. P. Lory (2) et dont nous avons parlé plus haut à propos du Permien (p. 147) et qui comprennent peut-être aussi les premières assises triasiques peut-être synchroniques du grès vosgien. En revanche, les véritables quartzites blancs du Trias inférieur, comparables à ceux de Mégève et de la Maurienne font ici complètement défaut. Le Trias proprement dit, qui vient ensuite, est très réduit et commence en plusieurs points, d'après M. P. Lory, par une petite assise de *grès magnésiens* et siliceux analogue à celle qui forme également un peu plus au Sud, à Chamrousse, le substratum des cargneules triasiques. Puis viennent des dolomies, des cargneules (« Brelan » ou « Berlan » des habitants du pays), du gypse [Montouvrard], de l'anhydrite et des argiles bariolées; les calcaires dolomitiques forment à la base de cet ensemble une assise constante qui rappelle un peu les calcaires triasiques de la Maurienne.

Ces dépôts peuvent être étudiés au col du Merdaret et dans le ravin du

(1) Des affaissements de la masse triasique, dont une partie a glissé sur le flanc abrupt de la vallée de l'Arc, compliquent la coupe de cette intéressante localité, où l'on voit se succéder sur les Schistes cristallins, et en *discordance* avec eux : 1° Quartzites à galets de quartz roses et verts (Permien?); 2° Schistes siliceux verts; 3° Gypse et anhydrites avec noyaux non gypsifiés de calcaires triasiques gris. — L'anhydrite et le gypse sont exploités activement pour divers usages et traités dans les usines de Sainte-Avre.

(2) P. Lory, Études géologiques dans la chaîne de Belledonne (*Annales Université de Grenoble*), t. V, n° 1, 1893, et t. VII, n° 2, 1895. On trouvera dans cet ouvrage une liste bibliographique très complète, et notamment l'analyse des travaux de Fournet (1844) sur le Trias dauphinois et les grès d'Allevard.

Vaugelaz. Représentent-ils tout le Trias ou n'a-t-on devant soi ici, comme le croit M. P. Lory, que le Trias supérieur s'étendant en transgressivité sur des couches plus anciennes ?

On retrouve des cargneules en une foule de points le long de la bordure septentrionale de la chaîne de Belledonne (La Boutière, Revel, etc.), à Chamrousse et en diverses autres localités[1]. Bord occidental du massif de Belledonne.

D'après M. P. Lory, la « GRATTE » des environs de la Mure, conglomérat siliceux pyritifère, de faible épaisseur, représenterait en certains points *souvent presque à elle seule le système triasique,* et supporterait fréquemment des cargneules. Toutefois cette gratte ne paraît pas devoir être assimilée aux quartzites du Trias inférieur. Environs de La Mure, de la Motte-d'Aveillans et de Vizille.

Ce sont surtout les gypses, anhydrites et dolomies accompagnés de schistes argileux qui représentent le Trias; ces formations sont bien développées aux environs de Vizille, notamment dans la localité classique de Champ. Nous remarquons ici des bancs de dolomies, supérieurs à une masse de *spilites,* qui surmontent les gypses et les séparent de l'Infralias. Ces dolomies rappellent beaucoup par leur position et par leur aspect les dolomies du Pas-du-Roc en Maurienne. Nous avons vu plus haut qu'à Mont-Vernier en Savoie, ces dolomies surmontent également une coulée de spilite.

Non loin de Vizille, entre Séchilienne et Vaulnaveys, au Nord de la Romanche, M. P. Lory a montré à l'un de nous, près des hameaux de Fau-Laurent et de Formafrey, un représentant réduit de la série triasique reposant comme une couverture ondulée sur la tranche des Schistes cristallins. — La succession est la suivante : Séchilienne.

1. Mince assise (30 à 50 centimètres) détritique, sorte de grès dolomitique à galets de quartz, rappelant la « Gratte » du bassin de la Mure;
2. Dolomie à patine capucin d'un gris bleuâtre sur la cassure.

Le tout ne dépasse pas l'épaisseur de 10 mètres un peu plus à l'Est, en un point où plusieurs anticlinaux aigus accidentent la couverture mésozoïque des schistes archéens; le Trias se trouve réduit à un banc de 50 centimètres de dolomie capucin et fait même défaut en plusieurs points.

[1] P. LORY, Quelques considérations sur les premières assises secondaires dans le massif de la Mure (*C. R. Sommaires Soc. géol. Fr.*, n° 12, juin 1897). — On consultera aussi, en ce qui concerne le Trias de l'Isère, les mémoires d'Émile Gueymard, de Chaper, de Scipion Gras, de Ch. Lory, ainsi que les renseignements donnés par d'Archiac (*Hist. des Progrès de la géologie*, t. VIII, 1860, p. 196) sur ce sujet.

Trias au Sud de la Romanche.

La composition du Trias est à peu près la même dans les nombreux affleurements situés au Sud de la Morte, près de Valbonnais, au col d'Hurtières, et à Cogrie, Counin, et près d'Aspres-les-Corps (Hautes-Alpes) dans le bassin du Drac.

On retrouve encore les « dolomies capucin » dans le Valsenestre, près du col des Marmes; aux environs de Champoléon, elles présentent le même type; enfin à Navettes en Valgodemar où l'action des *mélaphyres* les a partiellement *marmorisées*.

Trias du massif du Pelvoux.

G. Le Trias du massif du Pelvoux est également, d'après les beaux travaux de M. Termier[1], discordant avec son substratum; il n'est conservé que dans les plis synclinaux, et, dans ces synclinaux, la série est rarement complète; il manque tantôt les Quartzites, tantôt tout le Trias. (Ex. entre la Tête du Toura[2] et la Tête Mouthe). Les niveaux distingués dans les divers lambeaux voisins du massif du Pelvoux sont :

1. Les grès du Trias (souvent absents) existent à l'Alpe d'Arsine.
2. Dolomies (Alpe d'Arsine) et *marbres* cristallins, souvent en rapport avec les coulées mélaphyriques qui les recouvrent généralement dans le S. O. du massif (haute vallée de Champoléon, Aiguille de Morges, etc.).

Les dolomies du plateau d'Emparis et celles de Clos-Raffin, près de la Grave, appartiennent au Trias (v. tome I, fig. 21 et 22 qui rectifient et complètent certains détails inexacts de la feuille *Briançon* de la Carte géologique); il en est de même des quartzites du col des Grangettes près du lac de l'Eychauda et de Pramelier près la Grave, qui présentent cependant déjà un facies nettement briançonnais. Les chalets de Voiron et de Gonon, à l'Ouest du Plateau d'Emparis, dominent une petite bande de dolomies grises et blanchâtres surmontant une assise de grès grossiers brunâtres, qui reposent sur les gneiss de la gorge de Mallaval (v. tome I, fig. 18, 19 et 20). Entre ce point et Mizoën, les dolomies se montrent fréquemment « cargneulisantes » et rappellent les assises du même âge décrites par M. P. Lory au Grand Collet, près d'Allevard (chaîne de Belledonne), ainsi que celles que nous avons observées au Clos-Raffin, près de la Grave, au col de Vallompierre et près de Chaumeilh, dans la région méridionale du massif du Pelvoux.

[1] Termier, La Tectonique du massif du Pelvoux (*Bull. Soc. géol. de Fr.*, 3e série, t. XXVI, p. 73, 1896).

[2] Ce nom de « *Toura* », comme la dénomination fréquente de *Thures*, est motivé par la présence des cargneules, souvent désigné dans le langage populaire par le terme de « *Toura* » ou « *tioure* ».

H. Dans les Grandes-Rousses, M. Termier[1] distingue dans le Trias :

Trias du massif des Grandes-Rousses.

1. Des poudingues à ciment quartzeux et galets granulitiques (Petites Rousses).

2. Des quartzites (Col du Sabot, La Balme, etc.) très peu épais, n'existant que rarement et d'une façon *très sporadique* à la base des dolomies.

3. Des dolomies (voir plus haut, p. 230 et suiv., les discussions auxquelles elles ont donné lieu) à patine « capucin », souvent siliceuses ou bréchiformes, avec bancs gréseux et sableux et schistes satinés et bariolés résultant fréquemment de l'altération de ces dolomies.

4. Cargneules et *gypses* (du col du Couard). — Les gypses sont rares dans le Trias de l'Oisans et ce gisement est à peu près le seul important. Ce sont les dolomies ou *Calcaires capucins*[2], dont nous avons plus haut discuté le niveau, qui sont le terme le plus développé et le plus caractéristique du Trias des Grandes-Rousses.

Des cargneules du même âge affleurent au milieu des schistes liasiques, dans les axes anticlinaux (v. tome I, fig. 25, 26) de la Cime des Torches et au Mont-Charvin, dans le pays des Arves.

Cette série est peu épaisse (12 mètres à 300 mètres exceptionnellement) et présente à un haut degré le caractère réduit et incomplet. Elle accuse une discordance et une trangressivité très accusées sur son substratum; nous en avons longuement parlé dans un précédent chapitre.

Ce type très réduit des Rousses passe, vers le Nord-Est, à celui de la Chambre et de Saint-Jean-de-Maurienne, dont la base avec ses grès arkosiques peu épais rappelle encore le Trias extra-alpin, mais que ses grandes masses de gypse et d'anhydrite rapprochent du Trias intra-alpin.

I. Le Trias n'affleure nulle part dans les chaînes subalpines méridionales à l'Ouest du Buech, mais divers auteurs, et notamment MM. F. Léenhardt et V. Paquier, ont décrit sous le nom d'« Horizon de Suzette » (Léenhardt), aux environs de Gigondas (Vaucluse), de Nyons et Montaulieu (Drôme), de Montrond (Hautes-Alpes), des formations curieuses qui semblent résulter d'une sorte de gypsification et de cargneulisation analogues à celles que nous avons citées plus haut, et qui ont pour point de départ l'existence du Trias en

Diois et Baronnies. (Formation de Suzette.)

[1] P. Termier, Le massif des Grandes-Rousses (*Bull. Serv. Carte géol. de Fr.*, t. VI (1894-1895).
M. Termier a observé également près du Sapey (Massif du Rocheray), sous le Lias, des dolomies et des brèches à patine capucin qu'il considère comme certainement triasiques.

[2] La distinction de cette assise et de certains bancs du Lias calcaire renfermant également des brèches n'est pas toujours facile dans l'Oisans, et il est possible que, sur la Carte géologique au 80 millième, il se soit produit à cet égard quelques confusions en certains points (Alpe d'Arsine, etc.).

profondeur. — [Voir à ce sujet : *F. Léenhardt*, Thèse sur le Mont-Ventoux, p. 130. Montpellier-Paris (Masson), 1883 et *V. Paquier*, Thèse sur le Diois, p. 388 (Trav. Labor. de géol. Univ. de Grenoble, t. V, 3e fasc., p. 536, 1901).] — Cependant M. Joleaud a cru reconnaître récemment dans la « formation de Suzette » des masses de recouvrement.

Alpes de la Haute-Provence (Gapençais et Nord des Basses-Alpes).

J. Dans les chaînes des Alpes provençales, les dépôts triasiques conservent le même facies que sur le bord extérieur de la chaîne de Belledonne. Dans une région intermédiaire, M. Haug a signalé dans le Gapençais, près du Laus, en *concordance* sur les schistes à séricite, des quartzites, des gypses et des calcaires dolomitiques (C. R. des Collab. serv. carte géol., t. VII, nº 44 (1895-1896), p. 116). Les quartzites ont encore ici le type intra-alpin; mais les calcaires ont le facies du Muschelkalk. En outre, les dislocations ont amené en beaucoup de points du Gapençais (Plan de Vitrolles, etc.) la partie supérieure de ce terrain en contact anormal avec des assises plus récentes.

Des gypses et des cargneules constituent la majeure partie des affleurements qui se poursuivent jusque dans les Basses-Alpes[1]; ils sont particulièrement faciles à étudier dans les environs de Digne et de Barles.

M. Haug[2] a décrit de cette région, en discordance sur le terrain houiller (Barles), les assises suivantes :

1. Poudingues et *quartzites* (75 mètres à Barles, Nibles).
2. Muschelkalk. Calcaires dolomitiques bruns à veines spathiques (Tanaron, Barles, Bayons) [environ 60 mètres].
3. Dolomies, cargneules et gypses.
4. Argiles bigarrées souvent transformées par les actions mécaniques en argilolithes et en véritables ardoises (Barles).

(1) La découverte du Trias dans les Basses-Alpes est due surtout aux recherches d'Éd. Hébert (1862) sur la zone à *Avicula contorta*.

En 1860, d'Archiac écrivait dans son *Histoire des progrès de la géologie* : « Dans tout le reste du Dauphiné et dans une grande partie de la Provence, *aucune trace de dépôts triasiques* n'a encore été signalée »; en 1834, Pareto avait placé, il est vrai, dans le Trias les gypses de ces régions, mais Bertrand-Geslin, Scipion Gras et Lory les considérèrent comme *liasiques*, jusqu'au jour (1862) où Hébert montra qu'ils étaient *plus anciens que le Rhétien*; Lory, Dieulafait, Garnier, Goret se rallièrent alors définitivement à cette manière de voir. — Depuis lors, M. Haug a signalé le Trias inférieur en plusieurs points où sa présence n'était pas soupçonnée (les Touisses, Rochebrune, Saint-Étienne-d'Avançon, Entraix, etc...), et où il se présente sous la forme de *quarzites* rappelant le type briançonnais.

(2) E. Haug, *Les chaînes subalpines*, etc., p. 16.

Ajoutons que rien n'évoque dans cette série les « Schistes lustrés » auxquels certains auteurs[1] avaient voulu assimiler les ardoises de Barles, comme l'a rappelé M. Haug (thèse, *loc. cit.*, p. 21). Le caractère « germanique » de ces dépôts est, au contraire, très net, et lesdites ardoises correspondent à l'assise des schistes bariolés du Keuper.

La « gypsification » (Voir Haug et *Bull. Serv. Carte géol. de Fr.*, t. VI, n° 38, p. 116) s'étend parfois au Trias moyen (Bréziers, Remollon, Turriers, le Laus) dont les masses sulfatées peuvent alors facilement être confondues avec celles du Trias supérieur (S. E. d'Ainac).

K. Du côté de l'*Ubaye*, les affleurements triasiques prennent, dans les masses charriées, un facies très voisin de celui du Trias briançonnais (Morgon[2], Siolanes, etc.); nous avons décrit plus haut ces lambeaux dont la plupart font partie de nappes de recouvrement venues, en effet, du Nord-Est; mais, dans les affleurements *autochtones* des environs de Barcelonnette, des gypses et cargneules, surmontées par des argilolithes vertes ou lie de vin (Terres-Plaines, Restefond), forment les seuls éléments visibles du Trias. Ubaye. (Trias autochtone.)

L. Aux environs de *Castellane*, M. Zürcher[3] a signalé l'existence du Muschelkalk en deux points, sous forme d'un calcaire brun noirâtre (40 mètres) à filons de calcite, avec *Encrinus liliiformis* Lamk. et Térébratules (*Cœnothyris vulgaris* Schloth., sp.). Les marnes irisées, avec cargneules et gypses rubanés de blanc, de noir et de rouge, sont souvent très développées (Saint-Julien, Gévaudan, etc.). Environs de Castellane.

M. *Bordure du massif cristallin du Mercantour.* — Entre le Briançonnais et la Méditerranée s'ouvre, au milieu des terrains sédimentaires, le massif cristallin des Alpes-Maritimes, — connu des géologues sous le nom de Massif du Mercantour, — et sur la bordure duquel les dépôts triasiques offrent également un type plus voisin de celui de l'Europe centrale que du Trias intra-alpin. Bordure du massif du Mercantour.

(1) Voir Exposition Universelle internationale de 1889. — Ministère des Travaux publics. *Notice sur la carte géol. détaillée de la France et les Topogr. souterraines*, p. 117. — (Panneau de la Provence et des Alpes-Maritimes.)

(2) Le col des Oulettes, situé à l'Est de ce massif, tire son nom des entonnoirs naturels creusés dans le Gypse, qui existent en cet endroit. Oulette ou Olette signifie, en effet, « Petite marmite » dans le patois provençal.

(3) *Bull. Serv. Carte géol. de France*, t. II, n° 18.

IMPRIMERIE NATIONALE.

Sur le versant français (occidental) du massif, ces dépôts reposent directement et *en discordance* sur les Schistes cristallins. C'est ainsi que M. Léon Bertrand[1] a signalé dans les Alpes-Maritimes, sur la frontière italienne, au-dessus du lac de Vins, des calcaires marbres zonés, phylliteux d'âge triasique, pincés dans un synclinal au milieu des Schistes cristallins.

Nord des Alpes-Maritimes.

Dans le Nord des Alpes-Maritimes, ce même géologue a reconnu les termes suivants très développés aux environs de Guillaumes dans la haute vallée du Var :

1. Quartzites et conglomérats, grès bigarrés; transgressifs sur les Schistes cristallins.
2. Cargneules et dolomies; gypses.
3° Calcaires compacts souvent bréchoïdes.
4. Cargneules et dolomies; gypses.
5. Argiles bariolées (Saint-Étienne).

Les régions de Saorge et Pont-Saint-Louis offrent d'autre part, d'après M. Potier[2] :

1. Grès et poudingues quartzeux, marnes, grès, dolomies.
2. Muschelkalk; cargneules.
3. Gypses de Saorge, marnes bariolées, lignites.

Vallée de la Roya et environs de Sospel.

M. Léon Bertrand (*loc. cit.*) a donné également quelques indications sur le Trias de la vallée de la Roya et de la région de Sospel, et l'un de nous (W. K.) a eu récemment l'occasion d'étudier la série triasique aux environs de Sospel, de Breil, de Saorge et de Fontan dans la haute vallée de la Roya, c'est-à-dire sur la bordure méridionale du Massif du Mercantour.

Sur le Permien de Fontan, avec ses intercalations qui rappellent d'une façon frappante le Verrucano briançonnais, s'appuient des *quartzites* blancs identiques à ceux des régions intra-alpines; tout le reste du Trias est à l'état de *cargneules* et « calcaires cargneulisants » dans les environs de Fontan et de Saorge, mais en s'éloignant vers le S. O., on ne tarde pas à voir apparaître des *gypses* surtout développés près de Sospel. Des bancs de *Muschelkalk* typique, découverts par l'un de nous, se montrent dans la vallée de Mer-

[1] Léon Bertrand, *Étude géologique du Nord des Alpes-Maritimes* (*Bull. Serv. Carte géol. de Fr.*, t. IX, n° 56 [1897-98]).

[2] Potier, Notice des feuilles Saorge et Pont Saint-Louis de la Carte géologique de la France au 80 millième.

lanson entre Sospel et le Barbonnet (voir *C. R. des coll. Serv. Carte géol. de France pour 1907* (1908). Enfin des phénomènes d'*épigénie*, qui paraissent ici très accentués et ont pour point de départ les dépôts triasiques, se sont manifestés le long des lignes anticlinales et ont rendu moins nets les rapports du Trias avec les dolomies jurassiques et les assises supracrétacées qu'elles semblent avoir en partie transformées. Des dislocations de détail causées par l'hydratation des anhydrites et la dissolution des gypses ont encore compliqué la tectonique des « *aires anticlinales* » *triasiques* de cette curieuse contrée qu'a si remarquablement et si complètement décrite M. Léon Bertrand.

N. Dans la Basse-Provence [1], le Trias existe en lambeaux de recouvrement et en bandes extrêmement disloquées, sortes de « fenêtres » ouvertes dans les nappes superficielles, aux environs d'Aix, de Rians, de Toulon, de Grasse et surtout dans la région de Draguignan, enfin autour des Maures et de l'Esterel, de Toulon à Antibes. Basse-Provence.

L'allure de ce Trias, très connu par de nombreux travaux, est nettement celle du facies germanique dont les divisions classiques sont très nettes, malgré certaines divergences de détail; on y distingue :

1. Grès vosgien à galets.

Grès bigarré, souvent (Cap Garonne) imprégné de carbonate de cuivre, et se distinguant des grès permiens par sa nature moins feldspathique; rognons dolomitiques au sommet.

2. Muschelkalk (80 mètres), calcaire noirâtre, dolomies, cargneules et calcaires marneux gris clair (le Beausset), fossilifère à *Pecten laevigatus* Goldf. *Gervilleia* (*Hoernesia*) *socialis* Qu. sp., *Cœnothyris vulgaris* Schloth. sp., *Ceratites nodosus* Haan sp., *Encrinus liliiformis* Lamk, etc. — À Rougiers (Var), il existe des « Grès à Ceratites » à ce niveau, et M. Repelin a décrit un niveau à Gastropodes. Le Muschelkalk se continue dans le Var, où il contient des restes d'*Ophiures* à Entrecasteaux (M. Vasseur, 1891).

3. Keuper avec gypses, houille pyriteuse, sidérose, cargneules, dolomies cloisonnées, grès et lignites (environs de Grasse) [150 mètres].

Nous venons de constater que, de proche en proche, en passant par Bayons, Digne, Castellane, on est amené à reconnaître qu'une bonne partie Résumé.

[1] Voir les descriptions de d'Archiac (*Histoire des progrès de la géologie*, t. VIII), de Fournet, Dufrénoy, Drian, Rozet, Élie de Beaumont, de Villeneuve-Flayosc, de Laval, Jaubert, Coquand, ainsi que les travaux plus récents de M. Wallerant. Le Trias à facies germanique existe aussi en Sardaigne.

des calcaires dolomitiques du Briançonnais passe latéralement, en se réduisant, au Muschelkalk supérieur à *Ceratites nodosus*. L'étude du Trias de la Haute-Italie (v. plus bas) nous conduira au même résultat, et nous croyons légitime d'en conclure que le Muschelkalk est représenté dans les masses dolomitiques de nos zones intra-alpines qui, du reste, correspondent aussi à d'autres étages du Trias.

Des puissantes assises récifales des environs de Briançon et de Guillestre, on passe ainsi, lorsqu'on quitte la zone du Briançonnais pour se diriger vers l'Ouest et le Sud-Ouest, à un Trias notablement différent, caractérisé par sa faible épaisseur, par l'absence fréquente d'un étage détritique inférieur, par la prédominence des gypses, des cargneules et des dolomies bien litées, et par la réduction des grandes masses calcaires. Il n'existe pas partout, dans cette zone, de représentants bien nets du Muschelkalk, et souvent le Trias est réduit à des cargneules et à des gypses d'une épaisseur relativement minime.

Dans ce dernier cas, certains auteurs, se basant sur la discordance qui sépare ces dépôts de leur substratum, voient dans cette réduction le résultat d'une TRANSGRESSION; *la partie inférieure* et *moyenne* du système *ferait défaut* et le Trias supérieur seul serait représenté. Les dépôts détritiques de la base (Gratte de la Mure, Grès de Chamrousse, etc.) ne correspondraient pas toujours, dans ce cas, au Trias inférieur; le Trias moyen, notamment, ferait défaut d'après M. Frech.

M. Termier (v. plus haut, p. 234, note) a d'abord admis que ce serait le Keuper qui manquerait dans les Grandes-Rousses, puis il a rattaché plus tard l'ensemble de ce même Trias au Trias supérieur. D'autres, au contraire, ne semblent pas admettre de lacunes; le Trias serait complet, chacune de ses subdivisions serait considérablement amincie, et leur distinction rendue particulièrement difficile par une similitude très grande de facies pour le Muschelkalk et le Keuper.

Le même problème se pose également dans certaines parties des Alpes suisses; c'est ainsi, par exemple, que M. Steinmann[1] est d'avis qu'il existe au Sud-Ouest d'une ligne de Bevers à Tiefenkasten et jusque dans les Alpes françaises une zone où le Trias est réduit à une masse de dolomie correspondant en bonne partie à l'Hauptdolomit; le Muschelkalk et les étages triasiques inférieurs y feraient défaut. C'est aussi l'opinion de MM. Frech et Philippi ainsi

[1] STEINMANN, Bemerkungen über Trias, Jura, und Kreide in der Umgebung des Luganer Sees. (Ecl. geol. helv., 1889, II, 1.)

que de quelques géologues suisses[1]; d'autre part, le Rœthidolomit des Alpes bernoises paraît ne représenter que nos dolomies capucin du Trias supérieur. M. Haug[2] considère cependant le Trias rudimentaire de la Haute-Savoie comme représentant tout le système, y compris le Muschelkalk, et cette opinion peut être rapprochée de ce que nous voyons plus au Sud, dans les Basses-Alpes, où une série de même facies, et très analogue à celle de la première zone alpine, contient des calcaires fossilifères du Muschelkalk et se montre, à Barles, incontestablement complète.

TRIAS DE LA BORDURE RHODANIENNE DU MASSIF CENTRAL.

Bordure du Massif central de la France.

Il est intéressant de rappeler ici que la constitution du Trias, dans la partie extra-alpine du bassin du Rhône et sur le bord occidental du Massif central de la France, se rapproche beaucoup de celle que nous avons décrite dans la zone cristalline delphino-savoisienne. C'est ainsi que, dans le Mâconnais, le Châlonnais et le Bourbonnais, comme dans le Mont d'Or Lyonnais[3] l'existence des équivalents du Trias inférieur n'est pas certaine; le Trias discordant avec son substratum semble débuter par son étage moyen, qui possède un facies détritique (à galets de quartz) arénacé et graveleux (Arkose versicolore de l'Autunois, grès à *Voltzia heterophylla* Brongn., grès argileux du Bourbonnais), avec niveau de dolomies et de grès calcarifères à *Myophoria Goldfussi* v. Alb., dents de poissons, etc... (Mâconnais, Mont-d'Or lyonnais, etc...).

Le Trias supérieur est formé d'argiles bariolées avec cargneules, sel et gypses, d'arkoses (Mâconnais) avec épanchements siliceux, de dolomies à *Gervilleia* (*Avicula*) *exilis* Stopp. sp. (Couches-les-Mines). Aux environs de Valence, les recherches de Ch. Lory, d'Oppel, de Toucas et de Munier-Chalmas ont montré que le granite (Ravin d'Enfer) supporte un Trias gréseux avec, vers le sommet, des bancs calcarifères à *Myophoria Goldfussi* v. Alb., des marnes versicolores, des schistes noirs et des dolomies, cargneules, gypses et anhydrite. On retrouve le Trias supérieur sur les plateaux granitiques aux environs de Vernoux (Ardèche).

[1] *Lethaea geognostica* (*loc. cit.*), et *Livret-Guide congr. géol. internat. Zurich, 1895.*

[2] Haug, Études sur la Tectonique des Hautes-Chaînes calcaires des Alpes de Savoie. (*Bulletin des Serv. Cart. géol. France*, t. VII, 1895.)

[3] Voir les Travaux de Leymerie, de Bonnard, d'Ed. Pellat, de MM. de Launay, Locard, Chantre, Torcapel, etc...

Vivarais et Gard.

Enfin, plus au Sud, dans les régions de Privas, de Largentière[1], des Vans et d'Alais, la série débute par des grès, poudingues et conglomérats à cailloux de quartz reposant, près de Largentière, sur un Permien rutilant analogue à notre Verrucano. Ces assises, souvent minéralisées et métallifères (Col du Mas de l'Air, Carnoules), forment les plateaux ou « Chams » des Cévennes (Borne, Chassezac, environs de Villefort, etc...) si bien explorés par M. G. Fabre.

Ensuite viennent des calcaires magnésiens, marnes et dolomies d'une épaisseur de 20 à 30 mètres, parfois métallifères (Largentière) ou calamineux (Saint-André-de-Lachamp) avec minerais de fer (Cendras) et développement local de gypses (Molières).

Le Trias supérieur (30-50 mètres) est formé de grès fins, souvent blancs ou jaunes et feldspathiques, d'argiles bariolées parfois lignitifères (Saint-Jean-du-Pin) avec gypses. On remarque aussi *au sommet* une assise rappelant nos « calcaires capucin » du Trias supérieur dauphinois (environs de Largentière).

COMPARAISON AVEC LE TRIAS DES AUTRES RÉGIONS ALPINES.

Trias des Alpes.

Il est intéressant d'examiner maintenant quelle est la composition du système dans d'autres parties des Alpes.

Valais.

I. Dans le Valais, on voit, aux environs de Sion, le Trias débuter par les Quartzites auxquels succèdent, comme chez nous, de puissantes masses de dolomies accompagnées de cargneules et de gypses; la même succession s'observe au Nord de Morgex, et les gypses sont bien développés à l'Allée Blanche. On est frappé, lorsqu'on parcourt la haute vallée du Rhône, de voir combien les calcaires dolomitiques des environs de Sion[2] et de Sierre également, accompagnés parfois de schistes phylliteux versicolores, rappellent par leur rôle topographique et par leur aspect les calcaires du Briançonnais. Il en est de même entre Stalden et Viège, à l'entrée de la vallée de Zermatt. On sait en outre que M. Lugeon a signalé des quartzites du type briançonnais affleurant dans une « fenêtre » sous des formations de recouvrement dans la vallée de Zermatt.

[1] Voir les notices des feuilles Privas et Largentière et Alais de la Carte géologique de France au 80 millième (Ministère des Travaux publics).

[2] La pittoresque colline de Valère à Sion, notamment est en partie formée par des quartzites blancs, avec variétés identiques à celles du Briançonnais.

LE TRIAS AU S. E. DU MASSIF DU MONT-BLANC.

M. Graeff[1] a décrit dans les massifs du Mont-Chétif et du Mont de la Saxe : Trias des environs de Courmayeur (Zone du Briançonnais).

1. Des quartzites blancs. — L'auteur rattache au Lias cette assise qui se relierait à un calcaire sableux passant au Jurassique. Nous croyons toutefois que ces quartzites ne peuvent être que triasiques.

2. Des dolomies (Röthidolomit), des cargneules et des brèches.

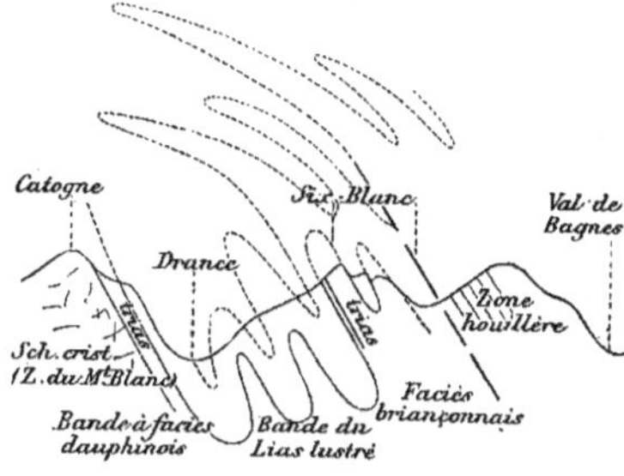

Fig. 24. — Disposition du Trias au Sud de Martigny (Valais).

D'autre part, M. Zaccagna[2] distingue au Crammont les assises suivantes :

1. Quartzites.

2. Calcschistes, marbres, schistes talqueux gris, verts ou roux (on reconnaît ici notre assise B des calcaires phylliteux).

3. Marbres et calcaires compacts à gyroporelles, calcaires gris, calcaires dolomitiques rougeâtres, calcaires micacés et calcaires à zones siliceuses.

M. Franchi[3] a donné, en 1900 et en 1908, une succession plus détaillée des assises triasiques des environs de Courmayeur et du Petit-Saint-Bernard.

[1] F. Graeff, Geologische und petrographische Studien in der Mont-Blanc Gruppe. Ier Theil (*Ber. der Naturf. Gesellsch. zu Freiburg* i. B., t. IX, n° 2, p. 71 (41 p., 1 pl.).

[2] Zaccagna, Sulla geologia delle Alpi occidentali (*Boll. del R. Comitato geologico*, anno 1887).

[3] S. Franchi, *loc. cit.*, Nuove localita con foss. mesoz., etc. (*Bull. R. Com. geol.*, 1899, 4).

V. aussi S. Franchi, W. Kilian et P. Lory (*Bull. Serv. Cart. géol. et Top. souterr.* C. R. des Collab. 1907-1908) et cf. Franchi, Relazione sulle escursioni in Valle d'Aosta (in *Boll. Soc. geol. ital.*, t. XXVI, p. CLVII, 1907).

Il distingue de bas en haut dans cette région :

1. Quartzites et grès quartzeux (la Touriasse), faisant souvent défaut.
2. Calcaires caverneux.
3. Calcaire dolomitique albitifère (Dolonne).
4. Gypse (probablement anhydrite en profondeur).
5. Calcaire cristallin passant à des calciphyres albitifères.
6. Schistes noirs luisants (schistes lustrés) du Trias supérieur.
7. Schistes lustrés liasiques avec « Pietre verdi ».

Cette série, beaucoup moins réduite que celle du mont Fréty et des châlets de la Breuva (flanc Sud du Mont-Blanc [formée seulement de grès quartziteux et de dolomies brunes], se fait remarquer par la sporadicité des quartzites de la base, par l'intercalation (?) de quartzites dans les gypses et cargneules et par la présence de *schistes noirs luisants* vers le sommet du complexe. L'un de nous a retrouvé ces schistes au Six-Blanc (Suisse), entre Orsières et le val de Bagnes.

Trias de la région d'Oisans. — Val de Bagnes.

Nous avons[1] signalé, d'autre part, avec M. P. Lory (v. *ante*, p. 177 et 201; v. fig. 24), après M. Schardt, dans la région voisine du Valais, au Six-Blanc, près d'Orsières, un Trias composé de quartzites, de schistes noirs et de calcaires gris, qui rappelle celui du Briançonnais.

Cette succession est sensiblement moins puissante que celle des Alpes briançonnaises ; la série triasique des environs de Courmayeur accuse donc, malgré son type déjà intra-alpin, une notable réduction.

LE TRIAS DANS LE CHABLAIS ET LES ALPES SUISSES.

Trias des massifs du Chablais et de la Dent du Midi.

Dans les massifs de la Dent du Midi, du Val d'Illiez et des Hautes-Alpes calcaires, cette réduction est également manifeste, mais le Trias possède un facies déjà très différent du type intra-alpin, surtout lorsqu'on le compare avec la série puissante du Trias briançonnais. Des grès et des arkoses (Dent du Midi), surmontés par des dolomies avec anhydrites et gypses, des argiles salifères et iodifères (Bex)[2] et des cargneules « cornieules », « cornieulaz » des

[1] W. Kilian et P. Lory, *C. R. des Coll.* pour 1905, in *Bull Serv. Carte géol. et top. souterr.*, n° 110, tome XVI (1904-1905, mai 1906).

[2] Au sujet de la brèche salifère de Bex qui résulte du remaniement de dépôts de gypse, d'anhydrite et de sel, on consultera plus spécialement les beaux travaux de M. Hans Schardt.

Suisses[1] accompagnées de schistes bariolés (Tours d'Aï) rouges et verts, constituent là une série triasique à facies presque entièrement lagunaire.

Trias des Hautes-Alpes vaudoises.

Les différences entre les affleurements qui, d'après M. Lugeon, feraient partie de masses charriées (Préalpes, Région de la Brèche) et ceux qui appartiennent aux Hautes-Alpes calcaires ou à la bordure des massifs centraux (Aiguilles-Rouges et Mont-Blanc), ne paraissent cependant pas fondamentales ni même considérables.

Dans les Hautes-Alpes vaudoises, Eugène Renevier a décrit, dans le Trias des cargneules, des dolomies, des *schistes bariolés* et des marbres blancs formant une série assez peu différente de celle de notre zone cristalline delphino-savoisienne. Cet auteur a consacré notamment des développements intéressants à la formation des cargneules et des gypses.

Préalpes françaises.

Annes et Sulens.

Dans les *Préalpes* françaises et suisses, dont l'origine charriée est actuellement hors de doute, nous citerons, outre les affleurements de Saint-Gingolph, Vionnaz, Ollon, Meillerie, etc., ceux du Môle (d'après Marcel Bertrand)[2], formés de cargneules, de calcaires dolomitiques et de *marnes bariolées*. Il en est de même à Sulens[3] et aux Annes, où des grès noirs s'associent aux éléments précédents. Les gypses sont plus abondants dans cette zone que dans les Hautes-Alpes calcaires.

Chablais.

MM. Schardt, E. Favre, puis M. Lugeon[4] distinguent, dans le Trias du Chablais :

1. Quartzites ou arkoses gréseuses.
2. Calcaires et schistes noirs et calcaires de Taninges.
3. Cargneules, gypses et calcaires dolomitiques (du type bien connu en Suisse sous le nom de *Rœthidolomit*, analogue à nos « Calcaires capucin » des Grandes-Rousses).

[1] E. Renevier s'est particulièrement attaché à démontrer, en s'aidant des travaux de Brunner, de Tribolet, S. Chavannes, Lartet, Schnetzler, Struve, etc., la nature lagunaire et non métamorphique des gypses et cargneules des Alpes du Léman et à mettre en lumière l'âge triasique de ces dépôts, déjà reconnu par A. Favre. Il a paru à ce sujet un grand nombre de mémoires de divers auteurs dont l'énumération a été donnée par M. Lugeon. — Voir aussi les recherches de Dieulafait et de M. Ochsenius.

[2] M. Bertrand, Le Môle et les collines du Faucigny (Haute-Savoie). *Bull. Serv. Cart. géol. de France*, t. IV, n° 32 (1892-1893).

[3] E. Haug et M. Lugeon, Synclinal de Serraval et Montagne de Sulens (*Bull. Serv. Cart. géol. de France; Comptes rendus des collaborateurs pour 1896*, t. IX, n° 59, p. 120, et *Bull. Soc. hist. nat. de Savoie*, 2ᵉ série, t. III, p. 246).

[4] M. Lugeon, La région de la brèche de Chablais (*Bull. Serv. de la cart. géol. de France*, t. VII, n° 49, 1895-1896).

Ajoutons que les schistes rouges de Matringes rappellent, comme ceux de Sulens et des Annes, nos schistes bariolés de Villarly.

Trias à Diplopores de Tréveneusaz.

Le Trias du Chablais occidental et du Faucigny offre donc, dans son ensemble, *plus de rapports avec celui de la sous-zone des Aiguilles-d'Arves* qu'avec le *type briançonnais* proprement dit. Mais il n'en est pas de même partout; dans le *N. E. du Chablais,* des *Diplopores* ont été signalés par M. Lugeon dans les calcaires de Tréveneusaz [1], de Saint-Triphon, de Muraz à Plex, près Chable-Croix, etc., et par M. Jaccard dans ceux du Rubli-Gummfluh; on les retrouve au Mont-d'Or, aux Spielgaerten, à Gyswil et Iberg, etc. Ces derniers calcaires rappellent beaucoup nos calcaires du Briançonnais; ils apparaissent dans la région orientale du Chablais, atteignent une notable épaisseur et appartiennent, d'après M. Lugeon, au Trias supérieur, comme les marbres de Saint-Triphon considérés comme liasiques par ses prédécesseurs, notamment par E. Renevier et M. Haas, comme médiotriasiques, par M. Haug, et comme correspondant au Hauptdolomit, par M. Lugeon. M. Jaccard a récemment cité dans ces calcaires (carrière près de la gare) : *Cruratula carinthiaca* Rothpl. sp. (= *Terebratula Renevierii* Haas), var. *Beyrichii* Bittn. et var. *pseudofaucensis* Phil. et *Ter.* aff. *praepunctata* Bittn. du Ladinien.

Les calcaires à *Diplopores* sont, du reste, caractéristiques des « Klippes » suisses; ils font défaut dans le Trias des Hautes-Alpes calcaires, où existent par contre des schistes violacés non encore signalés dans les Préalpes.

Préalpes suisses.

La série triasique présente une composition analogue dans toute la *région préalpine suisse,* si bien étudiée par MM. Schardt, E. Favre, Lugeon, Roessinger, Sarasin et Collet et F. Jaccard, etc., du lac de Genève à la Kander (Alpes de Fribourg, Pays-d'en-Haut, Sanetsch, Lauenen, zone des Cols, etc.).

On doit à MM. Schardt [2] et Lugeon d'avoir mis en évidence, il y a longtemps déjà, les différences entre le Trias des différentes zones des Préalpes

(1) Ces calcaires, dont M. Lugeon nous a communiqué des échantillons, ont un aspect et une structure identiques à certaines assises de nos calcaires du Briançonnais.

(2) *Bull. Soc. vaud. des sc. nat.,* 1898. Voir aussi, pour les détails, outre une note de MM. R. de Girard et H. Schardt sur les Alpes de la Gruyère et le Pays d'en haut Vaudois (Ecl. geol. helv., t. X, n° 1), qui contient une utile *liste bibliographique*, le volume des Matériaux pour la Carte géologique suisse de MM. E. Favre et H. Schardt (livr. 22, 1887), ainsi que les récentes notes et monographies de MM. Lugeon, Roessinger, Jaccard, Sarasin et Collet. M. Jaccard (Pr.-Verb. Soc. Vaud. des Sc. nat., 22 janv. 1908; XLIII, 162), en particulier, a distingué, dans la région du Rubli-Gummfluh et du Mont-d'Or, de bas en haut : 1. Gypses; 2. Cornieules; 3. Calcaires gris dolomitiques pulvérulents; 4. Calcaires vermiculés; 5. Calcaires noirs; 6. Calcaires à Gyroporelles et traces de Gastropodes; 7. Calcaires dolomitiques supérieurs.

(Préalpes internes, zone des Cols Préalpes médianes et nappe de la brèche de M. Lugeon, etc.). Au Nord (Cubli, Moléson, etc.), les quartzites de la base, qui se relient au Verrucano (d'après E. de Fellenberg), supportent des gypses et des anhydrites; puis viennent des marnes, des calcaires dolomitiques [1] et des cargneules (étudiées en détail par M. Schardt), que recouvrent des schistes et des *marnes bariolées* rouges et vertes [2]. Dans la région comprise entre la Sanetsch et la Kander, M. Lugeon a signalé, en outre, des marbres blancs, des calcaires gris, des calcaires en plaquettes rappelant le Malm et des *schistes noirs*. Ce type se montre dans la région de Lauenen, dans la « zone des Cols ».

Dans les Préalpes médianes, la série présente, de bas en haut, des gypses, des dolomies grenues (Hauptdolomit), des calcaires à Gyroporelles, puis des calcaires dolomitiques et des cargneules; cette composition indiquerait pour cette partie des Préalpes une origine *plus méridionale* que celle des Préalpes septentrionales et une racine voisine de celle des Klippes de la Suisse centrale.

Klippes de la Suisse centrale.

Dans les *Klippes de la Suisse centrale,* — que M. Rollier vient de décorer du nom de « Môles », — et dont celles d'Iberg ont fait l'objet d'une monographie de M. Quereau, et celles de Gyswil d'un remarquable mémoire de M. Hugi, le facies se rapproche davantage de celui de notre zone du Briançonnais : on y voit apparaître, comme dans les Préalpes médianes, des masses de dolomie fossilifère à Gyroporelles et Diplopores et des calcaires rappelant par leur faune le Virglorien des Alpes orientales.

C'est ainsi que, d'après M. Quereau (Mat. Carte géol. Suisse, 33e livr., 1893), on rencontre à Iberg les horizons triasiques suivants, représentés dans des lambeaux épars et rappelant le Trias du Vorarlberg :

1. Le « Muschelkalk alpin » gris, à patine jaune à Encrines, *Spirigera (Retzia) trigonella* Schloth. sp., *Aulacothyris augusta* Schloth. sp., *Coenothyris vulgaris* Schloth. sp., *Lima striata* Schloth. sp.
2. Des calcaires foncés et siliceux à Diplopores avec *Dipl. annulata* Schafh., *D.* cf. *pauciforata* Guemb, etc.
3. Des gypses.

[1] Le musée de Fribourg (Suisse) renferme des échantillons typiques de *Rœthidolomit, identiques à tous égards* à nos « dolomies capucin » de la zone cristalline delphino-savoisienne (W. K.).

[2] Nous avons montré qu'en France ces schistes *sont localisés dans la sous-zone des Aiguilles-d'Arves* et à l'Ouest de cette sous-zone; *ils font, par contre, défaut dans la zone axiale* et dans le Briançonnais proprement dit. La racine des Préalpes septentrionales n'est donc pas à rechercher dans une zone plus intérieure que celle des Aiguilles-d'Arves.

4. Des cargneules (Rauhwacke, Zellendolomit).
5. Des marnes (marnes de Raibl).
6. Le Roethidolomit.
7. Des masses de dolomie (Hauptdolomit).
Puis le Rhétien bien caractérisé.

Dans la région de Gyswil, on connaît aussi *Spiriferina Mentzeli* Dunk., *Rhynchonella decurtata* Gir. et (d'après Stutz) des blocs à *Spirigera* (*Retzia*) *trigonella* Schloth. sp.; Stutz, Kaufmann et M. Hugi ont signalé, d'autre part, du Muschelkalk, des calcaires à Diplopores (assimilés au calcaire de Wetterstein) à *Dipl. annulata* Schafh. et Gastropodes, des cargneules, des *marnes bariolées* et le Hauptdolomit ou Dolomie principale.

Tous ces faits, rapprochés des découvertes de M. Lugeon à Treveneusaz (v. *ante*), suggèrent l'idée que les Klippes, comme les Préalpes médianes, proviennent de racines situées *plus au Sud que celles des Préalpes septentrionales et que celles de la « Zone des Cols »* et appartenant à la partie de la zone intra-alpine qui continue à l'Est de la Savoie la zone du Briançonnais.

Trias extra-alpin au Nord des Alpes suisses.

Lorsqu'on s'éloigne des Préalpes vers le Nord et que l'on pénètre dans les régions autochtones de l'Argovie et du Jura, le facies classique de l'Europe centrale s'accentue du reste de plus en plus. C'est ainsi que, pour la partie extra-alpine septentrionale de la Suisse, M. Mühlberg [1] a publié un texte explicatif détaillé de sa carte au 1/25000e de la région du confluent de l'Aar, la Reuss et la Limmat; le Muschelkalk y comprend trois termes :

1. Dolomie supérieure, rose, saccharoïde, avec *Myophoria Goldfussi*, v. Alb.
2. Hauptmuschelkalk, gris bleuâtre, contenant *Terebratula vulgaris* Schloth. sp. et *Encrinus liliiformis* Lamk.
3. Dolomie inférieure jaunâtre passant à la base à des marnes dolomitiques.

On voit donc ici se réaliser nettement le facies germanique du Trias moyen avec ses subdivisions classiques que nous avons vainement cherché à retrouver dans les régions alpines et préalpines.

Alpes suisses. (Suite.)

Nous n'analyserons pas davantage, dans tous les détails de sa composition, le Trias des diverses parties des Alpes suisses, fort analogue, du reste, aux exemples que nous venons de passer en revue, et nous nous bornerons à indi-

[1] Mühlberg, Erlaeuterung zu der geologischen Karte des Grenzgebietes zwischen dem Ketten- und Tafel-Jura, II; Theil, Geologische Karte des unteren Aare-Reuss-und-Limmathales (*Eclogæ geol. helv.*, vol. VIII).

quer, dans ce qui suit, les caractères les plus saillants des divers types qu'il présente entre le Valais et l'Inn.

De nombreuses publications ont fait connaître le facies du système triasique dans cette région, et l'on doit à MM. Philippi et Frech (*Lethaea geognostica*, IIe partie, Mesozoicum, I, 1te Lief., p. 78 et suiv.) un remarquable résumé de ses variations; ces auteurs ont notamment fait connaître le Trias réduit et incomplet de l'Oldenhorn, des massifs du Gothard et de l'Aar, mais ils lui assimilent à tort le Trias métamorphisé des Mischabel et Saas-Fee qui offre le type de la zone du Piémont.

Bordure du massif de l'Aar.

Sur la *bordure septentrionale du massif de l'Aar*, M. Tobler[1] a donné, après E. de Fellenberg, Mœsch, Baltzer et Stutz, une bonne description de ce terrain, qui repose sur un Verrucano permien que supportent en discordance les Schistes cristallins.

Au-dessus de ce Verrucano viennent : 1° des grès de teinte claire et des quartzites talqueux peu puissants qui représentent sans doute l'équivalent de nos grès bruns de base du Trias du plateau d'Emparis; puis : 2° le Roethidolomit (10-45^{m}) à patine capucin (Windgœlle, Innertkirchen, Erstfeld, etc.), accompagné de schistes argileux, qui rappelle les dolomies capucin des Grandes-Rousses; 3° enfin les *schistes bariolés* (Erstfeld) connus sous le nom de « Quartenschiefer » depuis les travaux de MM. Baltzer et Heim et dans lesquels nous reconnaissons notre assise bariolée (E) des Basses-Alpes et de la sous-zone des Aiguilles-d'Arves.

M. Gerber y a rencontré dans le Kienthal : *Equisetum*, cf. *Mytharam* Heer. M. Troesch (Diss. Inaug. Lausanne-Berne, 1908) indique, dans les lambeaux de recouvrement (Klippes) de la partie Ouest des Alpes du Kienthal, un Trias comprenant : 1° des grès rouges et verts, des quartzites et des gypses; 2° des marnes bariolées; 3° des cargneules; 4° des bancs de dolomie à patine nankin. M. Arbenz a décrit [2] les mêmes assises entre Engelberg et Meyringen, et M. Helgers, dans la vallée de Lauterbrunnen, où il les comprend sous le nom de « Zwischenbildungen ».

(1) Tobler, Ueber die Gliederung der mesozoischen Sedimente am Nordrand des Aarmassivs.

(2) Arbenz, Zur Geologie des Gebietes zwischen Engelberg und Meiringen (*Eclog. geol. helv.*, IX, n° 4, 1907). Voir aussi A. Baltzer, Erlaeuter zur geol. Karte d. Gebirge zw. Lauterbrunnenthal Kanderthal u. Thunersee. (*Geol. Karte de Schweitz*. Zurich, 1907.)

Dans la Suisse centrale, M. Moesch[1] distingue au-dessus des conglomérats aux teintes vives (vert, violet, etc.) du Verrucano :

1. Des cargneules (Rauchwacke ou Rauhwacke) et dolomies vacuolaires (Zellendolomit) avec ou sans gypses.

2. Le « Roethidolomit » et le « Roethikalk » bleuâtres sur la cassure et à patine jaunâtre à la surface.

3. Des schistes et marnes bariolées (au Jochpass), désignés sous le nom de « Quartenschiefer » et considérés comme l'équivalent du Keuper.

Alpes suisses entre la Reuss et le Kienthal.

Entre la Reuss et le Kienthal, le même auteur (1894) énumère de bas en haut :

1. Verrucano.

2. Cargneules, gypses et dolomies (Buochserhorn, Stanzerhorn).

C'est également à ce type du Trias qu'appartient l'assise connue sous le nom de « Vanskalk ».

Alpes suisses à l'Est de la Reuss; Mürtschenstock.

Dans la région des Hautes-Alpes située entre la Reuss et le Rhin, M. Heim décrit sous le nom de « Roethigruppe » un Trias formé des éléments suivants : 1° les « Sockelschichten », ensemble de *schistes bariolés* rouges et verts avec bancs de quartzites se reliant au Verrucano et au Sernifitconglomerat sous-jacents; 2° des dolomies compactes avec brèches, cargneules et gypses; 3° des schistes bariolés (Quartenschiefer), qui font parfois défaut[2].

Le tout a environ 200 mètres d'épaisseur.

Au Mürtschenstock, on trouve une succession fort voisine de celle des environs de Beaufort et d'Albertville, à savoir :

1. Les quartzites blancs qui portent ici le nom de « Sockelschichten ».

2. Des cargneules d'épaisseur variable.

3. Des dolomies (Roethidolomit) compactes et grisâtres, parfois alternant avec le Roethidolomit, bien litées (1–30 m.), parfois remplacées par des cargneules. (Muschelkalk pour M. Frech.)

4. Des schistes marneux rouges (Quartenschiefer). (Keuper pour M. Frech.)

[1] Moesch, Geologischer Führer durch die Alpen, Poesse u. Thaeler der Central-Schweitz. Zurich, 1894.

[2] M. Rothpletz considère à tort cette série, qu'il a groupée d'abord avec le Verrucano sous le nom de « Sernifitformation », comprise entre le Houiller et le Trias, comme permienne dans la région qu'il a étudiée dans le massif de Plessur et les Alpes de Glaris; il en fait son « Obere Sernifitstufe »; cet auteur a été trompé par des renversements tectoniques. — (Voir aussi Rothpletz, das geotekonische Problem der Glarner Alpen. Iena 1895, p. 21.)

Massif du Glaernisch.

Plus à l'Est encore, dans le massif du Glaernisch, étudié notamment par M. Heim, on rencontre sur le Verrucano et le Sernifit[1], qui représentent peut-être en partie nos quartzites, une association de dolomies (Roethidolomit[2]) et de cargneules (Rauhwacke) couronnées par des *schistes bariolés* (Quartenschiefer); cette composition rappelle le Trias des Basses-Alpes. M. Frech a fait remarquer très justement que ce type rappelle celui de la partie externe de la zone du Briançonnais (c'est-à-dire, de la sous-zone des Aiguilles-d'Arves).

Engadine et Rhætikon.

La région des *Grisons et de l'Engadine* présente, d'après les travaux récents du professeur Steinmann et de ses élèves, MM. Hoeck, Paulcke, Schiller, von Seydlitz, Lorentz, etc., *plusieurs types triasiques superposés* par suite de l'existence de nappes de charriage. On remarque à côté du type *Lepontin* (Steinmann), caractérisé par des quartzites, des calcaires cristallins et des dolomies métamorphiques formant, avec des cargneules et des gypses, un ensemble assez réduit qui sépare le Verrucano des Schistes lustrés et que M. Frech considère comme incomplet et présentant des *lacunes* importantes, — un développement du Trias qui se rapproche sensiblement, par ses horizons fossilifères, du Trias des Alpes orientales et qui se présente *dans des nappes de recouvrement* refoulées sur les nappes à facies lepontin et que l'on a désignées sous le nom de « Ostalpine Decke » et de « Rhaetische Schubmasse ».

Dans l'Antirhaetikon, le Trias se montre réduit (d'après *Paulcke*, 1904); cependant on y distingue déjà des couches de Raibl, des schistes bigarrés, des calcaires assimilés aux calcaires de Wetterstein et la dolomie principale (Hauptdolomit). — Dans la basse Engadine (groupe de la Lischanna), M. *Schiller* signale de bas en haut : 1° le Verrucano (Permien), dont les assises supérieures micacées, connues sous le nom de *Servino*, représentent sans doute la base du Trias; 2° des grès quartziteux, équivalent probable de nos quartzites werféniens; 3° des cargneules inférieures; 4° des calcaires (Muschelkalk alpin) à *Diplopora pauciforata* Guemb., *Physoporella* sp., *Modiola triquetra* Seeb., Natices, *Chemnitzia*, etc.; 5° Dolomie schisteuse (Couches de Partnach);

[1] C'est à tort, croyons-nous, que MM. Frech et Philippi (*Leth. geogn.*) rattachent au Trias les schistes de Casanna qui sont plus anciens.

[2] Livret-guide Congrès géol. suisse, 1894, p. 70, 139, 140 (K. Schmidt). — Le terme de « Roethidolomit » dont on a fait un singulier abus, ainsi que l'ont fait remarquer déjà MM. Steinmann et Rothpletz, est dérivé du nom de la localité de Roethi dans le massif du Toedi, celui de « Quartenschiefer » de celui d'un village voisin du lac de Wallenstadt. M. Rothpletz a émis des doutes sur l'âge triasique de la dolomie de Roethi; ces doutes nous semblent néanmoins tendancieux et peu fondés.

6° Dolomie de Wetterstein; 7° Couches de Raibl : schistes bigarrés, dolomies, cargneules et grès; 8° la Dolomie principale (Hauptdolomit), puis le Rhétien.

Dans le Rhaetikon méridional, M. Lorentz a signalé en outre des calcaires à *Lithodendron*.

M. *W. v. Seydlitz* a étudié dans le Rhaetikon oriental une série triasique comprenant, au-dessus du Verrucano : 1° grès et conglomérats à quartz rose et blanc (Grès bigarrés); 2° quartzites blancs et roses; 3° cargneules et dolomies jaunes (20-25^{m}); 4° Muschelkalk et Streifenschiefer; 5° couches de Partnach, calcaire de l'Arlberg, couches de Raibl et cargneules; 6° brèche dolomitique et dolomie grise (Dolomie principale).

M. *Boese* a donné une description des assises triasiques de l'Engadine; il y distingue au-dessus du Verrucano :

Le Muschelkalk alpin (Virglorien) à *Diplopores, Dadocrinus, Ceratites* et *Coenothyris vulgaris*, Schloth. sp.;

Les couches de Partnach (dolomie et marnes);

Les calcaires de l'Arlberg à *Megalodon* (équivalents du Wettersteinkalk);

Les couches de Raibl (cargneules, grès, schistes et dolomies);

Enfin, la « Dolomie principale » avec *Natica, Chemnitzia*, etc.

Le tout est surmonté par le Rhétien.

La série du massif de Plessur décrite par M. Hoeck [1] montre également au-dessus des grès et schistes rouges, avec tufs éruptifs, du Verrucano : 1° des conglomérats à quartz rose et blanc et des quartzites blancs assimilés au Grès bigarré; 2° des cargneules inférieures [2 à 40 mètres] (Untere Rauchwacke); 3° des calcaires inférieurs en bancs épais, à bourrelets vermiculés (équivalents du Muschelkalk), à silex, avec *Ptychites* sp. et *Gyrolepis Alberti* Ag., *Encrinus liliiformis* Lamk; 4° calcaires de Wetterstein et dolomies à *Lithodendron* sp. et Gastropodes; 5° cargneules (couches de Raibl); 6° Dolomie principale (Hauptdolomit); 6° Rhétien fossilifère, contenant parfois des *Lithodendron*.

Dans cette même région, le Muschelkalk renferme des *Rhizocorallium;* au sommet de cet étage, on remarque des calcaires noirs et des marnes à *Bactryllium Schmidti* Heer.

Il convient toutefois de remarquer que certaines de ces assises, notamment celles de la Stammerspitze, étudiées par M. Paulcke, rappellent encore nos calcaires du Briançonnais.

[1] (Ber. d. nat. Gesellsch. z. Freiburg i. B., t. XVI, 1906.)

Facies lepontin.

Il existe enfin toute une partie des Alpes suisses comprise entre le Grand Saint-Bernard et le Rhaetikon, dans laquelle la série triasique supportant le vaste complexe des Schistes lustrés (schistes des Grisons ou Bündnerschiefer) en grande partie sinon en totalité liasiques, ainsi que l'ont montré MM. K. Schmidt, Heim, et, en Italie, M. S. Franchi, possède, un type spécial parfois hautement métamorphique (Binnenthal) et d'une épaisseur peu considérable que M. Frech considère comme *incomplet.* M. Steinmann a donné dans la Suisse orientale à ce facies réduit et cristallin, caractérisé par des quartzites surmontés de calcaires marmoréens, le nom de « *Lepontinische Facies* », que M. Frech (*loc. cit.*, p. 85) se refuse à adopter pour des raisons qui tiennent à ce que cet auteur ne tient pas compte de la conception des nappes de charriage austro-alpines et de la présence des « *fenêtres* » qui résultent de leur érosion partielle (Hohe Tauern, etc.). On reconnaît dans ce « type lepontin » celui du Haut-Queyras et de la zone du Piémont qu'il continue au N. E.; M. Termier a pu le suivre sous les nappes des Alpes orientales (Schieferhülle des Hohe Tauern, etc.), où il fait partie lui-même d'une *nappe inférieure*, charriée vers le Nord et affleurant sur le pourtour des « fenêtres » ouvertes par l'érosion dans des nappes d'un facies différent.

Dans toute une région des Alpes suisses (massifs du Gothard et de l'Adula), les Schistes des Grisons (Schistes lustrés) reposent, d'après M. Heim (Ilanz, Baerenhorn, Obersaxen, Averserthal), sur des schistes bariolés, sur le Rœthidolomit, sur des dolomies métamorphiques (Dolomitmarmor) ou des marbres cristallins (Adula) et contiennent à leur base des intercalations de cargneules et de gypses. Il en est de même dans le massif de la Greina, d'après le même auteur. Enfin *M. Frech* (*loc. cit.*, p. 83, 84) a donné une coupe des environs de Saas-Fee et du Mischchabel qui montre ce même type cristallin.

Grisons.

Il convient de rappeler que l'on doit à M. Steinmann (Ueber das Alter der Bündner Schiefer. Freiburg, 1895) d'avoir montré que le Trias est représenté dans les Grisons par la partie inférieure[1] du complexe à roches vertes connu sous la dénomination de « Schistes des Grisons », sous forme de cargneules, de marbres, de calcaires cristallins et de quartzites; ce Trias « *Lepontin* » offre

[1] « Mesozoischer Antheil der Bündner Schiefer » (STEINMANN, *Ber. Naturf. gesellsch. zu Freiburgi. B.*; X, 2. — Lepontinische Triasbildungen (*id.*, p. 222). — Voir aussi : STEINMANN, Geologische Probleme des Alpengebirges (*Zeitschr. des deutschen u. oesterr. Alpenvereins*, t. XXXVII, 1906, p. 32, p. 40, etc.).

IMPRIMERIE NATIONALE.

une grande analogie avec celui du Simplon et contraste notablement avec le Trias fossilifère et moins réduit des nappes de recouvrement du Rhaetikon (Rhaetische Schubmasse, Rothpletz, 1905). [Voir plus haut.]

Massif du Simplon.

Une succession semblable s'observe dans le *massif si compliqué du Simplon*, où les Schistes lustrés mésozoïques sont supportés par des marbres micacés, des calcaires à trémolite, des cipolins, des gypses et anhydrites très métamorphisés (avec biotite et amphibole), des *quartzites* à paragonite, etc., ensemble vraisemblablement triasique et dont l'épaisseur est assez réduite. Au Monte Teggiolo, les calcaires cristallins renferment des *galets du gneiss* (permo-carbonifère?) *sous-jacent*[1]. Les beaux travaux de M. Schmidt[2], ainsi que ceux de MM. Stella, Schardt, Lugeon, etc., nous ont fait connaître dans tous leurs détails les gigantesques reploiements (plis couchés) qui affectent cette série et dans lesquels le Trias forme un horizon facilement reconnaissable.

Ce complexe, qui repose sur des gneiss peut-être permo-carbonifères (Lebendungneiss), présente une grande analogie avec le Trias de la zone du Piémont, mais paraît, ainsi que les Schistes lustrés (Bundnerschiefer) qui le surmontent, être plus hautement métamorphique; les calcaires sont micacés et plus riches en silicates, ainsi que les gypses et les anhydrites (tunnel du Simplon); les quartzites sont parfois gneissiformes; ces caractères s'accentuent encore dans le voisinage de la zone d'Ivrée, zone de « racines » dans laquelle des bandes de cipolins (Ornavasso) et de quartzites représentent, d'après M. le professeur Schmidt, des synclinaux de dépôts triasiques transformés et pour ainsi dire « recuits » par un métamorphisme intense, alors que M. Novarese y voit des assises plus anciennes.

Zone d'Ivrée.

Zones de sédimentation des dépôts triasiques des Alpes suisses.

En résumé, les principaux facies du Trias dans les Alpes suisses sont :

1° Zone septentrionale.

1° *Le type de bordure du massif de l'Aar*, incomplet et réduit, formé de grès peu épais, de dolomies (Roethidolomit) et de *schistes bariolés* (Quartenschiefer), ensemble désigné sous le nom de « Zwischenbildungen » par certains

(1) Les calcaires du Teggiolo rappellent d'une façon très frappante certains de nos horizons triasiques des Alpes françaises, notamment les marbres rubanés du col Agnel et les calcaires phylliteux de la Vanoise.

(2) Schmidt, *Die Geologie der Simplongebirges und des Simplontunnels*. — *Rektorats programm.* Bâle, 1905 (avec bibliographie).

de nos confrères suisses. Ce facies rappelle le type de notre zone cristalline delphino-savoisienne (Belledonne, Pelvoux, Mont-Blanc, etc.), dont il est la continuation; il se présente dans les massifs *autochtones* et dans les plis couchés (Hautes-Alpes à facies helvétique, *nappes helvétiques*) et les nappes « à racines externes » (Lugeon) des Alpes suisses (près du Saentis, etc.), ainsi que dans les Hautes-Alpes calcaires (plis de Morcles, des Diablerets et du Wildhorn) et les nappes glaronnaises (Churfirsten, etc.).

1 *b*. Le type des Klippes extérieures ou *Préalpes septentrionales* et, au Sud, celui de la « zone des cols » (c'est-à-dire des Préalpes internes et externes), comprenant des gypses, des cargneules, des dolomies et des *schistes bariolés*, s'observe dans des nappes dont les racines doivent être recherchées au Sud de la zone précédente, c'est-à-dire au Sud de la région à facies helvétique. Par le développement de ses *schistes bariolés*, par son analogie avec le facies caractéristique de notre sous-zone des Aiguilles-d'Arves et des lambeaux de recouvrement de l'Ubaye, qui forme une zone de sédimentation intermédiaire entre le type briançonnais et le type dauphinois, ce type Préalpes externes et de la zone des cols paraît *intermédiaire entre le précédent* et le *suivant;* les racines des nappes qu'il caractérise sont probablement situées au Sud du massif de l'Aar et au Nord de la zone du Briançonnais ou de sa continuation orientale, c'est-à-dire dans la région du Val Ferret et du bas Valais. En tous cas, il nous paraît impossible de leur assigner une origine plus méridionale.

2° *Le type de la zone du Briançonnais* (vallée de Bagnes, Sion), bordant au *Nord* les massifs du Mont-Rose et du Combin, formant l'« inneralpiner Triaszug » de M. Frech (*loc. cit.*), et s'étendant au Sud du massif de l'Aar et au Nord de la zone du Mont-Rose jusqu'au Rhin; ce complexe est constitué par des quartzites, des gypses et des cargneules, avec de *grandes masses de calcaires gris* du type des « calcaires à Gyroporelles ». 2° Zone moyenne.

C'est la continuation vers le N. E. de notre zone de sédimentation intra-alpine du Briançonnais que l'on peut suivre par la Tarentaise, le petit Saint-Bernard, le col de Fenêtre jusqu'à Sion, dans le Valais et peut-être plus à l'Est encore.

A cette zone de sédimentation se rattache nettement le type *des Préalpes medianes de M. Lugeon*, à *Diplopores* et « Muschelkalk alpin » fossilifère, signalé dans des nappes charriées dont les racines sont vraisemblablement situées dans la zone du Briançonnais (notre type 2). C'est à cette zone que se rattacheraient également la nappe des Klippes (Klippendecke) et peut-être les nappes plus internes encore de la brèche de la Hornfluh et du Chablais (« Brecciendecke » des auteurs suisses).

3° Zone des Schistes lustrés et du facies lepontin.

3° Le *type de la zone du Mont-Rose* (*facies lepontin* de M. Steinmann), présentant des quartzites gneissiformes, des calcaires et dolomies très cristallins et métamorphiques (Val Piora, Val Bedretto, Binnenthal), des gypses et anhydrites également métamorphiques et micacés (tunnel du Simplon), supportant des Schistes lustrés avec nombreuses masses éruptives basiques (Pietre verdi).

C'est la suite de notre Trias de la zone du Piémont, du Queyras, du Mont-Cenis, des environs de Coni et de Suse, qui prend vers le N. E. un facies de plus en plus métamorphique en rapport avec les puissantes actions dynamiques qu'il a subies (Simplon). On le suit de la Corse orientale, par la Ligurie (Voltri), à travers le Piémont, dans les massifs du Cervin, du Simplon, du Gothard, de l'Adula, jusque dans les Grisons, où il disparaît sous des nappes de recouvrement à facies oriental (austro-alpin), à travers desquelles des « fenêtres » d'érosion le font réapparaître en certains points. Le type « Lepontin », de M. Steinmann, également assez réduit, se rattache à ce type; il forme, à l'Est du Rhin, un ensemble complexe de nappes de charriages (Brecciendecke, Rhaetische Decke), dont les racines sont également à rechercher au *Sud de la zone du Briançonnais.*

4° Zone austro-alpine.

4° Le *type austro-alpin,* avec ses horizons fossilifères, ne se montrant qu'à l'Est du Rhin et prenant un plus grand développement dans les *nappes bavaroises* ou des Alpes orientales, multiples et étendues.

VERSANT ITALIEN DES ALPES OCCIDENTALES.

Versant italien des Alpes.

Il nous paraît intéressant de considérer maintenant la succession des dépôts triasiques sur le versant italien des Alpes occidentales, et en particulier aux environs de Coni, de Suse, d'Arona, de Lugano et au Monte Salvatore. Ce nouveau type permet en effet de relier, dans une certaine mesure, notre Trias briançonnais à celui des Alpes orientales par l'intermédiaire du facies piémontais; il annonce en effet le voisinage d'une zone de sédimentation, *la zone du facies austro-alpin*, située au Sud de la zone du facies lepontin et du facies piémontais, et il est probable que c'est à cette nouvelle zone qu'appartiennent les racines des nappes de charriage des Alpes orientales, dont le Trias offre des facies si variés et si fossilifères[1].

Trias de la zone du Piémont.

Dans la zone du Piémont et des Schistes lustrés, à Gad' d'Oulx, dans le val de Suse, M. Zaccagna a décrit des calcaires triasiques et y a découvert des fossiles déterminés depuis par M. Portis[2] et indiquant le Muschelkalk : *Myophoria* cf. *elegans* Dunck, *Lima costata* Münster et *Diplopora pauciforata* Guemb. Il y a lieu de signaler aussi des calcaires à *Diplopora annulata* Schafh. et *Chemnitzia* sp. (Val Grana, Bernezzo, Boves), des calcaires dolomitiques albitifères ou bréchoïdes à *E. liliiformis* Lamk. et *Spirigera trigonella* Schl. sp., des calcaires à *Fucoïdes*, des marbres, cipolins, des Schistes charbonneux (Demonte, etc.).

Nous avons énuméré plus haut les intéressantes découvertes de M. Secondo Franchi[3] dans les calcaires qui *supportent* les Schistes lustrés en différents points des Alpes piémontaises et qui passent parfois *latéralement* et par le sommet à ces schistes et forment à leur base des intercalations lenticulaires de calcaires à Crinoïdes et de calcaires micacés. Cet auteur y a signalé des Gyroporelles (*Diplopora annulata* Schafh., des Crinoïdes indéterminables et l'*Encrinus liliiformis* Lamk. à la base). Au sommet se rencontrent, dans les vallées de la Grana et de la Maira, dans le vallon d'Elva, à Borgo S. Dalmazzo, dans la région comprise entre l'Ellero et la Bormida, au Monte Chialmo, à Bernezzo, à Chianoc près de Suse, les fossiles suivants : Bivalves indéterminables, *Pleuromya* (*Myacites*) *Fassaensis* Wissm. sp., des Aviculidées (*Gervilleia exilis* Stopp. sp.), *Myalinia*, *Loxonema* (gr. de *L. hybrida* Münst. sp., des couches de Saint-Cassian), *Chemnitzia*, *Natica*, *Pleurotomaria* sp. (cf. *Pleur.* [*Worthenia*] *solitaria* Ben. ? = *Guidonia Songavatii* Stopp. = (?) *Delphinula Escheri* Stopp.), c'est-à-dire une faune qui correspond à un niveau assez élevé du Trias.

[1] *Livret-guide* Congr. géol. Zürich, 1894, p. 103.

[2] A. PORTIS, Nuove località fossilifere in val di Susa. (*Bolletino del R. Comitato geologico*, 1889, n°s 5-6.) — Voir aussi une notice de M. Virgilio.

[3] Voir à ce sujet les nombreuses publications de MM. S. Franchi, di Stefano, Stella, Novarese, Virgilio, Zaccagna (dont nous donnerons la liste dans le chapitre de ce mémoire consacré aux Schistes lustrés) et la nouvelle Carte géologique des Alpes occidentales italiennes au 400 millième (1908).

Dans toute la région des Alpes piémontaises, le Trias présente : — soit (*a*) un facies (« facies ordinaire ») se rapprochant du *facies briançonnais*, et comprenant des quartzites, anagénites, schistes gréseux, séricitenx et pseudogneiss supportant des calcaires dolomitiques du type que M. Zaccagna a appelé « Calcaires de Villanova » (type monregalien de M. Franchi), très développés dans les environs de Mondovi; ces calcaires passent parfois aux Schistes lustrés inférieurs à des micaschistes et à des marbres à Crinoïdes (Chianoc, environs de Saluces, Val Maira, Ossola) dont ils sont difficiles à délimiter, — soit (*b*) un « *facies cristallin* » (Franchi) formé de micaschistes et de gneiss, passant *latéralement à des quartzites* à la base, puis de schistes séricileux, micacés et ottrélifères (Val. Corsaglia, etc.), de calcschistes du type « Schistes lustrés »; *une partie des Schistes lustrés de Mondovi seraient donc triasiques, pour M. Franchi.* Ce facies se rencontre dans les vallées du Pô, de la Maira, de la Varaita, à Oulx, dans le Val Grisanche, etc.

On remarque parfois des cargneules et des gypses (et anhydrites) comme ceux de la Grivola, du Val Grisanche et du col du Mont-Cenis dont M. Dainelli[1] a récemment décrit les cavités de dissolution.

D'autres fois, le Trias peut présenter un *type mixte* intermédiaire entre les deux facies précédents. Des *schistes bigarrés* accompagnent les gypses au col del Mulo et au col de Maurin. — Au sommet existent, à la Colletta di Salé, des calcaires noirs *rhétiens* à Crinoïdes et *Myophoria postera* Qu. sp.

Le Trias de la zone du Piémont se continue par les environs d'Aoste et les massifs du Cervin et du Mont-Rose vers la Suisse et le Simplon, où ses caractères de métamorphisme s'accentuent de plus en plus. MM. Stella, Novarese et Parona l'ont décrit dans les environs de Domo d'Ossola et dans le Val Sesia à la base de la formation des calcschistes et en ont signalé les quartzites, les calcaires dolomitiques, les brèches et les cargneules; on y remarque un horizon de schistes (Sch. de Rimetta) particuliers.

Nous reviendrons plus tard sur ces Schistes lustrés, considérés comme triasiques par Stoppani, puis par Ch. Lory, comme prépaléozoïques et précarbonifères par MM. Zaccagna et Mattirolo et dans lesquels on s'accorde à présent pour voir, avec M. Franchi, surtout un facies des assises liasiques, alors que M. Termier les considère comme une « *série compréhensive* » allant du Trias à l'Oligocène et non sans analogie avec les schistes du Praettigau

[1] Caveta di erosione nei gessi del Moncenisio. — Udine (*Mondo sott.*, III, 1908).

et des Grisons qui engloberaient, d'après MM. Schmidt, M. Steinmann et les élèves de ce dernier, le Lias, le Crétacé et une partie du Tertiaire.

Dans la vallée de l'Ubaye, ainsi que l'avait déjà observé Potier, et en beaucoup d'autres points, les Schistes lustrés semblent former une suite continue à la série cristallophyllienne, mais, en regardant les choses de près, on distingue le plus souvent à leur base des *quartzites gneissiformes*, puis des marbres phylliteux ou zonés (la Chalp en Queyras) et parfois des cargneules.

Entre Savoulx et Oulx (Italie), on peut voir les quartzites du Trias inférieur, qui forment un niveau constant, dessiner avec des cargneules et des gypses une série de replis isoclinaux au milieu des Schistes lustrés. Aux environs de Suse (Chianoc), des calcaires analogues aux Calcaires triasiques du Briançonnais *supportent* la série des Schistes lustrés.

Trias des Alpes-Maritimes italiennes.

Dans les *Alpes maritimes italiennes*, le Trias a été bien étudié par MM. Zaccagna, Portis, Baldacci, Franchi et Sacco.

D'après M. Franchi, dont les conclusions ont été en partie reproduites par M. Sacco[1], et d'après ce dernier auteur, le Trias serait représenté dans les montagnes de Cuneo, entre les massifs de l'Argentera et de la Besimauda, tantôt par un « *facies schisto-cristallin* » avec lentilles ophiolitiques (zone des *Pierres vertes*) équivalent de nos Schistes lustrés, tantôt par un « *facies ordinaire* ou *normal* » quartzito-anagénitique à la base et calcaréo-dolomitique au sommet (« *facies briançonnais* ») se terminant par des gypses, des anhydrites et des cargneules[2]. Le premier de ces types comprend des schistes micacés, talqueux ou chloriteux passant, vers le bas de la série, aux quartzites et aux anagénites schisteuses, tandis qu'ils sont calcarifères jusqu'à devenir des calcschistes et de véritables calcaires tabulaires dans le haut de la formation. Cette série schisteuse est parfois accompagnée de quelques lentilles ophiolitiques. Elle est nettement comprise, d'une part, entre les bésimaudites et les schistes quartzo-sériciteux du Permien auxquels elle passe insensiblement, les quartzites qui y apparaissent en lentilles et, d'autre part, les calcaires dolomitiques à Gyroporelles du « Trias normal » (Sacco). Le Trias à facies briançonnais se divise en deux étages pour MM. Franchi et Sacco : 1° Trias

[1] F. Sacco, I Monti di Cuneo tra il gruppo della Besimauda e quello dell' Argentera (*Acad. d. Sc. di Torino*, 1907).

[2] Il est curieux de rappeler que l'âge triasique de ces schistes à roches vertes avait été reconnu, dès 1884, dans l'Apennin ligure par M. Zaccagna; ce même auteur n'osa pas, on le sait, étendre cette conclusion aux Schistes lustrés des Alpes occidentales.

inférieur représenté par des anagénites, des quartzites, des grès quartzeux, des grès feldspathiques, des arkoses passant parfois à des schistes versicolores (en *discordance* sur les gneiss précarbonifères Franchi); 2° Trias moyen et supérieur consistant en calcaires plus ou moins dolomitiques, parfois remplis de restes de Siphonées; Diplopores (spécialement *Diplopora annulata* Schafh.), *Encrinus liliiformis* Lamk., *Natica*, *Chemnitza*, *Loxonema* (Baldissera), c'est-à-dire par un complexe correspondant au Muschelkalk d'après M. Sacco. Dans la partie supérieure de l'étage apparaissent parfois des lits de calcaires caverneux, des cargneules et des dolomies pulvérulentes avec lentilles de *gypses* qui accompagnent quelquefois des schistes rougeâtres ou roses violacés. Le Trias et le Permien de cette région reposent, d'après M. Franchi, en *discordance* angulaire sur les schises cristallins *précarbonifères* que M. Sacco considère comme permo-houillers.

Nous avons vu, d'autre part, que M. *Franchi*[1] a fait connaître dans les Alpes du Piémont et dans les Alpes-Maritimes, *sous* les Schistes lustrés, des calcaires à fossiles nettement triasiques, et dans le voisinage du col de l'Argentera, un Trias très analogue à notre Trias briançonnais.

Trias de la Ligurie.

Une succession analogue s'observe dans l'*Apennin ligure*, reproduisant ainsi un facies du Trias qui se poursuit, sur le versant italien des Alpes, de la frontière du Valais aux Alpes-Maritimes et dont il est intéressant de pouvoir constater, malgré des variations de détail, la remarquable constance.

On doit à MM. *Issel*, *Rovereto* et *Tornquist* des descriptions intéressantes du Trias des vallées de Callizano, de la Neva, de la Cima Margarese et des régions voisines de Gênes, qui montrent que, là encore, la composition de ce terrain rappelle vivement[2] celle que nous avons décrite dans les chaînes intra-alpines.

[1] S. Franchi, Sull'età mesozoica, etc., *loc. cit.* — Voir aussi plus haut, p. 216-219 et 301, et S. Franchi, Osservazioni sopra alcuni recenti lavori sulla geologia delle Alpi-Marittime (*Boll. del R. Comit. geolog.*, 1907, n° 3). On trouvera en détails, dans cette dernière brochure, les revendications de priorité suscitées de la part de l'éminent ingénieur par les publications récentes du professeur Sacco.

[2] Voir *Bull. Soc. geol. ital.* (1897), t. XVI, p. 77. — On voit se succéder de bas en haut : 1° Conglomérats; 2° Muschelkalk à *Encrinus liliiformis* Lamk., *Dadocrinus gracilis*, v. Buch sp., *Spirigera trigonella* Schloth. sp.; 3° Calcaire cristallin à Gastropodes (*Naticella sublineata* Munst.) et Diplopores (*D. annulata* Schafh.). — Une série triasique analogue a été décrite dans l'Italie moyenne par MM. Novarese, Lotti, Simonelli, Caretti, Cortese, Canavari, Capellini, Baldacci, Zaccagna.

Trias de la région des lacs italiens.

Si nous poursuivons plus à l'Est nos investigations sur le bord interne de la chaîne alpine, nous voyons se montrer vers la Lombardie un type un peu différent du Trias. Des calcaires et des dolomies en masses puissantes et tout à fait comparables à celles du Briançonnais se rencontrent au-dessus de grès et de conglomérats avec schistes argileux (*Volzia heterophylla*) qui représentent le Trias inférieur tout le long des Préalpes pennines, entre le lac Majeur et le val Sesia, et en particulier au mont Fenera (val Sesia). On peut distinguer dans cette série dolomitique (avec Diplopores) des bancs de nature différente et y faire des subdivisions, mais les fossiles paraissent y faire défaut; M. Parona admet que l'ensemble représente « le Muschelkalk et le Norien ». Il en est de même des calcaires de Savone, Rivara, Issiglio, Vidracco, Montalto, etc.

Arona; environs de Lugano.

Plus à l'Est, dans la région des lacs italiens, les calcaires dolomitiques d'Arona sur les bords du lac Majeur, dont l'aspect rappelle vivement certaines de nos assises du Trias de la Vanoise ou du Briançonnais, ont fourni une faune intéressante [1] : *Lima striata* Schloth. sp., *Pecten discites* Schloth. sp., *Gervilleia costata* Schloth. sp., *Arca triasina* Rœm., *Myophoria elegans* Dunk., *Myophoria ovata* Goldf. sp., *Pleuromya* (*Myacites*) *canalensis* Cat. sp., *Pleuromya subundata* Schaur. sp., *Pleur. mactroides* Schloth. sp., *Natica Gaillardoti* Lefroy, *Natica gregaria* Schloth. sp., *Chemnitzia loxonematoides* Gieb., *Ch. Hehlii* Ziet. sp., *Turbonilla gracilior* Schaur. sp., *Encrinus* cf. *gracilis*, v. Buch., *Gyroporelles* (*G.* [*Diplopora*] *multiserialis* Gümb., *G. debilis* Gümb., *Diplopora annulata* Schafaütl.), ce qui a déterminé M. Parona à les considérer comme correspondant à plusieurs horizons du Muschelkalk alpin.

Vers Lugano [2], ce facies devient « mixte » plus variable et les subdivisions se multiplient dans la formation triasique. Toutefois, en certains points, des *masses récifales* ou *dolomitiques* se développent du Virglorien au Ladinien et des gypses envahissent le Trias supérieur. Il en résulte une série qui n'est pas sans analogie avec celle du Briançonnais.

A la base, — et au-dessus du Permien (Verrucano) et de ses porphyres, — des conglomérats, des schistes bariolés, des brèches, des grès dolomitiques et

[1] Consulter : PARONA. Sulla eta della Dolomia di Arona (*Rendiconti del R. Istituto lombardo*, série II, vol. XXV, 1892), où l'on trouvera aussi l'indication des nombreux auteurs qui se sont occupés de ces calcaires.

[2] SCHMIDT et STEINMANN, Umgebung von Lugano; et STEINMANN, Bemerkungen uber Trias, Jura und Kreide in der Umgebung des Luganer Sees (*Eclog. geol. helv.*, vol. II, n° 1, 1890). — Voir aussi : Frech *Lethaea* (*loc. cit.*, p. 299 [tableau] et 402).

micacés que les auteurs désignent sous le nom de *Servino* et rapportent aux couches de Werfen et qu'il est extrêmement difficile de séparer du Permien, peuvent être rapprochés de nos quartzites et anagénites si constants dans toute la zone intra-alpine et dont ils occupent exactement le niveau. Le reste du Trias est formé d'abord par des cargneules, puis par des dolomies bien litées et des calcaires (à *Dadocrinus*) à rognons siliceux, enfin par des dolomies et des calcaires à *Gyroporelles* et à *Diplopores* d'origine probablement récifale et d'allure massive qui rappellent beaucoup nos calcaires du Briançonnais. Viennent ensuite des marno-calcaires [couches de Raibl][1] contenant de puissants amas de gypse (Nabiallo).

Grâce aux fossiles rencontrés dans cette région, on a pu constater qu'au Mont-Salvatore et dans la gorge de Margorabbia, le *facies dolomitique* récifal s'étend du Muschelkalk inférieur au Rhétien, mais il n'en est pas de même au Mont-Bré, à l'Est de Lugano, où des couches marneuses fossilifères viennent s'intercaler et, plus à l'Est, où apparaissent les différents horizons (couches bitu-

[1] On consultera, au sujet du Trias de cette intéressante région des lacs, outre les travaux de Léopold de Buch, F. von Hauer, Escher, Benecke, Deecke, les publications récentes de M. von Bistram : das Dolomitgebiet der Luganer Alpen (Geol.-pal. Studien in den Comasker Alpen, II) [*Ber. d. naturf. Gesellsch. zu Freiburg*, i/Br. vol. XIV, 1903].

Cet auteur énumère, dans les environs de Lugano, au-dessus du Permien (verrucano et porphyres) :

1° *Servino;*

2° *Dolomie inférieure* (Muschelkalk et calcaire d'Esino), représentant le Virglorien et le Ladinien. Cette assise, développée au Monte Salvatore, débute par des *cargneules* et des marnes, surmontées de bancs calcaires à *Dadocrinus*, qui supportent des masses calcaires (Monte Salvatore) fossilifères à *Ceratites luganensis* Hauer et nombreuses espèces citées par Mariani et Tornquist (*Diplopores*, (*Dipl. annulata* Schafh.), *Polypiers*, *Cœnothyris vulgaris*, Bosc. sp., *Encrinus liliiformis* Lamk. Entroques, *Myophoria vulgaris* Schloth. sp., *Pecten Alberti* Goldf., *P. discites* Schloth., *Halobia Lommeli* Wissm. sp., *Macrodon esinense* Stopp, *Worthenia sigaretoides* Kittl., *Loxonema tenuis* Münstr. sp., *Ceratites Pemphix* v. Mojs., *Dinarites*, *Orthocères*, etc.). Le sommet de cette assise correspond aux calcaires d'Esino; elle se *dolomitise* et s'*uniformise vers l'Ouest*, où elle contient de moins en moins de fossiles. A cet horizon appartiennent le « Varenna Kalk et les couches de Paledo »;

3° *Couches de Raibl* (600 mètres). Calcaires en plaquettes (près de Menaggio) et couches bariolées à lentilles de *gypse* (Nabiallo), cargneules, tufs et grès jaunes, marnes noires. Cette assise se réduit à quelques mètres vers l'Ouest;

4° *Hauptdolomit* (dolomie principale), dolomies claires, massives, subcristallines, pauvres en fossiles (*Worthenia solitaria* Ben. sp., *Megalodon*, *Gyroporella vesiculifera* Gümb.); leur puissance est de 1,000 à 1,200 mètres. Elles se terminent supérieurement par des calcaires en plaquettes et supportent en concordance l'assise suivante :

5° Rhétien à *Avicula contorta* Portl. (couches de Koessen), surmonté de calcaires à *Lithodendron* et de dolomies à *Conchodon*.

mineuses à *Ceratites trinodosus* Mojs., couches à *Trachyceras*, etc.) décrits autour du lac de Côme et sur lesquels nous n'avons pas à insister ici. A Besano, tout le Trias est argilo-schisteux et marno-calcaire. « *La fusion du Muschelkalk avec les étages Norien et Carnien en une masse récifale notablement réduite et interrompue seulement çà et là par quelques intercalations stratifiées* » est, d'après M. Steinmann, le trait caractéristique du Trias en plusieurs points des environs de Lugano[1].

MODIFICATIONS DU TRIAS À L'EST DE LA SUISSE ET DE LA RÉGION DES LACS.

Zone méridionale. (Ostalpine facies.)

Le *type des Alpes orientales* (« ostalpine Facies ») dans lequel apparaissent une série d'horizons fossilifères inconnus dans le reste des Alpes occidentales n'existe dans la Suisse orientale que sous forme de nappes charriées supérieures aux nappes lépontiennes et dont les racines sont à placer au Sud de celles de notre type 3.

Il appartient à une zone de sédimentation située au Sud-Est de la précédente et de la bande des Schistes lustrés; on la voit se montrer au Sud de la zone des amphibolites d'Ivrée, à partir d'Arona, dans la région des lacs italiens; c'est elle qui, se développant largement vers l'Est, a dû fournir les nappes multiples dont MM. Termier et Haug ont démontré l'existence dans les Alpes autrichiennes et bavaroises.

On voit que ces différents types ont été parfois superposés ou intervertis par l'effet des phénomènes de charriage, et ce n'est pas une des tâches les moins difficiles qui incombent aux géologues alpins que la « remise en place » de ces nappes en vue de reconstituer l'image exacte de la répartition des facies à l'époque triasique entre la Souabe et l'Appennin.

Hypothèse vindelicienne.

Nous compléterons ces considérations sur le Trias des Alpes occidentales en remarquant qu'aucune des particularités de facies mentionnées plus haut ne nous conduit à la nécessité de supposer, comme l'ont fait M. Quereau et d'autres auteurs, l'existence, à l'époque triasique, d'une ébauche de la *Chaîne*

[1] Voir les travaux de M. Mariani (*Atti Soc. ital. de Sc. nat.*, Milan, 1900-1906) sur les Fossiles du Trias moyen, la faune de la dolomie des environs de Lugano, le Trias de la vallée du Caffaro, de la Presolana, etc.

vindelicienne de Guembel, dont M. Rollier[1] s'est récemment encore fait le champion convaincu et qui se serait dressée dans la région préalpine à la fin de l'Éocène pour se démanteler à l'époque miocène. Les ridements hercyniens de la zone des massifs centraux et les charriages néogènes suffisent amplement, *sans cette hypothèse,* pour expliquer la répartition des facies dans les Alpes helvétiques.

Régions à l'Est du Lac Majeur (passage au type austro-alpin).

Nous ne poursuivrons pas plus avant vers l'Est ces dépôts triasiques que MM. Stoppani, Curioni, Mariani, Corli et Schmidt ont étudiés dans l'Alta Brianza[2], MM. Tamarelli dans le Tessin, Deecke dans la Grigna, Philippi près de Lecco, Spreafico et Repossi dans le val d'Intelvi, le val Menaggio, etc., et que M. Baltzer a décrits en 1901 autour du lac d'Iseo, et dans lesquels les horizons fossilifères se multiplient et constituent un type de plus en plus différent de celui des Alpes françaises. Nous nous bornerons à rappeler que partout reposent sur le Verrucano permien des assises gréseuses, schisteuses à *Tirolites cassianus* Qu. sp., siliceuses ou détritiques (Servino) équivalentes de nos quartzites werféniens du Briançonnais; au-dessus, un horizon de gypses et de cargneules avec « calcare farinoso » les sépare du Muschelkalk alpin (Virglorien) dolomitique et récifal à *Daonella* (*Halobia*) *Lommeli* Wissm. sp.; puis viennent les calcaires ladiniens (Diplopores, horizon d'Esino), supportant les couches de Raibl (Calcaires marneux et marnes; Gypses de Lecco et Nobiallo); des couches à Myophories (Acquate); des gypses, cargneules, marnocalcaires lignitifères avec grès et tufs éruptifs; enfin la « Dolomie principale » (Hauptdolomit) ruiniforme, à *Gervilleia exilis* Stopp. sp., Megalodontes, *Turbo* (*Worthenia*) *solitarius* Ben., et *Gyroporelles* (*G. vesiculifera* Gümb.; Lecco, Valsolda, etc.), que surmontent les assises rhétiennes.

De ces faits nous pouvons conclure, d'autre part, que la puissante série des calcaires triasiques de Savoie et du Briançonnais, dont certaines assises rappellent les calcaires à Gyroporelles d'Arona et de Lugano et dont nous avons fait ressortir le caractère également en partie récifal (phytogène), correspond certainement au Muschelkalk, mais, très probablement aussi, à une portion plus élevée des horizons du Trias (Ladinien à Diplopores, Dolomie principale à *Gervilleia exilis* Stopp. sp. et *Gyroporelles*).

[1] Actes Soc. jurass. d'émulation, 1906 (Saint-Imier, 1907).
[2] Voir *C. R. Congrès géol. internat.*, Zurich, 1894.

ALPES ORIENTALES.

Trias des Alpes orientales.

En ce qui concerne les Alpes orientales, où le Trias offre une variété de facies, une multiplicité d'horizons fossilifères et une puissance que nous n'avons pas rencontrées dans les Alpes occidentales, nous nous contenterons de rappeler, sans entrer dans des détails [1] qui ne nous serviraient en rien pour établir un parallélisme quelconque avec la série des Alpes françaises, que la majeure partie des dépôts triasiques appartient à un type fort différent du nôtre, le type *austro-alpin,* que nous avons vu apparaître dans la région des lacs italiens *au Sud de la zone du Piémont* et se continuer par Predazzo vers le Tyrol méridional, et qui se montre, d'autre part, dans le Rhaetikon, *en nappes charriées* recouvrant le Trias à facies lepontin.

M. Haug [2] a récemment montré que, dans les Alpes calcaires septentrionales (Salzkammergut [Alpes de Salzburg]), la diversité des facies et la complexité des dépôts triasiques pouvait s'expliquer par la présence d'une série de nappes de charriage superposées (nappe bavaroise, nappe du sel, nappe de Hallstatt et nappe du Dachstein) qui toutes ont subi une translation importante vers le Nord, et dont les racines seraient situées *au Sud de la zone cristalline centrale* et, d'après M. Termier, au Sud de la « zone des Schistes lustrés », elle-même déversée et charriée vers le Nord dans cette partie des Alpes.

Le Trias des Alpes calcaires septentrionales représenterait donc les dépôts d'une zone sédimentaire *plus méridionale que toutes celles que nous connaissons dans les Alpes occidentales* et dont les affleurements nous sont inconnus à l'Ouest de la zone d'Ivrée. C'est donc aux environs d'Arona et de Lugano qu'il convient de rechercher des *termes de passage* pouvant faciliter le parallélisme des différentes subdivisions de ce Trias oriental avec celles du Piémont et du Briançonnais.

[1] Voir, pour le Trias austro-alpin et sa bibliographie, le fascicule du *Lethaea geognostica* (II, vol. I, fasc. 3, 1905), consacré par MM. von ARTHABER et FRECH au « Trias alpin ». — Il convient de remarquer à ce propos qu'une compréhension plus exacte de la tectonique des Alpes orientales et des « *nappes* » qui les composent modifiera sans doute notablement dans l'avenir les parallélismes admis dans ce bel ouvrage.

[2] E. HAUG. — Les nappes de charriage des Alpes calcaires septentrionales. (*Bull. Soc. géol. de Fr.*, 4ᵉ série, t. III, 6, p. 358. 1906.)

Trias de la Zone centrale.

D'autre part, on doit à M. Termier [1] d'avoir reconnu l'existence d'un Trias analogue ou même identique à celui de la zone du Piémont et au facies lepontin de M. Steinmann, dans une partie des Alpes autrichiennes où il sépare les « Schistes lustrés », formant la Schieferhülle des Hohe Tauern des Schistes cristallins et du Gneiss central.

Notre confrère a, en effet, constaté dans les régions du Brenner et de l'Ortler l'existence constante, sous un ensemble de Schistes lustrés (Kalkphyllite Kalkglimmerschiefer) correspondant sans doute à nos Schistes lustrés mésozoïques, d'un complexe formé de Quartzites (Quarzsericit-Grauwacken und Schiefer, Quartzites de la Gschoesswand près Mairhofen, du Wolfendorn et du Schlüsseljoch, Landschfeldquartzit, etc.), remarquablement constants et analogues à nos quartzites werféniens des Alpes françaises, et de calcaires plus ou moins cristallins et albitifères (marbres et dolomies du Tribulaun, marbres phylliteux (Glimmerkalk de M. Frech, calcaires à *Diplopores*, Diploporendolomit, Hochstegenkalk, Ortlerkalk (Hauptdolomit de Theobald), calcaires à Dactylopores de Mauls, calcaires de l'Umbrail, etc.).

Ainsi les quartzites et les calcaires à Diplopores sont constamment associés dans toute la zone axiale des Alpes (Briançon, Vanoise, Alpes pennines, Engadine, Zillerthal, Semmering), dont on doit à M. Termier d'avoir mis en évidence la continuité et où le métamorphisme régional atteint son maximum. Certaines séries sédimentaires du Brenner, notamment, rappellent d'une façon frappante, d'après cet auteur, comme l'avait pressenti L. de Buch, la succession et les roches de la région du Mont-Cenis.

Il existe donc toute une partie des Alpes orientales où les sédiments mésozoïques présentent le facies caractéristique que nous avons décrit plus haut dans la zone du Piémont et du Simplon. Les sédiments de ce facies font partie d'une immense nappe complexe charriée vers le Nord, ainsi que l'a fait voir notre ami M. Termier, et apparaissent sous des paquets de nappes supérieures dans les « fenêtres » de la Basse-Engadine et des Hohe-Tauern [2]. C'est à cette

[1] M. Termier, Les nappes des Alpes orientales et la synthèse des Alpes. (*Bull. Soc. géol. de Fr.*, 4e série, t. III, p. 711. 1903.) — Les Alpes entre le Brenner et la Valteline. (*Id.*, t. V, p. 209. 1905.)

[2] M. Frech (*Lethaea geognostica*, II, 1, I, p. 78 [tableau] et II, 1, III, p. 391-394; p. 408 [chap. V : Die Trias der Central-Alpen und der Lombardei]), qui n'admet pas l'hypothèse des nappes de recouvrement, a interprété comme des « *îles* » (« Centralalpine und carnische Insel ») dans lesquelles une partie du Trias (notamment le Trias moyen) ne se serait pas déposée, ces régions (Ortler, etc.) où le Trias accuse un facies si différent de celui des massifs environnants. Il

nappe qu'appartient la « rhaetische Decke » de M. Steinmann. D'après l'hypothèse actuellement admise à la suite des travaux de MM. Haug et Termier, la bande correspondant à ce facies lepontin était située au Sud de la zone cristalline centrale et au *Nord des régions à facies austro-alpin* (nappe bavaroise, du sel, de Hallstatt, etc.).

On voit que, pour avoir une idée nette de la répartition des facies du Trias dans la partie des Alpes située à l'Est du Rhin, il devient indispensable de tenir le plus grand compte des nappes de recouvrement dont la présence complique la structure de cette région et dont l'étude n'est encore qu'ébauchée.

L'on peut cependant affirmer d'ores et déjà que les zones sédimentaires que nous avons distinguées dans les Alpes françaises sont toutes extérieures à l'aire de développement des sédiments à facies austro-alpin. La continuation de notre zone du Piémont n'apparaît à l'Est du Rhin que dans des « fenêtres » ouvertes par l'érosion dans des nappes complexes d'origine plus méridionale. Quant à la continuation des autres zones des Alpes françaises, elle est cachée en profondeur sous les nappes des Alpes orientales.

RÉSUMÉ ET CONCLUSIONS RELATIVES AU TRIAS.

Conclusions relatives au système triasique.

L'étude que nous venons de faire des représentants du système triasique dans les Alpes françaises et de leur continuation vers le Nord-Est conduit à quelques considérations importantes.

Remarquons d'abord que les assises de ce terrain sont recouvertes *en concordance* par les premiers dépôts jurassiques partout où les érosions ultérieures n'ont pas fait disparaître ces derniers. Ces dépôts sont tantôt les calcaires et schistes fossilifères du Rhétien (Pas-du-Roc), tantôt les brèches liasiques qui les ravinent (Briançonnais oriental, Laffrey), tantôt les Schistes lustrés (zone du Piémont).

Le caractère toujours nettement marin des premiers dépôts jurassiques, succédant aux formations lagunaires du Trias dans les zones externes des Alpes, indique une *transgressivité* manifeste du Rhétien.

aurait existé une *zone axiale* émergée (Hohe, Tauern, etc.), à l'époque du Muschelkalk, une sorte de détroit aurait établi une communication entre le Nord et le Sud par la région des Radstaedter Tauern. M. Frech admet que le type triasique de l'Ortler et du Brenner est incomplet. Le Trias moyen ferait défaut et on observerait une *transgression da Hauptdolomit* sur les termes plus anciens (voir les travaux antérieurs de Guembel, Theobald, Hammer, etc.).

Rapports avec le substratum.

Quant aux rapports des sédiments triasiques avec les couches plus anciennes, ils varient, comme nous l'avons dit plus haut, suivant que l'on considère ce terrain dans les zones internes de la chaîne ou dans les parties extérieures.

Dans la zone du Briançonnais, c'est-à-dire à l'Est, la *concordance* avec les grès permiens et carbonifères sous-jacents est absolue, et la continuité des dépôts évidente; elles marchent de pair avec une épaisseur considérable et avec un développement plus accentué des formations marines et des calcaires massifs; c'est le *type briançonnais* du Trias (Vanoise, Galibier, etc.) qui dénote une grande tranquillité dans les conditions de sédimentation [1].

A l'Ouest de cette zone, au contraire, la *discordance* avec le substratum est manifeste; en même temps nous assistons à une notable réduction des assises; les rapports de facies avec le Trias du bord du Massif central de la France et de la Provence s'accentuent et des *lacunes* stratigraphiques apparaissent fréquemment à la base du système (massifs centraux de la zone cristalline delphino-savoisienne : Vizille, La Mure, Barles, etc.). En certains points des zones externes, comme à Laffrey et en Beaumont, le Trias fait même complètement défaut, et ce sont des brèches liasiques qui reposent sur les terrains plus anciens (Laffrey), dont elles contiennent des débris remaniés, comme l'a montré M. P. Lory.

Tantôt la discordance de la base se montre au-dessous des dolomies et cargneules qui reposent alors directement, ou par l'intermédiaire de brèches dolomitiques, sur les terrains primaires; tantôt elle se manifeste au-dessous d'assises détritiques semblables à celles qui, dans le Briançonnais et la vallée de la Roya, sont inférieures aux quartzites werféniens proprement dits et que l'on peut considérer comme permiennes; tel est le cas des Bésimaudites de la Haute-Savoie et des Grès d'Allevard (Prarion, environs de Saint-Gervais, vallée de l'Arly [voir plus haut, p. 147]). Ces dépôts sont toutefois assez étroitement localisés.

La discordance du Trias limitée à la région des massifs de la première zone (Aiguilles-Rouges, Mont-Blanc, Belledonne [2], Rocheray, Pelvoux, Mer-

[1] Voir les photographies des quartzites du lac de Marinet et des calcaires triasiques de la Casse des Clauzins, reproduites par M. Frech (*loc. cit.*, p. 775), d'après les clichés de l'un de nous.

[2] M. Haug, dans le cours d'une polémique avec M. Hans Schardt, a excellemment développé l'hypothèse d'une série de hauts-fonds ou d'îlots émergés à l'époque triasique correspondant à la zone : Belledonne-Aiguilles-Rouges-Massif de l'Aar; cette hypothèse nous semble en parfait accord avec toutes les observations. — La discordance signalée par M. Zaccagna au Pas-du-Roc en Maurienne, entre le Trias et le Houiller, *n'existe pas*.

cantour) et aux pays qui les avoisinent à l'Ouest, est donc probablement le résultat de mouvements antépermiens ou autuniens (paléopermiens) tels qu'il s'en est manifesté dans les Vosges, dans le Massif central de la France, et en particulier aux environs de Commentry (Allier). Nulle part, en effet, l'on ne voit dans nos Alpes le Trias reposer en discordance sur le Permien.

A l'époque du Trias inférieur, la plus grande partie des pays intra-alpins devait donc être immergée et soumise à un régime assez uniforme, car ce système débute presque partout par des grès, des conglomérats ou des arkoses, généralement par des quartzites dont le ciment a pu être fourni par des sources siliceuses (M. Termier[1]). Ensuite, deux régions se différencient : à l'Est, dans la zone du Briançonnais, c'est la mer; elle dépose surtout des calcaires massifs, souvent dolomitiques, dont nous avons déjà parlé; ils sont surtout formés de débris d'Algues calcaires (Gyroporelles, etc.). A l'Ouest dominent, au contraire, des sédiments rappelant ceux de l'Europe centrale, c'est-à-dire des gypses, des cargneules, des marnes bariolées, dépôts de lagunes qui témoignent d'un certain assèchement de l'Océan triasique après sa première incursion, retrait occasionné probablement par un léger ridement orogénique. Des *traces d'émersion* se montrent même en certains points (massifs de la Mure, environs de Corps [Beaumont]); ailleurs, la série paraît réduite aux niveaux supérieurs (voir la coupe de Villard-Notre-Dame, près du Bourg-d'Oisans, reproduite par M. Frech d'après M. Termier). Conditions bathymétriques.

En somme, à l'époque triasique, l'emplacement des Alpes françaises était encore une dépendance du Massif central alors émergé; en s'éloignant de lui, on trouvait d'abord une région littorale et lagunaire[2] dont les hauts-fonds ou les îlots constituaient une sorte d'archipel et jalonnaient sans doute des plis anticlinaux antétriasiques, puis, plus à l'Est encore, une région sublittorale franchement marine.

En ce qui concerne l'époque que nous considérons, les travaux récents ont permis d'établir l'existence, dans plusieurs massifs (Pelvoux, Grandes- Plis antétriasiques.

[1] M. Termier et, à sa suite, M. Ritter attribuent à des sources siliceuses contemporaines des dépôts la nature spéciale de ces quartzites qui auraient ensuite subi l'effet du dynamo-métamorphisme.

[2] MM. Frech et Philippi (*loc. cit.*, p. 82) ont bien mis en évidence l'existence, du Pelvoux aux Grisons, de cette zone de Trias réduit (absence du Trias moyen) et lagunaire à travers la Suisse, à l'Oldenhorn, sur le bord septentrional du massif de l'Aar, dans la zone externe des Alpes calcaires et dans la Suisse orientale (Glaris). Le Rhétien ferait défaut dans cette zone d'après ces mêmes auteurs.

IMPRIMERIE NATIONALE.

Rousses, la Mure, etc.), de *plis antétriasiques* dont la direction ne concorde pas toujours avec celle de plis plus récents [1] et qui devaient limiter à l'Ouest la région marine du Briançonnais. Ce n'est toutefois que pendant la période suivante (liasique) que se produiront pour la première fois des ridements nettement indépendants de ceux de la chaîne hercynienne, et que l'on pourra déjà regarder comme un prélude des dislocations alpines.

L'existence de lambeaux discordants d'une couverture triasique sur des accidents anciens permet de supposer que les plis antétriasiques hercyniens étaient en partie arasés par l'érosion et immergés dès le début de la période triasique. Les eaux marines qui, dans la zone du Briançonnais, déposèrent, en concordance sur le Permo-houiller, les quartzites du Trias inférieur, n'ont probablement pas atteint la partie occidentale de nos Alpes (zone cristalline delphino-savoisienne), où, sur un fond plissé et érodé, nous ne rencontrons, après quelques assises détritiques, que les formations lagunaires (gypses, cargneules, dolomies) du Trias supérieur; certains reliefs, comme les Grandes-Rousses, le dôme de la Mure, etc., ne furent très probablement immergés que vers la fin de la période [2].

Ces lagunes de l'Ouest confinaient à un bassin plus important situé à l'Est et où nous voyons succéder aux quartzites werféniens les masses de calcaires, probablement construits, du Briançonnais, les puissants dépôts calcaréo-schisteux (calcaires phylliteux) intercalés entre deux niveaux de gypses et de cargneules, témoignant de variations notables de profondeur, ayant permis au régime marin de s'établir après une première phase lagunaire, suivie elle-même, en beaucoup de points, par un *épisode lagunaire final* (voir fig. 25).

« Barres » ou seuils sous-marins.

M. Tornquist [3] a récemment développé l'hypothèse de l'existence de « barres » granitiques émergées provoquées par des efforts orogéniques préstéphaniens, qui auraient séparé le domaine du Trias océanique de celui du facies germanique dans la région tyrrhénienne (Corse) ainsi qu'au Nord des Alpes (barre vindélicienne). Dans les Alpes françaises, au Sud de Grenoble,

(1) M. Haug attribue les variations du Trias vers l'Ouest du Briançonnais à l'existence, à l'époque triasique, d'un grand géanticlinal correspondant à peu près à la première zone alpine que bordait vers l'extérieur un géosynclinal préalpin.

(2) C'est aussi l'opinion actuelle de M. Termier.

(3) Tornquist, Sitzber. d. K. preuss. Akact. (1903), 82, p. 686, et notamment : Beitraege zur Geologie der westlichen Mittelmeer-Laender. III. Die Carbonische Granitbarre zwischen dem oceanischen Triassmeere und dem europaeischen Triasbinnenmeer. Die Entwickelung der Trias auf Corsica. *Neues Jahrb. für Min., Geol. u. Pal. Beilage-Band* XX, p. 468 (1905).

un relief analogue aurait existé d'après cet auteur, mais ne se serait traduit que par une ligne de hauts-fonds, sorte de *barrière sous-marine* à l'Est de laquelle aurait régné le régime franchement marin (océanique), tandis qu'à l'Ouest se déposaient des sédiments saumâtres et lagunaires du type de l'Europe centrale (Muschelkalk au Sud de Castellane et dans le Var); dans les Alpes de la Haute-Provence, notamment entre Gap, Digne et le massif du Mercantour, les deux types triasiques seraient reliés localement par des passages latéraux, sorte de « type mixte » (Voir Lethaea geognostica, II, 1, fasc. 1, p. 70 [Frech et Philippi]) auquel correspondraient les dépôts décrits dans les Basses-Alpes par Garnier, MM. Haug, Zürcher, Kilian, et dans les Alpes-Maritimes, par M. Léon Bertrand.

Influence hercynienne.

M. Tornquist attribue à ces « barres » prestéphaniennes (qui auraient rejoué postérieurement et subi de nouvelles « poussées »), à ces rides hercyniennes, parmi lesquelles il faut ranger les massifs cristallins de notre zone delphino-savoisienne, un rôle important dans la formation des aires géosynclinales des temps secondaires et tertiaires, et dans le tracé ultérieur des lignes directrices du plissement alpin. C'est précisément ce rôle que l'un de nous signalait, en 1891, sous le nom d'*influence hercynienne* (*Bull. Soc. géol. de Fr.*, 3e série, t. XIX, p. 659).

Communications entre la Lorraine et le Var.

Une question intéressante est de savoir s'il faut attribuer à des communications *directes* entre la mer du Muschelkalk lorrain et celle de la Basse-Provence la très grande analogie qui existe, tant au point de vue paléontologique que sous le rapport lithologique, entre le Trias moyen à *Cératites* et *Coenothyris vulgaris* Schloth. sp. de ces deux régions si éloignées l'une de l'autre. Nous sommes portés à croire qu'une telle communication existait entre les Alpes et le bord du Massif central; mais les dépôts de ce « géosynclinal secondaire », extérieur aux Alpes, seraient actuellement cachés sous les sédiments plus récents de la vallée de la Saône, de la Bresse, du Bugey, des chaînes subalpines et de la vallée du Rhône.

L'absence du Muschelkalk sur la bordure du Massif central, alors que cette formation offre son développement typique dans l'Est de la France et la région jurassienne, et se retrouve presque identique dans la Basse-Provence, donne en effet à penser qu'une communication directe devait exister entre la Franche-Comté et le bassin du Var, sous forme d'un *chenal* contournant les massifs cristallins alpins de la zone delphino-savoisienne; les dépôts de ce détroit, ramification de la mer intérieure mésotriasique de l'Europe centrale, nous sont aujourd'hui cachés sous les sédiments jura-crétacés et tertiaires du bassin rhodanien et des chaînes subalpines; le Trias de bordure du Massif central (Gard, Ardèche, Lyonnais, etc.) ne représente que les dépôts incomplets et lacunaires du rivage occidental de ce large *détroit rhodanien* que le Trias mixte des Basses-Alpes reliait à son tour au type intra-alpin du bassin oriental.

Incursions marines, épisodes lagunaires.

Alors que le régime lagunaire paraît avoir subsisté[1] dans l'Ouest (Vizille, environs d'Allevard, etc.), pendant une grande partie du Trias, la mer triasique de l'Est avec ses Algues calcaires, ses Polypiers, ses Crinoïdes et autres organismes faisait donc dans la portion orientale de notre champ d'études des incursions de longue durée, ainsi qu'en témoignent les puissantes masses de calcaire dolomitique du Briançonnais, du Queyras, de la Haute-Maurienne et de la Haute-Tarentaise.

Il y a lieu toutefois de faire une profonde distinction entre les dolomies bien litées presque lithographiques, accompagnées de schistes bariolés, qui constituent dans la portion occidentale de la zone du Briançonnais (sous-zone des Aiguilles-d'Arves[2]) notre horizon E, par exemple, et les calcaires massifs subcristallins ou « Calcaires francs » du Briançonnais (horizon C). Les premières, et les calcaires nankin qui leur font suite à l'Est, ont l'aspect des bancs magnésiens si souvent intercalés sur le bord du Plateau central, en Lorraine et en Alsace dans le Trias lagunaire à facies germanique ; les seconds sont une puissante formation marine dans laquelle se rencontrent les restes d'organismes immigrés des mers triasiques orientales, et proviennent très probablement de l'activité d'animaux et de végétaux (Algues calcaires, Polypiers constructeurs) (voir planche VIII, fig. 1-4), dont les traces ont été en grande

(1) Il convient de rappeler que certains auteurs ont émis l'hypothèse de l'existence, à l'emplacement des zones externes septentrionales des Alpes suisses, d'accidents géanticlinaux et géosynclinaux préalpins. (E. Haug.) Les récentes hypothèses du charriage des Préalpes rendent ces conceptions moins plausibles aux yeux mêmes de leurs auteurs.

M. Eb. Fraas (*Szenerie der Alpen*, p. 176 et suiv.) admet l'existence à l'époque triasique 1° d'une barre « vindélicienne » émergée séparant le Trias alpin du facies extra-alpin; 2° d'une île centrale alpine comprenant la plupart des massifs centraux actuels; 3° du bras de mer au Nord et au Sud de l'île axiale, établissant des communications marines avec l'Est et avec le Sud.

(2) Nous avons montré plus haut que l'horizon terminal de schistes bariolés et de dolomies est limité à une zone que l'on peut suivre des Alpes-Maritimes aux environs de Beaufort (Savoie), en passant par les masses charriées de l'Ubaye et de l'Embrunais, par les Sanières, Valloires, le Pas-du-Roc, Saint-Jean-de-Maurienne, Champessuit, Villarly et Moûtiers.

partie effacées par la recristallisation. Il semble donc que, dans une grande partie de la région intra-alpine, un épisode lagunaire ait succédé à l'époque de ces formations récifales.

Phénomènes de gypsification.

Il nous paraît cependant peu probable qu'avec les calcaires du Briançonnais se soient déposés les gypses qui les remplacent aujourd'hui latéralement en certains points, mais nous voyons dans ce passage latéral le résultat d'une *gypsification postérieure* des calcaires, effectuée suivant le processus [1] indiqué plus haut. Ce n'est que postérieurement à leur dépôt que les masses d'anhydrite formées pendant les phases lagunaires de la sédimentation triasique servirent de point de départ aux phénomènes de gypsification, qui s'attaquèrent alors lentement aux calcaires marins [2] et se joignirent à la cargneulisation des dolomies, pour altérer de façon parfois très irrégulière la succession primitive des assises.

Dynamo-métamorphisme.

Les effets du *dynamo-métamorphisme* ne tardèrent pas à contribuer de leur côté, principalement dans les zones orientales, à modifier la nature première des dépôts par la recristallisation des calcaires, le développement des phyllites et de minéraux dans certains bancs, la transformation en schistes des argiles bariolées, etc. Ces phénomènes, postérieurs à la sédimentation, ont atteint leur maximum d'intensité dans la zone des Schistes lustrés.

Caractères mixtes du Trias des Alpes françaises.

Si l'on compare maintenant le Trias des Alpes françaises avec les types classiques du Trias européen, avec le type *continental* ou germanique, ses sédiments arénacés (dunes fossiles), lagunaires et caspiques (Muschelkalk) et avec le type océanique ou méditerranéen, riche en dépôts marins récifaux et calcaires, on constate qu'il n'offre d'identité absolue avec aucun d'eux; le Trias des Alpes françaises constitue, comme l'ont déjà indiqué MM. Frech et Philippi [3], un *type mixte* ou de passage (Uebergangsfacies) se rapprochant beaucoup dans les zones N. O. et S. O. du type germanique proprement dit, tandis que, dans la zone du Briançonnais, l'apparition de masses calcaires rappelle au contraire le type des Alpes orientales et le type méditerranéen, alors que

(1) M. TERMIER a tenté d'expliquer la gypsification de calcaires phylliteux de la Vanoise par des venues d'acide sulfurique. — Voir aussi *Zaccagna : loc. cit.* (trad. Lachat), p. 73.

(2) Les calcaires prédominent et présentent leur maximum de développement dans la *portion orientale* de la zone du Briançonnais : Rochebrune, Briançon, le Mont-Thabor, la Vanoise; on les retrouve à la Combe de Là et au Six-Blanc près du Val de Bagnes jusque dans le Valais. — D'autre part, le Trias possède un développement analogue près d'Arona, sur les bords du lac Majeur.

(3) *Lethaea geognostica*, II, 1, 1re livr., p. 78.

plus à l'Est encore dans la zone des Schistes lustrés apparaît un type métamorphique spécial (quartzites gneissiformes, calcaires et marbres cristallins)[1], assez différent du Trias germanique comme, d'ailleurs, du Trias méditerranéen. Les effets du métamorphisme sont venus ajouter encore à ces caractères, et cela surtout dans la partie intra-alpine (orientale), une cristallinité particulière qui contribue à différencier le Trias de nos Alpes.

Prétendus rapports avec les lignes de fractures.

La loi énoncée par Ch. Lory[2] et suivant laquelle l'augmentation de puissance de ce terrain correspondrait constamment pour chacune de ses assises à une texture de plus en plus cristalline, outre qu'elle n'est qu'approximativement exacte, ne doit pas être interprétée comme l'entendait son auteur, en faveur de l'existence d'une sorte de « fjord » briançonnais limité par des *failles* et où se seraient déposés par une sorte de précipitation chimique dans des eaux très minéralisées des sédiments très cristallins.

L'épaisseur des dépôts et leur cristallinité n'ont ici aucun rapport entre elles : la première est bien le résultat de facteurs contemporains de la période triasique; la seconde est due à des phénomènes bien postérieurs et en relation avec les plissements alpins.

C'est donc bien à tort, selon nous, que Ch. Lory attribuait la cristallinité des assises triasiques et en particulier les Schistes lustrés à des phénomènes contemporains de la sédimentation, et c'est également par erreur qu'il expliquait par le jeu de *failles* gigantesques comme celle qu'il avait cru pouvoir tracer de Vallouise (Hautes-Alpes) à Airolo (Tessin), sur plus de soixante lieues de longueur, les différences de facies des dépôts triasiques alpins.

Limite du facies intra-alpin.

Nous remarquerons enfin que si l'on essaye de tracer une limite entre la région des Alpes dans laquelle le Trias possède des caractères voisins du facies germanique et la zone où s'est développé le facies briançonnais, cette limite se traduit par une ligne, d'ailleurs *sinueuse*, qui passerait par le col de la Seigne, Moûtiers, Saint-Jean-de-Maurienne, Valloire, le Lautaret, la Grande Cucumelle, Vallouise, Dormillouse, le Plan de Phazy, Saint-Paul, Larche, le col de l'Argentière et le col de Tende. Cette ligne suit, on le voit, dans son ensemble, la direction générale des plissements alpins et celle des lignes

[1] Ce type passe au type briançonnais, comme le montrent les fossiles trouvés dans les masses calcaires sous les Schistes lustrés à Chianoc, à Boves et à la Gad d'Oulx (Piémont), au sommet, les cargneules et les dolomies nankin subsistent parfois (Coll. de la Leisse, Arpvieille près Courmayeur, etc.).

[2] Ch. Lory, Trias du Massif de la Vanoise (*Bull. Soc. géol. de Fr.*, 3ᵉ sér., t. XV, 1886, p. 41).

directrices de nos Alpes; il faut remarquer toutefois qu'elle ne coïncide nullement avec un changement brusque de facies et qu'elle ne peut, par conséquent, être tracée avec la précision absolue qu'elle aurait si, comme le croyait fermement Ch. Lory, elle avait été motivée par le jeu d'anciennes *failles* parallèles à la chaîne alpine.

Rien dans la distribution des facies (voir fig. 25) ne décèle toutefois l'existence de reliefs ou de saillies dans la mer triasique là où se trouvent actuellement l'axe orographique de la chaîne et la ligne de faîte et de partage des eaux; cette région correspond, au contraire, à une zone plus profonde de la mer. Au contraire, vers l'Ouest, la prédominance du facies lagunaire, la réduction et les lacunes stratigraphiques fréquentes des dépôts indiquent suffisamment l'existence d'un fond accidenté, une sorte d'archipel (Küstenmeer), sur l'emplacement actuel des *massifs centraux* de la zone cristalline delphino-savoisienne ou première zone alpine, dont quelques-uns paraissent avoir été momentanément émergés (Pelvoux, dôme de la Mure, etc.); ces reliefs, dus à des mouvements antépermiens, paraissent toutefois n'avoir été que les dépendances des plissements du Massif central de la France, faisant eux-mêmes partie de la chaîne

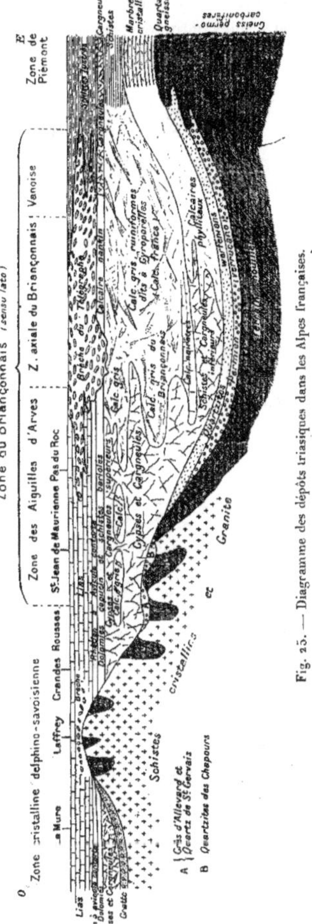

Fig. 25. — Diagramme des dépôts triasiques dans les Alpes françaises.

hercynienne et n'avoir eu, à ce moment, aucun rapport avec ce qui devait être plus tard les plissements alpins. C'est uniquement à cette « *influence hercynienne*[1] » que semblent dues les différences de facies du Trias dans la région où devaient, à l'époque suivante déjà, se manifester, sous forme de géosynclinaux précurseurs, les premiers indices des plissements alpins.

D'une façon générale, il faut se représenter le fond de la mer triasique à l'emplacement des Alpes françaises comme formé par un *plan incliné* de l'Ouest et du N.O. vers l'E.S.E. C'est tout au plus si la répartition des facies et les limites des zones de sédimentation semblent indiquer par leurs dispositions générales sensiblement parallèles à la future chaîne alpine, la direction des accidents qui se produiront aux époques suivantes.

SUBDIVISIONS ET PARALLÉLISME.

Difficultés d'établir un synchronisme exact.

Nous avons essayé de résumer dans le tableau ci-après (p. 322-323) et dans les schémas (fig. 25, 26) qui l'accompagnent la composition du Trias, le

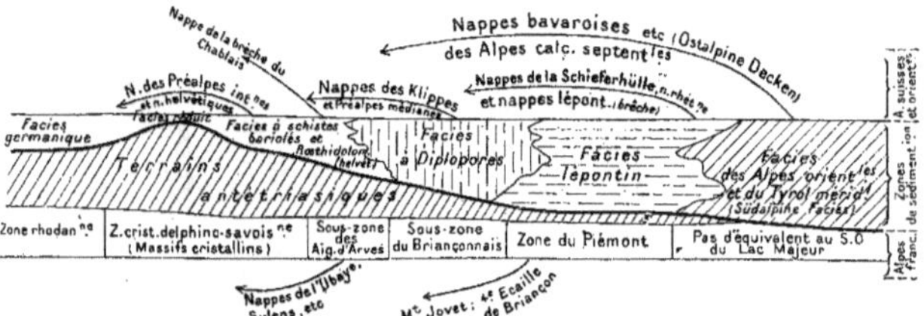

Fig. 26. — Schéma des zones de sédimentation dans les Alpes occidentales et de leurs rapports avec les nappes de charriage.

synchronisme, le parallélisme et les changements de facies des diverses assises qui le constituent dans les Alpes françaises.

Le caractère mixte des dépôts de cet âge dans nos Alpes et l'absence presque

[1] L'un de nous a mis en évidence, dès 1891, cette influence des plissements hercyniens sur la répartition des facies dans le Trias des Alpes françaises. [W. Kilian, *Bull. Soc. géol. de France*, 3e série, t. XIX, p. 659 (1891)]; ajoutons qu'un bon nombre de géologues comme MM. Diener, Tornquist, Haug et Rollier admettent l'existence de reliefs ou de portions émergées dans les zones externes des Alpes à l'époque triasique.

complète d'horizons fossilifères rend très difficile tout synchronisme exact avec le Trias d'autres régions.

Les *phénomènes de charriage* ont encore compliqué les choses et rendu plus difficile le parallélisme des dépôts triasiques de nos Alpes; ces dislocations ont en effet, en juxtaposant ou même en superposant des types de facies notablement différents, en quelque sorte effacé ou, du moins, fait plus confuse l'image des zones de sédimentation qui se déduit parfois si aisément de la répartition des facies (voir fig. 26).

Rôles des nappes de charriage.

C'est ainsi que, dans l'Ubaye et l'Embrunais, des lambeaux de calcaires triasiques, de gypses avec *argilolithes bariolées*, provenant de la sous-zone des Aiguilles-d'Arves, confinent au Trias autochtone de Terres-Plaines d'un type plus nettement lagunaire; dans la haute Tarentaise (col de la Leisse), les cargneules du Trias de la zone du Piémont, surmontées par les Schistes lustrés, sont refoulées sur les calcaires triasiques à facies briançonnais de la Vanoise; dans les Préalpes du Chablais, également charriées, on rencontre dans une zone externe des Alpes (Préalpes médianes) les calcaires à Gyroporelles de Tréveneusaz et de Muraz fort semblables à nos calcaires intra-alpins du Briançonnais. Les Klippes de la Suisse ont également fourni des affleurements de calcaires à *Diplopores* provenant, sans doute par charriage, de zones plus intérieures des Alpes. Enfin, dans l'Engadine et le Rhætikon, le Trias « lépontien » des nappes inférieures est surmonté par le Trias « austro-alpin » charrié sur ces dernières.

Le Trias des Alpes occidentales se poursuit dans l'Appennin ligure, où il conserve des caractères analogues à ceux de notre *type du Briançonnais*, au N. E. Par Arona, Lugano, la Brianza et Predazzo, il se relie d'autre part à celui des Alpes orientales, dont les niveaux paléontologiques sont depuis longtemps classiques, et c'est dans la région des lacs de Lombardie qu'il faut chercher les éléments qui permettront peut-être un jour d'établir un parallélisme moins approximatif avec le Trias du Tyrol.

Enfin le Trias du *type de la zone du Piémont* se poursuit dans les Alpes lépontiennes et pennines (Binnenthal, Val Bedretto, Val Piora); il reparaît dans les Hohe Tauern *sous* les Schistes lustrés et *sous* les nappes austro-alpines. Le terme de « Lepontinische Facies », que M. Steinmann a si judicieusement appliqué à ce type dans les Grisons, par opposition au type des Alpes orientales, n'est pas admis par MM. Frech et Philippi (*Leth. geogn.*, II, I, 1er fasc., p. 85), ainsi que nous l'avons exposé plus haut.

IMPRIMERIE NATIONALE.

TABLEAU DU TRIAS DES AL[illegible]QUES ET DES RÉGIONS VOISINES.

	Provence et Alpes-Maritimes.		Bordure ouest du massif central de la France.	[illegible]	[illegible]	Zone du Briançonnais. Sous-zone des Aiguilles-d'Arves.	Zone du Briançonnais. Sous-zone axiale du Briançonnais.	Zone du Briançonnais. Sous-zone orientale du Briançonnais.	[illegible]	[illegible]	[illegible]	Nord des Alpes suisses.	[illegible]	Zone axiale, Rhaetikon, Hohe-Tauern.	Types divers des nappes des Alpes orientales.	Zones.	Étages.	
Rhétien.	Couches à *Avicula contorta*, dolomies, etc.		Couches à *Avicula contorta* (Châteaubourg).	Couches à *Avicula contorta* (Champ, Arsine).	Couches à *Avicula contorta* (Peyre-Juan).	Couches à *Avicula contorta* du Pas du Bœuf.	Ravinement par la brèche liasique.		(?)	[illegible]	Bündner-Schiefer inférieurs.	Rhétien.	Rhétien.		Couches de Kössen, Dachsteinkalk, calcaires à Conchodon et Lithodendron.	Zone de l'*Avicula contorta*.	Rhétien.	Système jurassique.
Système triasique. Keuper.	*Marnes irisées*. Dolomies et cargneules.	Gypses et cargneules de la Bevéra.	Grès fins bariolés. Dolomies de Courbus-les-Mines à *Gervillia* [illegible].	Dolomies capucin et schistes bariolés (E) lie de vin et verts. Dolomies carpeculisantes, *cargneules* et rarement *gypses* (Allevard, Vizille, col du Cossard).	Gypses et cargneules (D).	*Gypses* et *cargneules* supérieurs (D).			Calcaire [illegible] (E). «Calcaires [illegible] (à Diplopores) de l'Aiguille [illegible] de la [illegible] (C)»	[illegible]		Quartenschiefer. Rothidolomit (*pro parte*). Gypses.	[illegible]	Calcaire à Diplopores (Hochgebirgskalk, Ortlerkalk). Calcaire à Dactylopores de Mals. Dolomies du Tribulaun.	Plattenkalk et Dachsteinkalk (*pro parte*). Couches de Zlambach, couches à Halorella (Pötschenkalk). Calcaires d'Opponitz (Hochgebirgskorallenkalk). Couches à *Cardita* et *Halobia rugosa*. Couches à végétaux de Lunz. Couches de Raibl, gypses et *cargneules*. — Calcaire à Megalodus (Hauptdolomit). — Calcaires de Hallstatt. [illegible]	Zone de *Turbo (Worthenia) solitarius*. Zone de *Tropites subbullatus*. Zone du *Trach. aonoides*.	Juvavien (Mojs.) (Norien) et Carnien.	Système triasique.
[illegible]	Marnes à ciment et gypses, cargneules.		Grès calcaires à *Myophoria Goldfussi* (Gresset). Arkoses et grès.	«Grattes» de La Mure, brèches du haut et grès [illegible] de l'Oisans (Alpe d'Arsine).	Gypses et cargneules. Calcaires gris triasiques (Rémollon, etc.).	Gypses et cargneules. Calcaires gris (C).	Calcaires gris supérieurs (à Diplopores) (C).	Calcaires de Villanova (Italie).		[illegible]	Calc. cristallins et dolomies.	Rauchwacke et Zellendolomit (Cargneules). Muschelkalk et calcaires à Diplopores des Klippes et Préalpes médianes.	[illegible]	Arlberg-Kalk.	Calcaire à Gyroporelles. — Aonschiefer. Couches de Wengen, Saint-Cassian, Esino. Calcaires de Buchenstein. Calcaire de Reifling sup., couches de Partnach. Calcaire rouge de la Schreyer Alm. Dolomie (zoogène et phytogène) du Wetterstein à Diplopores. Diploporendolomit. Schlerndolomit.	Zone de *Trach. Aon.* Zone de *Daonella Lommeli*. Zone de *Protrachyceras Reitzi*.	Ladinien (Bittner). (Tyrolien de Lapp.).	
Muschelkalk. Supérieur. Inférieur (Wellenkalk).	Muschelkalk à Cératites du Var. Grès de Rougiers.	Muschelkalk de Sospel.	Manquent?	Manquent? (Voir plus haut le texte.)		Gypses et cargneules. Schistes, gypses et cargneules inférieurs (B).	Calcaires inférieurs bien lités noirâtres. Cargneules et schistes siliceux (B).		[illegible] (B)	[illegible]	[illegible], cipolins à micaceux.	Manque?	[illegible]	Marbres et dolomies. *Dipl. debilis* (Radst.-Tauern).	*Mendola*. — Dolomie de Mendola (*Dipl. annulata*) et de la Roveran. Calcaire rouge de la Schreyer Alm. Calcaire de Guttenstein, calcaire de Reifling inférieur, calcaire de Virgloria, Recoaro, Perledo-Varenna-Kalk, etc. *Cargneules*, *anhydrite*, *gypse* et sel (Haselgebirge).	Zone du *Ceratites trinodosus*. Zone de *Rhynch. decurtata*. Zone de *Natica stanensis* et *Dadocrinus gracilis*.	Virglorien (Anisien ou Muschelkalk alpin ou «Dinarien»).	
Grès vosgien et bigarré.	Grès bigarré.	Quartzites de Fontan.		Quartzites d'Albertville. Quartzites des Cinq-cœurs. Quartzites de Saint-Gervais. Grès d'Allevard.	Quartzites (les Sanières).	Quartzites du Trias inférieur (A). Grès à galets de quartz roses et verts.			Quartzites de la [illegible] (A) et schistes [illegible]	Quartzites [illegible]	Quartzites à micaceux.	Grès et quartzites (Sockelschichten). Sernifit (*pro parte*).	Cargneules.	Quartzenstein-Grauwacke u. Schiefer. Quartzites de la [illegible] et de Wolfendorn; [illegible]	Calcaires à *Naticella costata*. Couches de Campil. Couches de Seiss. Schistes de Werfen à *Tirolites Cassianus*. Landschaftquartzit du Radstadter Tauern. Tarntaler Quartzitschiefer, Bunter Sandstein, etc. Grès rouges, schistes bariolés de Gröden. Verrucano (*pro parte*).	Zone de *Naticella costata*. Zone de *Pseudomonotis Clarai*.	Werfénien (Gandarien, Scythien).	
Permo-carbonifère.	Permien de l'Esterel. Houiller du Reyran.	Permien de Fontan.	Permien de l'Argentière.		Verrucano (les Sanières).	Verrucano. Grès et schistes houillers.			Permien [illegible] et Houiller.	Couches [illegible] carbonifères.		Sernifit et Verrucano.			Verrucano de la nappe bavaroise.			Système permien.

Il est extrêmement difficile d'établir une correspondance quelconque entre les différents termes de notre Trias briançonnais et ceux du Trias des Alpes orientales, dont l'ordre de succession paraît du reste, au moins partiellement, remis en question par la conception des « nappes » de recouvrement, si développées, dans les Alpes, à l'Est du Rhin, d'après les récents travaux de MM. Termier et Haug. (Voir *Leth. geognost.*, Trias; 4e livr., p. 522 [1908].)

Les trois divisions classiques du Trias de l'Europe centrale ne se retrouvent d'ailleurs pas non plus exactement dans nos dépôts intra-alpins (Briançonnais, Vanoise).

Il n'est donc facile de faire accorder nettement[(1)] notre série triasique briançonnaise ni avec les trois étages classiques du Trias de l'Europe centrale, ni avec les cinq étages récemment distingués par M. von Arthaber dans le type « alpin » de ce terrain; nous ne parlerons que pour mémoire des 22 zones d'Ammonites établies pour les types méditerranéens du Trias par MM. Mojsisovics, Diener et Uhlig. — Notre Trias est trop pauvre en fossiles pour permettre de tenter des parallélismes paléontologiques précis avec la série austro-alpine dont les formations récifales qu'ont fait connaître les travaux mémorables d'E. de Mojsisovics et de miss Ogilvie rendent la stratigraphie si compliquée, et dont les facies variés sont encore insuffisamment synchronisés dans le domaine des différentes nappes de charriage.

Seuls, les *quartzites* de la base, les deux horizons gypsifères et cargneulifères, séparés par la masse des calcaires triasiques, et les *schistes bariolés* du sommet peuvent nous fournir des points de repère utilisables pour les comparaisons : le premier avec les couches de Werfen, les seconds avec les horizons de gypses et de cargneules qui se présentent quelquefois, d'une part, au sommet du Werfénien et à la base de l'Anisien (Haselgebirge) et, de l'autre, dans les couches de Raibl (Carnien). Les *schistes bariolés* du sommet rappellent d'autre part les Quartenschiefer des Alpes suisses et les couches à *Avicula contorta* du Pas-du-Roc en Maurienne, par lesquelles débute notre Jurassique, renferment la faune des couches de Koessen, que la plupart des auteurs allemands rangent encore dans le Trias.

(1) Voir, à ce sujet, le tableau publié par M. Frech dans *Lethaea geognostica*, II, 1, fasc. 1, p. 78, et fasc. IV, p. 550. Voir aussi Fraas, *Szenerie der Alpen*, p. 111, 147-151. Ce dernier auteur place à tort les « Quartenschiefer » dans le Trias inférieur; ces schistes correspondent, à notre avis, à notre *horizon bariolé* du Trias supérieur. Pour le Radstaedter Tauern, voir Frech (*Leth. geogn.*, II, 1, p. 416 (tableau).

Quant aux calcaires triasiques (C) du Briançonnais et de Villanova, ils représentent très probablement *plusieurs divisions de la série des Alpes orientales,* ainsi que semblent le montrer les rares fossiles découverts en divers points et ceux qu'ont fourni à Arona des dolomies qui paraissent bien en être la continuation. La partie inférieure à *Spirigera trigonella* v. Schloth. sp. serait virglorienne (dinarienne); la partie moyenne, qui a fourni *Diplopora pauciforata* Guemb., représenterait un niveau plus élevé : le Wettersteinkalk ou le Ladinien (Tyrolien); enfin les couches supérieures, qui passent aux « Schistes lustrés », et où M. Franchi a recueilli en Piémont des *Loxonema,* et la faune à *Worthenia solitaria* Ben sp., correspondraient au Trias supérieur (Juvavien). On connait, du reste, dans la Ligurie des assises (Grezzoni) à Gyroporelles et fossiles du « Wellenkalk », et des calcaires ladiniens supérieurs à *Diplopora annulata* Schafh., *Naticella sublineata* Münst. (à Balestrino); dans le S. E. de l'Hertzegovine existent des dolomies à *Diplopora annulata* Schafh.

M. F. Jaccard (*loc. cit.*) avec Ed. Quereau, E. Hugi, Philippi et Frech considèrent les calcaires dolomitiques et vermiculés accompagnés de gypses et de cargneules comme correspondant au Muschelkalk inférieur (Virglorien), et les calcaires à *Diplopora annulata* Schafh. des Klippes et Préalpes suisses, qui les surmontent, comme équivalent du Wettersteinkalk (Ladinien) ou partie supérieure du Trias moyen. M. Jaccard distingue, en outre, un niveau de calcaires dolomitiques supérieur au calcaire à Gyroporelles, qui correspondrait au « *Hauptdolomit* » du Trias supérieur. On sait d'autre part que des Gyroporelles et Diplopores[1] ont été signalées dans le Muschelkalk supérieur d'Himmelwitz, en Silésie; dans les Alpes, elles abondent soit dans les calcaires de Wetterstein (Ladinien), soit dans la dolomie du Schlern, soit dans la dolomie principale (Hauptdolomit), c'est-à-dire dans les formations phytogènes supérieures au Muschelkalk proprement dit.

Signification des Algues calcaires.

Il convient de remarquer que la valeur des *Diploporides* comme fossiles caractéristiques est très relative; dans les Alpes orientales, les restes de ces organismes se montrent dès le Ladinien et jusqu'au sommet des calcaires de Dachstein, et si l'on réfléchit que les calcaires zoogènes urgoniens du Crétacé

[1] On a signalé notamment *Diplopora annulata* Schafh. dans la dolomie de Mendola et le calcaire d'Esino (Virglorien et Ladinien), *Diplopora debilis* Guemb. dans le Trias moyen (Radstaedter Tauern), *Dipl. Beneckei* Sal. dans le Ladinien, *Diplopora curvata* Guemb., *D. aequalis* Guemb., *D. cylindrica* Guemb., *Gyr. vesiculifera* Guemb., *Gyrop. triasina* Guemb., dans les couches à *Worthenia solitaria* Ben. sp. et *Gervilleia exilis* Stopp. sp. du Trias supérieur (Calabre, Carrare, etc.).

inférieur contiennent presque partout des Diploporides [1], on peut se demander si la présence de restes d'organismes de ce groupe peut, à moins de *déterminations spécifiques rigoureuses*, qui sont rarement possibles, fournir un critérium de valeur sur l'âge exact des calcaires qui les renferment.

Calcaires du Briançonnais.

On voit aussi, d'après ce qui précède, que les « Calcaires du Briançonnais », dans leur ensemble, sont bien, — comme le soutenaient en 1889 M. Zaccagna et ses collègues, — *du Trias à Gyroporelles* (et non du Lias comme le voulait Ch. Lory), ainsi qu'en font foi les fossiles qu'ils contiennent en plusieurs points du Piémont (voir, plus bas, la liste complète de ces fossiles, p. 327). Les calcaires liasiques comme ceux des Encombres, et ceux qui ont fourni, au Chaberton, une Ammonite à la Société géologique de France, ainsi que les marbres supra-jurassiques (Calcaires de Guillestre) qui ont été, avec ces derniers, englobés par certains auteurs dans le complexe des « Calcaires de Briançonnais », ne sont que des affleurements isolés, des enclaves synclinales relativement peu puissantes dans les replis des calcaires triasiques.

Coulées éruptives.

Nous terminerons en rappelant que nulle part dans les Alpes françaises nous n'avons constaté de manifestations de l'*activité éruptive* de l'importance de celles qui se sont fait sentir à l'époque triasique dans les Alpes méridionales (Predazzo, etc.). Dans nos pays intra-alpins, aucune trace de roches éruptives n'a été rencontrée dans les dépôts triasiques, mais, dans une partie de la zone cristalline delphino-savoisienne, sur la bordure occidentale de la chaîne de Belledonne et dans la portion méridionale du massif du Pelvoux, des *coulées de mélaphyres* (spilites), véritables *basaltes* anciens, s'intercalent au sommet de la série au-dessus des dolomies capucin qu'ils ont parfois MARMORISÉES (Navette); ces mélaphyres, qui se présentent également en intrusions dans le Rhétien et dans les premières assises liasiques, sont, par exemple, très développés dans le bassin du haut Drac et dans le Valgaudemar. On en retrouve un affleurement isolé près de Mont-Vernier en Maurienne. Nous en reparlerons à propos des roches éruptives dans un chapitre ultérieur.

[1] Voir les recherches de M. Hovelacque avec l'un de nous (W. K.) et celles de M. Lorenz; voir aussi *Leth. geogn. Palæocretacicum*, fasc. 1, p. 60 et 86.

LISTE DES FOSSILES

SIGNALÉS DANS LE TRIAS DES ALPES FRANÇAISES ET DES RÉGIONS VOISINES [1].

Natica cf. *pulla* [2] Goldf. — Gad d'Oulx (Italie), [d'après Portis].

Natica cf. *exsculpta* v. Schloth. — Gad d'Oulx (Italie).

Natica sp. — Gad d'Oulx, Bernezzo, Alpes-Maritimes italiennes (Italie); Thabor (Savoie).

Chemnitzia sp. — Environs de Tende, Bernezzo (d'après Franchi), Villanova (Italie).

Loxonema sp. — Vallon d'Elva (d'après Franchi), Alpes-Maritimes italiennes; Apennin ligure; — *Loxoxema* sp., gr. de *hybrida*. — Vals Grana et Maira (Italie).

Worthenia (*Turbo*) *solitaria* Ben. sp. (*Guidonia. Songavatii* Stopp. = *Delphinula Escheri* Stopp.). — Vallon d'Elva (Italie), [d'après Franchi].

Pleurotomaria sp. — Pradleves, Granges Porcile (Italie), [d'après Franchi].

Gastropodes indet. — Mont-Thabor, Haute-Maurienne, Lac du Paroird (Basses-Alpes), (d'après Kilian); Roaschia, Colle Bergé, Cugina (Italie), [d'après Franchi].

Myophoria postera Qu. sp. (= *M. inflata* Emmr.). — Rhétien du Colletto di Salé, près du col del Mulo (Italie) [Franchi]. — *Myophoria* sp. — Col des Acles (Hautes-Alpes).

Myophoria curvirostris Goldf. (= *M. elegans* Dunker). — Gad d'Oulx (Italie).

Myophoria cf. *Goldfussi* v. Alb. — Col du Bonhomme; dans un galet de Quartzite remanié (M. Blayac).

Anoplophora (*Myacites*) *Fassaensis* Wissm. sp. — Vals Grana et Maira (Piémont), Castagnabanca (Ligurie).

Pleuromya musculoides v. Schl. — Kienthal (Suisse).

Lima costata v. Munst. — Col des Acles (H^tes^-Alpes), [d'après Portis]; Gad d'Oulx (Italie).

Lima striata Schloth. sp. — Iberg (Suisse).

Lima sp. — L'Esseillon (Savoie), Gad d'Oulx (Italie).

Aviculidées sp. indét. — L'Esseillon (Savoie).

Gervilleia (*Avicula*) *exilis* Stopp. sp. — Vals Grana et Maira (Italie).

Bivalves indet. — Roaschia (Italie), Villarodin (Savoie) [Ch. Lory], Chaberton (Hautes-Alpes).

Cruratula carinthiaca Rothpl. sp. var. *Beyrichi* Bittn. et *pseudofaucensis* Bittn. — Saint-Triphon (Suisse) (M. Jaccard).

Aulacothyris angusta Schloth. sp. — Iberg (Suisse).

Spiriferina Mentzeli Dunk. sp. — Mythen (Suisse).

Spirigera (*Retzia*) *trigonella* v. Schloth. sp. — Mythen, Iberg (Suisse); Gad d'Oulx (d'après Portis); Vallée de la Neva (d'après Rovereto) [Italie].

(1) Voir, pour le détail des localités, les travaux cités plus haut, notamment ceux de M. Franchi; en outre : A. Portis, Nuove localita fossilifere in val di Susa (*Boll. com. geol. d'Italia*, 1889, 5 et 6). — *Nous n'avons pas reproduit ici la liste des fossiles de la Dolomie d'Arona.* (V. plus haut, p. 304.)

(2) Il y a lieu de rappeler que l'échantillon rapporté à *Phragmoteuthis bisinuata* Mojs. et cité des environs de Valdieri a été reconnu comme une Bélemnite par M. Franchi et se rencontre dans des assises liasiques et non triasiques.

Cœnothyris vulgaris Schloth. sp. — Mythen, Iberg (Suisse); Castellane (Basses-Alpes).

Rhynchonella decurtata Gir. sp. — Mythen (Suisse).

Terebratula praepunctata Bittn. — Saint-Triphon (Suisse).

Encrinus liliiformis Lamk. — Vallée de l'Arma (d'après Franchi), Argentera, Vallée de la Neva (d'après Rovereto) [Italie]; Péou Roc, Col Tronchet (Basses-Alpes); Haute-Maurienne (Kilian), Alpes-Maritimes, Castellane (Basses-Alpes), [d'après Zürcher]. — *Encrinus* sp. : Mont-Thabor, Haute-Maurienne (Savoie); Villanova, gorges de Stroppia, Bernezzo, Piossasco, Vals Verse-Lenta, Comba Blua, environs de Saluces, Chianoc (d'après Franchi) [Italie].

Diplopora pauciforata Schafh. — Col des Acles (Hautes-Alpes) [Diener]; Gad d'Oulx (Italie); Iberg (Suisse).

Diplopora indét. — Trévencusaz, Muraz, Spielgaerten et Rubly (Suisse); Pic d'Escreins (v. pl. VIII), Col des Acles, Prorel (v. *ante*, p. 194) près Briançon (Hautes-Alpes); Col de Grosse-Tête (Savoie); Rouchouze, Lac du Paroird (Basses-Alpes); Montalto Dora, Monte Fenera, Bernezzo, Piossasco, Villanova, environs de Tende (Italie).

Diplopora annulata Schafh. — Vals Grana et Maira, Villanova (Italie); Lac du Paroird (Basses-Alpes), Iberg (Suisse).

Gyroporelles indét. — Villanova, Vals Grana et Maira, Cugina près Bernezzo, Val Stroppia (Italie); Lac du Paroird (Basses-Alpes); Mont-Brisé, Rubli-Gummfluh, Préalpes médianes, Mont-d'Or, Giswyl (Suisse).

Gyroporella (*Diplopora*) *æqualis* Guemb. : Chaberton (Italie), et aussi : *Gyroporella* (*Diplopora*) *curvata* Guemb. : Chaberton (Italie) [M. Diener]. — *Gyroporella vesiculifera* Guemb. — Val de Suse, Vallone Rivo Bianco de Sambuco (Stura di Cuneo) [Italie].

Polypiers indét. : Roaschia (Italie); Vanoise, Haute-Maurienne, Valloire (Savoie).

Equisetum cf. *Mytharum* Heer. — Kienthal (Suisse).

Fucoides (?) Alpes-Maritimes italiennes.

Cylindrites sp. — Mont-Thabor (Savoie), [d'après Virgilio].

Si nous mettons de côté *Myophoria postera* Qu. sp. du Colleto di Salé qui a été recueillie dans des assises sans doute rhétiennes et *Myoph.* cf. *Goldfussi* v. Alb. qui provient d'un galet de quartzites de niveau indéterminé (v. *ante*, p. 171), le reste de cette liste représente la faune des calcaires triasiques des Alpes occidentales (nos calcaires C).

La présence, dans ces calcaires, de formes du Muschelkalk, telles que *Spir. Mentzeli, Rh. decurtata, Spirigera trigonella, Encrinus liliiformis,* à côté d'espèces du Ladinien (*Craratula carinthiaca*) des couches de Raibl et du Trias supérieur (*Worthenia solitaria, Gyr. pauciforata*), conduit à la conclusion que ces calcaires forment un puissant complexe qui représente plusieurs masses triasiques allant du Virglorien (Muschelkalk inférieur) au Juvavien (Keuper), c'est-à-dire *correspondant à la fois au Muschelkalk ou calcaire d'Esino et à la Dolomie principale.* On sait que l'étude des fossiles de la dolomie d'Arona (Lac Majeur) a conduit M. Parona à des résultats analogues. Les Diplopores et Gyroporelles sont également des formes de plusieurs horizons (*D. annulata* Schafh., *D. Beneckei* Salom. du Ladinien, *G. curvata* Guemb. et *G. æqualis* Guemb. du Trias supérieur).

LISTES ET DIAGNOSES LITHOLOGIQUES[1].

A. Échantillons appartenant à l'étage des quartzites (A) de la zone intra-alpine.

1. *Quartzite* du Trias inférieur, montagne du Chardonnet (Hautes-Alpes). (Échantillon de la collection Kilian.) — Quartzite d'un blanc verdâtre, massif, ne présentant à la loupe aucun élément étranger et offrant le type habituel des quartzites triasiques.

2. *Quartzite* du Trias inférieur, environs de Briançon (Hautes-Alpes). (Collection Faculté des Sciences de Grenoble, Échantillons n°s 26 et 27.) — Quartzite d'un gris verdâtre, légèrement schisteux et d'aspect un peu gneissique.

3. *Quartzite* du Trias inférieur, col Tronchet (Hautes-Alpes). (Collection Kilian; Faculté des Sciences de Grenoble.) — Quartzite en dalles, gris clair verdâtre et rosâtre; rubané, à zones alternativement verdâtres et brunâtres, cassure esquilleuse, surface lustrée sur les plans de stratification.

4. *Quartzite* grenu triasique du Briançonnais; col du Galibier (partie la plus basse du passage). (Échantillon de la Collection Lory, 1858.) — Quartzite jaune avec quartz blanc pailleté de séricite.

5. *Quartzite*. La Blachière, près Maurin (Basses-Alpes). (Collection Kilian.) — Quartzite d'un blanc rosé, d'aspect saccharoïde; très homogène.

6. *Quartzite* triasique de Guillestre. (Collection Kilian.) — *Quartzite* blanc saccharoïde à grains *roses* et quelques galets de quartz blanc. Extérieurement, patine jaunâtre.

7. Échantillons de la montée de la Croix-de-Bretagne, près Briançon. — *Quartzite* d'un blanc sale, moiré, à cassure saccharoïde, se débitant en fragments parallélépipédiques; quelques petits cristaux noirs sont noyés dans ce quartz, qui a un éclat résineux. — D'autres échantillons à veines roses et verdâtres; il y a des échantillons très blancs; d'autres échantillons verdâtres se débitant en plaquettes. Sur quelques surfaces, le quartz est *laminé* en « écailles de poissons » et ressemble à de la chlorite.

[1] La présente énumération comprend la liste d'un certain nombre d'échantillons de roches triasiques recueillis soit par nous, soit par nos prédécesseurs (Ch. Lory, Gueymard, etc.), soit par divers géologues, et dont la plupart font partie des riches collections de la Faculté des Sciences de l'Université de Grenoble. Nous avons fait suivre les plus remarquables de ces citations d'une diagnose macroscopique ou microscopique.

IMPRIMERIE NATIONALE.

8. Échantillon du pic du Thabor (Savoie). (Collection de roches des sommets des Alpes françaises; Faculté des Sciences de Grenoble.) — *Quartzite* du Trias inférieur, d'un blanc sale, du type ordinaire (recueilli par M. Coolidge).

9. Échantillon de l'Aiguille de Polset (Savoie). (Collection de roches des sommets des Alpes françaises; Faculté des Sciences de Grenoble.) — Plaquette d'un *grès siliceux* verdâtre à grain fin, probablement du Trias (recueilli par M. Henri Ferrand).

10. Le Veyer (Hautes-Alpes). (Échantillon de la collection Kilian.) — Trias inférieur (1002) : *schiste argileux* d'un gris verdâtre, lustré, argilo-siliceux, ne fait point effervescence avec les acides. Accompagne les quartzites du Trias.

11. Échantillon de la Pointe Haute de Mary (Basses-Alpes). (Collection Ch. Lory, de roches des sommets des Alpes françaises; Faculté des Sciences de Grenoble.) — *Quartzite schisteux* blanc avec paillettes chloriteuses vert foncé. — Trias inférieur.

12. *Quartzite* triasique du Briançonnais. (Échantillon n° 50 (D. 2423) de la collection de la Faculté des Sciences de Grenoble.) — *Schistes* verdâtres, sorte de *quartzites* verdâtres et laminés.

13. Saint-Chaffrey (Hautes-Alpes). (Échantillons de la collection Kilian, don de M. Pons.) *Schiste* de teinte gris clair, verdâtre; ne fait pas effervescence avec l'acide chlorhydrique; assez friable; aspect fibreux et argileux. (Trias inférieur?)

14. *Quartzite* de Le Veyer (Hautes-Alpes). — Quelques bancs en plaquettes, petits grains isolés de quartz *rouge*; l'ensemble de la roche a une teinte rosée.

15. Échantillon n° 582 de la collection de la Faculté des Sciences de Grenoble. — *Quartzite* laminé (à « membranes » de quartz.); pas de phyllites. Nombreuses sections d'un minéral ferrugineux transformé en produits ocreux.

16. *Quartzite* du Trias inférieur, du Laus, près Gap (Hautes-Alpes). (Coll. Kilian.) — Roche sursiliceuse, finement cristalline, d'un blanc jaunâtre, à taches d'oxyde de fer nombreuses, ce qui lui donne une teinte générale brunâtre.

17. *Quartzite* jaunâtre du type ordinaire. Trias inférieur du Plan de Phazy (Hautes-Alpes, collection Ch. Lory). (Échantillon de la Faculté des Sciences de Grenoble.) — *Quartzite* tapissée par le *Rhizocarpoon geographicum D. C.*

18. Roche de la pointe de la Tsanteleina (Tarentaise). (Échantillon de la Faculté des sciences de Grenoble; M. P. Lory.) — Limite du Trias inférieur et moyen. — *Quartzites* sériciteux.

19. Échantillon des Crêtes de la Golette. (Échantillon de la collection P. Lory.) — *Quartzite* sériciteux d'aspect gneissique.

20. Le Veyer. (Échantillon n° 612, de la collection de la Faculté des Sciences de Grenoble.) — *Quartzite* vert.

21. Vignes de la Tronche près Grenoble (bloc erratique). (Échantillon de la Faculté des Sciences de Grenoble.) — *Quartzite* vert.

22. Col Tronchet. (Échantillon de la Faculté des Sciences de Grenoble.) — *Quartzites* très roses.

23. *Quartzite du* Chemin des Ayes, près Briançon. (Échantillon de la Faculté des Sciences de Grenoble.) — *Quartzite* rose et vert.

24. La Rua près Ceillac. (Échantillon de la Faculté des Sciences de Grenoble.) — *Poudingue quartzeux* étiré de la base du Trias, passant au Verrucano. Type analogue à celui du Veyer (Queyras).

25. La Sétaz. (Échantillon de la Faculté des Sciences de Grenoble.) — *Quartzite.*

26. La Mandette. (Échantillon de la Faculté des Sciences de Grenoble, 1858.) — *Quartzite* triasique reposant sur des grès à anthracite.

27. La Mandette. (Échantillon de la Faculté des Sciences de Grenoble.) — *Quartzite* légèrement micacé.

28. Mont-Thabor. (Échantillon de la Faculté des Sciences de Grenoble.) — *Quartzite* du type ordinaire, mais d'une teinte uniformément grisâtre.

29. Barles (Basses-Alpes). (Échantillon de la Faculté des Sciences de Grenoble.) — *Quartzite* compact d'un gris brunâtre.

30. Grand Rubren (Basses-Alpes). (Échantillon de la Faculté des Sciences de Grenoble.) — *Quartzite* séricileux.

31. Col du Galibier. (Échantillon de la Faculté des Sciences de Grenoble, Ch. Lory, 1851.) — *Quartzite* du type ordinaire des quartzites werféniens du Briançonnais.

32. L'Argentière (Hautes-Alpes). (Échantillon de la Faculté des Sciences de Grenoble; Ch. Lory, 1852.) — *Quartzite* légèrement rosé, de l'assise qui contient les amas filoniens de galène exploités à L'Argentière. Recueilli sur le chemin descendant à la Fonderie.

33. *Quartzite* du Pont de Prelles (Roc-Baron) [Hautes-Alpes] (Ch. Lory, 1857). — Quartzite légèrement brunâtre.

34. *Quartzite* du Briançonnais. (Échantillon de la Faculté des Sciences de Grenoble.) — *Quartzite* cristallin, d'un gris sale, prenant des taches roussâtres dans les parties exposées à l'air; se délitant en dalles.

35. Vallée-Étroite. (Collection de la Faculté des Sciences de Grenoble.) — *Quartzite* vert.

36. Villarlurin (Tarentaise). (Échantillon de la collection W. Kilian.) — *Grès satinés* très étirés, verdâtres, silicéo-séricileux, avec taches de sidérose. (Base extrême du Trias inférieur, passant au Permien.)

37. Les Chapours près la Chambre (Maurienne). Échantillon de la Faculté des Sciences de Grenoble. (Excursion publique 1902.) — *Quartzite* phylliteux, avec filonnet de sidérose. Base du Trias.

Quartzite phylliteux; roche verdâtre satinée rappelant certaines variétés à grain fin du « Verrucano » de la vallée de la Roya (Alpes-Maritimes), ainsi que l'assise qui supporte au Nord de Modane, sur la route de l'Esseillon (Savoie), les quartzites blancs du Trias inférieur.

38. Échantillon recueilli à Albertville (Savoie). (N° 281 de la collection de la Faculté des Sciences de Grenoble, collection Kilian.) — *Quartzite* du type métamorphique ordinaire. Un peu de pyrite et de séricite; un peu de calcite.

39. Les Échellettes, versant du val Ferret (Valais). (Échantillon de la collection Kilian.) — *Grès quartziteux* brunâtre schisteux à surface satinée; ressemble à un micaschiste et ne fait pas effervescence avec les acides. Probablement triasique.

40. *Quartzites* des environs de Moûtiers (Savoie). (Échantillons de la Faculté des Sciences de Grenoble.) — 1° *Quartzite* compact, du type habituel, recueilli à Moûtiers même; 2° *quartzite* roussâtre du Pont-Ador, exploité sur la rive gauche de l'Isère pour l'industrie du ferro-silicium.

41. Saint-Martin de Belleville. (Échantillon de la Faculté des Sciences de Grenoble.)— *Quartzite* satiné vert.

41ᵇ. Tignes (Savoie). (Échantillon de la collection Kilian.) — Beau type de *quartzite* triasique d'un blanc légèrement grisâtre, à cassure esquilleuse, se délitant en fragments tranchants.

42. Anniviers (Valais). (Échantillon de la Faculté des Sciences de Grenoble.) — *Marbres* et schistes intercalés dans les quartzites triasiques.

43. Échantillon du rocher de Valère, Sion (Valais). — (Échantillon de la Faculté des Sciences de Grenoble [MM. P. Lory et W. Kilian].) — *Quartzite* d'un blanc rosé avec parties verdâtres; d'un type analogue à certains quartzites du Briançonnais.

43ᵇ. Monte Teggiolo (Massif du Simplon). (Échantillon de la collection Kilian.) — *Quartzite* à pargasite.

43ᶜ. Ornavasso (Italie). (Échantillon de la collection Kilian.) — *Quartzite* jaunâtre rappelant beaucoup les quartzites werféniens du Briançonnais.

44. Près Verzi (Ligurie). (Échantillon de la collection Kilian; Don de M. Rovereto de Gênes.) — *Quartzite* altéré du Trias supérieur, avec moules internes de coquilles bivalves (*Estheria minuta?*), au-dessus de Castagnabianca, près de Verzi (Ligurie). La détermination exacte de ces restes paraît assez incertaine.

Nous mentionnerons encore, à la suite de cette liste, l'*arkose* de Mondonne, près de Guillestre, qui affleure dans le voisinage des marbres en plaquettes suprajurassiques, mais paraît former la base d'une nappe charriée et que nous rapportons au Trias inférieur ou au Permien (voir plus haut, p. 262).

Arkose de Mondonne, près Guillestre (Hautes-Alpes). — A l'œil nu : grès schisteux d'un vert clair, avec paillettes de mica blanc détritique et semis de taches ocreuses ayant jusqu'à 3 millimètres de plus grande dimension. Odeur argileuse très prononcée.

Au microscope (diagnose de M. Termier), grès quartzeux (au moins 30 p. 100 de quartz), avec quelques débris plus ou moins roulés de feldspaths divers non altérés. Ces grains feldspathiques sont d'albite, d'orthose ou de microcline. Ciment vert pâle, peu transparent, formé d'un fouillis de petites aiguilles de kaolinite et de muscovite. Les minéraux accessoires roulés sont : rutile et sphène, tourmaline, mica blanc. Dans le ciment, il y a beaucoup d'aiguilles secondaires de rutile. De gros cristaux de sidérose se sont formés dans les grès. Ils sont, en grande partie, transformés en limonite ocreuse, parfois avec isolement d'un peu de magnétite.

B. Échantillons appartenant à l'étage des schistes et calcaires phylliteux.

1. Torrent des Sanières, près Barcelonnette (Basses-Alpes). (Échantillon 587 [D. 6402] de la Faculté des sciences de Grenoble.) — *Calcaire phylliteux* très siliceux. Rentre dans le type « Schistes lustrés », probablement, avec calcite et quartz, remis en mouvement et disposés en longues dents perpendiculaires à la schistosité; séricite. État dynamométamorphique flagrant. Beaucoup de quartz cristallin, mica, calcite, sidérose. (Diagnose de M. Termier.)

2. Vallon de Mary (Basses-Alpes). (Échantillon n° 563 de la Faculté des Sciences de Grenoble.) — *Schiste satiné* gris verdâtre; ne faisant pas effervescence avec les acides.

3. Vallon de Mary. (Échantillon G. 580 de la Faculté des Sciences de Grenoble.) — Calcaire avec quelques régions siliceuses. Pas de phyllites. Les régions siliceuses sont vaguement *orientées* en bandes parallèles; elles sont formées de quartz grenu fin. Calcite, un peu de quartz; séricite très peu abondante; grains roulés d'ilménite; pas de feldspaths.

4. Val d'Isère. (Échantillon de la collection Kilian.) — *Calcaire phylliteux* à grains de quartz. Les surfaces altérées ont un aspect qui rappelle celui de certaines protogines.

5. Moûtiers (Savoie). (Échantillon de la Faculté des Sciences de Grenoble.) (Horizon des calcaires phylliteux.) — *Schiste vert* satiné, phylliteux, insoluble dans l'acide chlorhydrique et rayant le verre. — Un autre échantillon de la même roche a une teinte grise.

6. Les Cordeliers, Moûtiers (Savoie). (Échantillons de la Faculté des Sciences de Grenoble.) — *Schiste* d'un gris verdâtre; ne faisant pas effervescence avec les acides; surface satinée et lustrée. Certains bancs font effervescence; ils alternent près de la scierie avec de petits bancs de calcaire noirâtre, cristallin, à enduits séériciteux et avec des bancs de quartzite verdâtre, schisteux.

7. Flanc N. E du mont Jovet (Tarentaise). (Échantillon de la Faculté des Sciences de Grenoble; M. Kilian, 1893.) Étiqueté : calcaire phylliteux (Muschelkalk inférieur de

M. Termier). — Trias moyen; roche satinée violacée verdâtre, schisteuse, avec cristaux de calcite rouge grenat; fait effervescence avec les acides; nombreuses lamelles de chlorite vert poireau.

8. Mont-Cenis. (Échantillon de la Faculté des Sciences de Grenoble, étiqueté : « type de passage des calcaires phylliteux aux Schistes lustrés. Trias supérieur.) J. Thévenet. (Schistes talqueux.) » — Sorte de micaschiste à mica blanc; ne faisant pas effervescence avec les acides.

9. Le Veyer, près des maisons du Roi (Queyras). (Collection Ch. Lory.) — Plaque de *marbre blanc* saccharoïde, se débitant en minces lames, séparées par des enduits verts; fait vive effervescence avec les acides.

10. Château-Queyras. (Échantillon n° 516 de la Faculté des Sciences de Grenoble.) — Calcaire phylliteux. Noyaux de calcaire verdâtre et lie de vin entourés de paillettes phyllito-schisteuses; ne faisant pas effervescence avec les acides. Quelques veines spathiques; traces de laminage énergique.

11. Hautecour. (Échantillon de la collection Favre.) — Calcaire très cristallin, d'un vert pistache.

12. Col de Chavière. (Échantillon n° 549 de la collection Kilian.) — *Calcaire phylliteux;* calcaire cristallin; contient beaucoup de phyllites verdâtres; parties siliceuses qui rendent les surfaces altérées très rugueuses; fait effervescence avec les acides. Au microscope, on ne reconnaît aucune trace d'organismes.

13. Vanoise, près du col de Mone. (Échantillon de la collection Kilian.) — *Calcaire phylliteux* d'un blanc verdâtre grossièrement cristallin; faisant vive effervescence avec les acides; est formé de calcite largement cristallisée, mêlée à des paillettes de phyllite verte, qui font saillie en zones sur les surfaces altérées. Trias.

14. Vanoise. Pralognan. (Échantillon de la collection Kilian.) — Comme le précédent, mais présentant, sur les surfaces altérées, un plus grand nombre de phyllites verdâtres à éclat métallique, ce qui lui donne un faux *aspect gneissique.*

15. Pralognan. (Échantillon de la Faculté des Sciences de Grenoble [collection Kilian D. p. M. Abel Amiez], étiqueté : marbre triasique.)

16. Pralognan. (Échantillon n° 315 de la collection Kilian.) — *Calcaire cristallin* largement cristallisé, d'un blanc grisâtre et d'un gris noirâtre du type des marbres liasiques. Donnant une forte effervescence avec les acides. (Est-ce bien du *Trias?*)

17. Pralognan (Savoie). — (Échantillon de la Faculté des Sciences de Grenoble [collection Kilian]). — *Calcaire phylliteux* du Trias, d'un aspect gneissiforme caractéristique.

18. Ravin de Prion, près Pralognan. (Échantillons de la collection Kilian.) — *Roche schisteuse* d'une densité assez élevée, ne faisant pas effervescence avec les acides et contenant de nombreux et petits cristaux de *chloritoïde;* certains échantillons sont mêlés de

calcaire et fragments bréchoïdes; tous renferment de l'hématite, ce qui leur donne une teinte un peu rougeâtre.

18 *bis*. Petite vallée près du Col Rouge (Vanoise). (Échantillon de la collection Kilian.) — Hématite d'un rouge foncé; poussière rouge; doit être fortement chargée en calcaire (vive effervescence). On y remarque des enduits de paillettes d'oligiste à éclat métallique.

19. Crête de la Golette (Tarentaise). (Échantillon de la collection P. Lory, 1893.) — *Calcaire phylliteux* gneissiforme.

20. Crève-Tête, vers les Brévières (Savoie). (Échantillon de la collection P. Lory.) — *Calcaire phylliteux* gneissiforme.

21. Six-Blanc (Valais), 1re tête. (Échantillons des collections Kilian et P. Lory.) — *Schiste calcaire*, formé de calcite cristalline grisâtre et présentant une grande abondance de lits séricíteux et phylliteux; fait vive effervescence avec les acides.

22. Mont-Cenis. (Échantillon de la Faculté des Sciences de Grenoble.) — Type de passage des *calcaires phylliteux* aux Schistes lustrés. — Trias.

23. Riffelberg, près Zermatt (Valais). (Échantillon de la collection W. Kilian, 1894.) — *Calcaire phylliteux* du Trias, très analogue aux types de Pralognan, en Savoie.

24. Sommet du Monte Teggiolo (Massif du Simplon). (Échantillon des collections Kilian et P. Lory.) — *Marbre* blanc largement cristallin, micacé; fait vive effervescence avec les acides.

25. Base E. du Massif de Teggiolo (Italie). (Échantillons des collections Kilian et P. Lory.) — 1° *Calcaire blanc saccharoïde* micacé; 2° calcaire à fibres radiées de trémolite; 3° calcaire à mica bronzé.

26. Reboissiano (Val Maira). (Échantillon donné par M. Franchi.) — *Calcaire blanc micacé* (faisant une vive effervescence avec les acides) reposant sur les quartzites du Trias.

B *bis*. Échantillons de gypses et cargneules du Trias intra-alpin.

1. Environs de Briançon. (Échantillon de la Faculté des Sciences de Grenoble.) — *Gypse* triasique renfermant *encore des fragments calcaires* gris, faisant effervescence avec les acides, et non encore transformés en gypse.

2. Tunnel du Galibier. (Échantillon de la Faculté des Sciences de Grenoble, n° D. 6429, étiqueté : « *Gypse lamellaire*. Trias ».) — Cristaux de gypse lamellaire et transparent, en lames vitreuses.

3. Au-dessus de Saint-Chaffrey. (Échantillon de la collection Kilian.) — *Gypse* saccharoïde blanc, *grenu*, à densité élevée.

4. N. de Briancon. (Échantillon de la collection Kilian.) — *Gypse* saccharoïde; roche blanche pulvérulente et saccharoïde, ne faisant pas effervescence avec les acides.

5. En descendant du col Izoard sur le Laus, au-dessus de Cervières. (Échantillon de la Faculté des Sciences de Grenoble, étiqueté : « *gypse;* dans les calcaires magnésiens et cargneules du Lias ».) — *Gypse* saccharoïde, blanc rosé.

6. Moûtiers (Tarentaise). (Échantillon de la collection Kilian.) — Morceau de *gypse blanc*, saccharoïde, contenant des *noyaux* de calcaire triasique gris (faisant effervescence avec l'acide chlorhydrique), *noyés* dans la masse gypseuse et ayant échappé à la gypsification.

7. Viuz-en-Sallaz, près Taninges (Haute-Savoie). (Échantillon de la Faculté des Sciences de Grenoble, Ch. Lory, 1887) [étiqueté : Éocène]. — Calcaire blanc, finement cristallin, d'aspect un peu terreux et vacuolaire, avec gypse jaunâtre.

8. Le Vernet, près Bramans (Savoie). (Échantillon de la collection Alph. Favre, à Genève.) — Beau *gypse* cristallin.

9. Mont-Cenis, bord du lac. (Échantillon de la Faculté des Sciences de Grenoble, étiqueté : sulfate de chaux.) — *Gypse* blanc saccharoïde.

10. L'Arbonne, près Bourg-Saint-Maurice (Savoie). (Échantillon de la Faculté des Sciences de Grenoble, étiqueté : « *Gypse salifère* ».) Gypse saccharoïde d'un blanc sale, finement cristallin.

11. Ravin d'Arbonne. Bourg-Saint-Maurice. (Échantillon de la Faculté des Sciences de Grenoble, étiqueté : « Anhydrite salifère ».) (C. L. 1864.) — *Anhydrite* cristallisé blanche.

12. Tunnel de la Volta, près Saint-Marcel (Tarentaise). (Échantillon de la collection Kilian.) — *Anhydrite* blanc, rubanné de gris, nettement cristallin.

13. Tunnel du Galibier. — (Échantillon de la Faculté des Sciences de Grenoble, étiqueté : « Anhydrite Trias supérieur ».) (M. Kilian, 1890.) — Belle *anhydrite* cristallin grisâtre, avec lit argileux d'un gris perle.

14. Col du Galibier. (Échantillon D. 864 de la Faculté des Sciences de Grenoble, étiqueté : *Cargneule du Trias.* Excursion des élèves 1901.) — *Cargneule* jaune, vacuolaire; fait vive effervescence avec les acides; ne renferme pas de débris de schistes.

15. Sondage de la gare de Notre-Dame-de-Vaulx (Isère). — Cargneules du Trias. Ces Cargneules sont une roche pulvérulente jaunâtre, *faisant une vive effervescence avec les acides* et englobant, en une sorte de brèche, des fragments de schistes lie de vin et verts. Certaines parties de la roche sont cristallines et brunâtres; ces parties forment une espèce de réseau vacuolaire.

16. Saint-Marcel (Tarentaise). Poudre blanche dans les cargneules. (Échantillon de la Faculté des Sciences de Grenoble.) — C'est une dolomie cendreuse, assez ferrifère. La poudre brunit par calcination. Elle est soluble, à chaud, avec effervescence, dans l'acide chlorhydrique; et la liqueur, traitée par l'ammoniaque, abandonne un précipité d'oxyde de fer. (Diagnose de M. Termier.)

17. Col Izoard (Hautes-Alpes). (Échantillon de la Faculté des Sciences de Grenoble, étiqueté : *Cargneule*.) — *Calcaire celluleux* jaunâtre, faisant vive effervescence avec les acides; semble un calcaire triasique cargneulisant.

18. Arvieux (Queyras). (Échantillon de la Faculté des Sciences de Grenoble.) — *Cargneule* du Trias. Fait une vive effervescence avec les acides. Roche vacuolaire terreuse, d'un jaune brunâtre, couleur de rouille et englobant, en une sorte de brèche, des fragments de schistes argileux grisâtres ou verdâtres; (ces fragments ne font point effervescence).

C. Échantillons appartenant à l'étage des Calcaires gris dits « à Gyroporelles ».

1. Sommet du Mont-Thabor (Savoie). (Échantillon de la collection de roches des sommets des Alpes françaises de la Faculté des Sciences de Grenoble, M. Coolidge.) — Calcaire triasique à patine rouge; faisant effervescence avec les acides.

2. Mont-Thabor (sommet). (Échantillons de calcaires triasiques. Faculté des Sciences de Grenoble, coll. Kilian et Révil.) — Calcaire à grain très fin, subcristallin, d'un gris brunâtre, ressemblant au Muschelkalk de Lorraine. — A la surface des bancs, on remarque, comme dans ce dernier, des *vermiculations* et des traces de Gastropodes et de Bivalves. Par altération, ces calcaires prennent une *patine rose*. Un échantillon présente à sa surface quelques articles d'Encrines. La roche fait effervescence avec l'acide chlorhydrique *à chaud*.

3. La Grande-Paré (Col des Rochilles). (Échantillon de la collection Kilian et Révil, 4 août 1905.) — *Calcaire triasique* zoné; calcaire finement cristallin esquilleux, d'un blanc grisâtre avec zones régulières d'un gris perle plus foncé; faisant une vive effervescence avec les acides.

4. Modane. (Échantillon de la Faculté des Sciences de Grenoble.) — *Calcaire cristallin* triasique gris.

5. Tignes. (Échantillon de la Faculté des Sciences de Grenoble.) — Calcaire triasique typique, gris, finement cristallin et faisant une vive effervescence avec les acides.

6. Taninges (Haute-Savoie). — (Échantillon de la Faculté des Sciences de Grenoble.) — Calcaire triasique gris cendré, finement cristallin, du type habituel des calcaires à Gyroporelles.

7. Maurienne. (Échantillon de la Faculté des Sciences de Grenoble, étiqueté : « Calcaire cristallin légèrement magnésien). [Environ 4 p. 100 M. O. et 1 p. 100 CO^2 CaO); résidu insol. quartz et mica 14.5 p. 100. Anal. 7 oct. 84, absence de cristaux distincts, associé au gypse. » — *Calcaire gris*, très cristallin, saccharoïde, fait effervescence avec les acides.

8. Les Rochilles. (Échantillon n° 106. Collection Kilian-Hovelacque; 486 de la col-

lection Kilian.) — Calcaire gris compact, subcristallin, du type ordinaire; faisant effervescence avec l'acide chlorhydrique.

9. Rive droite de l'Arc, en face de Bramans (recueilli par l'abbé Vallet, 1861). (Échantillon de la Faculté des Sciences de Grenoble, n° 6; étiqueté : « Dolomie avec cristaux de Feldspath albite ». — *Calcaire d'un blanc gris clair,* très finement cristallin avec sections rectangulaires de cristaux d'albite vitreux; produisant une faible effervescence avec les acides.

10. Moûtiers (Savoie). (Échantillon de la Faculté des Sciences de Grenoble.) — *Calcaire gris cendré,* à veines blanches, n'est soluble *qu'à chaud* dans les acides.

11. Route de Moûtiers à Plainvillard (Savoie). [Échantillon de la Faculté des Sciences de Grenoble.] (Don de M. Buxtorf.) — Calcaire d'un gris sale, très finement cristallin, traversé de nombreuses veines de calcite; fait une très faible effervescence avec les acides.

12. Roc-Tourné. Modane. (Échantillons de la Faculté des Sciences de Grenoble, étiquetés : « Calcaire magnésien à cristaux d'Albite, Trias moyen ».)

13. Entre Termignon et Lanslebourg. (Échantillon de la Faculté des Sciences de Grenoble, étiqueté : « Trias moyen. Ch. Lory, 1885 ».) — *Marbre* cristallin, d'un blanc bleuâtre, rappelant par son aspect certains types de quartzites ou d'anhydrites. Des lits saccharoïdes lui donnent une apparence zonée. Fait vive effervescence avec les acides.

14. Environs de Modane. (Échantillon de la Faculté des Sciences de Grenoble, étiqueté : « Dolomie avec cristaux d'Albite. Trias moyen ».) — *Calcaire* finement cristallin gris clair; il contient des cristaux vitreux d'albite bien visibles; fait une faible effervescence avec les acides.

15. L'Esseillon. (Échantillon de la Faculté des Sciences de Grenoble, étiqueté : « Couche fossilifère du Fort de l'Esseillon en Maurienne, 18 p. 100 de Carbonate magnésique ».) — *Calcaire gris* noirâtre, très finement cristallin, *du type habituel des calcaires triasiques;* ne fait pas effervescence avec les acides; montre des traces de fossiles indéterminables.

16. Le Bourget, près Modane (Maurienne). (Échantillon de la Faculté des Sciences de Grenoble, étiqueté : « Calcaire avec cristaux de feldspath; en contact avec le gypse ».) — *Calcaire gris clair,* finement cristallin; sections prismatiques de cristaux d'albite; faible effervescence avec les acides.

17. Villarlurin (Savoie). C. L. 87. (Échantillons de la Faculté des Sciences de Grenoble, étiquetés : « Cristaux d'albite colorés en noir par du carbone dans le calcaire du Trias moyen ».) — *Calcaire triasique* noir du type ordinaire.

18. Flanc du Chétif, près Courmayeur (Italie). — (Échantillon n° 577 de la collection Kilian.) — Calcaire subcristallin, à cassure esquilleuse et pâte fine, légèrement saccharoïde; ne fait pas effervescence avec les acides. Calcaire d'aspect dolomitique, probablement du Trias.

19. Ravin de l'Arbonne, près Bourg-Saint-Maurice (Savoie). (Échantillon de la collection A. Favre, à Genève, étiqueté: « *Calciphyre* ».) — Calcaire gris, du type habituel des calcaires triasiques du Briançonnais.

20. Croix de Jovet (Bozel). (Échantillon de la collection A. Favre, à Genève, étiqueté : « *Calciphyre* ».) — Calcaire finement cristallin, du type de notre calcaire triasique ordinaire.

21. Col de Grosse-Tête (Vanoise). (Préparations et échantillons n°s 574, 580, 583 de la collection Kilian.) — A l'œil nu : calcaire triasique d'un gris noirâtre très cristallin. Au microscope : Agrégat de larges plages cristallines, à travers lesquelles on voit un vague *dessin organique* sous forme de glomérules et de dessins annulaires (préparation n° 583) qui semblent bien être des sections de *Diplopores*.

22. Environs de Moûtiers (Les Cordeliers). (Échantillon de la Faculté des Sciences de Grenoble.) — Calcaires cristallins, grisâtres, jaunissant un peu à l'air; faisant une légère effervescence avec les acides.

23. Salins (Savoie). (Échantillon n° 7 de la Faculté des Sciences de Grenoble.) — Calcaire triasique, très cristallin par places, gris noir; fait effervescence à froid avec les acides.

24. Mont-Thabor. (Échantillons de la Faculté des Sciences de Grenoble, recueillis par MM. Kilian, Lory, Coolidge.) — Calcaire subcristallin noduleux, en lits minces; avec traces d'*Encrines* et de *Gastropodes;* noyaux gris brunâtres dans une masse rose clair (par altération); cette matière rouge accompagne les fentes de la roche. On remarque aussi au microscope des filaments de calcite et des taches et amas de matière amorphe brunâtre et rougeâtre.

25. Salins, près Moûtiers. (Échantillon de la Faculté des Sciences de Grenoble, étiqueté : « Dolomie triasique exploitée pour chaux maigre ».) — Calcaire un peu schisteux d'un gris jaunâtre, très finement cristallin, faisant effervescence avec les acides, se délitant en fragments parallélépipédiques, d'un aspect plutôt terreux.

26. Salins-Moûtiers (Savoie). (Échantillon de la Faculté des Sciences de Grenoble.) — Calcaire dolomitique pris près du four à chaux maigre.

27. Résultat de l'examen microscopique d'un résidu tiré par Ch. Lory des calcaires de Salins-Moûtiers. (Échantillon de la Faculté des Sciences de Grenoble.) — Grains de quartz irréguliers; beaucoup de cristaux de feldspath entiers. Grains isotropes, probablement de grenats, opaques et noirâtres.

28. Col des Encombres (Savoie). (Échantillon de la Faculté des Sciences de Grenoble, étiqueté : « Calcare fossilifero-infraliassico (Vallet), superiore al traille des Encombres presso Seigneures, sotto Saint-Michel, 1865 ».) — Calcaire cristallin à fond blanc ou gris cendré, avec taches gris noir; sections de fossiles ressemblant à des sections d'algues calcaires. — Cette roche rappelle les calcaires triasiques et non les calcaires rhétiens; il doit y avoir une erreur dans l'attribution de l'horizon.

29. Villarodin (Savoie). (Échantillon de la collection C. Lory, 1866, étiqueté : « Calcaire avec cristaux noirs d'albite. La coloration noire est due à une matière graphiteuse ».) — Calcaire gris noirâtre un peu schisteux, finement cristallin, faisant effervescence avec les acides; sur les morceaux altérés, on voit se détacher de nombreux cristaux d'albite.

30. Chemin de l'Alpe du Lauzet. (Échantillon de la collection Kilian et Révil.) — Calcaire triasique du type habituel.

31. Col du Galibier. (Échantillon de la Faculté des Sciences de Grenoble.) — Calcaire magnésien bréchiforme « enchevêtré avec le gypse » (Ch. Lory); produit avec les acides une légère effervescence à froid pour certaines parties; à chaud pour les autres; gris noir comme le calcaire de l'Infernet.

32. Col du Galibier (Hautes-Alpes). (Échantillon de la Faculté des Sciences de Grenoble, étiqueté : « Calcaire sableux superposé aux grès (à anthracite?), rés. sableux amorphe. Ch. Lory, 1858 ».) — Calcaire finement cristallin, d'un gris moiré, gaufré, à cassure esquilleuse, fait effervescence avec les acides.

33. Col du Galibier (Hautes-Alpes). Ch. Lory, 1858. (Échantillon de la Faculté des Sciences de Grenoble, étiqueté : « Calcaire superposé aux grès à anthracite ».) — Calcaire cristallin gris noirâtre; fait effervescence avec les acides; se débite en plaquettes.

34. Échantillon de la Faculté des Sciences de Grenoble, étiqueté : « Calcaire ferrugineux, rouge, des montagnes situées à gauche de la route de Briançon au Mont-Genèvre (Ch. Lory, 1852 »). — Calcaire nettement cristallin, vacuolaire, profondément rubéfié par altération. Fait vivement effervescence avec l'acide chlorhydrique.

35. Briançon, en quittant la dernière barrière de la route du Mont-Genèvre. (Échantillon de la Faculté des Sciences de Grenoble (coll. Ch. Lory), portant comme étiquette : « sur 3 gr. silice, oxyde de fer, alumine 0,06; carbonate de chaux, 1,82; carbonate de magnésie (diff.), 1,12; total 3,00 »). — Calcaire finement cristallin, gris noirâtre, bréchoïde, à cassure parallélépipédique.

36. Échantillon de la Faculté des Sciences de Grenoble, n° I, 242. Porte l'étiquette suivante, de la main de Ch. Lory : « Calcaire du mont Genèvre formant le mont Genèvre, le Chaberton, etc. Calcaire très magnésien, donnant : carbonate de chaux, 0,61; carbonate de magnésie (diff.), 0,37; oxyde de fer et alumine, 0,01; résidu siliceux, 0,01 (amorphe), total 1 (Ch. Lory, 1852) ».

37. Environs de Briançon. (Échantillon de la Faculté des Sciences de Grenoble.) — Rubéfié probablement par altération, ayant pris une couleur rouge amaranthe et un aspect légèrement terreux, ne faisant pas effervescence avec l'acide chlorhydrique à froid. — On distingue, dans la masse, des noyaux de calcaire gris non rubéfié subcristallin, du type triasique ordinaire, qui se détachent sur le fond rose et donnent à l'ensemble l'aspect d'une brèche.

38. Briançon. (Échantillon de la collection Kilian.) — Calcaire triasique gris, du type habituel.

39. Route de la Batterie de la Lozette, près Briançon. (Échantillon de la Faculté des Sciences de Grenoble.) — Calcaire triasique; faisant effervescence avec l'acide chlorhydrique; calcaire d'un gris un peu foncé, légèrement cristallin, mais à grain très fin; cassure esquilleuse et saccharoïde; présente par place une structure zonée et semble avoir contenu des organismes (Gyroporelles?) avant de recristalliser.

40. Ravin de la Doue, Briançon (Hautes-Alpes). (Échantillon de la collection Kilian.) — Galet de calcaire triasique gris recueilli dans un torrent actuel.

41. Montagne de Prorel (Briançonnais). (Échantillon D. 8414 de la Faculté des Sciences de Grenoble, étiqueté : « Bloc de calcaire à Gyroporelles (Trias) ramassé dans la Brèche du Télégraphe (Lias). Excursion, congrès 1900. D. p. MM. Termier et Schmidt. ») — Dans un fragment de calcaire gris englobé dans cette brèche et qui fait effervescence avec les acides, on remarque des *sections d'algues calcaires* assez nettes.

42. Vallon des Désertes. (Échantillon de la Faculté des Sciences de Grenoble.) — Calcaire cristallin grisâtre, à zones noirâtres; fait facilement effervescence avec l'acide chlorhydrique.

43. Vallon des Désertes. (Échantillon de la Faculté des Sciences de Grenoble.) — Calcaire triasique très finement cristallin, du type du calcaire de Janus; gris noirâtre à cassure esquilleuse. Ce calcaire semble compact à première vue, et ce n'est qu'un examen plus attentif qui en montre la nature cristalline. Les surfaces exposées à l'air présentent les accidents de corrosion connus sous le nom de « rascles ». Cette roche ne fait qu'une légère effervescence avec HCl, et en certains points seulement.

44. Col des Désertes conduisant de Plampinet à Césanne. (Échantillon de la Faculté des Sciences de Grenoble, étiqueté : « Calcaire du Briançonnais. Ch. Lory, 1860 ».) — Calcaire gris cendré, finement cristallin, à cassure parallélépipédique, du type du calcaire du lac du Paroird; quelques veines spathiques font très faiblement effervescence avec les acides.

45. Gondran. (Échantillon de la Faculté des Sciences de Grenoble.) — Calcaire triasique subcristallin, grenu, noirâtre; fait effervescence avec les acides.

45bis. Briançon. (Échantillon de la Faculté des Sciences de Grenoble.) — Calcaire triasique noir, subcristallin, en plaquettes.

46. Route de Servières (Hautes-Alpes). (Préparation et échantillon n° 59 de la Faculté des Sciences de Grenoble.) — A l'œil nu : calcaire à cassures rectangulaires, subcristallin, à grain très fin, d'un gris foncé, moiré; devenant gris clair sur les parties exposées. N'est soluble qu'à chaud dans l'acide chlorhydrique. — Au microscope : Agrégat de plages cristallines, de petites dimensions, mêlées à des grains de matière amorphe. — Avec l'objetif Nachet n° 2, on aperçoit de nombreuses *traces d'organismes* en partie obli-

térées par la recristallisation; ce sont de petits glomérules très nombreux, entourés de cercles plus sombres de matière amorphe (Oolithes ou Foraminifères?).

47. Route de Servières. (Préparation de l'échantillon n° 60 de la Faculté des Sciences de Grenoble.) — Au microscope : agrégat fin de petites plages de calcite.

48. Au-dessus de Saint-Chaffrey. (Échantillon de la collection Kilian, recueilli par M. Pons.) — Calcaire triasique gris, du type normal.

49. Fort de l'Infernet, près Briançon (Hautes-Alpes). (Préparation et échantillons n°s 51, 52, 53 de la Faculté des Sciences de Grenoble.) — Calcaire gris foncé, moiré, à grain très fin, subcristallin, se débitant en fragments parallélépipédiques; dolomitique et ne faisant effervescence qu'à chaud avec l'acide chlorhydrique. — Au microscope (Préparations n°s 52, 53) : agrégat de particules cristallines (calcite ou dolomie) très biréfringentes, avec matière amorphe granulée et filaments de calcite et de dolomie cristallines. — Dans le n° 52, *vagues apparences d'organismes* sous forme de glomérules analogues à des cellules qui auraient été en partie oblitérées par une recristallisation. — Dans le n° 53, il n'y a aucune trace d'organismes.

50. Massif de l'Infernet, près Briançon. (Échantillon n° 5 de la collection Kilian-Hovelacque.) — Trias. — Très fin agrégat, entièrement cristallin de calcite; quelques vagues glomérules d'apparence organique.

50bis. Fort de l'Infernet. (Échantillon de la Faculté des Sciences de Grenoble.) — Même structure; *gyroporelles* (?) vaguement indiquées.

51. Mont-Genèvre. (Échantillon de la Faculté des Sciences de Grenoble, n° 1.241. — Étiqueté : « calcaire magnésien des montagnes qui entourent le col du Mont-Genèvre [Ch. Lory, 1852] ».) — Calcaire gris cendré, finement cristallin; faisant très faible effervescence avec les acides; à cassure parallélépipédique; du type habituel des calcaires triasiques.

52. Près Briançon. (Échantillon de la Faculté des Sciences de Grenoble.) — Calcaire rubéfié triasique (Kilian et Révil). — Sorte de brèche calcaire gris cendré, produisant une faible effervescence avec les acides; le ciment est devenu terreux et rouge sang.

53. Montagne du Janus, près Briançon. (Préparation de l'échantillon n° 55 de la collection Kilian-Hovelacque.) — Trias. — Mosaïque cristalline; glomérules et *traces d'organismes* visibles en blanc sur le gris; quelques débris de coquilles. Tout est recristallisé; n'est soluble qu'à chaud dans l'acide chlorhydrique.

54. Janus. (Préparation des échantillons 54 et 55 de la collection Kilian.) — Trias. — A l'œil nu : calcaire subcristallin à grain fin, gris, du type ordinaire des calcaires triasiques du Briançonnais; donne une faible effervescence avec les acides. — Au microscope (Préparations n°s 55 (A et B), 56, 57, 58) : agrégat très net de petites plages cristallines à clivages rhomboédriques (calcite ou dolomie), mêlées à de nombreux grains de matière amorphe dans le n° 55. Dans certaines parties, les plages cristallines existent seules. Filonnets de carbonates cristallins (n° 58). — Traces très nettes de *structure*

organique sous la forme de glomérules en partie recristallisés, de sections en bâtonnets, etc. (n° 55). — La figure 4, pl. VIII, représente une partie de la préparation n° 55.

55. Près du fort de l'Olive. (Échantillon n° 49 de la Faculté des Sciences de Grenoble.) — Calcaire triasique subcristallin, noirâtre, à grain fin; fait effervescence à froid avec les acides.

56. Fort de l'Olive. (Échantillon n° 49 de la Faculté des Sciences de Grenoble.) — Trias. — Calcaire très cristallin; renferme peu de substance amorphe.

57. Col de la Pisse-Eychauda. (Échantillons n°s 49, 50, 51 de la Faculté des Sciences de Grenoble.) — Galet dans la brèche polygénique, recueilli par M. Termier. — Ne fait pas vive effervescence avec l'acide chlorhydrique, mais est nettement attaqué par lui; calcaire subcristallin d'aspect plutôt triasique.

58. Grande Rochebrune (sommet). (Échantillon de la collection de roches des sommets des Alpes françaises (Ch. Lory). Faculté des Sciences de Grenoble.) — Calcaire gris, finement cristallin; ne fait pas effervescence à froid. — Du type ordinaire des calcaires triasiques.

59. Plan de Phazy. (Échantillon de la Faculté des Sciences de Grenoble. Étiqueté : « Dolomie triasique entre les gypses et les grès blancs, qui reposent eux-mêmes sur la protogine. Ch. Lory, 1861. ») — Calcaire cristallin jaune roux avec taches d'un gris noirâtre; semble un calcaire cristallin triasique altéré; fait effervescence avec les acides.

60. Plan de Phazy. (Échantillons n°s 566-567, collection Kilian.) — Calcaire triasique d'un gris noirâtre, à cassure esquilleuse; pâte très fine; présente une grande analogie avec les calcaires du *Jurassique supérieur* de la région. — Vive effervescence avec les acides.

61. Pic d'Escreins. (Échantillon de la Faculté des Sciences de Grenoble.) — Calcaire triasique; traces organiques vagues.

62. Pic d'Escreins. (Échantillon n° 608 de la Faculté des Sciences de Grenoble.) — Trias. — Calcaire du type habituel des calcaires dits « à *gyroporelles* ».

63. Pic d'Escreins. (Échantillon de la collection Kilian.) — Calcaire triasique typique d'un gris cendré, finement mais entièrement cristallin; faible effervescence avec les acides.

64. Col de l'Eychauda (Hautes-Alpes). (Échantillon n° 317 de la collection Kilian.) — Calcaire noir subcristallin, à grain très fin et cassure esquilleuse, gris moiré; du type habituel des calcaires triasiques. Fait effervescence avec les acides.

65. L'Ange-Gardien, près Château-Queyras (Hautes-Alpes). (Échantillon de la Faculté des Sciences de Grenoble.) (Étiqueté : « calcaire triasique typique ».) D. de M. Nel. — Calcaire finement cristallin, gris clair; fait vive effervescence avec les acides; cassure esquilleuse.

66. L'Ange-Gardien, près Château-Queyras. (Échantillon de la Faculté des Sciences de Grenoble.) — Calcaire triasique gris, entièrement cristallin; cassure grenue un peu saccharoïde, faisant effervescence avec l'acide chlorhydrique. Bon type de calcaire triasique.

67. Palon (près de Freyssinières [Hautes-Alpes]). (Échantillon de la Faculté des Sciences de Grenoble. Étiqueté : « calcaire compact supérieur du Briançonnais (supérieur aux grès et aux quartzites de l'Argentière). Ch. Lory, 1857 ».) — Calcaire noirâtre, finement cristallin, à cassure esquilleuse, avec taches rouges sur les parties altérées. — Son âge triasique n'est pas certain.

68. Gros, près Guillestre (Hautes-Alpes). (Préparation et échantillon n° 545 de la Faculté des Sciences de Grenoble.) — A l'œil nu : calcaire gris, finement cristallin, grenu, jaunâtre par altération à la surface; fait effervescence à froid avec des acides. — Au microscope : agrégat fin et homogène de plages cristallines biréfringentes; structure habituelle des calcaires triasiques.

69. Entre le Veyer et la maison du Roi. (Échantillon de la collection Ch. Lory, 1883, n° 681.) — Calcaire gris triasique.

70. Pic d'Escreins. (Échantillons n°s 606 à 610 de la collection Kilian.) — Trias. — Calcaire gris cendré, finement cristallin, du *type des calcaires triasiques* du Janus. Surface extérieure portant des traces organiques (Algues calcaires ?); fait effervescence avec les acides.

Pic d'Escreins. (Échantillon n° 603 de la collection de la Faculté des Sciences de Grenoble.) — Calcaire triasique. Au microscope, structure d'une brèche calcaire; fragments (galets ou grumeaux) arrondis d'un calcaire plus souillé que la masse ambiante. Dans un de ces grumeaux ou galets, on distingue des *traces d'organisme* (au coin de la plaque opposé au Numéro); cellules polygonales alignées suivant des lignes parallèles. — Très peu de quartz; pas d'autres minéraux. Sauf les organismes indéterminables, la roche offre l'aspect ordinaire des calcaires triasiques.

71. Ange gardien, près Château-Queyras. (Échantillon de la collection Kilian.) — Calcaire triasique. — Calcaire d'un gris perle à cassure saccharoïde nettement et complètement cristallin; ressemble aux calcaires liasiques de l'Étroit-du-Ciex, mais est plus finement cristallin.

72. Le Laus (Hautes-Alpes). (Échantillon de la collection Kilian.) — Calcaire triasique *criblé de veines spathiques*, finement cristallin, grisâtre, à cassure parallélépipédique.

73. Dormillouze (Hautes-Alpes). (Préparation et échantillon n° 401 de la Faculté des sciences de Grenoble.) — A l'œil nu : calcaire gris sale, jaunâtre, finement cristallin; fait effervescence avec les acides. — Au microscope, mosaïque de calcite recristallisée, d'un type fréquent chez les calcaires triasiques.

74. Palon, en face la Roche, chemin de Freyssinières (Hautes-Alpes). (Échantillon de la Faculté des Sciences de Grenoble.) — Étiqueté : « oxyde de fer, en veines irrégulières dans les calcaires compacts supérieurs du Briançonnais. Ch. Lory, 1857. Trias. » — Roche terreuse, rouge brique, faisant effervescence avec les acides et présentant des débris bréchoïdes de calcaire, calcite, quartz, sans doute produit de décalcification des calcaires triasiques.

75. Trias du Morgon (Basses-Alpes). (Échantillon n° 681 de la collection Kilian). — Calcaire finement cristallin du type habituel des calcaires du Trias (type de Janus); fait effervescence avec les acides.

76. Ventebrun, près Barcelonnette (Basses-Alpes). (Échantillon n° D. 6405 de la Faculté des Sciences de Grenoble.) — Calcaire gris brunâtre, subcristallin, d'un aspect analogue à celui du Muschelkalk. On y remarque une section de coquille très épaisse, à test fibreux (provenant d'un Lamellibranche probablement). — Cette roche diffère sensiblement du type habituel des calcaires triasiques intra-alpins; son âge triasique est douteux.

76bis. Rochers de Rémézine, près Barcelonnette (Basses-Alpes). (N° D. 10954.) — Calcaire d'un aspect analogue à celui du Muschelkalk, gris brun, subcristallin, à cassure esquilleuse; traversé de quelques veines spathiques. Fait effervescence avec l'acide chlorhydrique.

77. Mélezet, près Bardonnèche (Italie). (Préparation et échantillons n°s 82 à 87 de la Faculté des Sciences de Grenoble.) — A l'œil nu : calcaire d'un gris noirâtre, très cristallin, à grain fin, faisant effervescence avec les acides; présentant un aspect plutôt liasique que triasique. — Au microscope, les préparations des échantillons 82, 83 et 86 montrent une mosaïque régulière de plages cristallines comme les calcaires triasiques du Janus, près de Briançon, et celles des échantillons 84 et 85 des plages allongées dans un sens déterminé. Cette disposition paraît être une conséquence de l'étirement de la roche.

78. Roc de Couleau (Hautes-Alpes). (Échantillon de la collection Kilian.) — Calcaire gris cendré, faisant très faible effervescence avec les acides; cassure saccharoïde; rappelle certains calcaires triasiques du Briançonnais.

79. Col de Couleau. (Préparations et échantillons n°s 409 et 410 de la collection Kilian.) — A l'œil nu : calc. noir traversé de veines spathiques blanches. Ne fait pas effervescence avec les acides; au microscope : mosaïque finement et nettement cristalline. Au microscope : (Préparation n° D 9680 de la Faculté des Sciences de Grenoble.) Calcaire à plages cristallines, formant une mosaïque fine; pas de traces d'organismes.

80. Vallon de Rouchouze, près Larche (Basses-Alpes). (Échantillon n° 564 de la Faculté des Sciences de Grenoble.) — Calcaire gris cendré, du type ordinaire des calcaires triasiques, finement cristallin, à cassure parallélépipédique; fait effervescence avec les acides.

81. Rouchouze. (Échantillon de la Faculté des Sciences de Grenoble.) — Calcaire triasique, calcaire recristallisé, du type ordinaire des calcaires triasiques du Briançonnais.

82. Rouchouze. (Échantillons n°s 552-563 et 616 de la collection Kilian.) — Calcaire triasique; un peu moins finement cristallin que le précédent, gris, légèrement teinté de brun; on distingue des lamelles spathiques; ne fait qu'une faible effervescence avec les acides; ne réalise pas complètement le type des calcaires triasiques. Sur les surfaces altérées (Échantillon n° 616) qui sont roussâtres, on voit des traces qui semblent appartenir à des *algues* calcaires. Au microscope : type bréchoïde à cristaux cassés.

IMPRIMERIE NATIONALE.

83. Trias de Rouchouze. (Échantillons nos 598 et 599 de la collection Kilian.) — Calcaire cristallin noirâtre scintillant sur la cassure, patine brunâtre à l'extérieur, veines spathiques; effervescence faible avec les acides.

84. Vallon des Salettes, près d'Escreins (Hautes-Alpes). (Préparation et échantillon n° 567 de la Faculté des Sciences de Grenoble.) — A l'œil nu calcaire triasique, pétri d'*Encrinus* cf. *liliiformis* Lamk; au microscope : agrégat fin de plaques cristallines. On reconnaît par places une structure bréchoïde et des fragments de calcaire cristallin un peu plus foncé, inclus dans la roche.

85. O. N. O. de la Gourette (Basses-Alpes). (Échantillon et préparations nos 678 et 679 de la Faculté des sciences de Grenoble.) — Calcaire triasique, totalement et finement cristallin, d'un gris cendré.

86. Col Tronchet (Basses-Alpes). M. Kilian, 1890. — Échantillon de la Faculté des sciences de Grenoble, étiqueté : calcaire triasique à Encrines, gris, finement cristallin, à cassure parallélépipédique, blanchissant dans les surfaces exposées à l'air; *aspect identique aux calcaires à Gyroporelles de Trévencusaz* (*Valais*); on y voit de nombreuses sections d'Encrines bien conservées.

87. Ravin des Sanières, près Barcelonnette (Basses-Alpes). (Échantillon D 4842 de la Faculté des Sciences de Grenoble, étiqueté : « calcaire triasique, coll. Kilian, 1893 ».) — Calcaire très cristallin, traversé de nombreuses veines de calcite blanche, délimitant des fragments grisâtres; fait très vive effervescence avec les acides; c'est un marbre disloqué et recristallisé.

88. Col de Fours (Ubaye). (Échantillon n° 152 de la Faculté des Sciences de Grenoble.) — Le calcaire triasique du col des Fours se montre, à un fort grossissement, cristallin à grain moyen et traversé par de nombreux filonnets spathiques.

89. Haute-Ubaye. (Échantillons n° 303 et G 509 de la collection Kilian.) — Calcaire triasique. Calcaire gris noir, très finement cristallin, du type des calcaires triasiques du Briançonnais, quelques petits filons de calcite blanche.

90. (Échantillon n° 589.) Même provenance. — Calcaire très finement cristallin noirâtre, à cassure parallélépipédique; faible effervescence avec les acides. Quelques traces d'organismes indéterminables.

91. Massif de Panestrel (Basses-Alpes). — Échantillon n° 298 de la Faculté des sciences de Grenoble (Préparation n° D 8863). — A l'œil nu : roche noirâtre, tachetée de blanc; faisant très faible effervescence avec les acides; pâte saccharoïde et finement cristalline. Au microscope : calcaire entièrement recristallisé; structure zoogène vague et indistincte.

92. Massif de Panestrel. (Échantillon de la Faculté des Sciences de Grenoble.) — Calcaire triasique (dit à Gyroporelles), gris noirâtre, finement cristallin, cassure typique,

presque saccharoïde à la surface; organismes blancs en saillie, paraissant être des gyroporelles; ne fait pas effervescence à froid avec les acides.

93. Lac du Paroird (Basses-Alpes). (Échantillon et préparation n° 561 de la Faculté des Sciences de Grenoble.) A l'œil nu : calcaire dolomitique, ne faisant pas effervescence avec les acides; cassure plane d'un gris cendré. Au microscope : agrégat très fin et très homogène de petites plages cristallines.

94. *Calcaire du Lac du Paroird.* (Préparation et échantillon n° 6 de la Faculté des Sciences de Grenoble.) — A l'œil nu : calcaire subcristallin d'un gris cendré. Au microscope : agrégat entièrement cristallin de petites plages de dolomie; vagues traces d'organismes, probablement de Crinoïdes.

CALCAIRES TRIASIQUES DE RÉGIONS DIVERSES.

95. Sous les crêtes au Nord du Six-Blanc (Valais). (Échantillon n° 542 de la Faculté des Sciences de Grenoble. MM. Kilian et P. Lory.) — Agrégat semi-cristallin assez fin, rappelant les calcaires triasiques à patine nankin du col de Mône (Vanoise).

96. Au-dessus des chalets de Mayentzée, près Bagnes (Valais). (Échantillon n° 542 de la collection Kilian.) — A l'œil nu : calcaire compact d'apparence noirâtre, à cassure esquilleuse, très finement cristallin; faible effervescence avec les acides. Trias?

97. En amont d'Orsière (Valais). (Échantillon n° 572 de la collection Kilian.) — A l'œil nu : calcaire saccharoïde, cristallin, d'un gris moiré, faisant effervescence avec les acides; *aspect des calcaires triasiques du Briançonnais.*

98. Chable-Croix (Bas-Valais). (Échantillon D 9786 de la Faculté des Sciences de Grenoble.) — Calcaire à Diplopores (*Gyroporella*). Très finement cristallin, gris noirâtre, *identique à nos calcaires triasiques* du lac du Paroird; cassure esquilleuse; blanchit sur les surfaces exposées à l'air; fait effervescence avec les acides.

99. Wetterstein Zwickenalp, près Mythen (canton de Schwyz). (Échantillon de la Faculté des Sciences de Grenoble (avec *Diplopora annulata.* Schafh.) Calcaire à Gyroporelles; don de M. Steinmann.) — Ressemble énormément à nos calcaires du lac du Paroird.

100. Tréveneusaz (Vaud). (Échantillon de la Faculté des Sciences de Grenoble, étiqueté : calcaire triasique à Gyroporelles. d. p. M. Lugeon.) — Calcaire très finement cristallin, *du type de nos calcaires triasiques.*

101. Tréveneusaz. (Échantillon de la collection de la Faculté des Sciences de Grenoble, donné par M. Lugeon.) — Calcaire à Gyroporelles, absolument analogue, comme couleur et comme aspect, à notre calcaire triasique du type de l'Infernet, près Briançon; il fait fortement effervescence avec l'acide chlorhydrique; gris cendré, gris noir sur la cassure fraîche; se débite en fragments prismatiques, à cassure fortement grenue. Au microscope, il se montre entièrement recristallisé. Des « essaims » de Gyroporelles forment des traînées

à la surface; ces traces sont, du reste, peu apparentes pour un observateur non prévenu.

102. Trévencusaz (Vaud). (Échantillon de la Faculté des Sciences de Grenoble : calcaire triasique à Gyropelles, donné par M. Lugeon.) — Calcaire gris moiré, finement cristallin, *absolument du type des calcaires triasiques du lac du Paroird*, d'Escreins, etc., à cassure parallélépipédique, patine grise ou blanchâtre; on aperçoit quelques sections d'algues calcaires; fait effervescence avec les acides.

103. Hœtting, près Innsbruck (Tyrol). (Échantillons n°s 376 et 377, collection de la Faculté des Sciences de Grenoble.) — Calcaire triasique de l'horizon du Wetterstein; présente une *remarquable analogie avec nos calcaires du Janus* et avec divers types triasiques du Briançonnais. Calcaire gris à grain très fin, recristallisé; filonnets de calcite; ressemble notamment au calcaire triasique de la route de Cervières (Briançonnais).

104. Landl (Tyrol). (Échantillon n° 363, collection de la Faculté des Sciences de Grenoble, D 8864.) (Trias.) — Calcaire très cristallin, limoniteux, largement cristallisé, à grandes plages de calcite, débris d'Échinodermes, calcaire à Entroques avec quelques taches limoniteuses. Ne rappelle aucun de nos calcaires triasiques.

105. Esino (Lombardie). (Échantillon de la Faculté des Sciences de Grenoble.) — Calcaire à *Diplopora* (*Dactylopora*) *annulata* Schafh. (Esinokalk) Mattolino.

106. Église d'Esino (Lombardie). Calcaire à *Diplopores*. Échantillon de la Faculté des Sciences de Grenoble (Ch. Lory). — Calcaire très finement cristallin, noirâtre, *identique à certains bancs de nos calcaires triasiques.*

107. Val Vachera (Lac de Côme). (Échantillon de la Faculté des Sciences de Grenoble.) Étiqueté « calcaire à *Diplopora annulata* Schafh. (Esinokalk) (Norien) ».

108. Cardena-Brescia (Italie). (Échantillon de la Faculté des Sciences de Grenoble.) — Calcaire à *Gyroporella vesiculifera* Gümb.

109. Col di Tenda. (Échantillon de la collection de roches des sommets des Alpes françaises, Ch. Lory [à la Faculté des Sciences de Grenoble].) — Calcaire gris finement cristallin à cassure saccharoïde. Fait effervescence avec les acides.

110. Marbrerie d'Albertville (Marbre de Carrare). (Échantillon de la Faculté des Sciences de Grenoble, recueilli par Ch. Lory en août 1888, à la marbrerie d'Albertville.) — Calcaire blanc cristallin, saccharoïde; fait une vive effervescence avec les acides.

111. Calcaire triasique d'Arona (lac Majeur, Italie). (Coll. Kilian à la Faculté des Sciences de Grenoble.) — A l'œil nu : calcaire cristallin vacuolaire, d'un blanc jaunâtre, laissant apercevoir de nombreuses traces de *Diplopores*. Fait faiblement effervescence avec les acides et doit être dolomitique. Au microscope (Prép. D. 11726 de la Faculté des Sciences de Grenoble) : calcaire très cristallin, avec particules amorphes disséminées dans la masse cristalline. On ne voit pas d'apparences organiques bien nettes, la recristallisation ayant tout effacé.

Certains de ces calcaires, comme ceux de Salins, du col du Galibier, du Morgon, etc., font effervescence à froid avec l'acide chlorhydrique; beaucoup d'autres, comme ceux du Janus, de l'Infernet, de la route de Servières, du Thabor, de Mont-Vernier, ne sont solubles qu'à *chaud* dans ce même acide.

REMARQUES GÉNÉRALES SUR LA STRUCTURE MICROSCOPIQUE DES CALCAIRES DU BRIANÇONNAIS.

L'examen minutieux d'un très grand nombre de préparations microscopiques des calcaires gris, triasiques, des zones intra-alpines nous a permis de constater leur grande uniformité de structure. Ils se montrent tous fortement *recristallisés* et formés d'une sorte de brèche ou de mosaïque de plages de calcite ou de dolomie; cette mosaïque, plus ou moins fine, à éléments de taille moyenne ou réduite, n'offre jamais les grandes plages à clivages bien marqués des calcaires liasiques; on y remarque parfois des taches de matière amorphe, noirâtre, disséminée et quelques cristaux de quartz.

Des filonnets de calcites sont abondants dans certains échantillons.

Des traces de *structure* organique se *montrent*, malgré la recristallisation, dans quelques échantillons sous forme de glomérules ou de sections annulaires attribuables à des Diplopores (Escreins, Rouchouze, route de Servières, Pic d'Escreins).

Les types les mieux caractérisés de cette structure sont ceux de l'Olive, du Janus, de la route de Cervières, de l'Infernet près Briançon, de Dormillouze, de Couleau (Hautes-Alpes), du point O. N. O. de la Gourette dans l'Ubaye (Basses-Alpes), etc. On retrouve une structure analogue dans certaines dolomies triasiques du Taillefer (Isère). Enfin des préparations du calcaire dolomitique du Trias de Hoetting, près Innsbruck (Tyrol), montrent une structure *absolument identique* à celle de notre type des environs de Briançon.

D'autre part, l'étude d'une série de *résidus* obtenus par Ch. Lory par dissolution dans l'acide chlorhydrique de divers calcaires triasiques et faisant partie des collections de la Faculté des Sciences de Grenoble a permis à M. Gentil, auquel nous les avons soumis, de reconnaître la présence de quartz, d'*albite*, de mica et de chlorite blanche, d'orthose (plus rare) dans les calcaires du col de l'Eychauda, de Salins-Moûtiers, de Planpinet, de l'Esseillon, ainsi que de silice (opale?) secondaire, de pyrite et de limonite.

L'*albite* existe également dans le Rœthikalk [1] de la Windgaelle et du Toedi (Suisse), ainsi qu'à Carrare (Italie) et dans le Muschelkalk d'Ainac, près Lambert (Basses-Alpes).

On sait du reste que Ch. Lory [2] a publié d'intéressants renseignements sur l'*albite* et les minéraux que l'examen microscopique des résidus obtenus par la dissolution de roches sédimentaires alpines lui avait fournis (quartz bipyramidé, quartz détritique, orthose et surtout *albite*, mica). Il a remarqué que plus la cristallinité est grande dans les calcaires, plus l'*albite* se présente en cristaux nets et bien développés. La présence de ces cristaux ne semble cependant pas liée d'une façon absolue à la cristallinité générale des sédiments triasiques; car, si l'albite est abondante dans les calcaires cristallins de la Haute-Maurienne et de la Haute-Tarentaise, Ch. Lory l'a retrouvée également dans les dolomies moins cristallines d'Allevard et de Vizille. — Cet auteur attribuait la présence de ces cristaux microscopiques aux conditions mêmes de la formation des sédiments triasiques des Alpes occidentales. Leur genèse lui paraissait indépendante des actions mécaniques subies par les couches lors des dislocations alpines; elle ne peut, d'autre part, être attribuée à l'influence de roches éruptives.

E. Échantillons appartenant à l'assise des Cargneules supérieures, des Dolomies supérieures, calcaires nankin et schistes bariolés.

111. Saint-Marcel (Savoie). (Échantillon de la collection Kilian.) — Grès calcaire grisâtre jaunissant à l'air, grenu, faisant légère effervescence avec les acides, accompagné de schistes jaunâtres *satinés*, à parties verdâtres.

112. Saint-Marcel. (Échantillon de la Faculté des Sciences de Grenoble. M. Kilian.) — Dolomie pulvérulente.

113. Villette (Tarentaise). (Échantillon n° 939 de la Faculté des Sciences de Grenoble.) — Calcaire blanc, entièrement cristallin. Au microscope : fine mosaïque de plages cristallines.

114. Col de Costeplane (Hautes-Alpes). (Échantillon de la Faculté des Sciences de Grenoble.) — Dolomie triasique.

[1] Des résidus obtenus par dissolution dans les acides d'échantillons du Roethidolomit du Toedi (Suisse) ne renferment que des grains de quartz de forme irrégulière; des résidus analogues du Roethikalk de la Windgaelle (Suisse) ne renferment presque que des grains de quartz, mais aussi quelques débris de feldspath et d'un minéral brun indéterminé.

[2] *Comptes rendus Académie des Sciences*, 2 août 1886; 11 juillet 1887; et *Arch. Sc. phys. et nat. de Genève*, 1886.

115. Roche du Queyrellin (Hautes-Alpes). (Échantillon de la Faculté des Sciences de Grenoble.) — Dolomie supérieure du Trias.

116 à 120. Col de Mône, près Pralognan (Savoie). [Échantillons n°s 597 à 600 de la collection Kilian.] — À l'œil nu : calcaire blanc très finement cristallin à patine nankin et cassure esquilleuse; quelques veines spathiques, passant à des calcaires finement cristallins grisâtres (598 et 599). Au microscope : (Échantillon n° 597 de la Faculté des Sciences de Grenoble.) Calcaire cristallin semi-amorphe, à grain fin; quelques veines spathiques. (Préparation des échantillons n°s 599 et 600 de la Faculté des Sciences de Grenoble.) — Calcaire finement semi-amorphe; pas d'organismes. (Préparation de l'échantillon n° 598 de la Faculté des Sciences de Grenoble.) Aspect habituel des calcaires nankin. Au microscope, on aperçoit une fine mosaïque cristalline avec matière amorphe disséminée dans cette mosaïque. — (Préparation de l'échantillon n° 600 de la Faculté des Sciences de Grenoble.) Analogue à l'échantillon précédent: calcaire dolomitique finement cristallin.

121. Étroits du Ciex (Tarentaise). (Échantillon de la collection Kilian.) Dolomie; se trouve dans le Trias avec des cargneules.

122. Entre Chécoury et Arpvieille, près Courmayeur (Italie). (Échantillon de la collection Kilian et P. Lory de la Faculté des Sciences de Grenoble.) — Calcaire rosé, à pâte très finement cristalline et cassure esquilleuse, faisant effervescence avec les acides. Cette roche à patine jaunâtre rappelle les « calcaires nankin » du Trias supérieur de la Vanoise.

123. Entre Chécoury et Arpvieille, Allée-Blanche (Italie). (Échantillon de la collection Kilian.) — Calcaire blanc saccharoïde, finement et entièrement cristallin, d'un blanc légèrement bleuâtre ou jaunâtre, à patine jaunâtre; appartient probablement à l'horizon des « calcaires nankin » de la Vanoise, dont il rappelle vivement l'aspect et la structure.

124-125. Entre Chécoury et Arpvieille. (Préparation des échantillons 564 et 565 de la collection Kilian et P. Lory.) — À l'œil nu : calcaire très finement cristallin d'un blanc jaunâtre, à cassure esquilleuse; appartient probablement à l'horizon des calcaires nankin. (Échantillons n°s 565 et 588 de la Faculté des Sciences de Grenoble.) — Calcaire dolomitique, semi-amorphe à grain très fin, formant une fine mosaïque de plages cristallines amorphes. (Échantillon n° 573 de la Faculté des Sciences de Grenoble.) — Calcaire dolomitique, légèrement bréchoïde.

126. Arpvieille, près Courmayeur. (Échantillon n° 573 de la collection Kilian.) — À l'œil nu : calcaire très finement grenu, à cassure esquilleuse et patine nankin; ne fait pas effervescence avec les acides.

127. Flancs du Mont-Chétif, près Courmayeur (Italie). [Échantillon de la collection Kilian et P. Lory.] — Calcaire siliceux, très finement cristallin, d'un gris jaunâtre avec zones plus foncées; cassure finement saccharoïde; ne fait pas effervescence avec les acides; doit appartenir au Trias supérieur ou à l'Infralias (Rhétien).

128. En aval des Chapieux. (Préparations des échantillons n°s 556 à 560 de la collection Kilian.) — A l'œil nu : calcaire cristallin, d'un aspect très gréseux, d'un gris brunâtre, faisant vive effervescence avec les acides; à la loupe, on y voit de nombreux grains de quartz et beaucoup de calcite et même des paillettes de séricite, sur les surfaces de schistosité. Patine extérieure brune et très rugueuse.

129. Près du col de la Seigne et en amont des Chapieux. (Préparation et échantillons n°s 550 à 553 de la collection Kilian.) — A l'œil nu : calcaire dolomitique très finement cristallin, à cassure esquilleuse, d'un gris perle, rappelant certains marbres du Jurassique supérieur; fait effervescence avec l'acide chlorhydrique. Trias supérieur.

130. Amont des Chapieux. (Échantillon n° 588 de la Faculté des Sciences de Grenoble.) — Dolomie, à cassure ivoirine, offrant au microscope une structure semi-amorphe très fine.

131. Amont des Chapieux. (Échantillon de la Faculté des Sciences de Grenoble.) — Calcaire dolomitique, identique aux précédents, avec quelques veines spathiques.

132. Moraine en amont d'Orsières. (Échantillon n° 572 de la Faculté des Sciences de Grenoble.) — Calcaire à structure semi-amorphe du type des dolomies du Trias supérieur.

133. Entre-deux-Eaux. (Échantillon de la collection Kilian.) Calcaire d'aspect ivoirin, d'un blanc grisâtre tirant sur le café au lait; à cassure esquilleuse et parallélépipédique. La pâte est extrêmement fine; les parties extérieures ont une patine « nankin ». Cette roche a été rencontrée par l'un de nous en blocs erratiques près des chalets d'Entre-deux-Eaux; elle ne *fait point effervescence avec les acides*.

134. Entre-deux-Eaux. (Dans les éboulis.) [Échantillon de la Faculté des Sciences de Grenoble.] — Calcaire ivoirin, gris perle, assez analogue à certains calcaires du Jurassique supérieur; pâte très finement cristalline; fait légère effervescence avec les acides.

135. Seigne. (Environs du col de la Seigne.) (Échantillons de la collection Kilian.) — Ces calcaires à cassure esquilleuse d'aspect ivoirin, à grain extrêmement fin, font très faiblement effervescence avec les acides. A l'extérieur, ils prennent une patine nankin; au microscope, ils sont très analogues aux calcaires ivoirins qui se trouvent près de Saint-Marcel en Tarentaise à la base du Lias, entre le Lias et les schistes noirs rhétiens. Cet horizon est très constant dans le massif de la Vanoise, en synclinaux dans les calcaires gris triasiques.

136. Notre-Dame de Bon-Secours, près de l'Iseran. (Échantillon de la collection Alphonse Favre, à Genève.) — Calcaire blanc ivoirin, rappelant certains calcaires du Jurassique supérieur.

137. Entre Val-d'Isère et Tignes. (Échantillon de la Faculté des Sciences de Grenoble.) — Calcaire blanc, très finement cristallin, à cassure esquilleuse, d'aspect ivoirin, passant à des variétés rose chair; fait effervescence modérée avec les acides. Ces calcaires forment

un replis synclinal dans les calcaires triasiques (Trias supérieur du Jurassique). Ils fournissent de beaux marbres.

138-139. Tranchée de la route de Tignes à Val-d'Isère. (Échantillons n°s 46, 48, 49 de la Faculté des Sciences de Grenoble.) — Calcaire blanc très finement cristallin, à cassure esquilleuse. Fait vive effervescence avec les acides. Au premier abord, il offre une analogie d'aspect avec les quartzites triasiques. Au microscope : (Échantillons V. 1835, V. 1841, 1840, 1842, V. 1845, 1847, 1849.) fine mosaïque cristalline, tachetée de particules amorphes, avec quelques veines spathiques, parties bréchiformes et vaguement oolithiques; aucune trace d'organismes. Toutes les préparations rappellent la structure des dolomies du Trias supérieur de Champ (Isère) et celle du calcaire ivoirin de Villette (Savoie) qui se rencontre en galets dans les brèches liasiques de cette localité.

140. En aval de Tignes (Tarentaise). [Échantillon de la Faculté des Sciences de Grenoble, collection Ch. Lory.] — Calcaire (marbre) blanc très finement cristallin, ivoirin, à cassure esquilleuse; faisant faible effervescence avec les acides.

141. Entre Tignes et val d'Isère. (Échantillon V. 1839 des collections de la Faculté des Sciences de Grenoble.) — Calcaire noir, très cristallin, formé de larges plages de calcite, sans traces d'organismes.

142. Col de la Leisse (Savoie). [Trias supérieur.] (Échantillon V. 1843 (86) des collections de la Faculté des Sciences de Grenoble, M. W. Kilian.) — Calcaire très finement cristallin, à fine mosaïque de plages cristallines, avec particules disséminées de matière amorphe; on voit quelques filonnets de calcite. Cet échantillon rappelle, par sa texture, la dolomie de Champ (Isère).

143. Pont de Brides (Savoie). [Échantillon de la collection Kilian.] Trias supérieur. — Calcaire à cassure lithographique, faisant vive effervescence avec les acides. Structure très finement cristalline, à cassure esquilleuse, ivoirine, teinte blonde tirant un peu sur le rose et le verdâtre par places; on y remarque de petits cristaux de pyrite.

144. Brides. (Échantillon de la collection Kilian.) Trias supérieur (?). — Calcaire ivoirin d'un blanc jaunâtre à cassure esquilleuse, rappelant certains marbres du Jurassique supérieur du Briançonnais. Fait effervescence avec les acides.

145. Brides-les-Bains (Savoie). [Échantillon de la collection Ch. Lory.] — Calcaire subcristallin gris blond, pétri de petits bivalves indéterminables; à cassure esquilleuse; fait vive effervescence avec les acides.

146-147. Pont de Brides. Trias supérieur (?). (Échantillons n°s 1207 à 1211 de la Faculté des Sciences de Grenoble.) — A l'œil nu, c'est un calcaire très finement cristallin, à cassure ivoirine et esquilleuse, rappelant certains marbres du Jurassique supérieur, d'une teinte blanc jaunâtre, café au lait ou blanche avec veines bleuâtres; on y remarque un certain nombre de petits cristaux de pyrite. Fait effervescence avec les acides. — Au microscope: (Échantillon n° 1210 de la Faculté des Sciences de Grenoble, préparation n° D. 11154.) mosaïque finement cristalline avec filonnets spathiques et traînées de particules amorphes. Aucune trace d'organismes. La structure de cette roche rappelle celle de certains marbres en plaquettes supra-jurassiques des environs de Guillestre (Hautes-Alpes).

148. Pont de Brides (Savoie). [Échantillon n° 1207 de la Faculté des Sciences de Grenoble, préparation n° D. 11156.] — Au microscope : structure identique à l'échantillon précédent.

149. Saint-Marcel (Savoie). [Échantillons provenant du souterrain de la « Volta »] :

1° Galerie C, à 2 mètres de l'origine. — Calcaire subcristallin, gris moiré, à cassure grenue, se débitant en fragments prismatiques. Faible effervescence avec les acides. Aspect habituel des calcaires triasiques;

2° En aval de la nouvelle variante, point 13. — Cargneule, roche spongieuse et terreuse jaunâtre, contenant des grains de quartz et des fragments de schistes, des paillettes de mica, etc.; teinte générale jaune roussâtre avec partie verdâtre (fait très vive effervescence);

3° Roche schisteuse satinée, verdâtre, se rayant au couteau, ne faisant aucune effervescence avec les acides;

4° Échantillon prélevé au sondage I entre la roche et le gypse. — Calcaire jaune pâle, compact, à cassure ivoirine, fendillé; passerait pour dolomitique s'il ne faisait vive effervescence avec les acides.

150. Col Joly. (Échantillon de la collection Alph. Favre, de Genève.) — Dolomie triasique.

151. Villarly. Trias supérieur. (Échantillon n° 535 de la Faculté des Sciences de Grenoble.) — Calcaire (ou dolomie) avec noyaux de sidérose décomposée. Quelques-uns de ces noyaux sont tronçonnés.

152. Dormilhouze (Hautes-Alpes). [Échantillon n° 428 de la Faculté des Sciences de Grenoble.] — Dolomie du Trias supérieur, identique à celle de la suivante.

153. Roche-Juan, près Revel (Basses-Alpes). [Échantillon n° 244 de la Faculté des Sciences de Grenoble.) — Dolomie du Trias supérieur, finement cristalline. Au microscope : fine mosaïque de plages cristallines; rappelle le calcaire ivoirin; quelques spicules.

154. Trias supérieur. Roche-Juan, près le Martinet (Ubaye). [Échantillon de la collection Kilian.] — Roche schisteuse, d'un rouge lie de vin clair, à texture amorphe, faisant effervescence avec les acides, se délitant en fragments parallélépipédiques. Cette roche est immédiatement recouverte par un Rhétien absolument semblable à celui du Pas-du-Roc en Maurienne.

155. Roche-Juan. (Échantillon n° 283 de la Faculté des Sciences de Grenoble.) — Dolomie d'un gris rosé, à pâte très fine, ne faisant pas effervescence avec les acides.

156. Col du Châtelard (Savoie). [Échantillon de la Faculté des Sciences de Grenoble.] — Cargneule vacuolaire; « Zellendolomit »; fait vive effervescence avec les acides.

157. Saint-Clément (Hautes-Alpes). Trias. (Échantillons de la collection Kilian.) — Roche d'un jaune roussâtre, vacuolaire, pulvérulente, terreuse, contenant des débris de schistes verts, faisant vive effervescence avec les acides.

158. La Gourette (Basses-Alpes). [Échantillons n°s 678-679 de la Faculté des Sciences de Grenoble.] — Dolomie subcristalline, fine, gris blanchâtre, à patine jaunâtre; finement saccharoïde.

E *bis*. **Échantillons appartenant à l'assise des schistes bigarrés.**

1. Roche-Juan (vallée de l'Ubaye [Basses-Alpes]). [Échantillon de la collection Kilian, Faculté des Sciences de Grenoble.) — Marne rouge schisteuse du Trias supérieur; fait effervescence avec les acides.

2. Cormet d'Arêches (Savoie). [Collection Alph. Favre à Genève.] — Ardoise verte, altérée, argilo-siliceuse, analogue à celles de Villarly.

3. Trias supérieur. Villarly. (Préparation d'un échantillon de la Faculté des Sciences de Grenoble.) Coupe n° 574. — A l'œil nu (diagnose de M. le professeur Duparc) : roche détritique qui renferme de nombreux galets de *quartz*, de forme arrondie ou elliptique, dans ce cas ayant leurs grands axes alignés parallèlement. Leur contour est franc, d'autres fois légèrement estompé, comme c'est le cas dans certains schistes argileux du Houiller; plusieurs d'entre eux renferment des inclusions liquides. Au quartz s'ajoutent quelques grains de *feldspath* dont l'altération rend la détermination impossible. La dimension des grains de quartz atteint 0 millim. 12. Ces petits galets sont distribués dans une masse argileuse chargée de produits opaques et de calcite. Les forts grossissements y montrent une multitude de petits grains d'hématite rouge et transparents qui communiquent à la roche sa coloration particulière. Par places : quelques lentilles remplies de calcite en grains, de rares lamelles de chlorite et de quartz secondaire.

Cette roche fait fortement effervescence aux acides et laisse, après dissolution partielle, un résidu de grains de quartz, des grains d'oligiste et des flocons d'argile fine.

4. Villarly. (Préparation d'un échantillon de la Faculté des Sciences de Grenoble.) Coupe n° 605, Trias supérieur. — Cette roche blanchâtre, d'aspect argileux, est un facies particulier du n° 574. Au microscope (diagnose de M. le professeur Duparc), elle offre des caractères semblables aux précédents : quartz et feldspath détritiques identiques paraissant cependant plus rares; base argileuse riche en calcite. Quelques grains de *magnétite;* en revanche, il n'y a plus d'oligiste. Les lentilles à calcite du numéro précédent font également défaut. Cette roche se dissout en grande partie dans l'acide chlorhydrique; elle abandonne du quartz et une argile blanchâtre. Grains de *magnétite* et de *sphène* brunâtre, ce dernier petit. Les aiguilles de rutile sont disséminées partout. Leur coloration est brune en lumière naturelle, leur relief énorme, leurs extinctions longitudinales. Ces aiguilles ne sont généralement pas terminées; la mâcle en genou, simple ou répétée, y est

fréquente. Ces aiguilles se groupent en fagots; leur dimension est très petite, les plus considérables atteignent 0,007 et 0,009 millimètres.

5. Villarly. (Échantillon de la Faculté des Sciences de Grenoble.) — *Schiste noir*, feuilleté, fin et luisant, faisant effervescence avec les acides.

6. Villarly. (Échantillon n° 535 de la Faculté des Sciences de Grenoble.) — Schiste triasique vert pâle et rose lie de vin, à grain très fin.

7. Villarly. (Échantillon de la Faculté des Sciences de Grenoble.) — (Examiné par M. Michel-Lévy.) Schiste métamorphique fin, banal, avec calcite et séricite.

8. Villarly (Savoie). (Échantillon de la Faculté des Sciences de Grenoble, collection Kilian, 1893.) — Schiste du Trias supérieur (Quartenschiefer). Échantillon vert clair; un autre lie de vin, avec quelques taches d'un blanc verdâtre.

9. Villarly. (Échantillon de la collection A. Favre à Genève, étiqueté « Marnes irisées ».) — Schiste vert comme les précédents.

10. Étroit-du-Ciex. (Échantillon de la Faculté des Sciences de Grenoble.) — Roche associée aux cargneules du Trias supérieur et recueillie dans les travaux du tunnel de la Volta au débouché aval des Étroits-du-Ciex : *grès quartzeux* vert à grain fin, ne faisant point effervescence avec les acides; on remarque çà et là des taches roussâtres par oxydation.

11. Trias supérieur. Six-Blanc, près Orsières (Valais). (Échantillon de la collection Kilian.) — *Schiste noir* satiné rappelant un peu les « Schistes lustrés » du Piémont, mais plus noir et ne faisant pas effervescence. Ce schiste est fin et fibreux.

12. L'Échaillon (Savoie). (Échantillon de la collection A. Favre, étiqueté : « Marnes irisées ».) — *Schiste rose*, analogue à celui de Villarly (voir plus haut).

13. Tunnel de la Volta, près Saint-Marcel (Tarentaise), galerie en aval, de l'Étroit-du-Ciex. (Échantillon de la Faculté des Sciences de Grenoble.) — *Schiste verdâtre*, phylliteux, siliceux, un peu pourri; ne fait pas effervescence avec les acides.

14. Tunnel de la Volta, près Saint-Maurice (en Tarentaise). Trias supérieur, extrémité de la galerie D. (Échantillons de la Faculté des Sciences de Grenoble.) — *Roche schisteuse* grise, finement cristalline. C'est une dolomie laminée; ne fait pas effervescence à froid; facilement rayée par une pointe d'acier.

15. Entre Mont-Pascal et Hanamour. (Échantillon de la Faculté des Sciences de Grenoble. M. Révil, 1905.) — Schiste calcaire vert clair, avec nombreux cristaux de pyrite.

16. Champ (Isère). (Échantillon de la Faculté des Sciences de Grenoble, Ch. Lory, étiqueté : « calcaire altéré du Chemin d'exploitation des carrières ».) — C'est un schiste lilas, argileux, du Trias supérieur.

17. Nord du col de Chécoury, près Courmayeur (Italie). [Échantillon de la collection Kilian.] — *Schiste noir* satiné, ne faisant pas effervescence avec les acides; son âge est probablement triasique.

18. Pas-du-Roc (Savoie). (Échantillons de la collection A. Favre, étiqueté : « Marnes irisées ».) — Schistes verts analogues à ceux de Villarly.

19. N. de la Gourette (vallée de l'Ubaye). [Échantillons n^os^ D. 10957, D. 10958 de la Faculté des Sciences de Grenoble.] — *Argilolithes* lie de vin, tendres, se délitant en fragments parallélépipédiques et ne faisant pas effervescence avec les acides.

20. Sommet du Morgon (Basses-Alpes). (Échantillon de la Faculté des Sciences de Grenoble [récoltes de MM. Kilian et Haug].) — Roche analogue à la précédente, faisant légèrement effervescence avec les acides; on distingue des variétés rouge lie de vin et verdâtres; ces dernières se montrent parfois plus nettement schisteuses et légèrement satinées.

F. Roches de base du Trias de la zone delphino-savoisienne.

Voici maintenant une liste et quelques diagnoses de roches détritiques recueillies à la base du Trias dans la zone cristalline delphino-savoisienne. Nous sommes portés à rapporter la plupart de ces roches à un horizon *plus élevé que celui des quartzites* de la zone du Briançonnais, et à les considérer comme des dépôts de base correspondant aux transgressions médiotriasique et keupérienne, sur les reliefs qui formaient le bord occidental du géosynclinal intra-alpin.

1. Brèche du ruisseau de Ramaoulle, massif d'Allevard. (Échantillon D. 7256 de la Faculté des Sciences de Grenoble [M. P. Lory].) — Brèche de base du Trias supérieur, discordante sur les Schistes cristallins. On y voit des galets de quartz et de micaschiste dans un ciment micacé et calcarifère.

2. Grès des environs d'Allevard. (Échantillon de la Faculté des Sciences de Grenoble [Ch. Lory].) Étiqueté : *Quartzite* moucheté (exploité comme réfractaire). — Trias inférieur et peut-être Permien (W. K.).

3. Poudingue triasique du massif de la Mure. (Échantillon D. 3274 de la Faculté des Sciences de Grenoble.) — *Poudingue* de la base du Trias, noirâtre à galets de quartz blanc et gris; quelques paillettes de mica dans le ciment; ressemble beaucoup au conglomérat houiller; devient roussâtre par altération.

4. Laffrey; bord du Grand-Lac. (Échantillon de la collection P. Lory.) — « Gratte » en discordance sur les grès à anthracite (considérée à tort par Ch. Lory comme grès infraliasiques). C'est un *Poudingue* siliceux noir à galets de quartz.

5. Nantison. (Échantillon de la Faculté des Sciences de Grenoble.) — « Gratte » analogue à la précédente, mais d'une teinte plus claire; brunâtre avec galets blancs.

6. Grès triasique de Peychagnard, près la Mure (Isère). — (Échantillon de la collection P. Lory.) Base du Trias, sur la « Gratte ». — *Grès* dolomitique micacé, noirâtre, imprégné de pyrite; ressemblant au grès houiller.

7. « Gratte » du Peychagnard, près la Mure. (Échantillon de la collection P. Lory, 1892.) — *Conglomérats quartzeux* gris et blanc avec filons de quartz blanc.

8. Grès triasique d'Entraix (Basses-Alpes). (Échantillon de la Faculté des Sciences de Grenoble [collection Kilian].) — *Grès sableux,* feldspathique et quartzeux, à grains de quartz anguleux; ne fait pas effervescence avec les acides[1]. Ce grès paraît, contrairement aux suivants, bien être l'équivalent des Quartzites werféniens de la base du Trias.

9. S. des Chalets de Gonon (E. N. E. de Mizoen). (Échantillon de la collection Kilian et Révil.) — Grès triasiques. *Grès quartzeux* assez grossier à ciment brunâtre et taché d'oxyde de fer; ne fait pas effervescence avec les acides; les grains de quartz, assez gros, sont très visibles (triasique).

10. S. des Chalets de Gonon, près le Dauphin (Hautes-Alpes). (Échantillon de la collection de la Faculté des Sciences de Grenoble.) — *Grès triasique* : ne fait pas effervescence avec les acides; très quartzeux, à mouches de pyrite; teinte généralement d'un gris un peu verdâtre, devient brunâtre par altération du ciment; ressemble à un grès nummulitique.

11. Brèche de Chamoissière. Trias. (Échantillon de la Faculté des Sciences de Grenoble [recueilli par M. Lachmann].) — Les bancs de cette brèche passent, d'après P. Termier, à des calcaires magnésiens à patine blanche, nankin ou capucin, et ils s'intercalent entre les grès roses du Trias et des calcaires à *Arietites* du Lias inférieur.

12. Entre Hiruil et Sainte-Thècle, par Saint-Jean-de-Maurienne. — M. Termier a observé, à la base des terrains secondaires, des *schistes satinés,* ressemblant de prime abord à des micaschistes, mais qui, d'après lui, seraient sans aucun doute des *grès du Trias laminés.* Ils ont jusqu'à 30 mètres d'épaisseur (recherches de la Mine de la Frédière) et rappellent les couches analogues des bords du massif de Pelvoux (Villard-d'Arène).

13. L'Échaillon, près de Saint-Jean-de-Maurienne. (Échantillon de la collection Ch. Lory.) Étiqueté : « première assise de grès et de calcaire superposée aux terrains cristallins (n° 2) ». — Cette roche est, en réalité, un calcaire peu effervescent avec les acides (probablement dolomitique), gris cendré, subcristallin à cassure grenue et à veine de calcite. C'est probablement du Trias supérieur ou du Rhétien; il offre une certaine ressemblance avec les roches du lac du Paroird (Basses-Alpes).

[1] Nous croyons intéressant de donner, à titre de comparaison, la diagnose, faite par M. Termier, d'un grès triasique, de la bordure du Massif central de la France, recueilli par l'un de nous, à Saint-Paul-le-Jeune (Ardèche) (Échantillon de la Faculté des Sciences de Grenoble) : — Arkose granitique avec quartz et orthose (ce dernier assez frais), dans un ciment, très peu abondant, d'argile kaolinique, en voie de cristallisation.

14. Trias inférieur, entre l'Échaillon et Saint-Jean. (Échantillon de la Faculté des Sciences de Grenoble.) — *Arkose* à galets de granite, laminée et dynamo-métamorphisée. Les galets sont écrasés et tronçonnés. La matière écrasée a cristallisé en un agrégat de quartz fin et de mica blanc effiloché; quelques nids de calcite (diagnose de M. Termier).

15. Source de l'Échaillon (Savoie). (Échantillons n°s 983 et 894 de la collection Kilian.) — A l'œil nu : roche (arkose?) d'aspect gneissique, d'un gris sale. On y voit, à la loupe, du quartz grenu mélangé à des paillettes de mica plus ou moins altéré.

16. Saint-Jean-de-Maurienne (Savoie), 1900. — (*Arkose?*) sur le granite. Roche légèrement effervescente avec les acides; nombreux grains de quartz; quelques paillettes de mica blanc; apparence gneissique.

17. Saint-Jean-de-Maurienne. (Échantillon de la collection Ch. Lory.) — Arkose laminée, présentant l'aspect d'un schiste.

18. Nouvelle route d'Auris (Oisans). Trias? (Échantillon n° 40 de la collection de la Faculté des Sciences de Grenoble.) — Roche finement cristalline noire, avec taches blanches circulaires; paraît être un calcaire cristallin siliceux moucheté de quartz.

19. L'Échaillon (Savoie). Schiste noir du Trias inférieur. (Échantillon de la collection Alphonse Favre.) — Roche très analogue aux schistes liasiques; son âge triasique paraît douteux.

20. L'Échaillon (Savoie). « Schiste talqueux. » (Échantillon de la collection Alphonse Favre.) — Granite laminé.

— L'Échaillon (Savoie). (Échantillon de la collection Alphonse Favre, à Genève, n° 662.) — Grès étiqueté : grès anthracifère; paraît être un grès triasique.

— Même provenance. (Collection Alphonse Favre, à Genève.) — Grès jaunâtre quartzeux, imprégné de sidérose.

— Même provenance. (Collection Alphonse Favre, à Genève.) — *Quartzite* de Pésey (Savoie), du type ordinaire des quartzites triasiques.

F[bis]. Échantillons appartenant au Trias réduit de la zone cristalline delphino-savoisienne.

(Première zone alpine de Lory.)

1. Entre Mont-Pascal et Hanamour. (Échantillon de la Faculté des Sciences de Grenoble [Révil, 1905].) — Plaquettes du Trias supérieur; calcaire schisteux, faisant effervescence avec les acides; gris verdâtre, très finement cristallin, avec cristaux de pyrite disséminés, probablement un peu dolomitique.

2. Mont-Vernier (Savoie). (Échantillon n° 19 de la Faculté des Sciences de Grenoble.) — Dolomie du Trias supérieur. Dolomie compacte, à cassure mate, plane et esquilleuse, d'un gris jaunâtre; n'est soluble *qu'à chaud* dans l'acide chlorhydrique. Cette

roche est criblée par places de cristaux cubiques de pyrite (dans le voisinage de la nappe de spilite voisine).

3. L'Échaillon, près Saint-Jean-de-Maurienne. (Échantillon de la Faculté des Sciences de Grenoble, étiqueté : « Schiste talqueux, alternant *par feuillets* avec le calcaire gris n° 1, l'Échaillon (Saint-Jean-de-Maurienne) »; n° 1. Calcaire en feuillets alternant avec le schiste talqueux; au-dessus de la petite couche d'ardoise exploitée près de la maison Petit, médecin, (Trias) » (étiquettes de la main de Ch. Lory.) — C'est un calcaire gris; finement cristallin, schisteux, faisant effervescence avec les acides; probablement du Lias.

4. Bas de la Lavine. Rif du Sap. (Valgaudemar.) (Échantillon de la Faculté des Sciences de Grenoble, étiqueté : « Dolomie. Trias. ») — Calcaire d'un gris rosé, finement cristallin, à cassure esquilleuse; fait effervescence avec les acides; rappelle les marbres du Jurassique supérieur de Guillestre; son âge triasique est douteux. Il est dû, sans doute, comme le *marbre de Norvette*, à l'action métamorphique du mélaphyre sur l'assise des « Calcaires nankin ».

5. Saint-Jean-de-Maurienne (Savoie). (Échantillon de la collection Kilian.) — Dolomie triasique (calcaire capucin); faisant faible effervescence avec les acides; sur la cassure, cette roche présente un aspect compact, esquilleux, d'une teinte noir bleuâtre ou gris noirâtre; les surfaces exposées à l'air sont d'un brun capucin et présentent souvent un *aspect coriacé* tout à fait typique.

6. Mont-Vernier (Savoie). (Échantillon de la Faculté des Sciences de Grenoble, étiqueté : Trias supérieur.) — Calcaire très finement cristallin, à cassure esquilleuse, d'un jaune rosé, à pâte ivoirine; faisant faible effervescence avec les acides; rappelle les dolomies du Pont-de-Brides (voir plus haut).

7. Saint-Jean-de-Maurienne. (Échantillon de la Faculté des Sciences de Grenoble.) — Calcaire capucin, à patine brunâtre; fait légèrement effervescence avec les acides.

8. L'Échaillon, près Saint-Jean-de-Maurienne. (Échantillon de la Faculté des Sciences de Grenoble.) « Provenant de la première assise de grès et de calcaires, superposée aux terrains cristallins. » — Calcaire faisant peu effervescence avec les acides (probablement dolomie), gris cendré, à veines de calcite; ressemble au calcaire du lac du Paroird.

9. Vallon de Touron, commune de Champoléon (Hautes-Alpes). (Échantillon de la Faculté des Sciences de Grenoble, étiqueté : « Dolomie infra-liasique entre le granite éruptif et les spilites ». « Dolomie triasique (sur le Cristallin). » Vallon de Touron, Champoléon (Hautes-Alpes). — Calcaire à patine brunâtre, d'un gris bleuâtre sur la cassure; aspect bréchoïde; ne fait que très peu effervescence avec l'acide chlorhydrique; un autre morceau de la même roche est finement cristallin, plus compact, non bréchoïde.

10. Champoléon. (Échantillon de la Faculté des Sciences de Grenoble, étiqueté : « Brèche de calcaire magnésien du Lias, avec sulfate de baryte, cuivre gris argentifère et mouchetures de cuivre carbonaté [azurite] ».) — Ne fait pas effervescence avec les acides; gris brunâtre; possède le type des dolomies triasiques de l'Oisans.

11. Trias du Vallon du Touron, commune de Champoléon (Hautes-Alpes). (Échantillon de la Faculté des Sciences de Grenoble, étiqueté : « Dolomie infra-liasique, en contact immédiat avec les roches granitiques ».) — Type analogue au précédent et au Rœthi-dolomit des Alpes suisses.

12. Montagne du Chapeau, commune de Champoléon. (Échantillon de la Faculté des Sciences de Grenoble, étiqueté : « Brèche de spilite et de dolomie. Trias. J. Thévenet, 1852 ».) — Cet échantillon appartient au Trias.

13. Vaugelaz, près Allevard (Isère). — (Échantillon de la Faculté des Sciences de Grenoble [M. P. Lory].) — Gypse saccharoïde de couleur rose.

14. Entre le versant de la Grave et celui du Villard d'Arène. (Échantillon de la Faculté des Sciences de Grenoble [Ch. Lory, 1861], étiqueté : « Grès intercalés dans les calcaires triasiques des escarpements de la montagne des Trois-Évêchés ».) — Dolomie cristalline jaunâtre, un peu gréseuse, avec filonnets de sidérose; fait légère effervescence avec les acides.

15. Lac Blanc des Rousses. (Échantillon de la Faculté des Sciences de Grenoble, étiqueté : « Dolomie bréchoïde sur les Schistes cristallins ». Trias. [Collection Kilian].) — Calcaire bréchoïde, gris bleuâtre sur la cassure; brunâtre à l'extérieur, finement cristallin; ne faisant pas effervescence avec les acides.

16. Lac Blanc des Rousses. (Échantillon D. 7255 de la Faculté des Sciences de Grenoble, étiqueté : « Calcaire dolomitique capucin à bandes de silex. Trias. » [Don de M. Müller].) — Calcaire d'*aspect scoriacé,* à patine capucin; à l'intérieur, roche cristalline, d'un gris bleuâtre ne faisant que faiblement effervescence avec les acides.

17. Combeynot, près la Grave (Hautes-Alpes). (Échantillon de la Faculté des Sciences de Grenoble.) — Dolomie grise, ne faisant pas effervescence avec les acides; légèrement gréseuse; les surfaces exposées à l'air ont pris une patine jaunâtre.

18. Flancs de Combeynot. (Préparation de l'échantillon n° 15 *bis* de la collection W. Kilian.) — Au microscope. Dolomie grenue; agrégat de fines particules cristallines; quelques impuretés.

19. Pierre-Percée, près de la Motte-d'Aveillans (Isère). (Échantillon de la Faculté des Sciences de Grenoble.) — Calcaire gris, très finement cristallin; fait effervescence avec les acides; *ressemble aux calcaires triasiques du Briançonnais.*

20. Le Laus (Hautes-Alpes). (Échantillon de la Faculté des Sciences de Grenoble.) — Calcaire à veines spathiques; fait effervescence avec les acides.

21. Trias de La Gardette. (Échantillon de la Faculté des Sciences de Grenoble, n° *i* 245, étiqueté : « Calcaire magnésien de l'étage du Lias reposant sur les schistes talqueux et traversé par les spilites. ») — Calcaire gris finement cristallin, à cassure parallélépipédique d'apparence compacte; fait peu effervescence avec les acides; rappelle le type briançonnais des calcaires triasiques.

IMPRIMERIE NATIONALE.

22. Dans l'Olle au Rivier d'Allemont (Oisans). Dolomie triasique. (Échantillon de la Faculté des Sciences de Grenoble.) — Calcaire à pâte fine, ivoirine, de teinte blonde; produisant une faible effervescence avec les acides; revêtu d'une *patine capucin;* ressemblant beaucoup au Röthidolomit des Alpes suisses.

23. La Villette de Vaujany (Grandes-Rousses, Oisans). (Échantillon de la Faculté des Sciences de Grenoble, étiqueté : « Dolomie triasique ».) — Calcaire « ivoirin », très finement cristallin, de couleur café au lait (patine jaune), à cassure esquilleuse et conchoïdale; rappelle certains calcaires du Jurassique supérieur; ne fait pas effervescence avec les acides; identique au type ivoirin (calcaire nankin) de Villette en Tarentaise.

24. En dessous du Pont-Bernard. (Échantillon de la Faculté des Sciences de Grenoble, étiqueté : « Fragments de dolomie empâtés dans la Brèche de la gorge du Drac [Ch. Lory, 1856]. Résidu amorphe, argile et quartz, quelques cristaux de quartz très petits et peu distincts ».) — Calcaire gris clair compact, *lourd,* à cassure légèrement terreuse.

25. La Muzelle, près le Chalet. (Échantillon de la Faculté des Sciences de Grenoble, n° *i* 247, étiqueté : « Cargneule ».) — 1° Sable siliceux blanc, obtenu par Ch. Lory comme résidu du traitement de cette roche par l'acide hydrochlorique : 8.7; oxyde de fer, 1.0; chaux, 50.0; magnésie, 0.7; acide carbonique, 40.2; total, 100.6 (Ch. Lory, novembre 1851). — 2° La roche est une cargneule spongieuse vacuolaire, jaunâtre, *non bréchoïde;* elle fait vive effervescence avec les acides.

26. Torrent du Flumet à Vaujany (Oisans, Grandes-Rousses). (Échantillon de la Faculté des Sciences de Grenoble, étiqueté : « Riux flurne. Vaujany. Dolomie triasique ».) — Roche brunâtre, saccharoïde, avec cristaux scintillants et taches blanchâtres. Teinte généralement brune; fait une moyenne effervescence avec les acides.

27. Route d'Auris (Oisans). (Échantillon de la Faculté des Sciences de Grenoble, étiqueté :« Dolomie avec filonnets et globules radiés de quartz. Trias supérieur ».) — Roche noire, mouchetée de blanc, compacte, très finement cristalline, avec cristaux de pyrite disséminés; ne fait pas effervescence avec les acides.

28. Nouvelle route d'Auris (Oisans). (Échantillon et préparation D. 11154 de la Faculté des Sciences de Grenoble.) — Calcaire pyriteux, avec globules grossièrement arrondis, quelquefois polygonaux (mais avec angles émoussés) formés de calcite plus largement cristallisée. Quelques-uns renferment aussi du quartz. J'ignore la cause de cette structure globulaire. Peut-être les globules en question sont-ils des sections recristallisées de Foraminifères. La couleur noire de la roche est due à des fines particules de pyrite (Diagnose de M. P. Termier).

29. La Rivoire (Oisans). (Échantillon de la Faculté des Sciences de Grenoble, étiqueté : « Dolomie bréchoïde à patine capucin avec graviers de quartz. Trias ».) — Surfaces extérieures à patine capucin; d'une teinte gris bleuâtre sur la cassure, texture très finement cristalline, ne faisant pas effervescence avec les acides; le fond de la roche est micacé et détritique; c'est une sorte de grès.

30. Ravin du Villard, commune d'Entraigues-en-Valbonnais. (Échantillon de la Faculté des Sciences de Grenoble [Ch. Lory, 1851].) — Gypse saccharoïde bleuâtre du Trias.

31. La Garde (Oisans). (Échantillon de la Faculté des Sciences de Grenoble.) — Dolomie triasique; calcaire blond, finement cristallin; ne fait pas effervescence avec les acides; quelques filonnets de calcite.

32. Hameau de l'Armentier, La Garde (Oisans). (Échantillon de la Faculté des Sciences de Grenoble, étiqueté : « Dolomie à pyrites. Trias supérieur ».) — Dolomie grise finement cristalline, à *patine roussâtre*, bréchoïde par places; ne fait pas effervescence avec les acides.

33. Col de Vaujany. (Échantillon de la Faculté des Sciences de Grenoble, étiqueté : « Schiste argileux triasique ».) — *Schiste noir* feuilleté et satiné; ne fait pas effervescence avec les acides.

34. Chemin de la Garde en Oisans. (Échantillon de la Faculté des Sciences de Grenoble, étiqueté : « Calcaire magnésien, base du Lias. Repose sur les tranches des schistes chloriteux. Ch. Lory, 1881 ».) — Calcaire d'un gris noirâtre, finement cristallin, à patine roussâtre; ne fait pas effervescence avec les acides. Appartient à un type certainement *triasique* et non liasique.

35. Brèche du Grand-Creux, à l'Ouest de la Tête du Toura (Oisans). (Échantillon de la Faculté des Sciences de Grenoble; étiqueté : « Dolomie et cargneule. Trias ».) — Cargneule et schiste vacuolaire d'un jaune roussâtre; fait une vive effervescence avec les acides.

36. Pente du Taillefer. (Échantillon de la Faculté des Sciences de Grenoble, M.-H. Ferrand.) — Dolomie bréchoïde, à patine capucin; faible effervescence avec les acides; empâte des fragments de schistes micacés.

37. Base du Trias du Taillefer, crête de Brouffier. (Échantillon de la Faculté des Sciences de Grenoble, étiqueté : « brèche dolomitique [bas du Lias] reposant sur le schiste talqueux ». — Calcaire bréchoïde à débris, gris jaunâtres; ne fait pas effervescence avec les acides; patine capucin; intercalations gris noirâtre; ciment noirâtre.

38. Le Freney (Isère). (Échantillon de la Faculté des Sciences de Grenoble, Ch. Lory.) — Calcaire finement cristallin, gris brunâtre, compact, à cassure esquilleuse; ne fait pas effervescence avec les acides.

Un autre échantillon de même provenance, bréchiforme et d'une plus grande densité, fait faiblement et lentement effervescence avec les acides.

39. Villard-Saint-Christophe, col du Serre (Isère). Échantillon de la Faculté des Sciences de Grenoble, Ch. Lory.) — Calcaire magnésien, argileux, roux, à cassure esquilleuse et pseudolithographique, exhalant une odeur argileuse; fait effervescence avec les acides. D'après l'étiquette de Ch. Lory, cette roche « forme la base du Lias et repose sur les schistes talqueux ». A notre avis, elle appartient certainement au Trias.

Même localité. — Brèche dolomitique ou cargneule bréchiforme de teinte rousse, contenant des débris de quartz et de schistes à séricite. Le ciment de la roche fait effervescence avec les acides.

40. En montant du Villard-Saint-Christophe au Col du Serre (canton de la Mure). (Échantillon de la Faculté des Sciences de Grenoble, étiqueté : « Calcaire magnésien argileux, empâtant des débris de schiste talqueux altéré (?) reposant immédiatement sur les schistes talqueux, et servant de base aux schistes argilo-calcaires du Lias ».) — Cargneule bréchoïde, faisant vive effervescence avec les acides; contient des débris de schistes verdâtres.

41. Gorges du Drac, sous le pont Bernard, près Aspres-les-Corps. (Échantillon de la Faculté des Sciences de Grenoble, Ch. Lory, 1856.) — Cargneule cloisonnée, faisant une vive effervescence avec les acides, associée à des grès grossiers (entre le pont Bernard et le pont du Loup).

42. Champ (Isère). (Échantillon de la Faculté des Sciences de Grenoble, n°s 160 et 1256; collection Gueymard, 1837) « au contact de la spilite ». — Calcaire cristallin rose, « *rascleux* », faisant vive effervescence avec les acides.

43. En dessus de Laval, chaîne de Belledonne. (Échantillon de la Faculté des Sciences de Grenoble, étiqueté : « cargneule. Trias supérieur. P. Lory, 1892 ».) — Cargneule cloisonnée; fait vive effervescence avec les acides; peu de fragments bréchoïdes.

44. Sommet de Chamrousse. (Échantillon de la Faculté des Sciences de Grenoble, Ch. Lory.) — Calcaire gris finement cristallin, d'apparence compacte et dolomitique, rubéfié à la surface.

45. Le Recoin de Chamrousse (Isère). (Échantillon de la Faculté des Sciences de Grenoble, M. P. Lory.) — Cargneule cloisonnée, jaune clair; fait effervescence avec les acides.

46. Le Recoin de Chamrousse (Isère). (Échantillon de la Faculté des Sciences de Grenoble, M. P. Lory.) — Calcaire ivoirin, très finement cristallin, blanc jaunâtre, à cassure esquilleuse; faible effervescence avec les acides; *rappelle beaucoup les calcaires nankin de la Tarentaise.*

47. Croix de Chamrousse (Isère). (Échantillon de la Faculté des Sciences de Grenoble, Ch. Lory, 1851, n° 125.) — Cargneule, faisant effervescence avec les acides; n'est pas sensiblement magnésienne.

Idem. (Collection P. Lory, 17-6-1888.) — Calcaire roux argilo-ferrugineux dolomitique, grenu, subcristallin et sableux; fait effervescence avec les acides.

48. Sommet de Chamrousse. (Échantillon de la Faculté des Sciences de Grenoble, n° *i* 240, étiqueté : « Calcaire magnésien de la base du Lias reposant immédiatement sur Schistes cristallins, Ch. Lory, 1853 ».) — C'est un calcaire dolomitique gris, bréchoïde, finement cristallin; il *rappelle les calcaires triasiques du Briançonnais,* et fait effervescence avec les acides.

49. Laffrey, entre le lac Mort et le Grand Lac. (Échantillon de la Faculté des Sciences de Grenoble, n° *i* 212, étiqueté : « Calcaire dolomitique avec petits nids et fragments d'anthracite; paroi d'un gîte de zinc sulfuré.) Trias supérieur. — Calcaire d'aspect subcompact, finement cristallin, d'un gris foncé brunâtre, à cassure esquilleuse; ne fait pas effervescence avec les acides.

50. Sondage de la gare de Notre-Dame-de-Vaulx. (Échantillon de la Faculté des Sciences de Grenoble, W. Kilian, étiqueté : « cargneule du Trias ».) — Calcaire bréchoïde, faisant effervescence avec les acides.

51. Château de la Motte (Isère). (Échantillon n° 16, collection Kilian.) — Dolomie triasique. Roche d'un gris jaunâtre, à texture très finement cristalline et d'aspect dolomitique; faisant effervescence avec les acides.

52. Laffrey (Isère). (Échantillon de la Faculté des Sciences de Grenoble, n° *i* 243, étiqueté : « Calcaire magnésien du Lias avec débris d'anthracite »; Ch. Lory, 1851 (regardé par Scipion Gras et Ch. Lory comme reposant en discordance sous le Lias moyen.) — Calcaire dolomitique, finement cristallin, à cassure parallélépipédique, avec débris d'anthracite; ne fait pas effervescence avec les acides.

53. Laffrey (Isère). (Échantillon de la Faculté des Sciences de Grenoble, n° *i* 224, étiqueté : « Calcaire du Lias, contenant des débris d'anthracite ».) — Calcaire gris moiré; finement cristallin; *rappelle les calcaires du Briançonnais;* sorte de dolomie triasique avec débris d'anthracite, à cassure esquilleuse; ne fait pas effervescence avec les acides.

54. Cornage, près Vizille. (Échantillon de la Faculté des Sciences de Grenoble, étiqueté : « gypse rubané, Trias supérieur; Ch. Lory. ») — Roche d'un rose lilas, ne faisant pas effervescence avec les acides; paraît être un schiste argileux alternant avec le gypse.

55. Notre-Dame-de-Vaulx (Isère). (Échantillon de la Faculté des Sciences de Grenoble.) — Cargneule du Trias.

56. Laffrey, bord du Grand Lac. (Échantillon de la Faculté des Sciences de Grenoble, n° *i* 213, étiqueté : « Brèche dolomitique de la base du Lias ».) — Brèche à morceaux de calcaire noirâtre finement cristallin, à patine rousse et brune et ciment noirâtre calcaire; fait effervescence avec les acides.

57. Notre-Dame-de-Vaulx. (Échantillon de la collection Kilian.) — Schiste argileux, ne faisant pas effervescence avec les acides, d'une teinte rousse, avec lits jaunâtres et verdâtres, très schisteux et friable.

58. Laffrey (Isère), sous les gros bancs calcaires, à l'entrée du village. (Échantillon de la Faculté des Sciences de Grenoble.) — Schiste argileux satiné brunâtre, ne faisant pas effervescence avec les acides.

59. Vizille, vers l'ancien haut-fourneau. (Échantillon de la Faculté des Sciences de Grenoble, étiqueté : « Lias, n° 100; M. Gueymard, 1831 ».) — Calcaire gris cristallin, zoné, saccharoïde; fait effervescence avec les acides.

60. Saint-Firmin, près Vizille (Isère). (Échantillon de la Faculté des Sciences de Grenoble, étiqueté : « dolomie ».) — Calcaire lourd, dolomitique, gris moiré, finement cristallin, ne faisant pas effervescence avec les acides; laissant voir des cristaux de quartz sur les surfaces altérées.

61. Nantison. (Échantillon de la Faculté des Sciences de Grenoble.) — Calcaire gris cristallin, zoné et rubané, faisant effervescence avec les acides.

62. Saint-Firmin, près Vizille (Isère). (Échantillon de la Faculté des Sciences de Grenoble.) — Calcaire jaunâtre terreux, à taches de limonite; fait vive effervescence avec les acides.

63. Saint-Georges-de-Commiers. (Échantillon de la collection Lory, 1851.) — L'étiquette porte, de la main de Ch. Lory, les indications suivantes : « densité, 2.78; carbonate de chaux, 41.90; MgO, 37.7; Fe, 2.7; silice, 17.7; total, 100. » « Résidu par dissolution ne montrant que du quartz en grains noirâtres. » — Calcaire d'un blanc jaunâtre, à cassure ivoirine, ne faisant pas effervescence avec les acides. Les surfaces extérieures ont une patine jaune nankin.

64. Champ, près Vizille (Isère). (Échantillon de la Faculté des Sciences de Grenoble.) — Calcaire scoriacé; faisant effervescence avec les acides.

65. Plan de l'Agneau, près Vizille (Isère). (Échantillon de la Faculté des Sciences de Grenoble, collection Ch. Lory, 1876.) — Calcaire alternant avec le gypse; fait effervescence avec les acides.

66. Près du château de la Motte-les-Bains (Isère). (Échantillon de la Faculté des sciences de Grenoble, n° 8.) — A l'œil nu : schiste triasique voisin de la spilite, quartzo-argileux, avec quelques phyllites; ne fait pas effervescence avec les acides. Au microscope : agrégat excessivement fin de quartz, mica blanc, tourmaline, petits grains minuscules de sphène. Cristaux assez gros et décomposés de pyrite. La tourmaline est très abondante. Cette roche rappelle beaucoup certains schistes triasiques des Alpes savoisiennes et briançonnaises.

67. Champ (Isère). (Échantillon n° 81 [v. 1834] de la Faculté des Sciences de Grenoble.) — Dolomie triasique. Roche très finement cristalline; cassure esquilleuse d'un gris bleuâtre à patine brun jaune à l'extérieur; ne fait qu'une faible effervescence avec les acides. Au microscope : très fine mosaïque de plages cristallines, avec particules de matière amorphe disséminée; filonnets de calcite. *Rappelle beaucoup*, par sa texture, *les calcaires nankin de Val d'Isère* (*Savoie*).

68. La Boutière de Laval (ancien four à chaux). (Échantillon de la Faculté des Sciences de Grenoble, n° D. 9418; cargneule du Trias; 13 avril 1903, M. Melet.) — Calcaire celluleux d'un gris jaunâtre, faisant vive effervescence avec les acides; ne présente ni l'aspect terreux, ni l'aspect bréchoïde des autres cargneules.

69. La Tailla. (Échantillon de la Faculté des Sciences de Grenoble.) — Cargneule bréchoïde, à fragments d'argilolithes lie de vin et de quartz des grès d'Allevard; fait effervescence avec les acides.

70. Le Jas de la Ferrière (moulin d'Allevard). (Échantillon n° 6425 *bis* de la Faculté des Sciences de Grenoble, collection Lory; étiqueté : « Calcaire marbre rubané et dolomie bréchoïde. Trias supérieur ».) — Calcaire cristallin, blanc à bandes blanches et gris-noirâtre; fait vive effervescence avec les acides.

71. Le Collet-d'Allevard. (Échantillon de la Faculté des Sciences de Grenoble.) — Cargneule rousse, d'un brun rouge; fait effervescence avec les acides.

72. Galerie Saint-Henry. Saint-Pierre-d'Allevard. (Échantillon de la Faculté des Sciences de Grenoble, étiqueté : « Dolomie à grandes lames. Trias ». Excursion publique, mai 1893.) — Calcaire largement cristallin, d'un blanc un peu jaunâtre, avec beaux clivages rhomboédriques.

73. Saint-Pierre-d'Allevard. Galerie Saint-Henry. (Échantillon de la Faculté des Sciences de Grenoble [Galerie de recherches, 1882], étiqueté : « Infralias ».) — Dolomie jaunâtre très finement cristalline, à cassure esquilleuse.

74. Allevard. (Échantillon de la Faculté des Sciences de Grenoble, étiqueté : « Trias ».) — Roche schisteuse, noirâtre, micacée avec empreinte de végétaux; ne fait pas effervescence avec les acides (est peut-être du Houiller?).

75. Les Moelles, près Saint-Agnès (Isère). (Échantillons de la Faculté des Sciences de Grenoble, M. Melet.) — Calcaire finement cristallin, gris cendré, à veines de calcite; *rappelle les calcaires triasiques du Briançonnais.*

76. Châlet d'Oudi-de-Dessous. (Échantillon de la Faculté des Sciences de Grenoble; brèche dans la cargneule du Trias, 3 juin 1903, M. Melet.) — Débris de schistes verdâtres et de calcaires grisâtres vacuolaires; avec oxyde de fer; *fait vive effervescence* avec les acides.

77. Fau-Laurent, près Séchilienne. (Échantillon de la Faculté des Sciences de Grenoble, n° 45 D. 1744.) — Dolomie triasique gris bleu, bréchoïde, jaunâtre par altération; ne fait que faiblement effervescence avec les acides. Au microscope : structure très fine, presque complètement amorphe; on distingue des portions bréchiformes ainsi que des filonnets de calcite; la roche présente des infiltrations de limonite.

78. Nantison (Isère). (Échantillon de la Faculté des Sciences de Grenoble, n° *i* 221 *ao*, étiqueté : « calcaire rubané et puant »; 1837, Gueymard.) — Calcaire cristallin, gris, rubané; sorte de marbre, faisant vive effervescence avec les acides. Appartient au Trias, d'après M. P. Lory.

79. Cognet, près La Mure. (Échantillon n° 168 de la Faculté des Sciences de Grenoble; Ch. Lory, 1856.) — Gypse blanc saccharoïde; gypse zoné.

80. Cognet. (Échantillon de la Faculté des Sciences de Grenoble; E. Gueymard, 1839.) — Anhydrite avec argile verdâtre.

81. Champ (Isère). (Échantillon de la Faculté des Sciences de Grenoble, n° *i* 262; étiqueté : « gypse ».) — Gypse vitreux, se délitant en lamelles comme du mica blanc.

82. Vizille. (Échantillon de la Faculté des Sciences de Grenoble, étiqueté : « anhydrite ».) — Anhydrite largement cristallin, d'un blanc grisâtre.

83. Notre-Dame-de-Commiers (Isère). (Échantillon de la Faculté des Sciences de Grenoble [D. p. M. Ferret].) — Ocre jaune du Trias supérieur.

Les collections de la Faculté des Sciences de Grenoble contiennent, en outre, des *gypses* grenus, saccharoïdes de Champ, des *gypses* tachetés de sidérose, avec argile verdâtre de Diripel, près Vizille (E. Gueymard, 1837), du gypse lamellaire vitreux de Champ, de l'*anhydrite* de Saint-Firmin et de Champ (Ch. Lory, 1855), etc.

G. **Provenances diverses.**

1. Bathiaz, près Martigny (Valais). (Échantillon de la Faculté des Sciences de Grenoble; Ch. Lory, 1880.) — Marbre rubané cristallin, avec lits schisteux lie de vin.

2. Röthidolomit, Röthialp, Tœdi (Suisse). (Collection de la Faculté des Sciences de Grenoble.) — Pâte très fine ivoirine, cassure conchoïdale esquilleuse, teinte blonde; donne une faible effervescence avec les acides; prend à l'air une *patine capucin* caractéristique.

3. Mels (Suisse). (Échantillon n° D. 8555 de la Faculté des Sciences de Grenoble, étiqueté : « dolomie triasique; voyage de M. Kilian, 1901 ».) — Calcaire d'un gris jaunâtre, finement cristallin, *ivoirin*, d'apparence lithographique; ne fait qu'une faible effervescence avec les acides.

4. Taninges (Haute-Savoie). (Échantillon de la Faculté des Sciences de Grenoble; Ch. Lory.) — Dolomie finement cristalline, d'un gris brun, à cassure esquilleuse; ne fait pas effervescence avec les acides.

5. Montagne du Cormet, au Nord de Courmayeur (Piémont). (Échantillon de la Faculté des Sciences de Grenoble, étiqueté : « anthracite du Trias; Ch. Lory, 1866 ».)

CHAPITRE V.

SYSTÈME JURASSIQUE.

Les sédiments de l'époque triasique sont accompagnés dans les chaînes alpines de dépôts plus récents, parmi lesquels les assises jurassiques jouent un rôle parfois très important.

Les trois grandes divisions de ce système se trouvent représentées dans la zone du Briançonnais et dans son voisinage sous des facies variés. Le *Lias* est très répandu; le *Jurassique moyen*, bien représenté à l'Ouest de la bande tertiaire des Aiguilles-d'Arves, est réduit dans la partie axiale du Briançonnais à quelques assises peu épaisses et paraît parfois faire complètement défaut; le *Jurassique supérieur* est de découverte relativement récente [1] et, depuis que l'un de nous en a signalé l'existence au Grand-Galibier, il a été reconnu que son extension longtemps méconnue est considérable dans les montagnes du Briançonnais et de la Haute-Ubaye et qu'il existe même dans la Haute-Tarentaise (Col de la Leisse).

D'une façon générale, les couches inférieures du Jurassique reposent en concordance sur les derniers bancs du Trias; elles sont fréquemment (bord Ouest de la zone des Aiguilles-d'Arves) recouvertes en transgression par les dépôts du Nummulitique et de l'Éogène. Leur épaisseur est difficile à évaluer par suite de plissements nombreux et des étirements qu'elles ont eu le plus souvent à subir.

Lorsque le Jurassique supérieur existe (zone axiale du Briançonnais), on le voit fréquemment passer en continuité apparente [2] à des schistes luisants

[1] KILIAN, Découverte du Jurassique supérieur dans les chaînes alpines (*Bull. Soc. hist. nat. Savoie*, 1re série, t. V, p. 43, 1801).

KILIAN, Sur l'existence du Jurassique supérieur dans le massif du Grand-Galibier (*Bull. Soc. géol. de France*, 3e série, t. XX, p. 21, 1892).

[2] Voir KILIAN in *Bull. Serv. Carte géol. de France*, t. XI, n° 75 (1900), p. 2 et 10; voir aussi TERMIER, *Montagnes entre Briançon et Vallouise*, p. 34 et suiv..

Ce passage insensible est particulièrement visible aux alentours des carrières de marbre jurassique supérieur de Saint-Crépin et de Guillestre (Hautes-Alpes).

et marbreux Jura-Crétacés qui seront décrits plus bas et qui paraissent représenter le Crétacé supérieur et parfois jusqu'à des assises éocènes[1].

I. SECTION INFÉRIEURE OU LIASIQUE. — LIAS (INFRALIAS ET LIAS PROPREMENT DIT.)

N'affleurant que très exceptionnellement dans les chaînes subalpines, le Jurassique inférieur est largement représenté dans la région qui nous occupe et y donne lieu par ses changements de facies et par ses variations de puissance à des observations du plus haut intérêt. Ces modifications se produisent transversalement à la direction des zones alpines, c'est-à-dire de l'Ouest à l'Est; les zones d'égal facies et d'égale puissance sont donc disposées parallèlement aux zones tectoniques de nos Alpes.

Nous distinguerons donc de l'Ouest à l'Est, dans le Lias de la région intra-alpine delphino-savoisienne :

1° Une zone à *facies dauphinois*[2], série monotone et puissante de dépôts vaseux noirs avec fossiles peu abondants et appartenant en majeure partie au groupe des Céphalopodes; on n'y peut guère établir que deux divisions basées sur les caractères lithologiques : le *Lias calcaire* à la partie inférieure, puis, au sommet, le *Lias schisteux*, qui se continue fréquemment avec la base du Jurassique moyen et comprend alors les schistes *aaléniens*.

A ce type appartient, outre la bordure occidentale de la chaîne de Belledonne, de Vizille à Ugine et Flumet, le Lias qui borde, à l'Est, cette même zone cristalline de Belledonne et entoure les massifs également cristallins du Pelvoux, des Grandes-Rousses et du Rocheray; il présente un beau développement dans le vallon des Villards, dans le bassin de l'Arvan, dans les pâturages de la Buffe, les environs de Saint-Jean-de-Maurienne, de Mont-Pascal, dans le bassin du Bugeon et en Tarentaise à Doucy, Petit-Cœur, Naves; il se poursuit vers le Nord du côté d'Arêches et du Mont-Joly. Le Lias à facies dauphinois forme notamment le synclinal qui continue au Sud la vallée des Villards et sépare la chaîne de Belledonne du massif des Rousses. Il se trouve

[1] Cette assise est parfois difficile à séparer des calcaires schisteux de l'Éocène (voir plus bas).

[2] E. Haug, Les chaînes subalpines entre Gap et Digne, p. 29 (*Bull. Serv. Carte géol. de France*, t. III, n° 21), 1891.

dans l'intérieur des massifs de l'Oisans, dans les environs du Mont-de-Lans et la Grave, au Nord du Pelvoux;

2° Une zone à *facies intermédiaire*, où se montrent, à côté d'assises semblables à celles du facies précédent, des intercalations bréchiformes, zoogènes et coralligènes, des calcaires à Foraminifères, à Bivalves et à Ammonites (Grosse Pierre des Encombres, etc.).

Cette zone court à l'Est de la précédente, le long de la bordure occidentale de la sous-zone des Aiguilles-d'Arves; on la suit de Vallouise au Lautaret et au col du Galibier, aux Lozettes, à la montagne de Roche-Olver , à Albane, à la montagne du Télégraphe dans les massifs des Encombres, du Niélard du Quermoz, près de Bourg-Saint-Maurice, etc.; sa largeur est peu considérable.

3° Une zone à *facies briançonnais,* dans laquelle dominent les formations bréchoïdes (Brèche du Télégraphe), dont les assises massives et mal stratifiées constituent parfois exclusivement le Jurassique inférieur. A ce type appartient une grande partie de la zone du Briançonnais, notamment les massifs de Prorel, du Grand-Galibier, des Rochilles, de la Moulinière, de la Sétaz, situés sur le bord ou à l'intérieur de la bande axiale houillère; le Lias y forme une série de bandes et d'amandes synclinales assez intéressantes;

4° La zone des *Schistes lustrés* où le Lias paraît être représenté par une partie de la grande formation des « Schistes lustrés » dans laquelle M. Franchi a rencontré des *Bélemnites* (Alpes du Piémont). Cette zone est limitée à l'Ouest par une ligne passant par Maurin, Château-Queyras, Cervières, le Mont-Genèvre, le Col de la Roue et qui se continue à l'Est du massif de la Vanoise; ses limites orientales sont mal définies.

Entre la zone 3 et la zone 4 se trouve une bande dans laquelle le Jurassique supérieur repose le plus souvent directement sur le Trias, et dans laquelle le Lias semble faire défaut, être très réduit ou se confondre avec la brèche de base du Jurassique supérieur (environs de Briançon, l'Enlon, massif de Furfande, etc.).

La série liasique dans toute la portion occidentale de la région qui fait l'objet de ce travail ne comporte que trois subdivisions : A Rhétien; B Lias calcaire; C Lias schisteux.

Plus à l'Est, ces trois groupes deviennent moins nets et se confondent fréquemment en une masse puissante de brèches calcaires de facies particulier. Ce dernier mode de développement a été désigné par M. Haug sous le nom de *Facies du Briançonnais*, le premier constituant le *Facies dauphinois* du même auteur.

Le facies dauphinois existe également sur le bord extérieur de la zone de Belledonne, à Allevard, ainsi qu'aux environs de Vizille, d'Uriage et de Valbonnais, par exemple, où l'on voit constamment en superposition une masse inférieure de calcaires noirâtres bien stratifiés, correspondant au Lias inférieur et à la base du Lias moyen (*Bélemnites* nombreuses), et une succession de schistes également noirs qui représentent le reste du Lias et sans doute une partie du Bajocien (*Aalénien*). On sait que la succession lithologique est à peu près la même aussi dans les zones subalpines des environs de Gap et de Digne [1].

Dans la basse Maurienne, entre La Chambre et Saint-Michel, ainsi que dans les montagnes de Varbuche et dans le bassin de l'Arvan, le Lias comprend également une base toujours plus calcaire que la partie supérieure. Cette division inférieure (schistes calcaires et calcaires), étudiée depuis longtemps et fossilifère dans le massif des Encombres (*Am. margaritatus*, etc.), contraste nettement avec les schistes plus feuilletés et moins résistants de l'assise suivante dans la coupe naturelle de la vallée de l'Arc, au-dessus de Saint-Julien et de Saint-Martin de la Porte, région qui appartient au *type intermédiaire* de ce terrain (voir plus haut).

Quant au Lias du *type briançonnais*, presque exclusivement bréchiforme, il est à peu près impossible d'y établir de subdivisions de quelque valeur; il en est de même du type « *Schistes lustrés* », dont l'aire d'extension sort du reste du cadre de la présente étude.

Enfin, aux environs de Courmayeur existe un *type mixte* qui présente à la fois des caractères communs avec le « Lias dauphinois », le « Lias briançonnais », le « Lias du type intermédiaire » et les « Schistes lustrés » et qui a permis définitivement de synchroniser ces différents facies d'une même formation.

---

[1] Haug, *Les chaînes subalpines*, etc., p. 29.

Nous examinerons successivement dans ce chapitre :

1° Le *Rhétien*, qui fera l'objet d'une étude spéciale ;

2° Le *Lias*, dont nous envisagerons d'abord les facies les plus importants :

Le Lias calcaire;
Le Lias schisteux;
Le Lias zoogène;
Le Lias bréchiforme.

Nous étudierons les combinaisons que présentent ces facies soit dans la zone dauphinoise proprement dite, soit lorsqu'on s'éloigne de cette zone dauphinoise, à savoir :

Le Lias dauphinois;
Le Lias du *type intermédiaire* (Lias zoogène, etc.);
Le Lias bréchiforme ou briançonnais;
Le Lias du type mixte des environs du col de la Seigne et de Courmayeur [1].

Nous terminerons enfin par une étude comparative avec les dépôts de même âge des régions voisines, puis par quelques données paléontologiques et lithologiques.

[1] Ce type a été étudié récemment par MM. Franchi, Kilian et Lory (voir *Bull. Serv. Carte géol. de Fr.* Compte rendu des collaborateurs pour 1907; paru en 1908).

FIN DU FASCICULE I DU TOME II.

Cliché W. Kilian

Fig. 1. PROMONTOIRE DE L'ÉCHAILLON PRÈS ST JEAN-DE-MAURIENNE
(DÉPENDANCE DU MASSIF CRISTALLIN DU ROCHERAY)

Héliogravure Schutzenberger

Fig. 2. BLOC D'AMPHIBOLITE INJECTÉ D'APLITE ET DE MICROGRANITE
(PRÈS DU PONT D'HERMILLON)

Cliché W. Kilian

Héliogravure Schutzenberger

ESCARPEMENTS DE GRÈS ET POUDINGUES HOUILLERS

AU-DESSUS DE LA PREGUE

(Flanc S. de la vallée de l'Arc près la Praz.)

GÉOLOGIE DES ALPES

PL. III

Cliché W. Kilian

Héliogravure Schutzenberger

GRÈS HOUILLERS A L'E. DE LA PLAINE DE BISSORTE

GÉOLOGIE DES ALPES

PL. IV

Massifs au N de l'Arc

Chalets de Bissorte (2061m)

Cliché W. Kilian

Héliogravure Schutzenberger

EXTRÉMITÉ N. DE LA PLAINE DE BISSORTE

GRÈS HOUILLERS MOUTONNÉS PAR LES GLACIERS

Ancienne cuvette glaciaire

CARTE DE LA RÉPARTITION DES DÉPOTS CARBONIFÈRES DANS LES ALPES FRANÇAISES

d'après les Documents récents et notamment la Carte au millionnième du Service de la Carte de France

PAR W. KILIAN

Échelle 1 : 1000 000

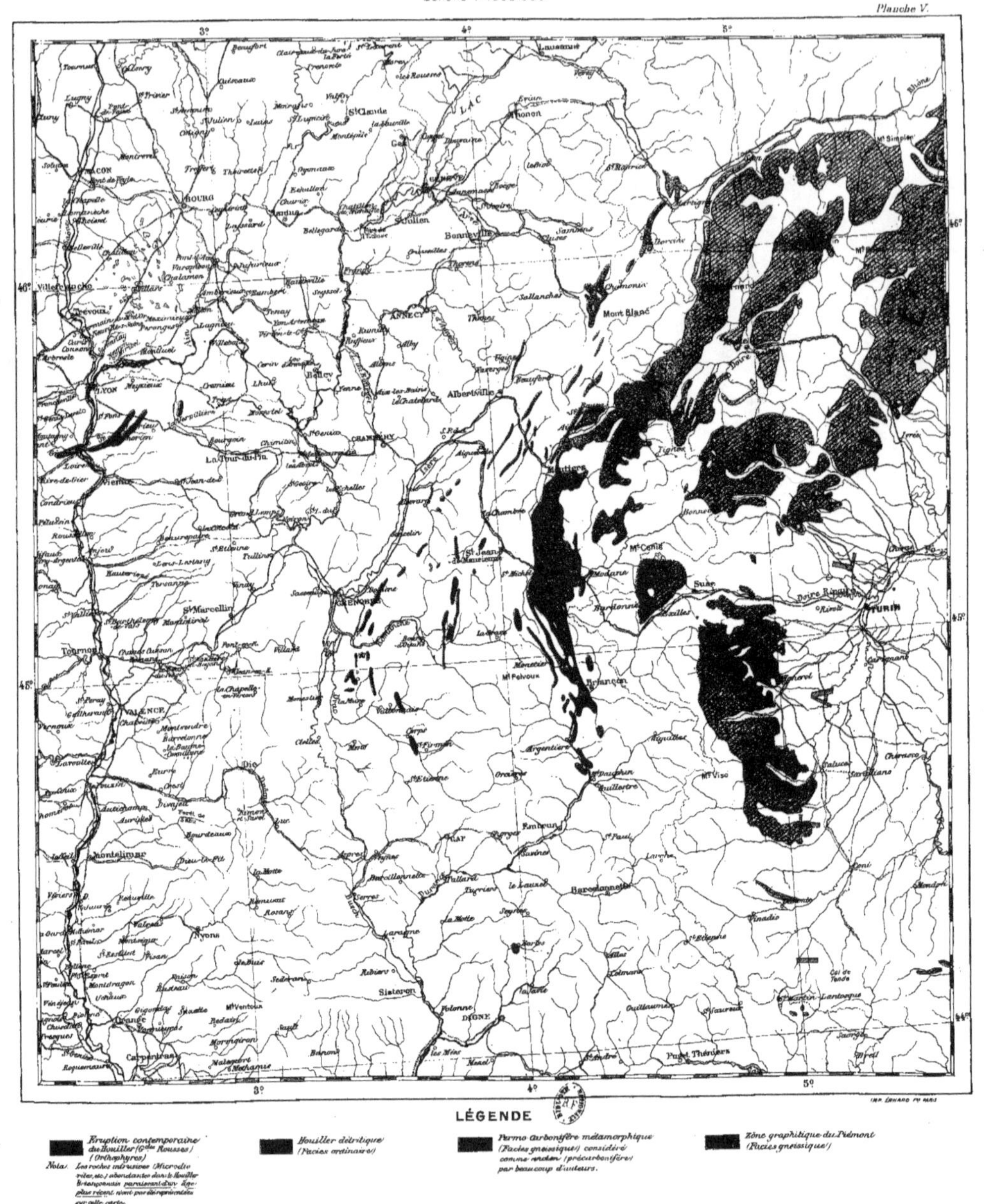

LÉGENDE

- *Éruption contemporaine du Houiller (Gdes Rousses) (Orthophyres)*
- *Houiller détritique (Faciès ordinaire)*
- *Permo Carbonifère métamorphique (Faciès gneissique) considéré comme ancien (précarbonifère) par beaucoup d'auteurs.*
- *Zône graphitique du Piémont (Faciès gneissique)*

Nota. Les roches intrusives (Microdiorites, etc.) abondantes dans le Houiller Briançonnais paraissant d'un âge plus récent, n'ont pas été représentées sur cette carte.

Cliché W. Kilian

Héliogravure Schutzenberger

BRÈCHE DE BASE DU TERRAIN HOUILLER
LA FESTINIÈRE PRÈS LA MOTTE D'AVEILLANS (ISÈRE)
(Les éléments sont des blocs de Micaschiste)

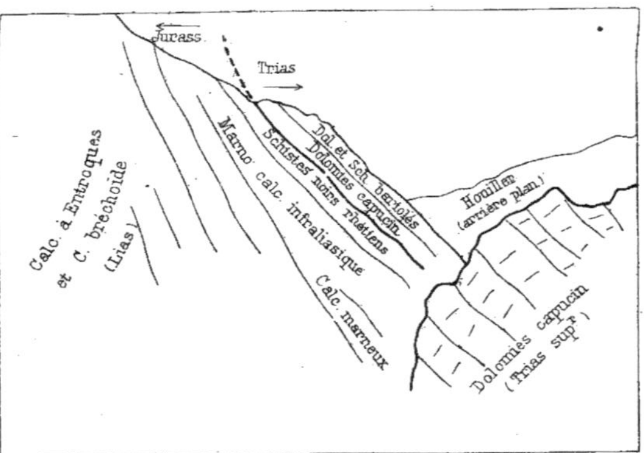
Jurass.
Trias
Calc. à Entroques
et C. bréchoïde
(Lias)
Dol. et Sch. bariolés
Dolomies capucin
Schistes noirs rhétiens
Marno calc. infraliasique
Calc. marneux
Houiller
(arrière plan)
Dolomies capucin
(Trias supr)

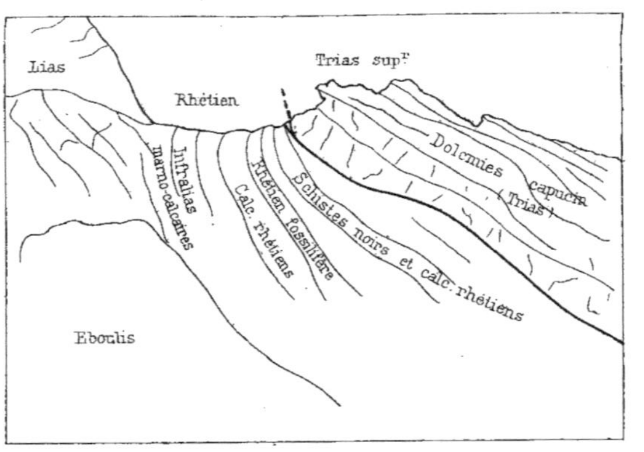
Lias
Rhétien
Trias supr
Infralias
marno-calcaires
Calc. rhétiens
Rhétien fossilifère
Schistes noirs et calc. rhétiens
Dolomies capucin
(Trias)
Eboulis

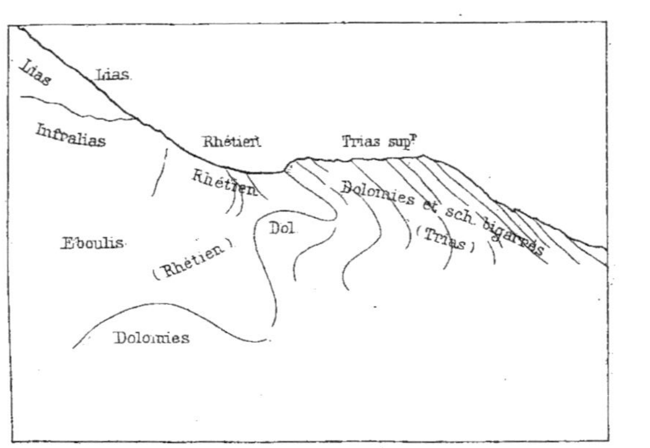
Lias
Lias
Infralias
Rhétien
Trias supr
Rhétien
Dolomies et sch. bigarrés
(Trias)
Dol.
Eboulis
(Rhétien)
Dolomies

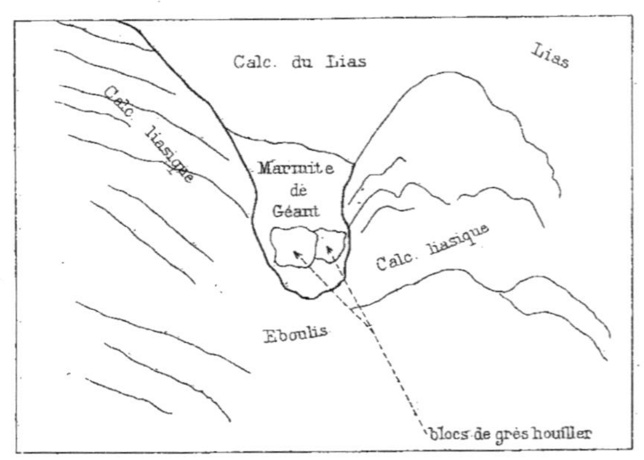
Calc. du Lias
Lias
Calc. liasique
Marmite
de
Géant
Calc. liasique
Eboulis
blocs de grès houiller

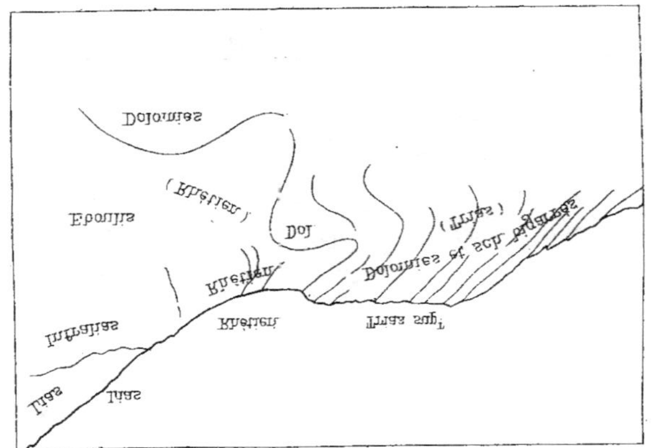
Dolomies
(Rhétien)
Eboulis
Dol
Rhétien
Dolomies et sch. bigarrés
(Trias)
Infralias
Rhétien
Trias supr
Lias
Lias

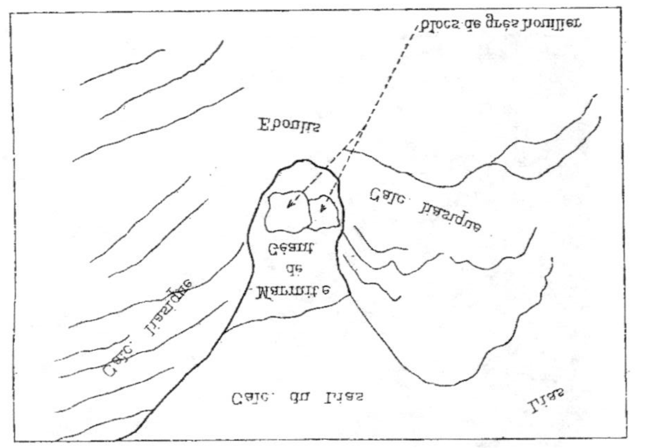
blocs de grès houiller
Eboulis
Calc. liasique
Géant
de
Marmite
Calc. liasique
Calc. du Lias
Lias

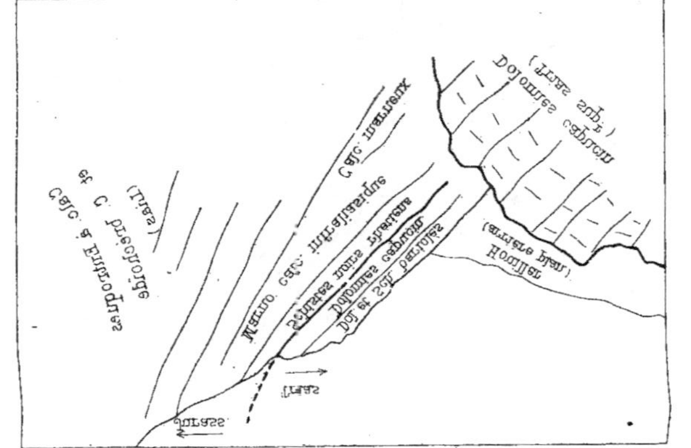
Dolomies capucin
(Trias supr)
Calc. marneux
Calc. à Entroques
et C. pisolorde
(Lias)
Marno calc. infraliasique
Schistes noirs rhétiens
Dolomies capucin
Dol et Sch. bariolés
Houiller (arrière plan)
Trias
Jurass.

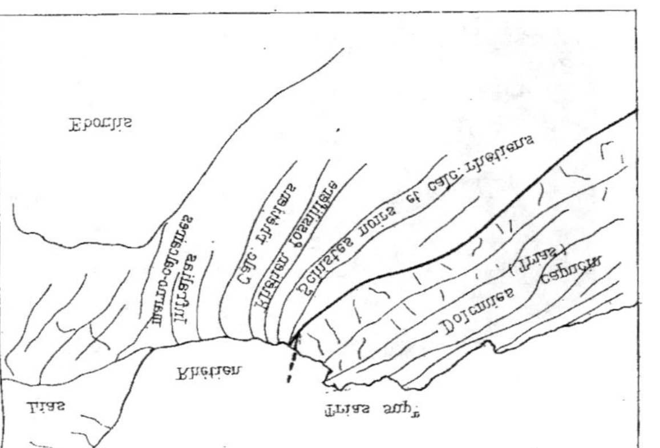
Eboulis
Schistes noirs et calc. rhétiens
Calc. rhétiens
Rhétien fossilifère
Infralias
marno-calcaires
Dolomies capucin
(Trias)
Rhétien
Lias
Trias supr

GÉOLOGIE DES ALPES

CONTACT DE L'INFRALIAS ET DES DOLOMIES TRIASIQUES AU PAS-DU-ROC.

PL. VII

Cl. W. Kilian

Fig. 1. _Dolomies supratriasiques renversées sur le Rhétien fossilifère au Pas-du-Roc (Maurienne)_

Cl. W. Kilian

Fig. 2. _Détail des assises du Trias supérieur et du Rhétien au Pas-du-Roc (Maurienne)_

Cl. W. Kilian

Fig. 3. _Passage en série renversée du [illegible] supérieur au Rhétien et au Lias au N. du Pas-du-Roc (Maurienne)_

Cl. W. Kilian

Fig. 4. _Marmite [illegible]éant dans les calcaires liasiques du Pas-du-Roc._

CLUSE DU PAS-DU-ROC PRÈS St MICHEL-DE-MAURIENNE.

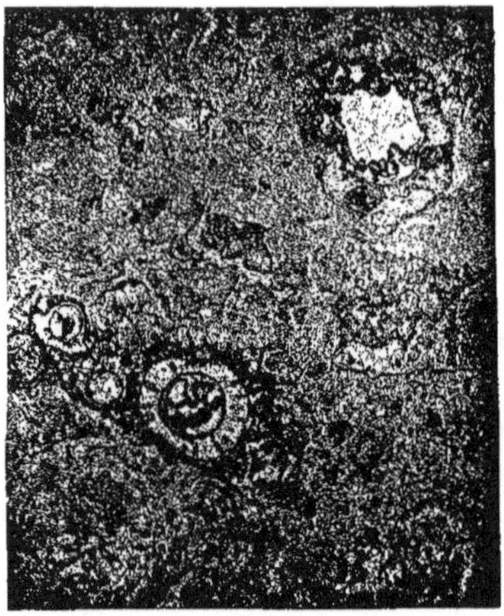

Fig. 1

Fig. 2

Calcaires à Diplopores du Pic d'Escreins (Htes Alpes)

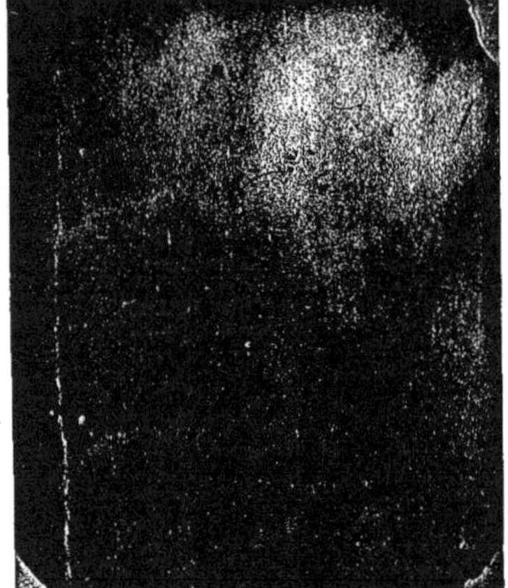

Fig. 3. *Calcaire triasique du Plan-de-Praxy (Htes Alpes)*

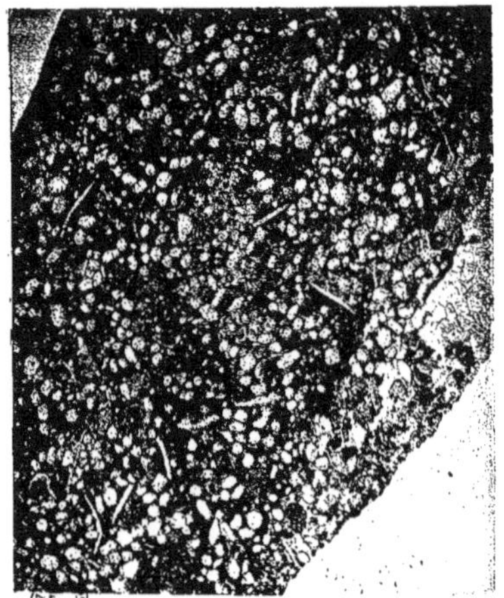

Fig. 4. *Calcaire triasique du Janus (Htes Alpes)*

ROCHES SÉDIMENTAIRES INTRAALPINES (TRIAS)

(Grossissement environ $\frac{25}{1}$)

Héliogravure Schutzenberger

CARTE ET PROFIL REPRÉSENTANT L'ALLURE DES GYPSES ET CARGNEULES DU TRIAS SUPÉRIEUR PL. IX.

entre Salins et Brides-les-Bains (Savoie)

par W. KILIAN (1906)

Échelle de $\frac{1}{10.000}$

Nota. — La ligne A B C...... J représente le tracé d'un tunnel projeté, parallèle au Doron de Bozel.

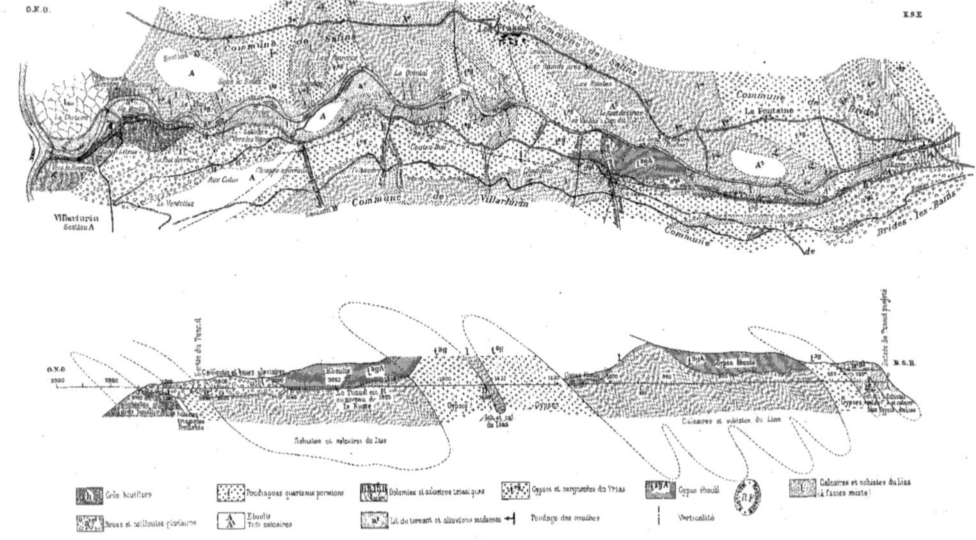

L. Courtier, 43, rue de Dunkerque, Paris

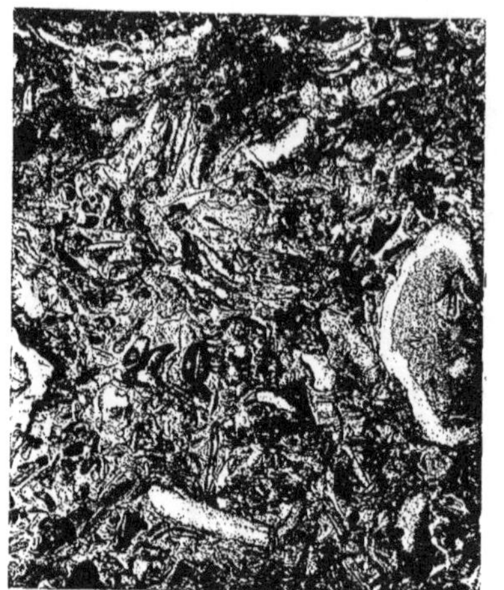

Fig. 1. *Lumachelle rhétienne du Pas-du-Roc (Savoie)*

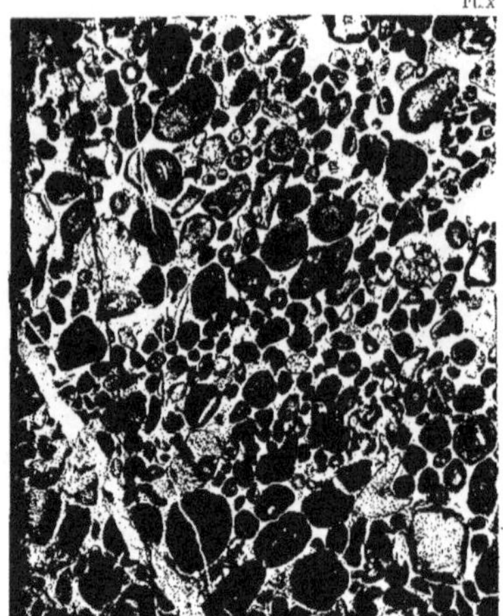

Fig. 2. *Calcaire liasique oolithique du Poët en Vallouise (H^tes Alpes)*

Fig. 3. *Brèche liasique de Villette (Savoie)*

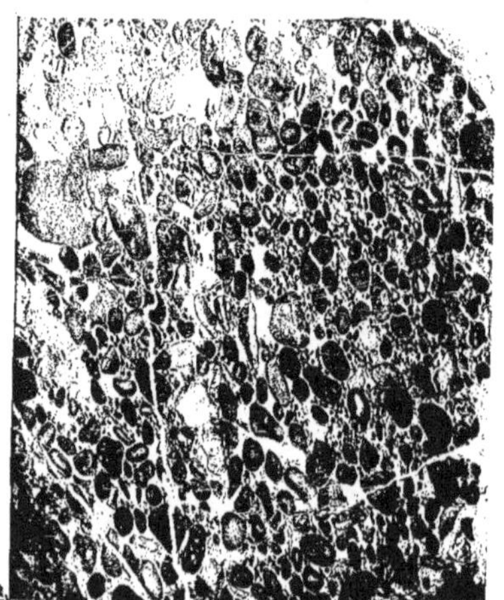

Fig. 4. *Calcaire oolithique liasique des Loxettes (Savoie)*

ROCHES SÉDIMENTAIRES INTRAALPINES (RHÉTIEN ET LIAS)

(Grossissements divers)

Héliogravure Schutzenberger.

GÉOLOGIE DES ALPES

PL. XI

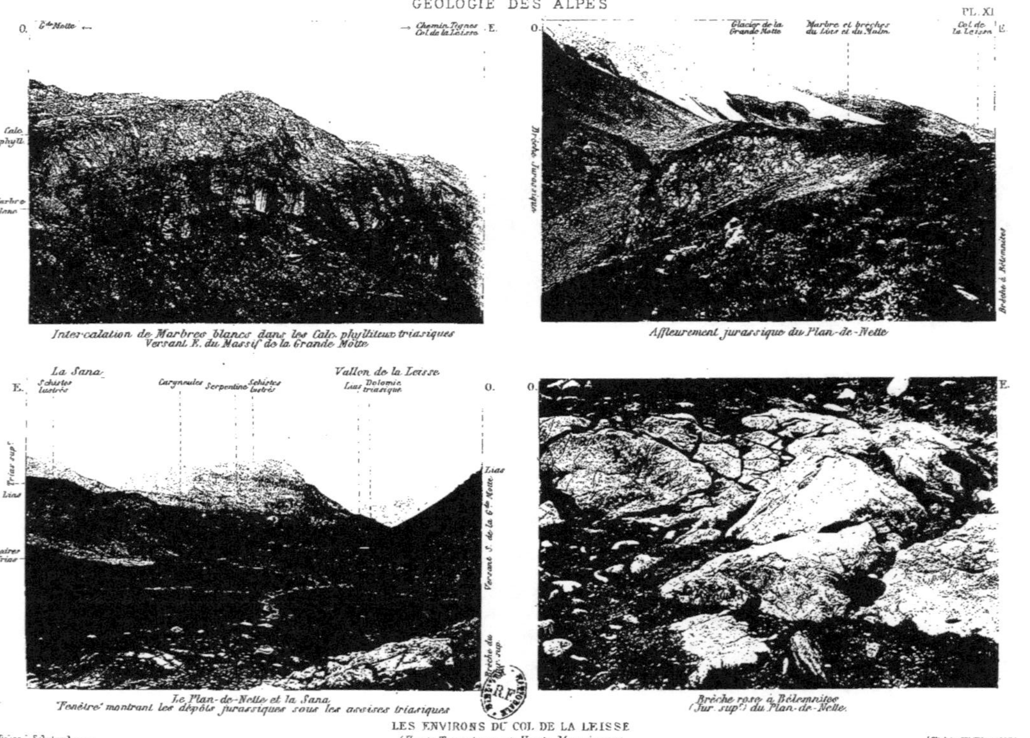

Intercalation de Marbres blancs dans les Calc. phylliteux triasiques
Versant E. du Massif de la Grande Motte

Affleurement jurassique du Plan-de-Nette

Le Plan-de-Nette et la Sana
"Fenêtre" montrant les dépôts jurassiques sous les assises triasiques

Brèche rose à Bélemnites
(Jur. supr) du Plan-de-Nette

LES ENVIRONS DU COL DE LA LEISSE
(Haute Tarentaise et Haute Maurienne)

Heliog. L. Schutzenberger

(Clichés, W. Kilian 1909)

www.ingramcontent.com/pod-product-compliance
Lightning Source LLC
LaVergne TN
LVHW010128230826
846091LV00001BA/185

* 9 7 8 2 0 1 4 4 3 7 3 8 6 *